Zorn ort der brust zu kort
zu baiden siten ober schiessen
Oberhaw wil stan
Triben strithen wil gan
In der rosen im rädlin
zuck die treffen git güte sinn
Krump how den mül zu
Im eynflechten hab nit ru
Im krieg so machstu greiffen
Schiß pflug dar in du mit wyche
Mit dem keß ort schertz
Im schrack ort hab am hertz
Im vser ort swend
Umbiffler zu fülen biß behend
Ekomen nach reissen ist d sitt
Schnellen uber lauffen und den schnit
Daz ist ain gemaine lere
Daran dich kere
Daz sind die wysen
Die kunst kunden brysen
Wiltu dich kunst frowen
So lern die toplitten howe
Wer nach gant flechten howen
Der mag sich kunst wenig frowen
Dich so sind vier leger
Die solt du merken eben
Tu dar in nit starck vallen
Od er laut dar uber schallen
Wa man dir an bind vil
So wind die kurtz schnid für

Beschliessung der how

Wiltu daz dich fechten glück
bis frisch vnd halt nit lang die stück
Darzu hupschlich lachen
vnd die ernstlichen machen
Daz tuw in schwert
die der talhofer lert
Im schwert soltu nyeman truwen noch gelouben
So rint dir daz blut nit ober die ougen etc

Item die gloß der rechten kunst nach dem alß die maist
die abgetailt hand von gerähe wegen daz ouch billich
zu behaltent ist wen diß ist der recht grunde
Item zu dem ersten wen du in ernst mit ainem fechten wilt
So lug wie du mit im abtredest vnd vff wolchest vnd
nach dem so richt dich nach notturfft mit allem zug
vnd daz tu selber haimlich Vnd sag nyemant waß du
Im sinn habest oder tun wollest wann die welt ist alß
valsch vnd richt din hentschuch nach dem vorteil mit
allem zug schwert vnd wamesch hosen vnd waß du
den bruchen wilt vnd merck eben wie du mit im
vberedist Dann darby wirt es beliben wann das schwert
hat sunst kain recht Dann daz es augen vnd feyer voll ist
Item wen du in den schrancken kumpst vnd an gen wilt
So lauß yederman sagen vnd tun waß er wöll vnd sich
nit hinder sich vnd hab den ernst im sinn vnd waß er mit
dir red da kerr dich nit an vnd sich ernstlich für dich daz
vnd lauß im kain kü vnd treu vnd folg der kunst furcht nit
sine sleg vnd wil er ernstlich an dich zucken muß treffen dz ich
how wider frölich daran spricht hanß talhofer der güt man
Daz muß er für die warhait jehen wan es ist im auch
wol eben dick vnd offt beschehen etc

Hie lert der talhofer ain gemaine ler in dem langē
Schwert von der zetal etc

Wiltu kunst schowen
So sicht gelingk gen recht mit howen
Und lingk gen fechten
Ist daz du starck wilt fechten
Wer nach gat slechten howen
Der darff sich kunst wenig frowen
How nahent was du wilt
Kain wechsel an din schilt
Zu dem kopff und zu dem lib
Die zeck nit ouch nit vermyd
Und ficht wyt mit gantzen lib
Was du starck wollest triben
Nun merck aber furbas
Und verstand ouch gar recht daz
Ficht nit obne lingk so du recht bist
Far nach zwayen ding
Sind aller kunst ain ursprung
Din schwoch und din starck
Din verbant darby eben merck
So machstu lern
Mit fechten dich erweren
Wer also erschricket gern
Der sol kain fechten nym lern
Der höw sind funff und haissent funff fotal
Die lern recht und merck fürwär
Und darnon kompt uss der rechte grund
Daz ist lutzeln fechtern kund

Die tailung der kunst nach dem text den nähsten weg zu dem mann zu schlahen oder zu stossen

zorn haw du krump twer
haw schiler mit schaitler
alber versetzt
nach raisen haw setzt
über lauffen bind wol an
mit stand krieg was er kan
durch wechsel zuck
durch lauff hend truck
~~wer~~ wind an die blössin
Slach fach streich stich mit stossen

Das ist von dem zorn haw der underschid

wer dir oberhawt
zorn haw ort dem trowt
und wirt ers gewar
Nyms oben ab und solfer
bis stercker wind wider
stich sicht ers so nyms nid
Daz also eben merck
ob sin leg syn waich od hert

In dem vor nach
hört an krieg sy dir nit gauch

was der krieg rempt
der wirt oben nider geschempt
Du machst in allen hawen winden
Im haw ler stich vinden
auch soltu kyet
Merken stich od schnit
In allen treffen
wiltu den maister effen

Von den vier ploßen
Vier ploß wisse
der hab acht so schlechstu gewisse
mit slach ungefar
lug eben wie er gebar

Die vier ploß brechen

Wiltu dich rechen
Die vier ploß künstlich brechen
oben duplir
unden recht mutir
So sag ich dich dar für das
stand vest und biß nit laß
und er strich ab kumen man
stand und sich in ernstlich an
hastu dem recht vernomen
zu dem slag mag er nit kumen

Von krum · // wie die schwech da kum

Wer krum uff sin hende
slach den ort nach sin lende
und darby wol versatz
mit schaitler vil hew letst
how uff sin flache
so tusst in schwache
wenn es klinckt oben
So nym ab daz wil ich loben
und wer krum zu dir how
Durch wechsel du in schow
wil er dich irren
der krieg in verfieret
daz er nit nympt war
wa er ist ungefar

Die tailung d[er] kunst nach dem text den rechten weg
und die uss richtung der zwierchin

Die zwierch benympt
was von dem tag her kumpt
und die zwierch mit der sterke
Dir arbait darby merke
zwierch zu dem pflug
zu dem ochsen hart gefug
was sich wol zwicht mit springen
Dem mag ouch gar wol gelingen
Den faler damit fiern
under eff mit wunsch her rieren
v[er]kere mit zwingen
Durch louff ouch mit ringen
Den elenbog nym in d[er] waug
und mach den faler mit trag
zwifachs für bas
schnid lingk yn und biss nit lass

Das ist die uss richtung von d[er] schillherin

Schylher ain bricht
was püffler schlecht od[er] sticht
wer von wechsel hon drowt
Schylher darus in beroubt
Schlecht er kurtz und ist dir gran
Durch wechsel so gesigest im an
Schilh zu dem orte
Nym den hals ane forchte
Schilh zu der obern schaittel
Schlach sterck wil er dir bautten

So machstu in wol betöben
Die fechter in kunst berouben

Daz ist von dem schaitler
Die usrichtung etc.

Der schaitler dem antlüt ist gefar
mit siner ker
der brust vast gefar
was vom im da kumpt
die kron daz ab nympt
Schnyd durch die kron
So brichstu sie gar schon
die straich truck
mit schniden ab zuck

Von den vier leger

Vier leger alain
davon halt und fluch die gemain
ochs pflug alber
vom tag sind dir nit unmer

Von den vier versetzen

Vier sind versetzen
die die leger auch ser letzen
vor versetzen hüt dich
geschicht dir nott es müet dich
ob dir versetzt ist
wie daz dar komen ist
So merk was ich dir raute
streich ab haw schnell und draute
satz an vier enden an
blyb stan und besicht den man

Daz ist von dem nach raisen

Nach raisen lere
verhow dich nit zu sere
Die höw recht vernym
Die arbait dar nach beginn
und griff sie geferte
ob sie sprent krawtz oder herte
und lerne in das
den alten schnit mit macht

Von dem überlouffen

wer das lyb unden remet
den über louff der wirt oben ind geschemet
wen es plitzt oben
sterck es daz ger ich loben
und din arbait mache
oder truck es zwifache

Vom absetzen

kanstu die rechtu ab setzen
all höw und stich sie dir letzen
der uff dich sticht
griff den ort daz im bricht
von baiden sitten
triff alle mal darzu schritten

Vom durch wechsel

Durch wechsel lere
von baiden siten stich mit sere
der uff dich bindet
durch wechsel in schier findet

Vom zucken alle treffen

tu nahet eyn binden
die zucken gend gut finde

Zuck trifft erst durch wer
Durchgant er find in dut im we
Zuck alle treffen
Den maistern wiltu sie effen

Vom durchlauff

Durchlauff lauss hengen
Mit dem knopff griff wilt ringen
Wer gagen dir stercke
Durchlauff damit mercke

Vom abschniden

Schnid ab die hörte
Von unden in baiden geferte
Vier sind der schnit
Zwen unden zwen oben mit

Vom hannd trucken

Din schnid ver wende
In die zwierch gar behende
Und gang nach an den man
Stoss mit dem gehiltz schon
Wiltu denn nit schallen
So hastu zway zu fallen

Von den zwain hengen

Wer dir ze starck wolle sin
Hang fall im oben eyn
Zwey hengen werden
Uss ainer hand von der erden
Doch in allem geferte
So machstu sin wach oder hörte

Von sprechvenst

Sprechvenst mache
Stand frolich besich sin sache
Wer sich vor dir zuhet abe
Slah uff in daz es schnape

lug und schuch kain man
es schatt nit waß er kan
hastuß recht vernomen
zu dem slag lauß in nit komen
Die beschliessung der zetel
wer wol bricht
und endlich gar bericht
und brichz besind
yeglichs in drü winden
wer wol hengt
und winden dar mit bringt
und wint mit achte
mit rechter betrachte
darmit er aine
die winden selbdritt ich maine
so sind ir zwäntzig
und vier zel sie äintzig
von baiden siten
acht winden mit schriten
spricht hanns talhofer
got lauß uns alter schwar

Hie vint man geschriben von dem kempfen
Item wie daz sy daz die decretales kempf
verbieten So hat doch die gewonhait her bracht
von kaysern und küngen fürsten und herren noch
gestatten und kempfen lassen und darzu glichen
schierm geben und besunder umb ettliche sachen
und artikeln als her nach geschriben staut
Item zu dem ersten maul daz im nymant gern
sin eer laut abschniden mit worten ainen der
sin genoss ist Er wolte ee lieber mit im kempfen
wie wol er doch mit recht wol kem im kem ob
er wolt und darumb so ist kämpfen ain mut=
will
Item der sachen und arcikelen sind siben
Darumb man noch pfligt zu kempfen
Item daz erst ist mort
Daz ander verrätterniss
Daz dritt ketzery
Das vierd wölher an sinem herren truloss wirt
Daz fünfft umb fancknüss in striten oder sunst
Daz sechst umb valsch
Daz sibent da ainer junckfrowen oder frowen benotzogt
Item spricht ain man den andern kempflich an
der sol komen für gericht und sol durch sinen
fürsprechen sin sach für legen darumb er in
denn an clagt und sol den man nennen mit
dem touff namen und zunamen So ist recht
daz er in für gericht lad und in dry stund beclag
uff dryen gerichten nach ain ander kumpt er denn
nit und verantwurt sich noch nymant von sinen
wegen so mag er sich fürbass nit mer verantwurten

Er bewyse dann ehafte nott alß recht sy so sol
man in verurtailen alß ser in daz fur lebt
innerhalb landes begriffen haut ¶ Dar nach
alß die ansprach ist ergangen dar nach sol
daz urtail ouch gan

Item der da kempflich an gesprochen wirt
uff den dryen gerichten und er ainost zu der
antwurt kumpt und legnot darumb man in
an gesprochen hat und spricht er sy des also
unschuldig und der sag uff in daz nit war
sy und daz wöll er widerumb mit kempfen beherte
und uff in daz wysen alß dann recht sy in dem land
dar inn er ist und fordert dar über ain urtail sine
lertag so werdent im sechß wochen ertailt
zu sinem lertag und vier tag von dem gericht
werdent im ouch ertailt daruff sie kempfen
süllent alß in dem land gewonhait und recht
ist Item versprechent sich zwen man wilkürlich
gen ainander ains kampfs vor gericht den git
man ouch sechß wochen lertag und sol in frid
bannen balden und welcher under den den frid brech
uber den richtet man on den kampf alß recht ist

Wie ain dem andern mit recht uß gan mag

Item ist daz ain man kempflich an gesprochen
wirt von ain der nit alß güt ist alß er dem
mag er mit recht uß gan ob er wil oder ob
ain man echtloß gesagt wurde oder worden wer
dem mag man ouch des kampfes ab sin Item
spricht aber der edler den mindern an zu kempfen
so mag des der minder nit wol ab sin

Item wie aber zwen man nit mit ainander
mügent kempfen und welcher wil und der zwayer
dem andern wol uß gan mag

Item wenn zwen mann gefrunt sind biß uff die
fünffte sipp oder näher die mügent durch
recht nit mit ain ander kempfen und des müssen
siben man schweren die vatter und müter halb
mäge sind

Item wie aber ain dem andern kempfes abgesin
mag mit solichem gelimpf als hie geschriben stat

Item ob ain lamer man oder ainer der böse ougen hett
und kempfes an gesprochen wirt der mag sich des
auch wol behelffen und dem gesinden uß gan dess
denn daz wyse lüt daz gelich nach der person machen
und daz müssent wyß lüt uff ir aid tun und daz also
glich machen Es mag auch der lam oder mit den
bösen ougen wol ainen an ir statt gewinnen der für
jrs ainen kempfe

Item wenn also die sechs wochen uß sind und der lest
tag komen ist den in der richter beschaiden haut
darauff kempfen süllen So süllen sie baide für den
richter komen mit solichem ertzögen und in solicher
recht als die gewonhait und daz recht lert in dem
lande da sie kempfen süllen oder nach dem als
sie mit ainander geraitkirt habent Item etc

Item so sol da der cleger schweren daz er der sach
darumb er dem ainen man zugesprochen haut
schuldig sy und denn so sol man in ainen ring
machen und gries warten und urtail geben

nach wyser lüte raut und nach des landes gewonhait und wer uff den tag in den ring nit kumpt den verteilt man sigeloß Er en irre denn ehafte nott die sol er bewysen als recht ist

Hie staut wie man sich halten sol wenn die kempfer in dem ring komen sind uff die stund und uff die zit so man pflemdiglich kempfen sol

Wenn die kempfer also in den ring komen sind So sol der richter von stund an alle stür und ler vestklich verbieten by lyb und güt und sol nicht gestatten daz man ainem für den andern nicht zulege und sol ins baiden machen so er immer gelichest mag ungeverde

Daz ist was recht wer ob der kempfer ainer uff dem ring flucht oder getriben wurd

Item welcher kempfer uff dem ring kumpt ee denn der kampf ain ende haut Er werde daruß geschlagen von dem andern oder fluche daruß oder wie er daruß käme oder aber ob er der sache vergicht darumb man in dem mit recht an gesprochen haut den sol man sigeloß verttailen oder welcher den andern erschlecht und ertöttet der haut gesiget dem sol man aber richten als des landes gewonhait und recht ist darumb sie denn mit ainander gekempffet hand

Nun merck vff dissen puncten der ist notturfftlich zu uerstend

Item des ersten So soltu den maist(er) wol erkenne der dich lere wil
dz sin kunst recht vnd gewer sy vnd dz er frum sy vnd dich nit
veruntrüwe vnd dich nit verkürtz in der ler vnd wiß die gwer
zü zebrautten da mit er kempffen wil Och sol er den maister
nit vff neme er schwer im dann sin frume zwerbent vnd
sin schaden zwendent deß glich sol er dem maister wider um
sweren sin kunst nit witter zleren

Hie merck vff den maist(er)

Item der maist(er) der ain vnderstat zu leren der sol wissen das
er den man wol erken den er lere wil ob er sie schwach
oder starck vnd ob er gäch zornig sy oder senfftmüttig
och ob er gütten auttem hab oder nit / och ob er arbaitte mug
in die harr vnd wenn du jm wol erkunet haust in der
ler vnd wz arbait er uermag / dar nach müstu in leren
dz jm nütz ist gen sine vind Och sol der kempffer vnd d(er)
maister sich hütten dz sie niemand zu sehen laussend vnd
In sunder die gwer da mit sy arbaittent vnd sich bald
hütten vor uil geselschafft vnd von dem vechte wenig
sagen dz kain ab mercken da von kom

Von kuntschafft

Wie der kempffer vnd der maister kuntschafft möchte
hon zu rem widertail wz sin wesen wer ob er sij starck
od(er) swach ob er och sij gechzornig od(er) nit vnd wie sin touff na
hieß ob man wölt dar vf prattitiern od(er) rechne Es ist
och notturfftig zu wissen wz maister in ler / dz man sich
/ nach dar mug richten.

Wenn er nun gelert ist vnd in den
schrancken sol gon

So sol er zu dem ersten bichten dar nach sol jm ain priest(er)
ain meß lesen von vnser frowe vnd von sant Jörgen
vnd der priester sol jm segne sant Johannis myn vnd de
kempfer geben dar nach sol der maister jn ernstlich v(er)süche

vnd Jm vnder richten dar vff er bliben sol vnd sol jm vff kain ding
haissen acht hon dann vff sin vind vnd den ernstlich an schowen

Merck vff dz Infüren

Item wenn der man kompt In den schracken so sol er machen mit
dem rechten fuß am krütz vnd mit der hand ains an die brust
vnd sol fürsich gon Jm name des vatters vnd suns vnd des hai-
ligen gaists Dann sind Jn die griesßwartten nemen vnd sind Jm füren
gegen der sunne vmbhe So sol dann der kempfer die fürsten vn
herre bitte vnd die vm den krayß stand dz sy Jm wölle helffen got
bitten dz er Jm sig wölle geben gegen sinem vind alz er war
vnd recht hab

Dar nach sol man Jn setzen in den sessel

Wenn er nu gesessen ist So sol man Jm fur spanne ain tuch
vnd sin bar hinder Jm an den schrancken vnd sine gwer sind
wol gehenckt sin vnd gericht nach nottürfft

Die griesßwartten od kämpffer

Der maister vnd die griesßwartten söllend mercken vff den
richter oder vff den der den kampff an laussen wirt wann
der rüfft zu dem ersten mal so sol er den man haissen vff
ston vnd dz tüch von Jm ziehen vnd wann man rüft zu
dem dritten mal So sol er Jn haissen hin gon vnd Jn got
enpfelhen

Von dem nach richter

Item der kempffer sol wartten das Jm nützit an dem lib über
den ring oder schracken vß gang dann wz dar über kem
so stat der nach richter an dem schrancken der hott Jms ab
mit recht ob er angerüfft wirt

talhoffer

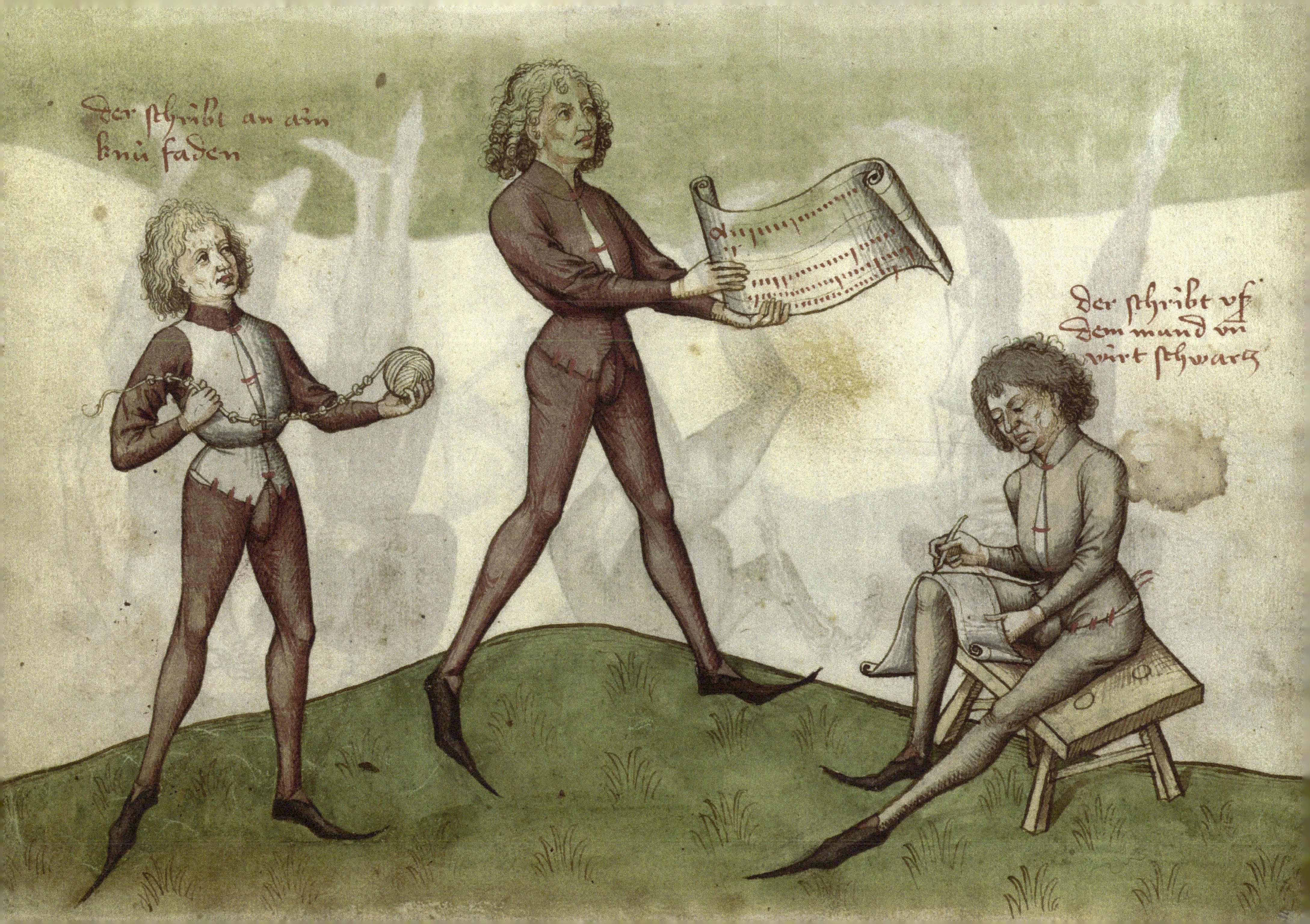
Der schribt an ain
knü faden
Der schribt vf
dem mund vn
wirt schwarz

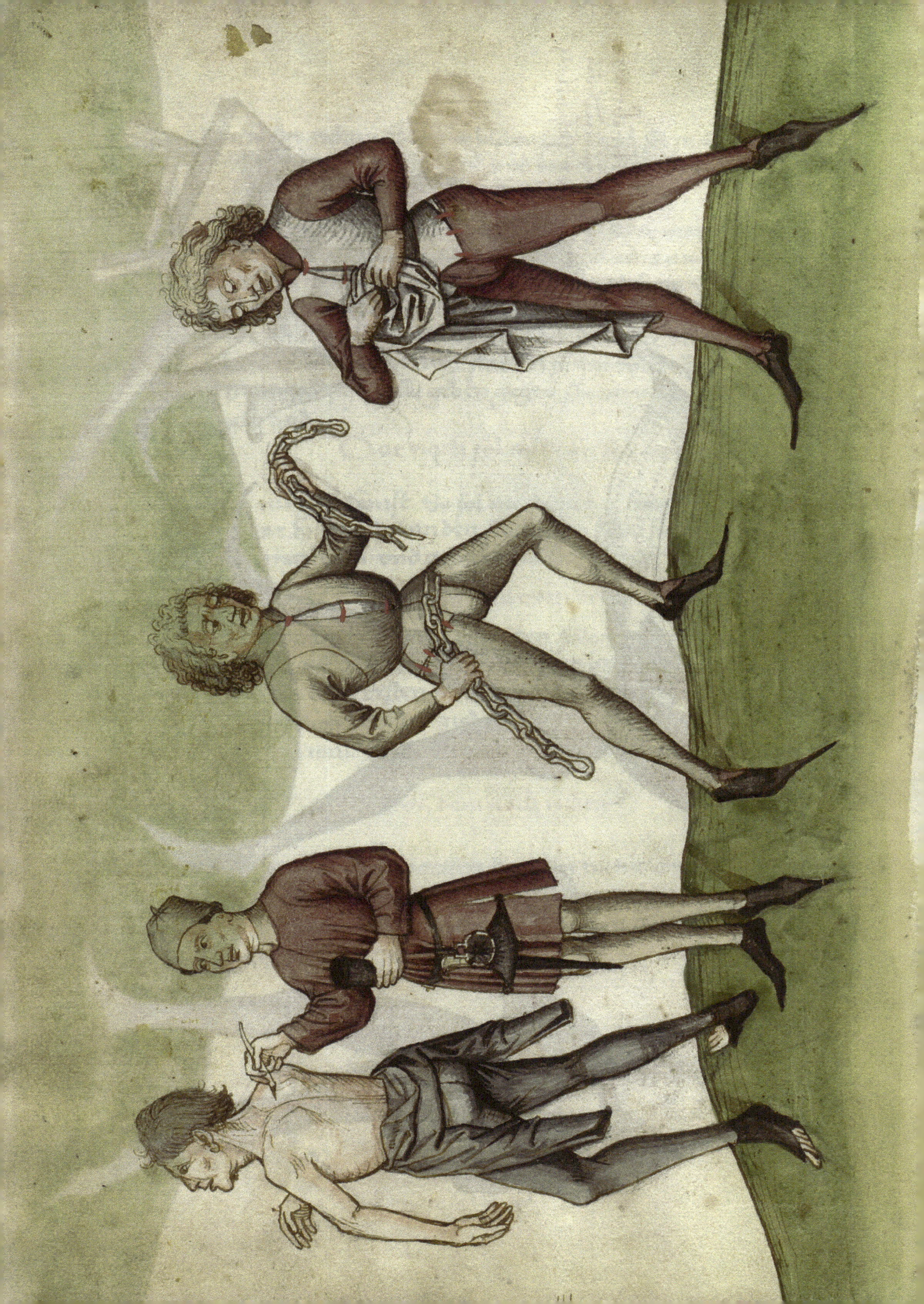

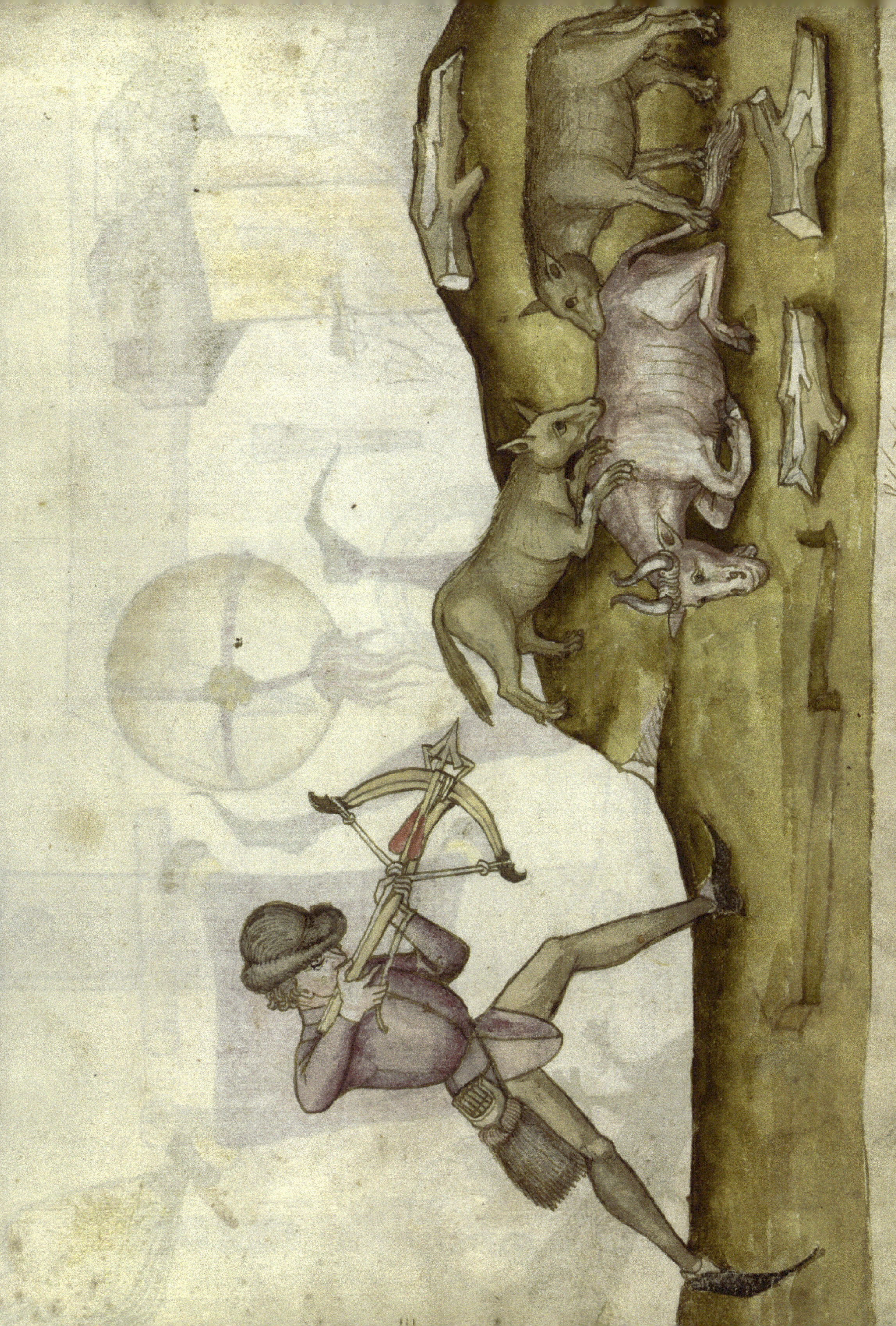

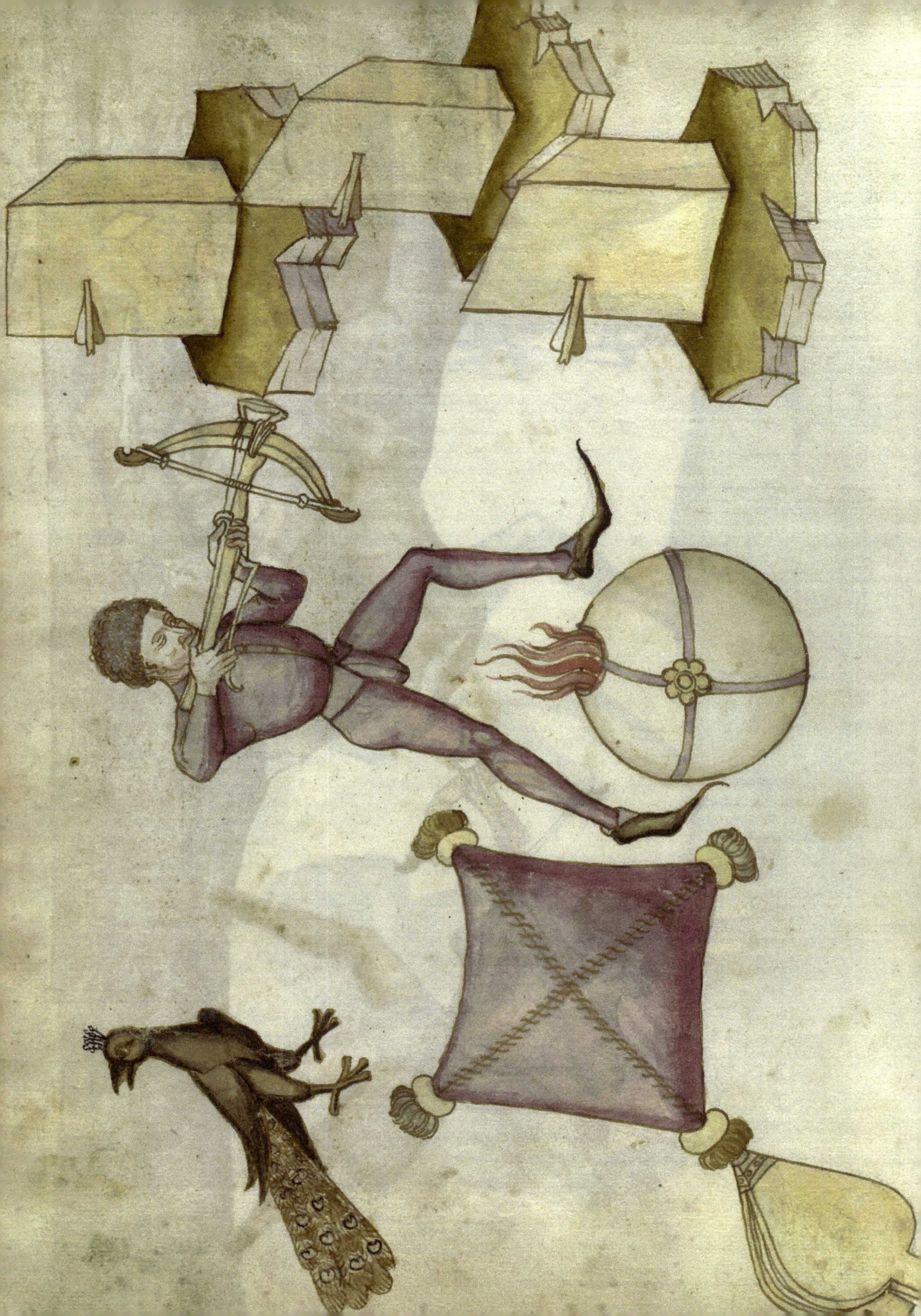

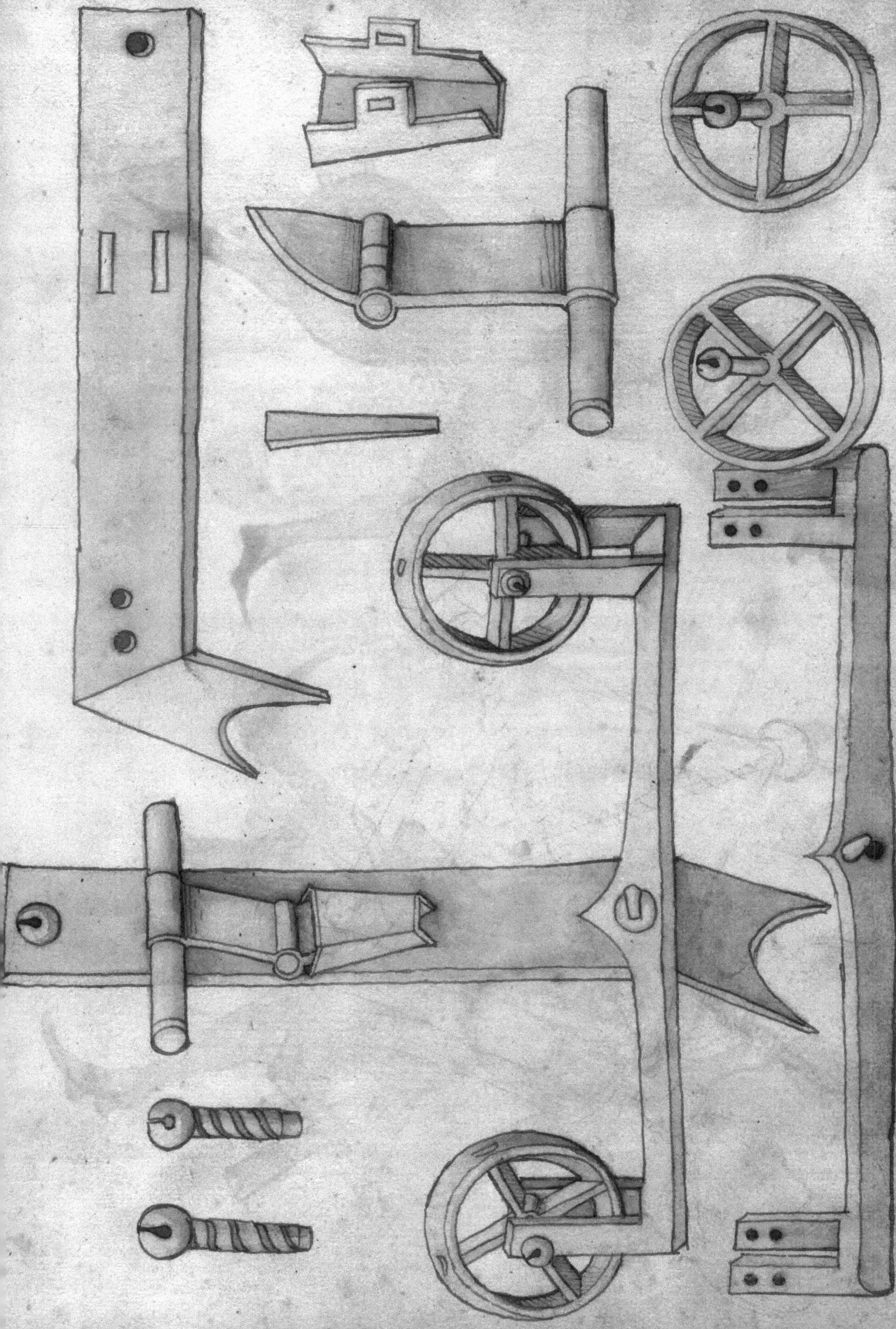

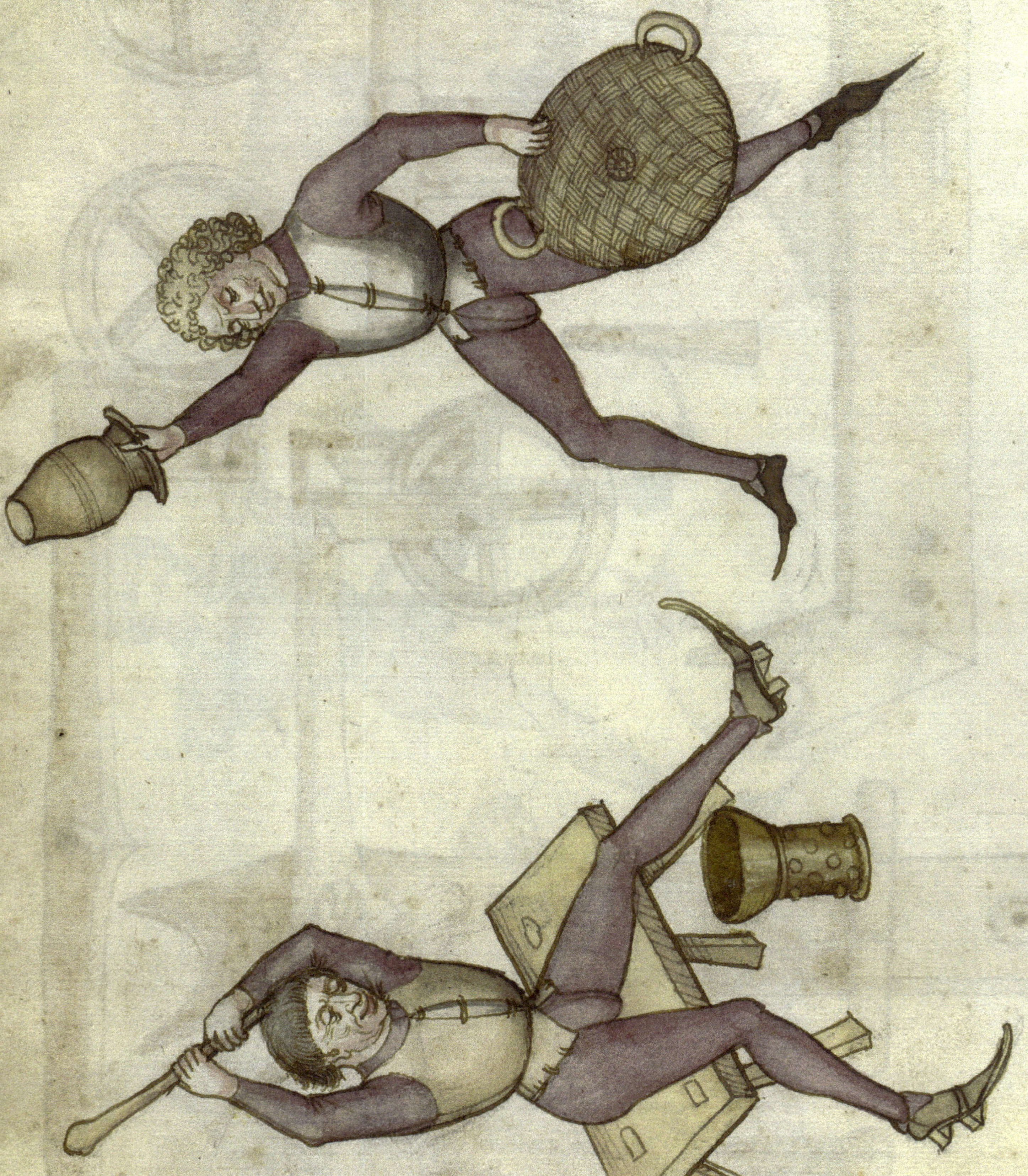

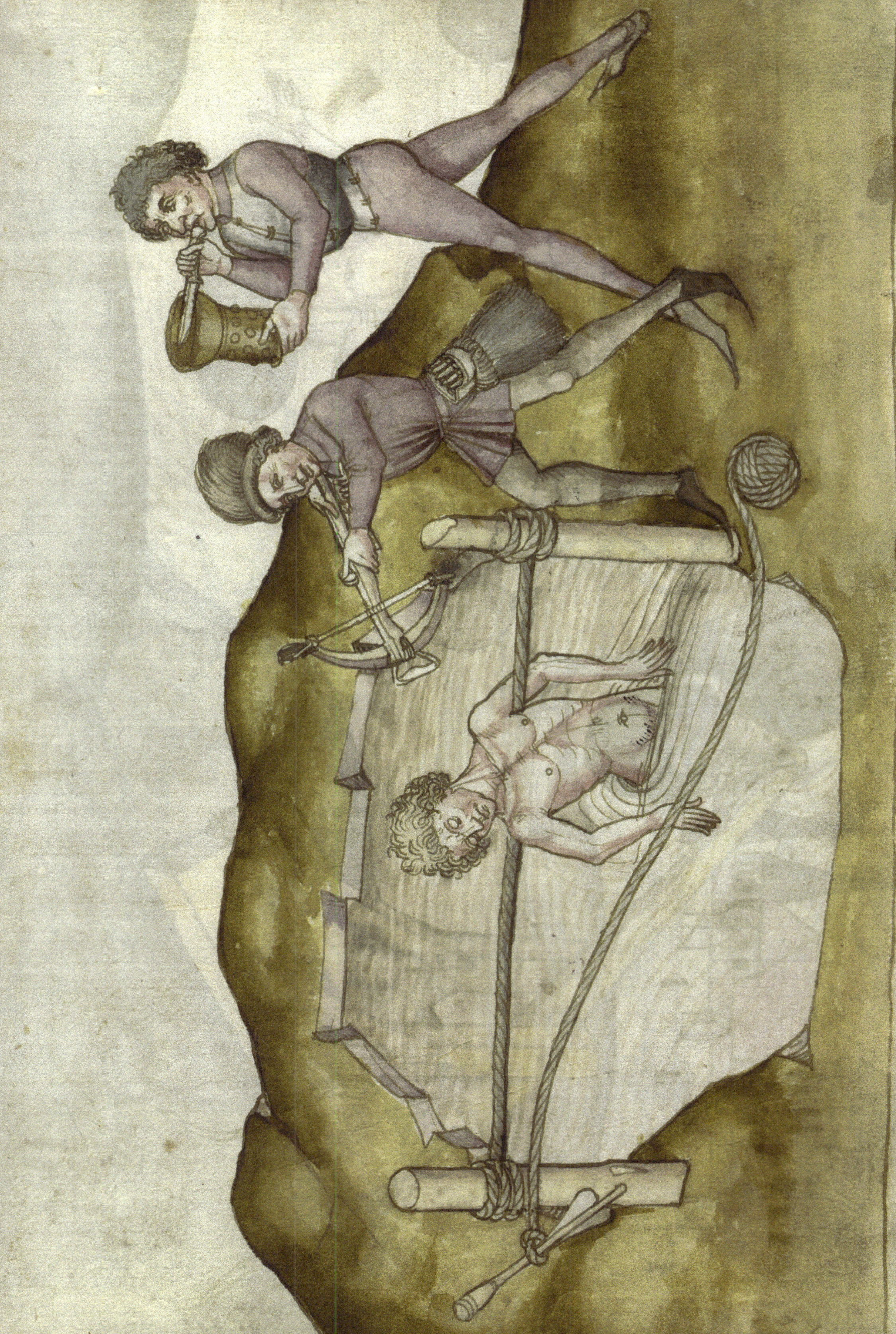

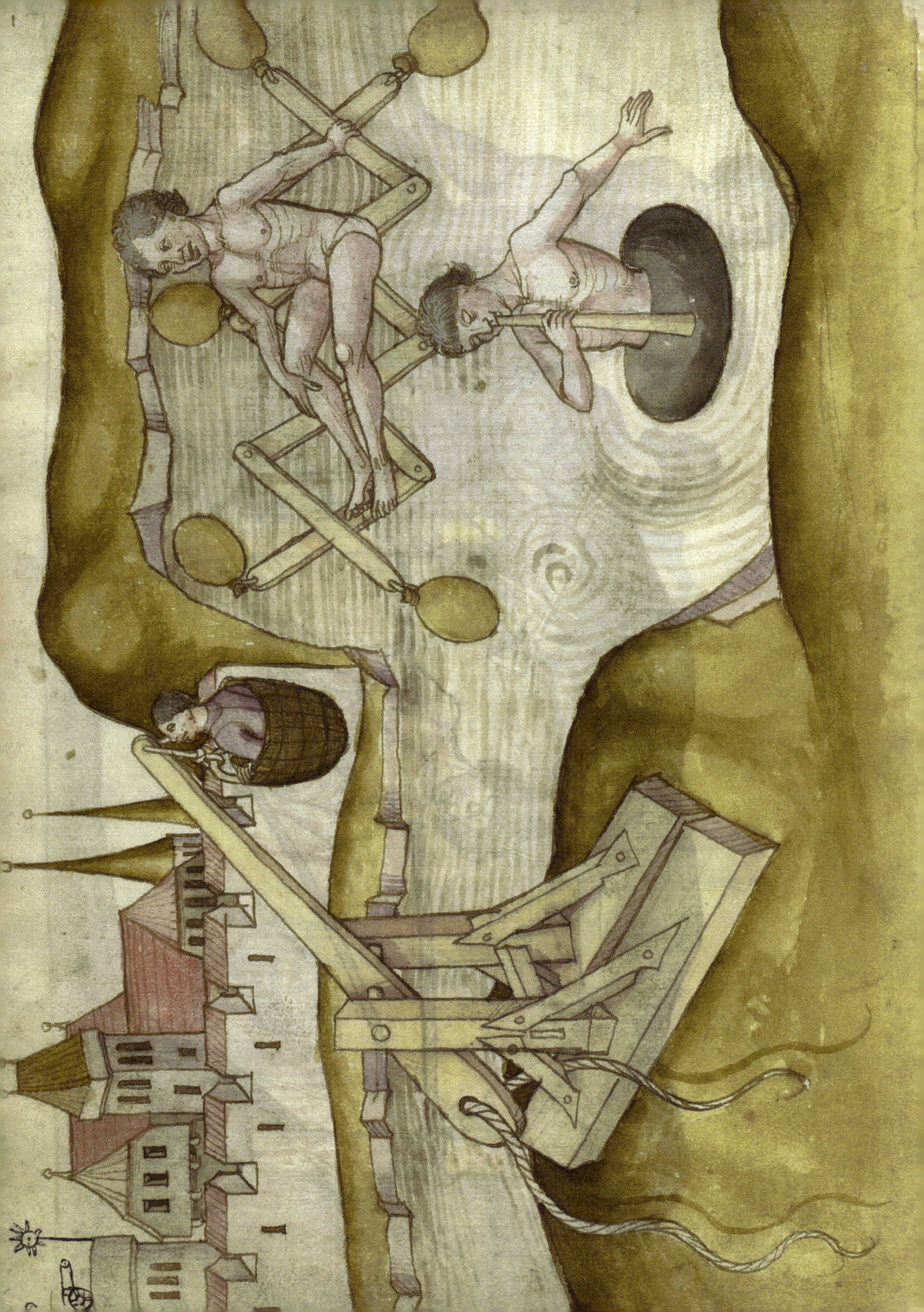

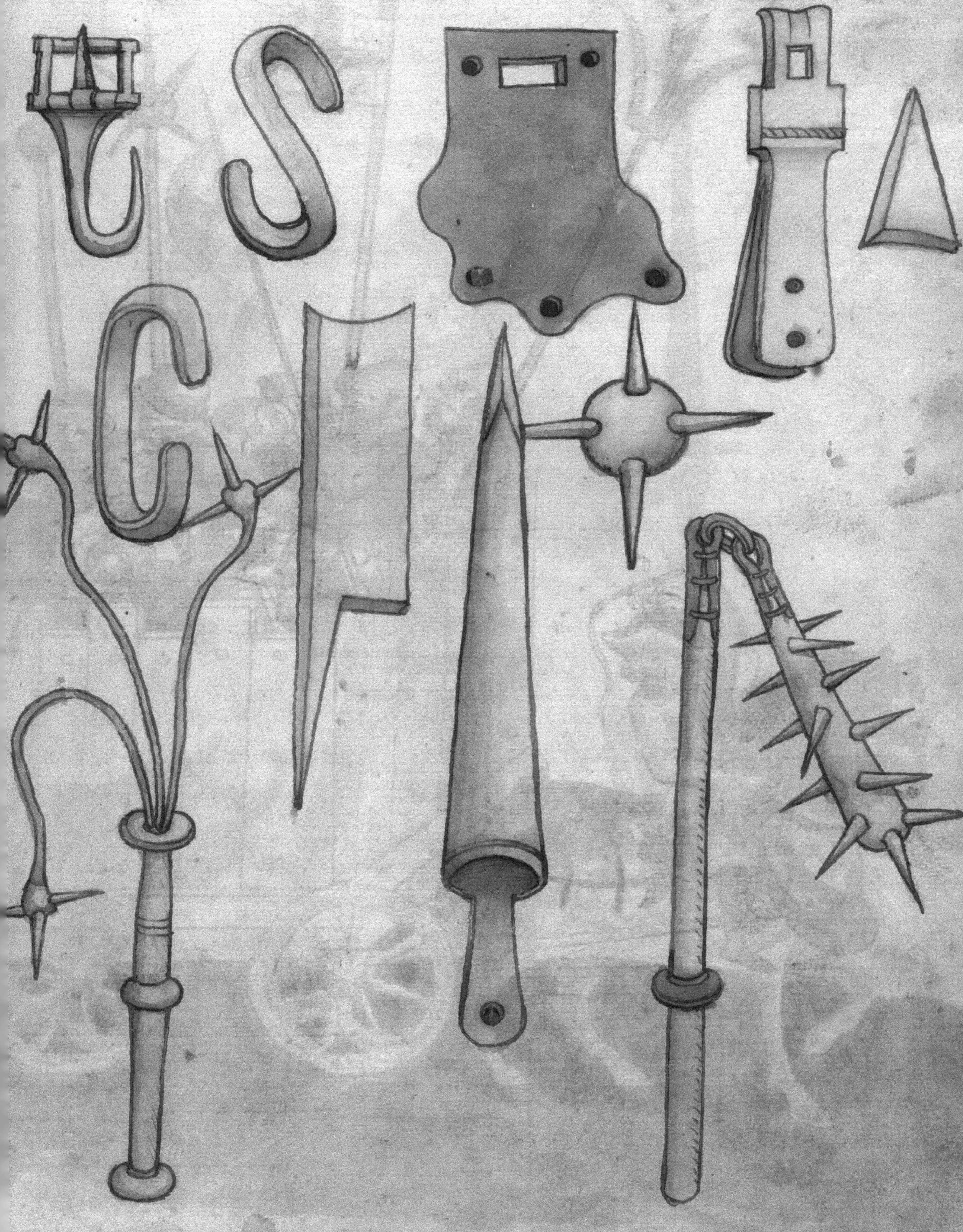

Diser streitwagen sol nauch diser form mit geschwind geruestnet sin und
mit ainem schirm als hie gezaichnet stätt und die dar uff standent
die süllent waffen haben als hie gemalet stätt

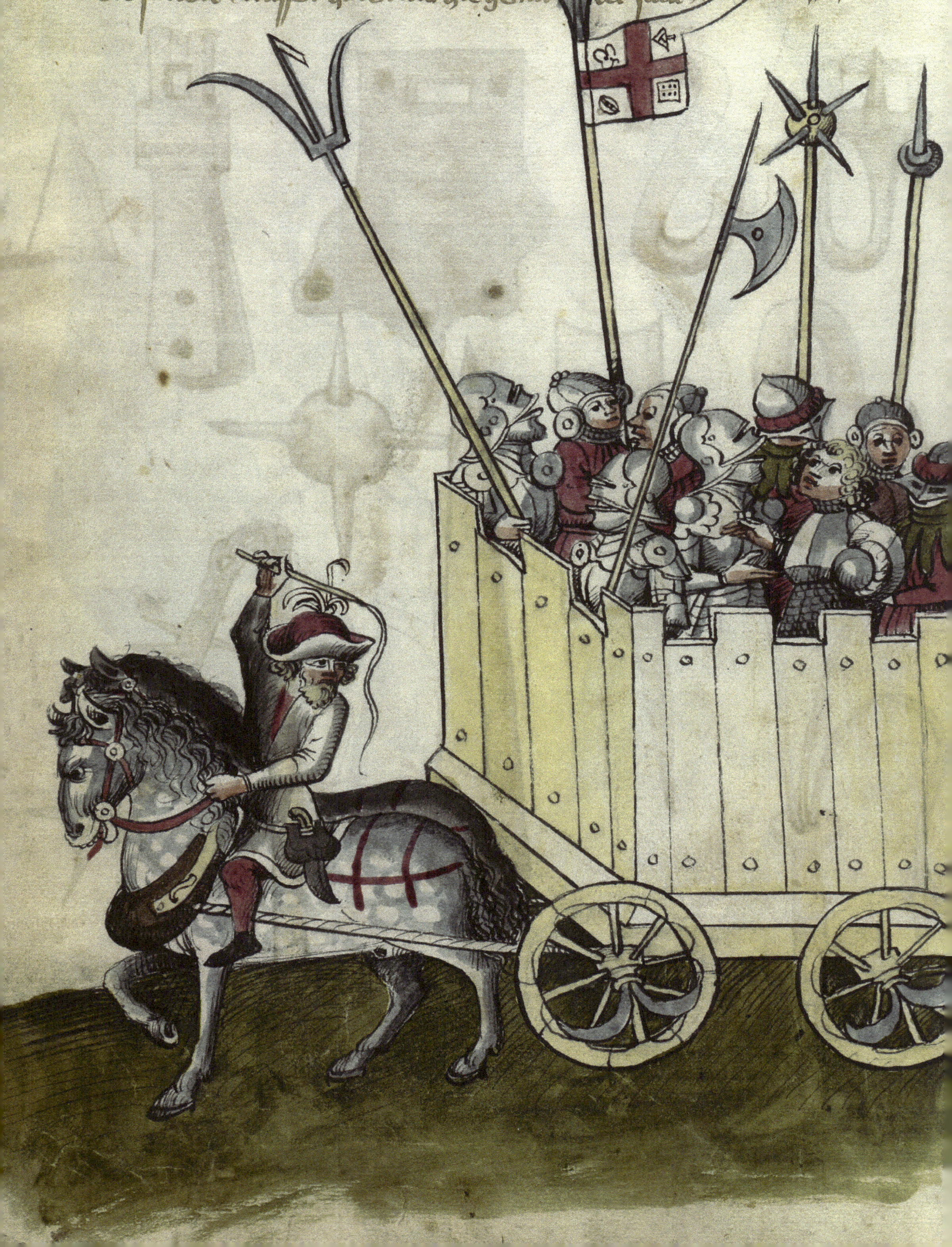

Diß ist ain menschlich bild gemachet von geschmid inwendig hol vn̄
sol gefült werdn mit ambra vnd mit nägelin blüst daz sol man
setzen in die örter der palast war es sin antlüt kert / da git es
güten rouch ze allen ziten

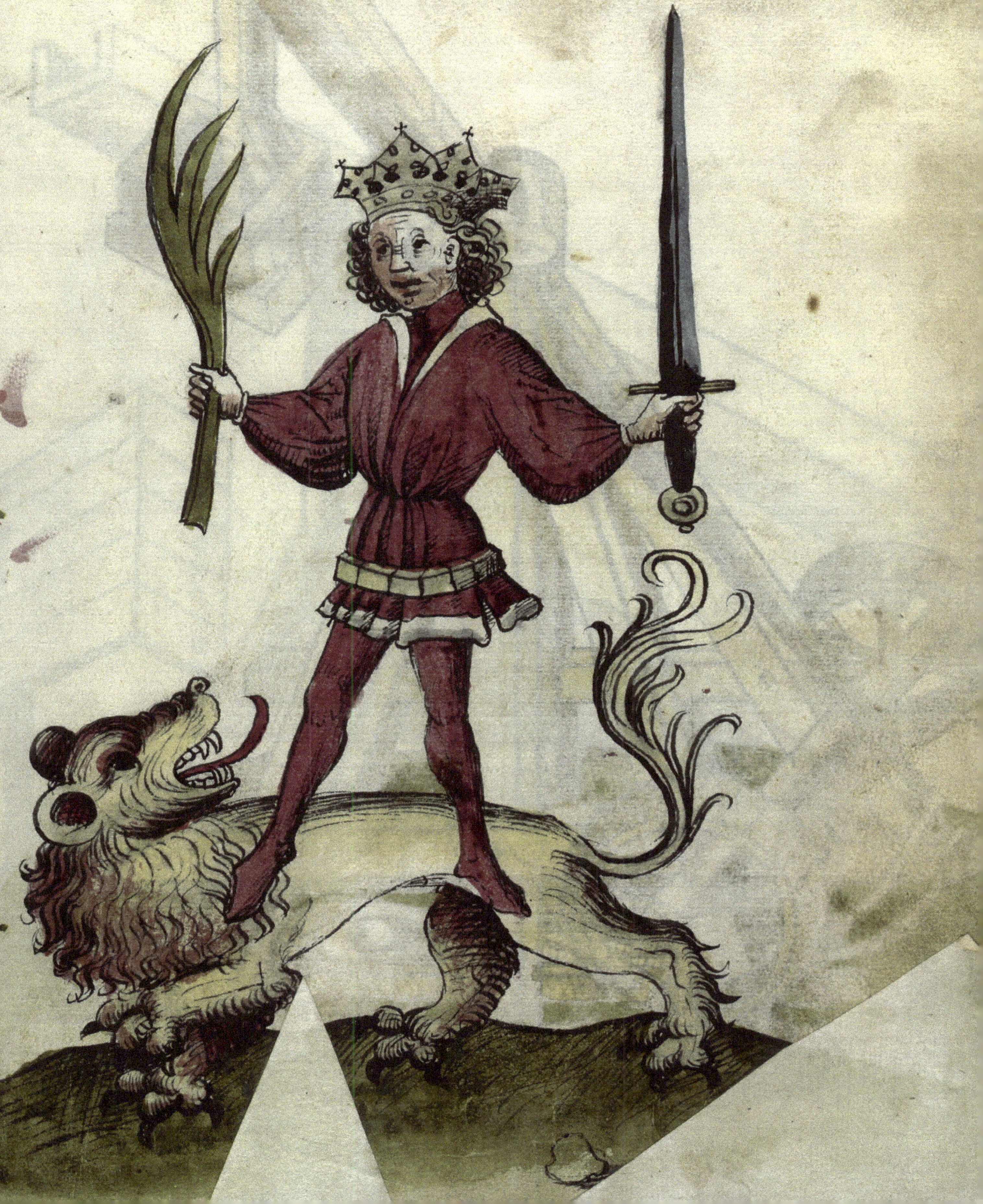

Dis ist ain grosse plid mit der man stain
wirfft vnd stett vnd vesten brichet

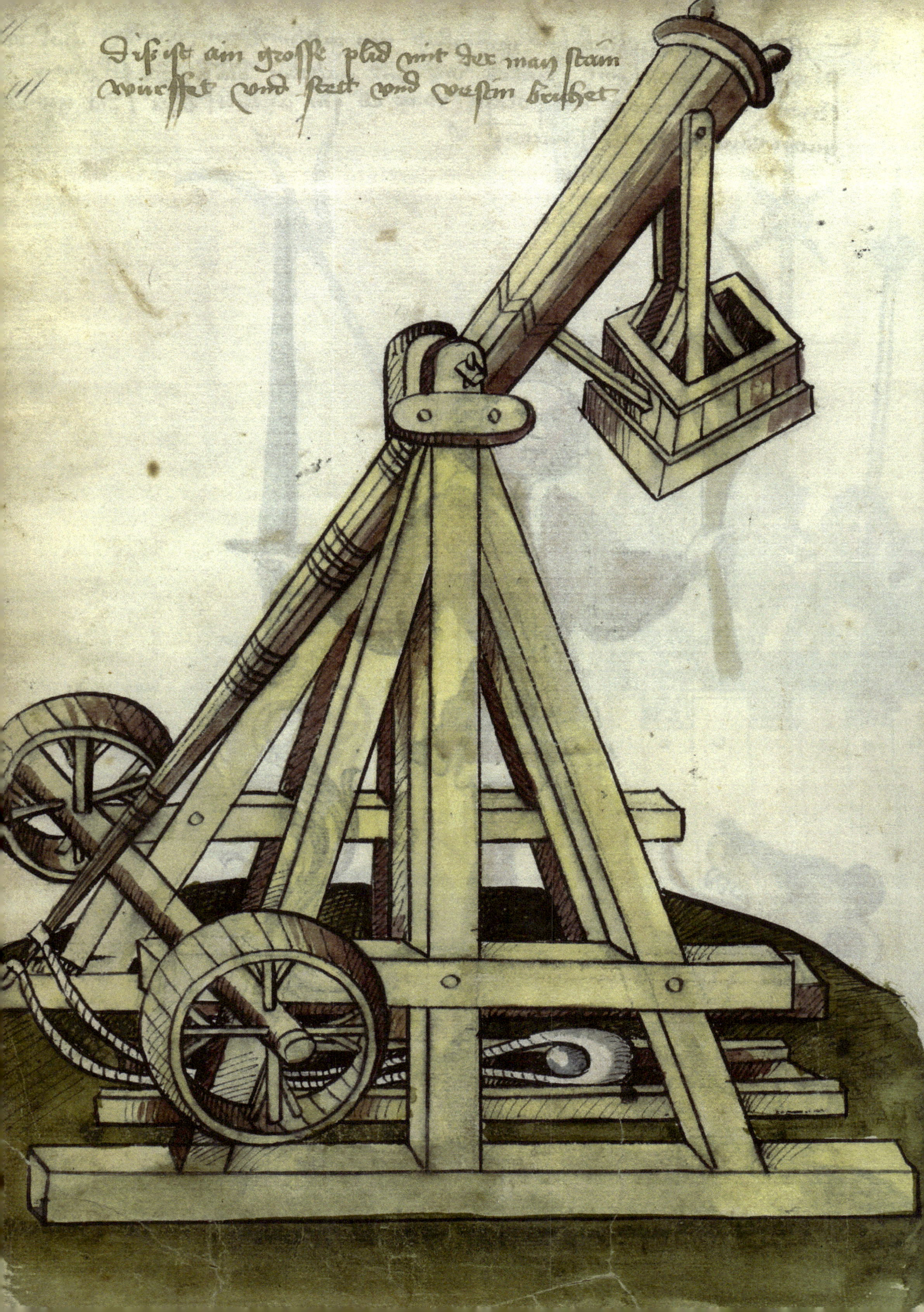

Diß ist ain katz vnd ouch ain löffel mit aine schnellen schirm
mit dem man gewaupnet volk in zinnen hebt. 24

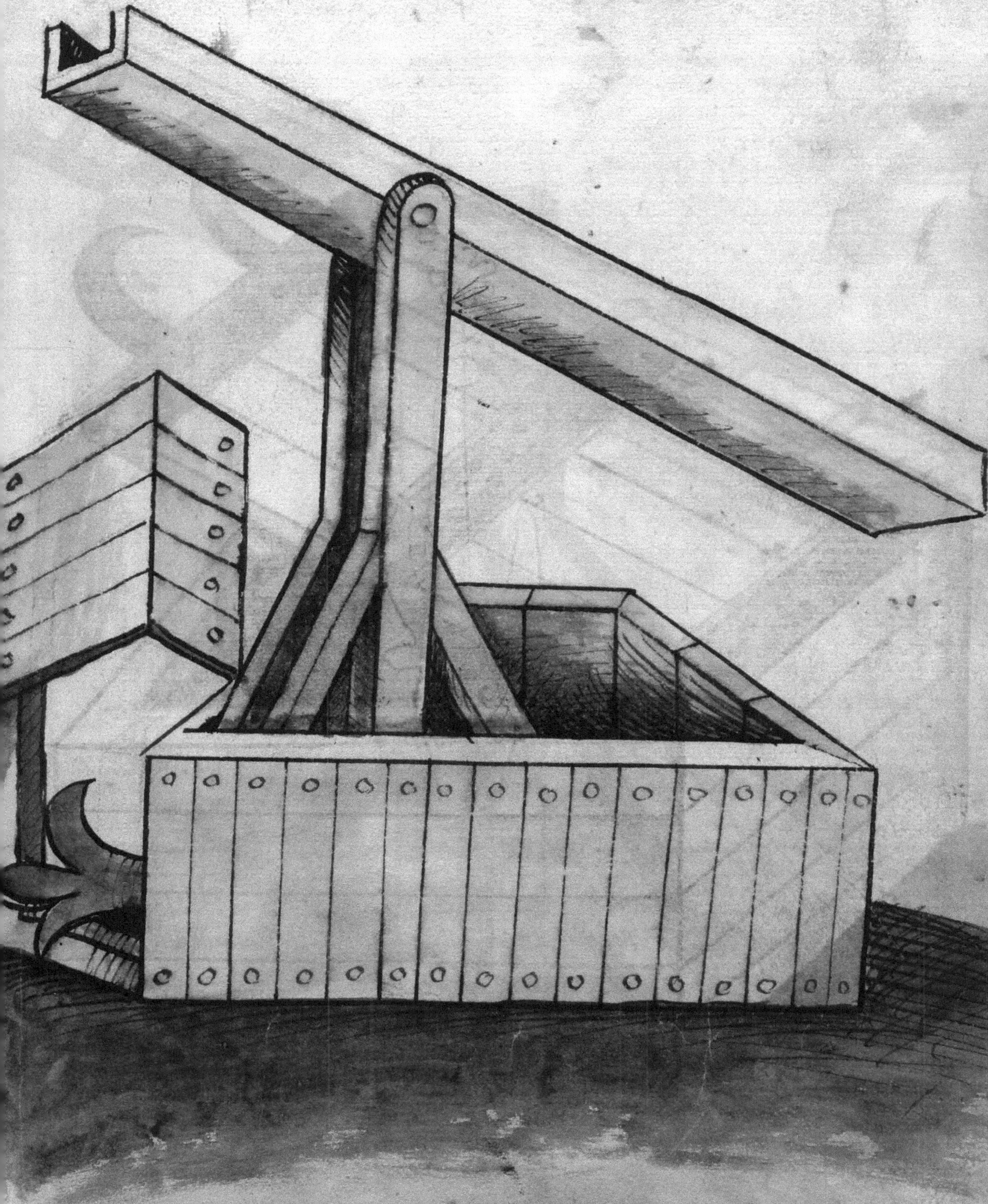

Diß haisset der fros vnd Es gaut zu schlossen vff dem radern
vnd sol der muren eben höhin hän die geserten bruck die dar
an hanget solt mit dem sail nider lassen biß dz das vorder ysen
die mur begriffet dar nauch gänd die füchs vß der hüli die
stritten vnd vechtet vntz dz sy behebent dz sy begeret/ ꝛc

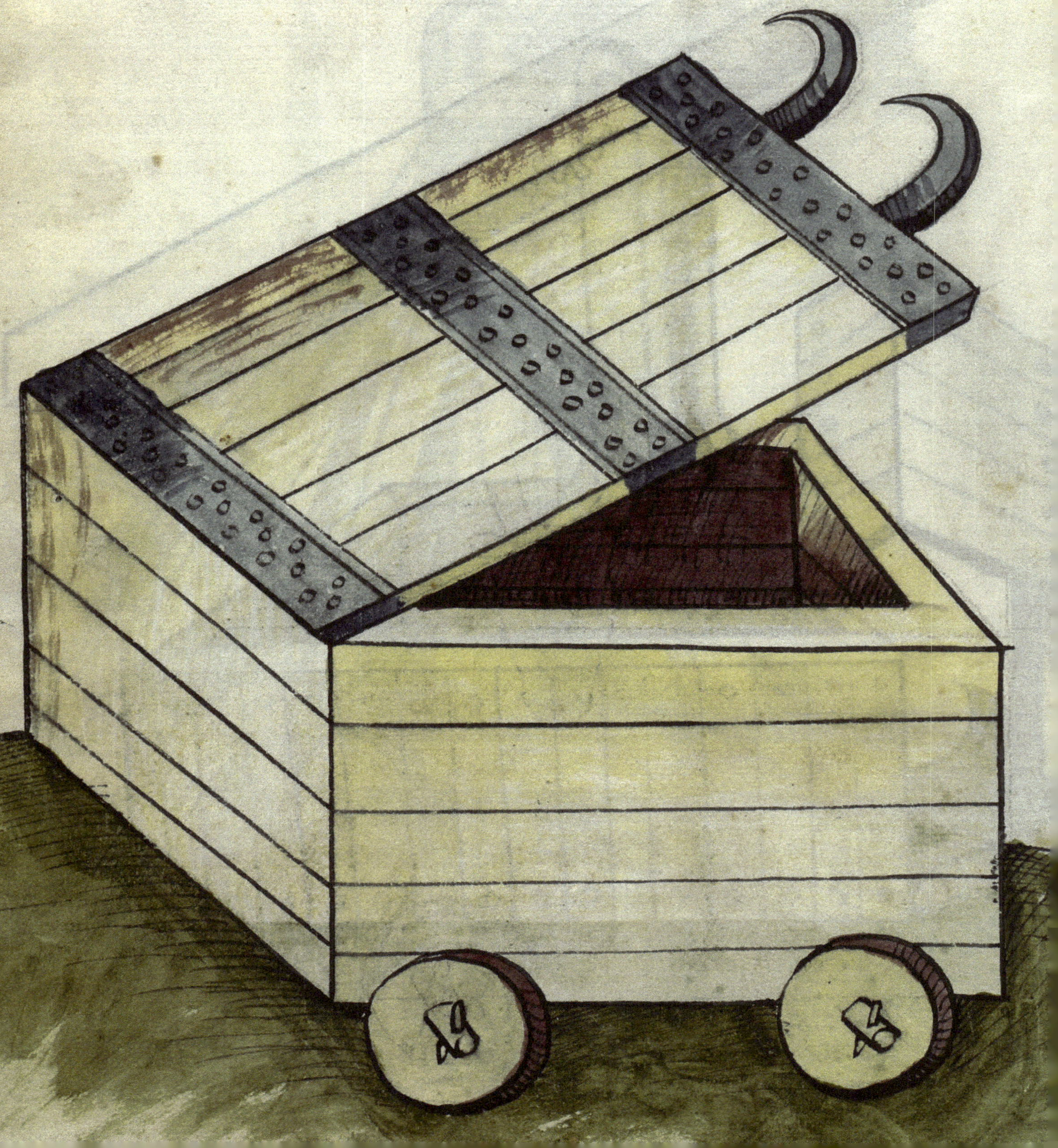

Mörck disen loffel der ist edel und gut dz obertail sol gemestriet
sin mit bretter bis uff den vierdn sprossen das du treibest an
die mure durch das stand gewaupnet lüt uff an die muren
dz hinder tail machtu uff hebn als dz vorder

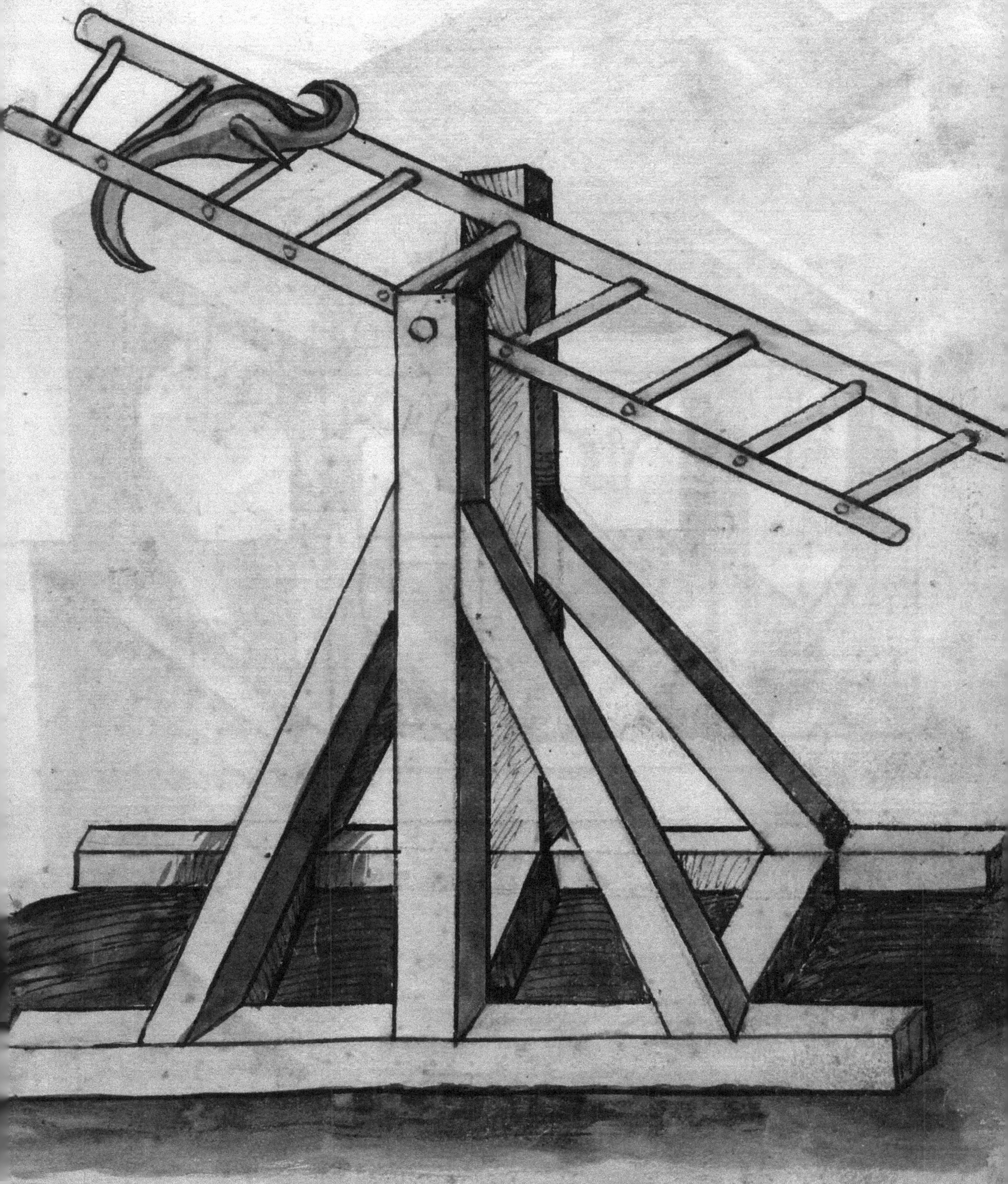

Mit diser katzen gewinnet man geschwind muren mit der höhi die obnan
uf gezimert ist henge der bruck mit de sail bis dz die vordren ysen
die mur begriffent dar nauch louffent die gewapneten in die muren z

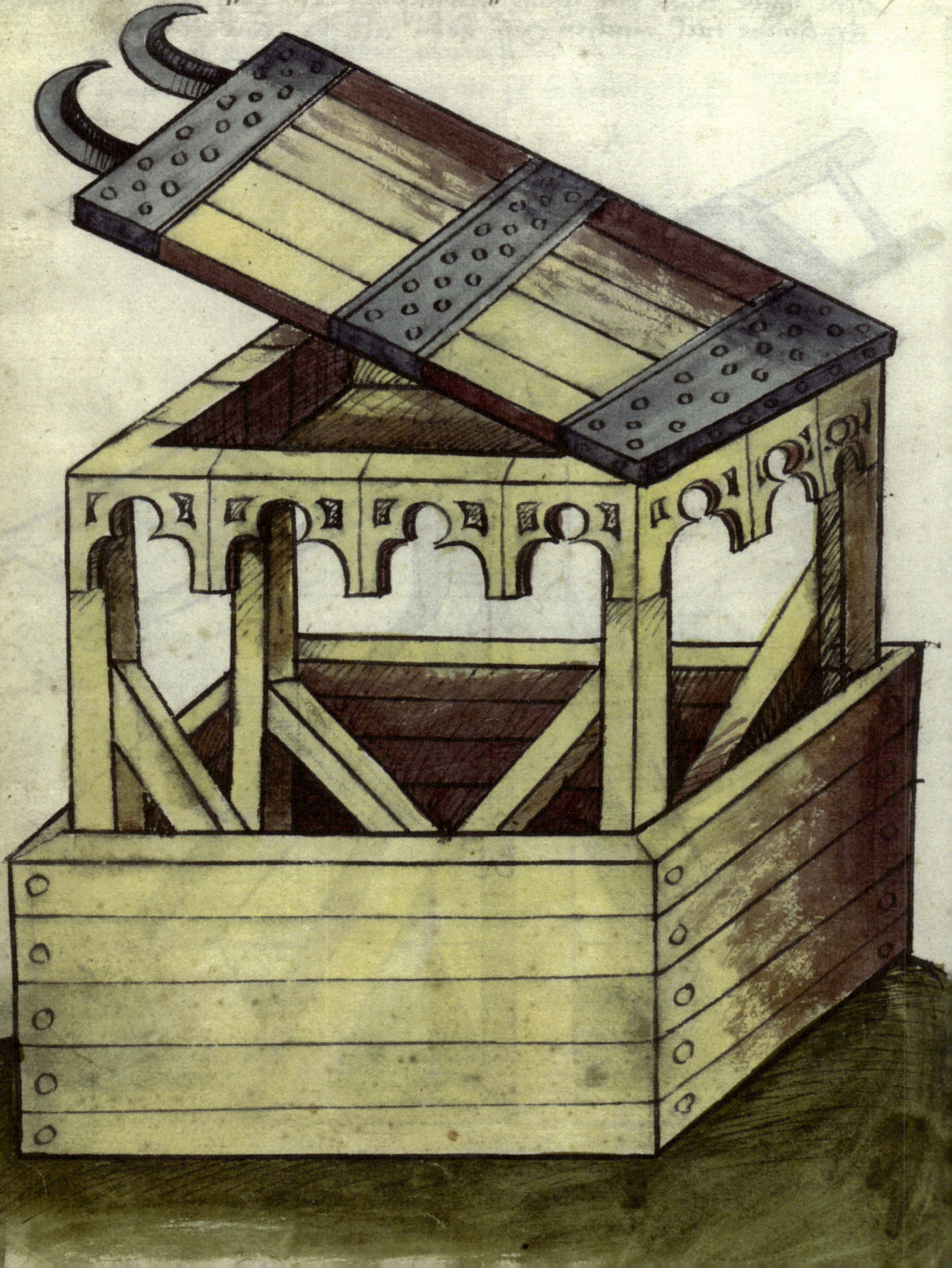

Diß ist ain hohi bruck die gaut über wasser und über alles gräben
die sol gezimert sin von hohem gezimer und sol die bruck dar an
hangen dz man sy uff wendig uff hebt biß dz die reder die reder
die statt begriffent so laut man die bruck vallen und mit dem val
begrift dz spicz ysen das ertreich und macht der hohi ebenhöhi mau

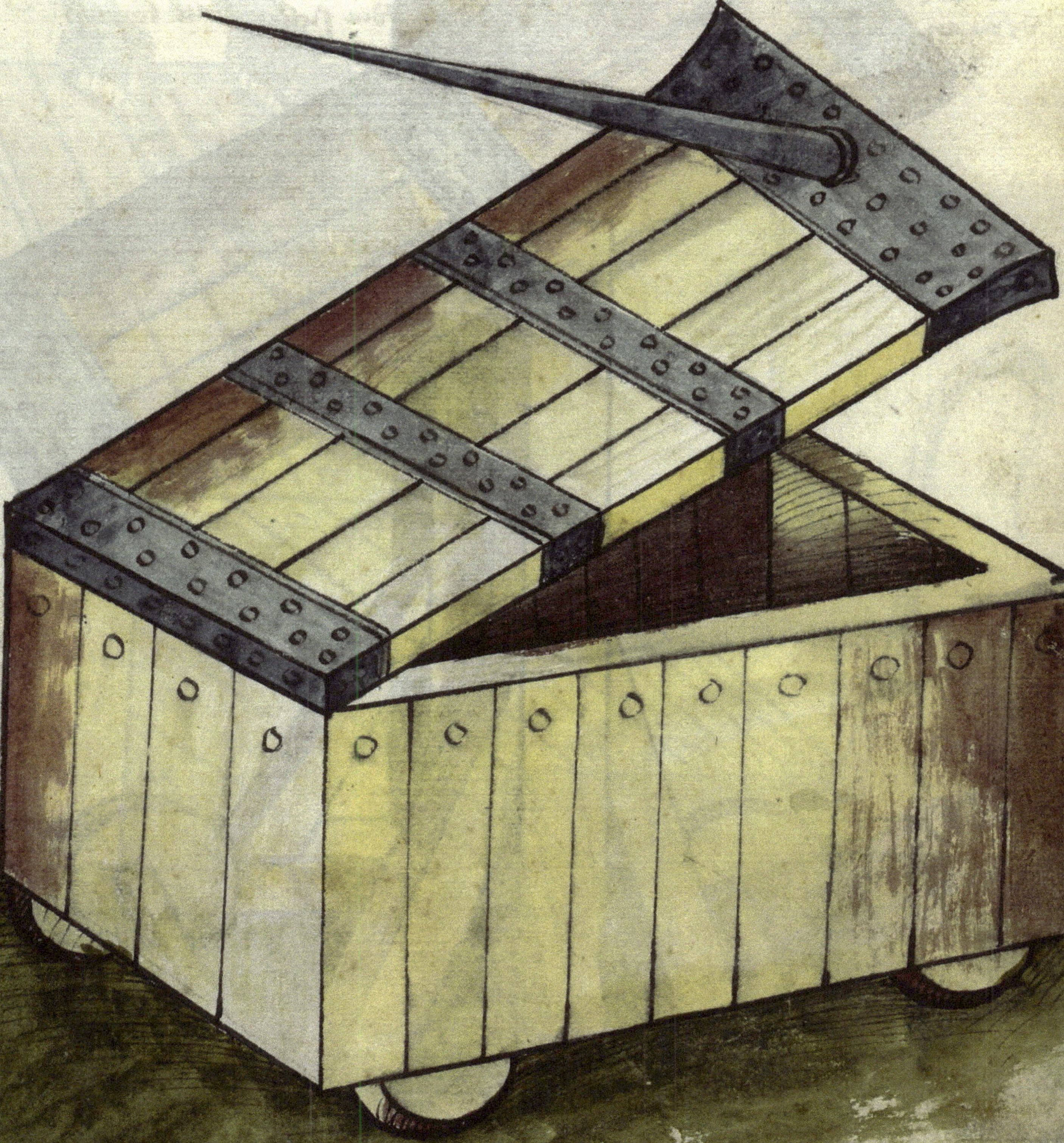

Diß haisset ain gnapper vnd ist ain hüpscher zug / Es gaut vff sechs reder
vnd staut vff zwain stelan an dem zü gon so naiget es dz houpt zü der erd
vnd richt den schwantz vff biß das es zü der mure kompt so richt es dz
höpt vff die mur vnd rürt die erden mit dem schwantz vnd die dar
vnder sint die schedigat die vf den muren dz ober tail vo dem gnapper
sol gevestnet sin … mit leder mit mist vnd mit grünen hüten das
mer halb masse … für noch geschütz mit schaden muge vnd man
den hindersich … zuchet so zuchet sich das houpt vnd vff
die erde … vnd der schwantz über sich vntz
dz da an … die sicher statt komest

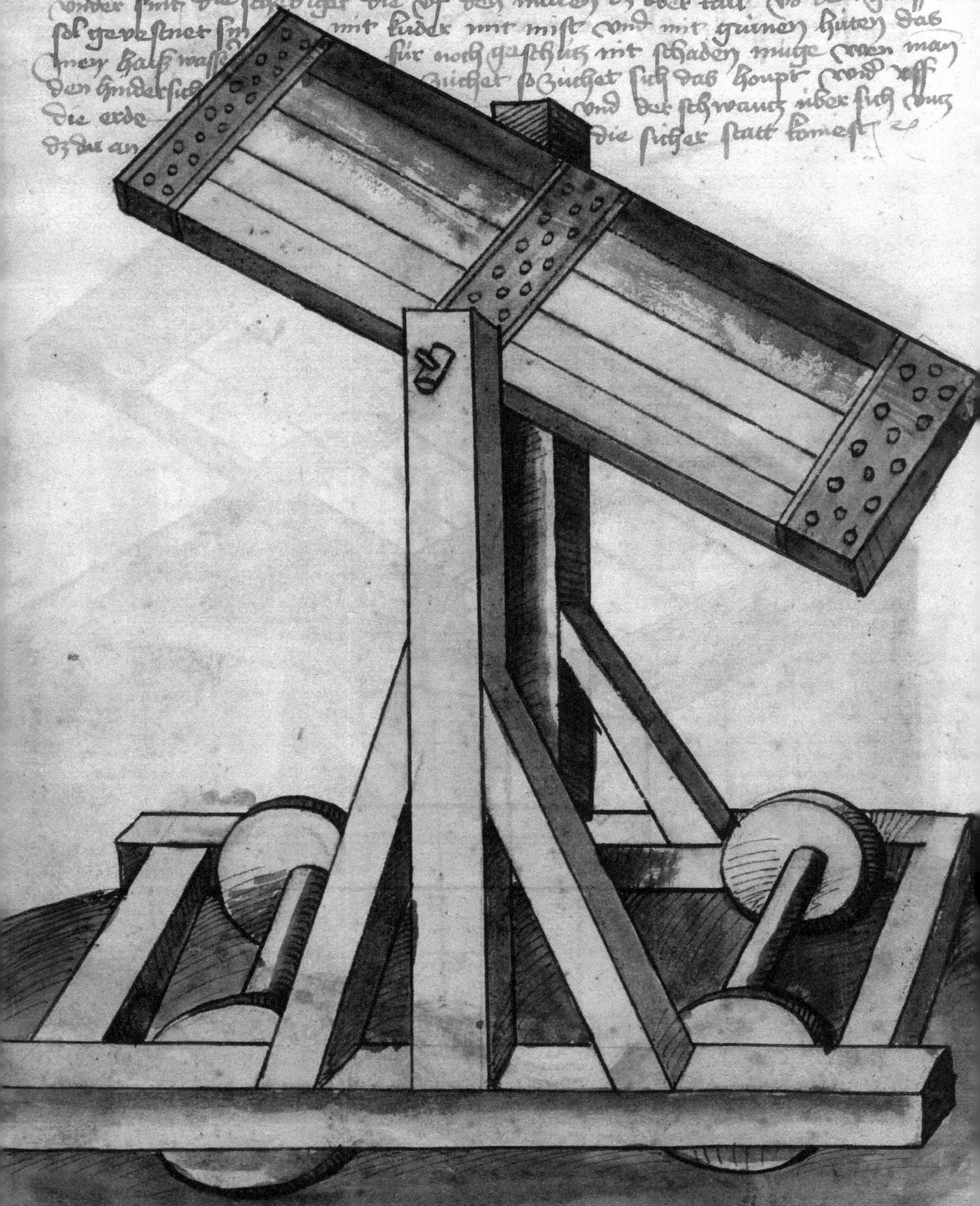

Dise gegenwirtige hohe beschirmet das volk in wendig hindenan und
vornan und ouch obnan

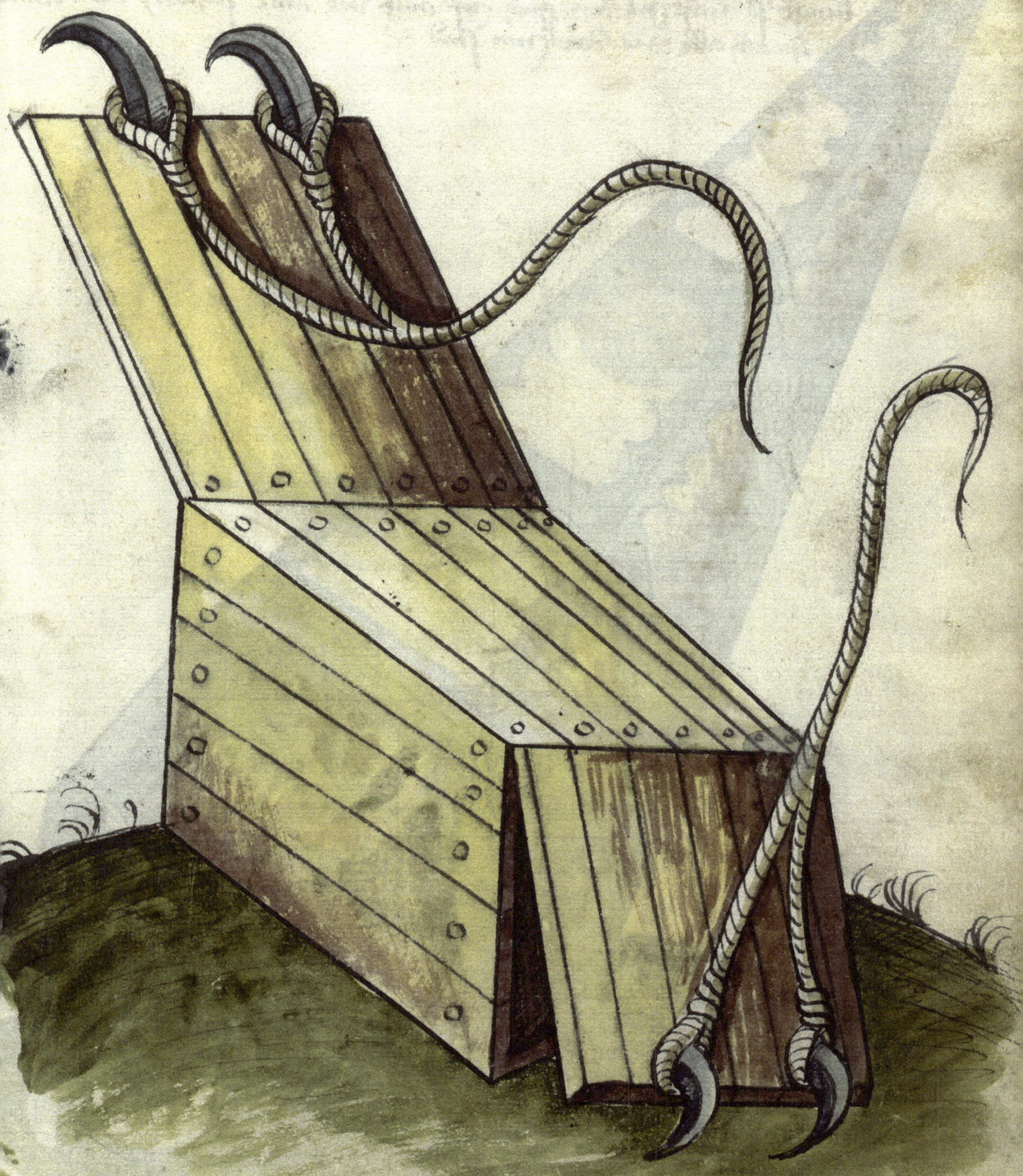

Das ist ains münches kappe die sin hindenan uf dem ruggen hät die
fürt man uf den drin redern ains vornan unde de spitz und zwai
nauch gende / obnan sol sy überschopfet sin mit leder und überdecket mit hüte
und andren dingen die dar zu gehörend / es sol mit starkem holzwerk
zesamen gefüegt sin übergelegt mit ysen das es notdurftig ist das im
schwer stain oder starck geschoss nicht schade wan du an muren
kumst so richt in den spitz uf mit der aine schiben dem klaine
gmach alle die dar inn sind

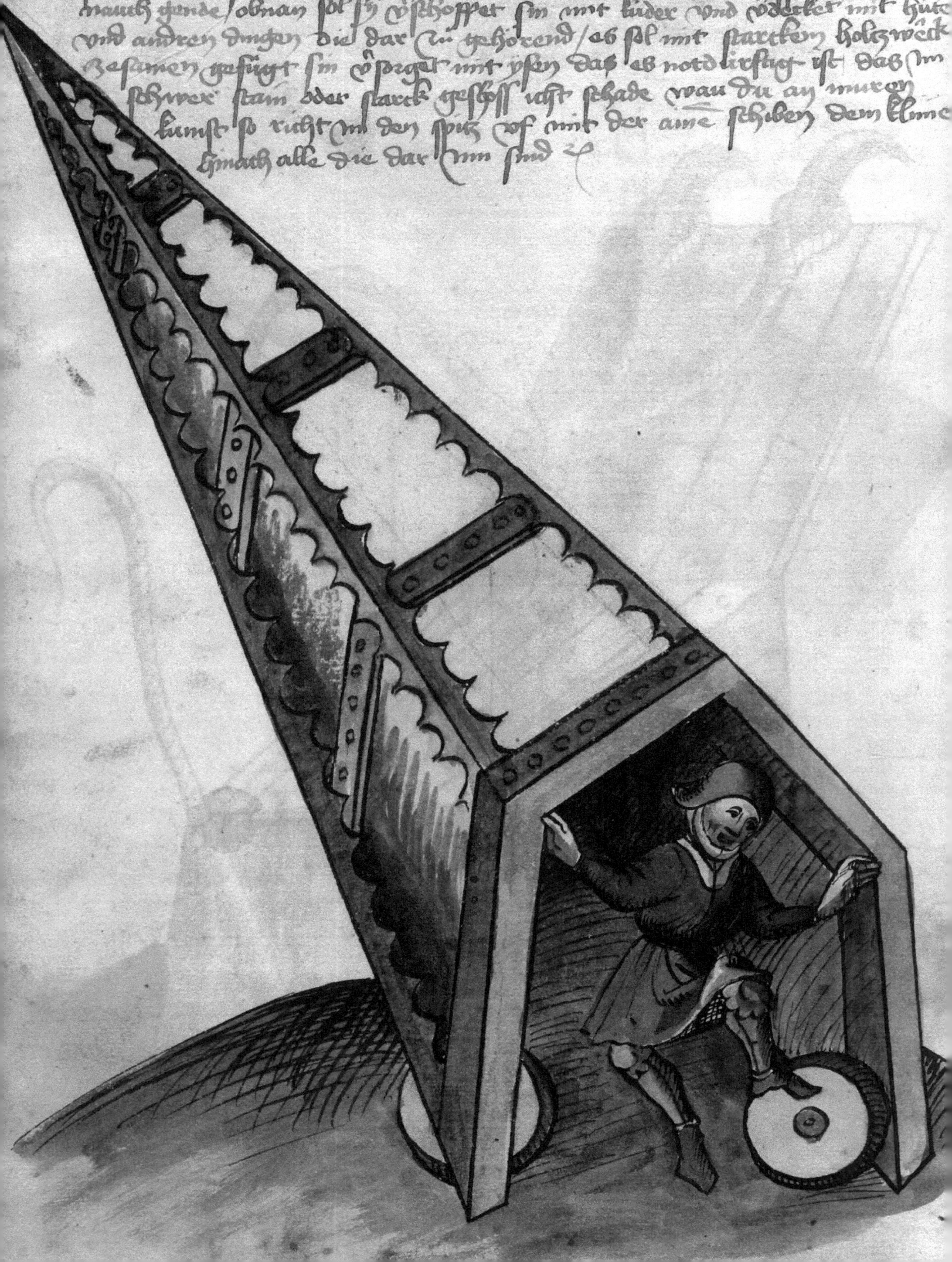

Diss ist ain brot das man haisset bis cott und ist zwürent gebachen brot. Es ist nutz uff schiffen und in gezelten es belibt gar lang zit gůt one schimel

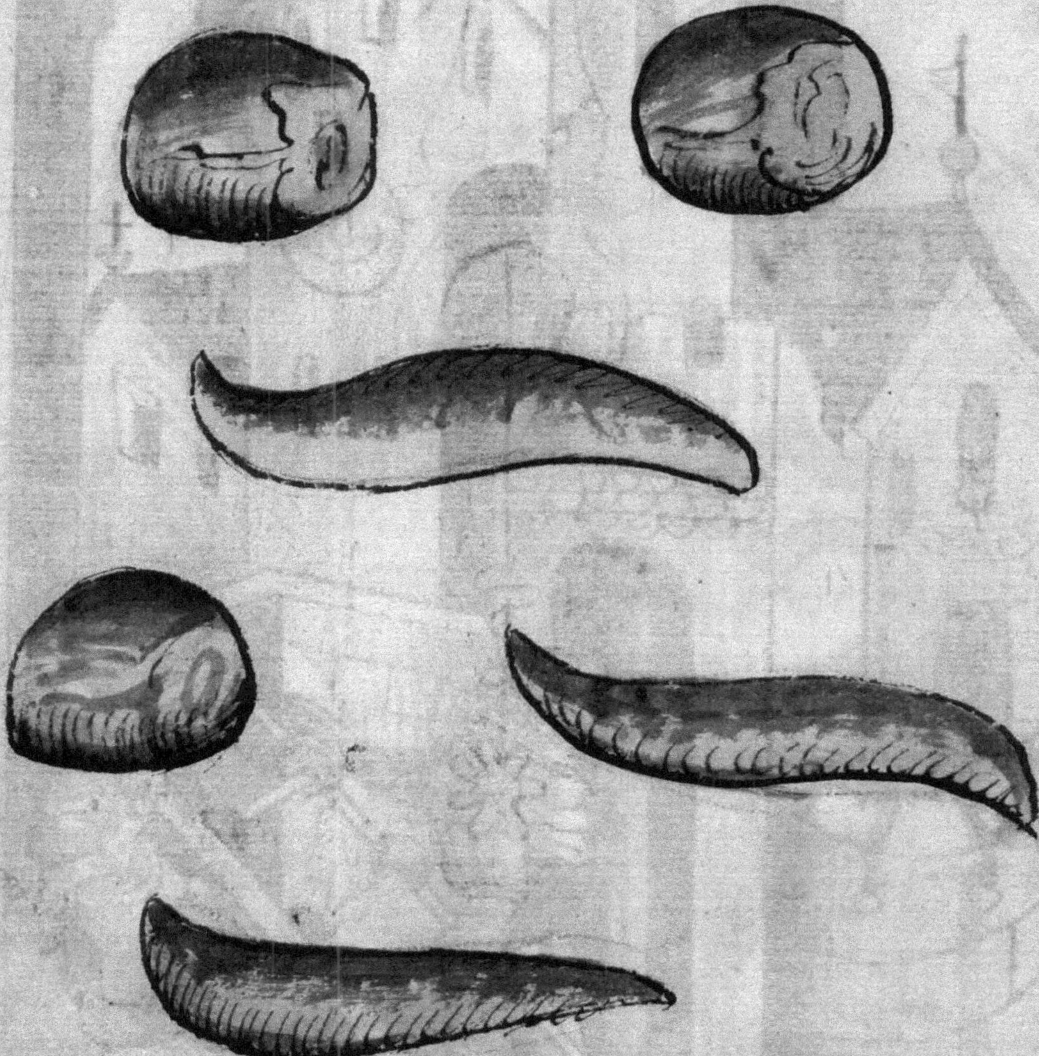

Diß hultzin lait inwendig gemachet mit schiben sol sich zu der
mur fugen mit aine angeschlagne sul / der nach sich an bindet
die stuck wo der lait wen du die ablegen wilt so ledige dz
lincketeil wo der laitn mit dem vordern sul so ist sy ledig

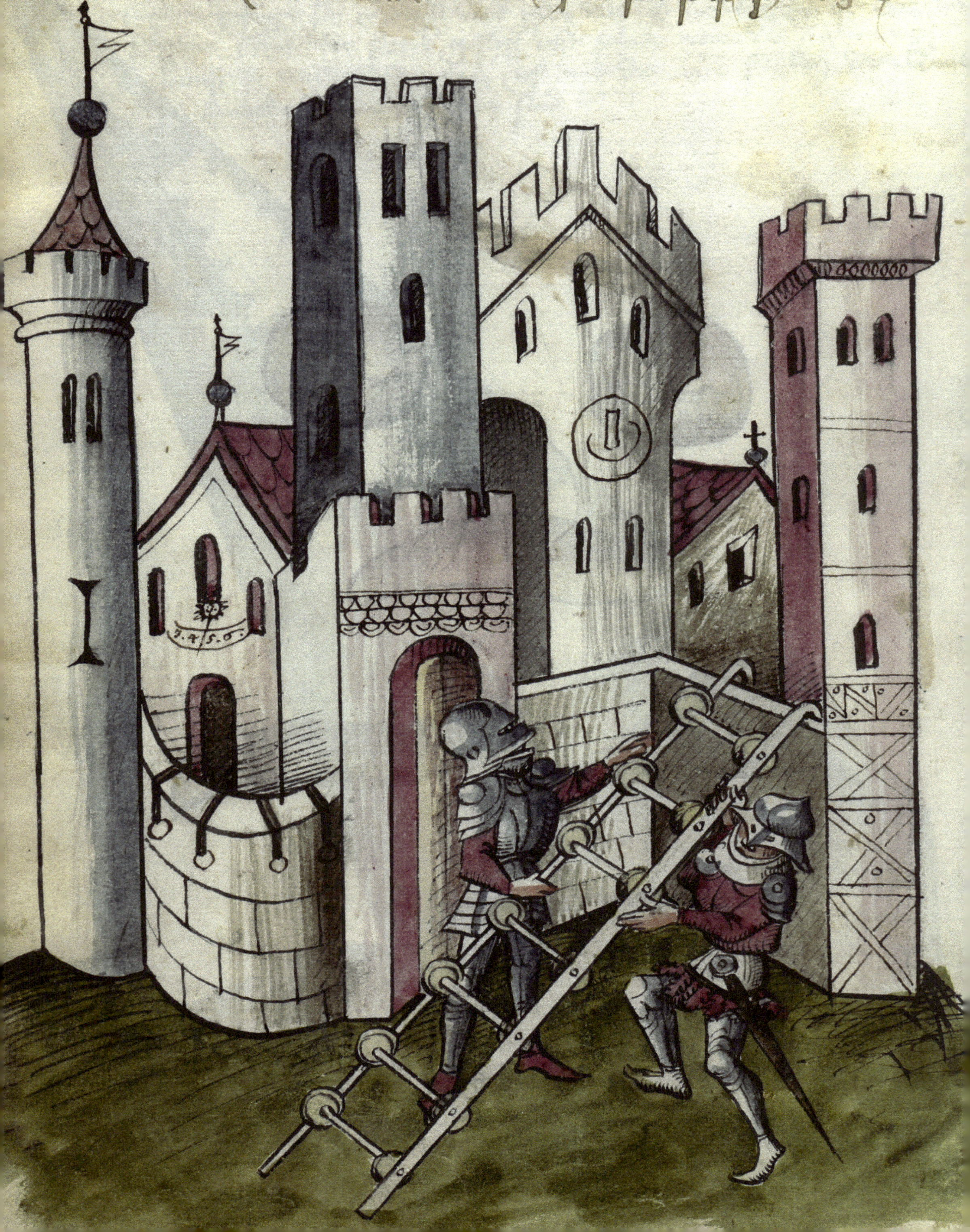

Dise ysausel ist ain messer wen du wilt und diser näpper boret durch ain zwifalag blecht zc

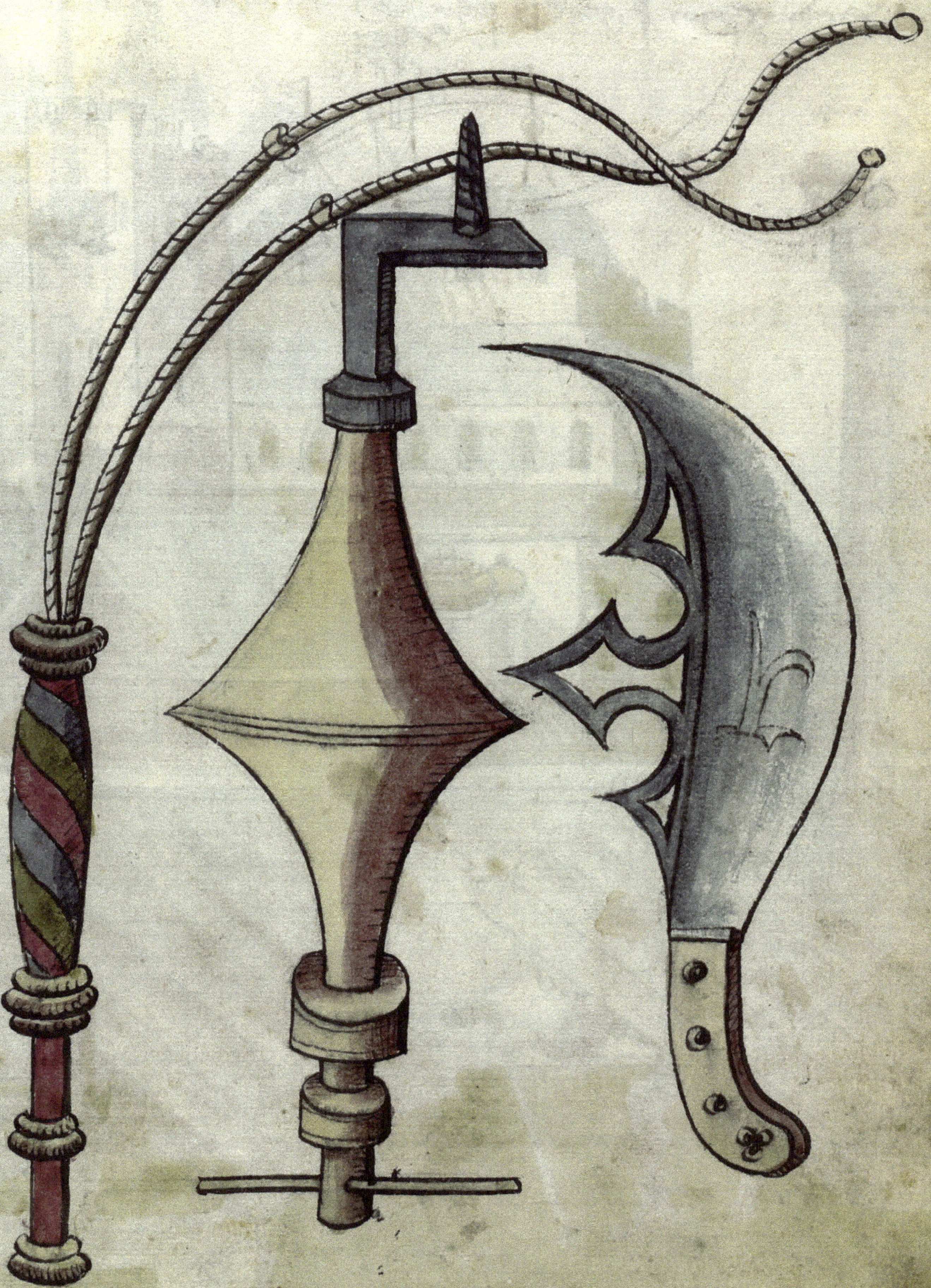

Du solt mercken am zu gan mit graben du solt grabē krumbs vm
widen und fur dar ober ainen schirm setzen der sich fur mit langē
stangen die graben beschuttent dz volk vor werffen und gand sicher
zu und wenne sy wellent abtretten so söllent sy den schirm nauch
inen ziechen so gand sy sicher

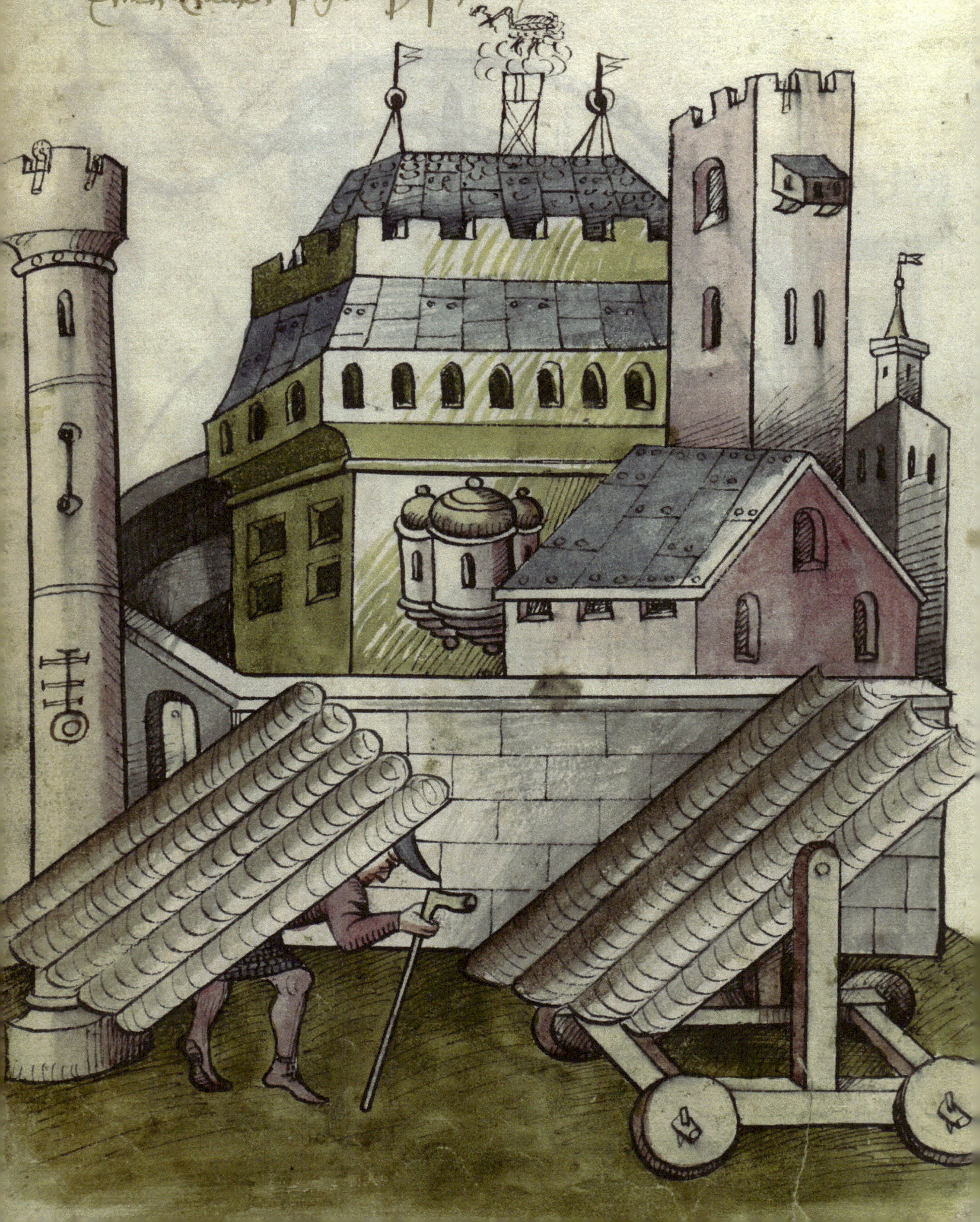

Diß ist am tötlich wer kleine stoß kerrlin gefüllet mit staine
vornan mit scharpffen ysen die berg abgelouffen den
selben mugent gewapnet lüte nauch louffen von di
wegen wüstent mit den scharpffen ysen waz vor in ist

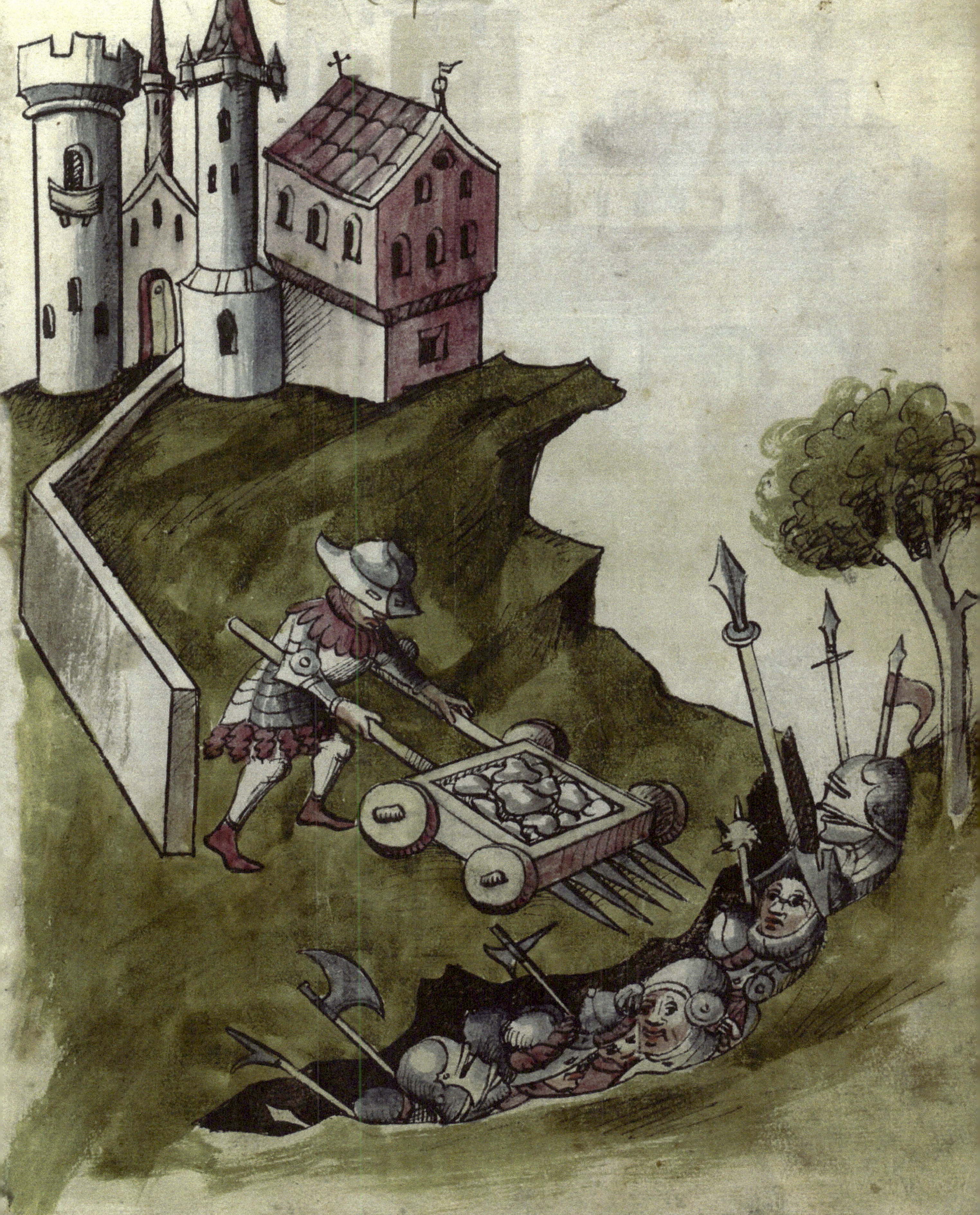

Sihe den in gang in den vestinen mit körben die stotzen dar und söllend in die spitz der körb gan.

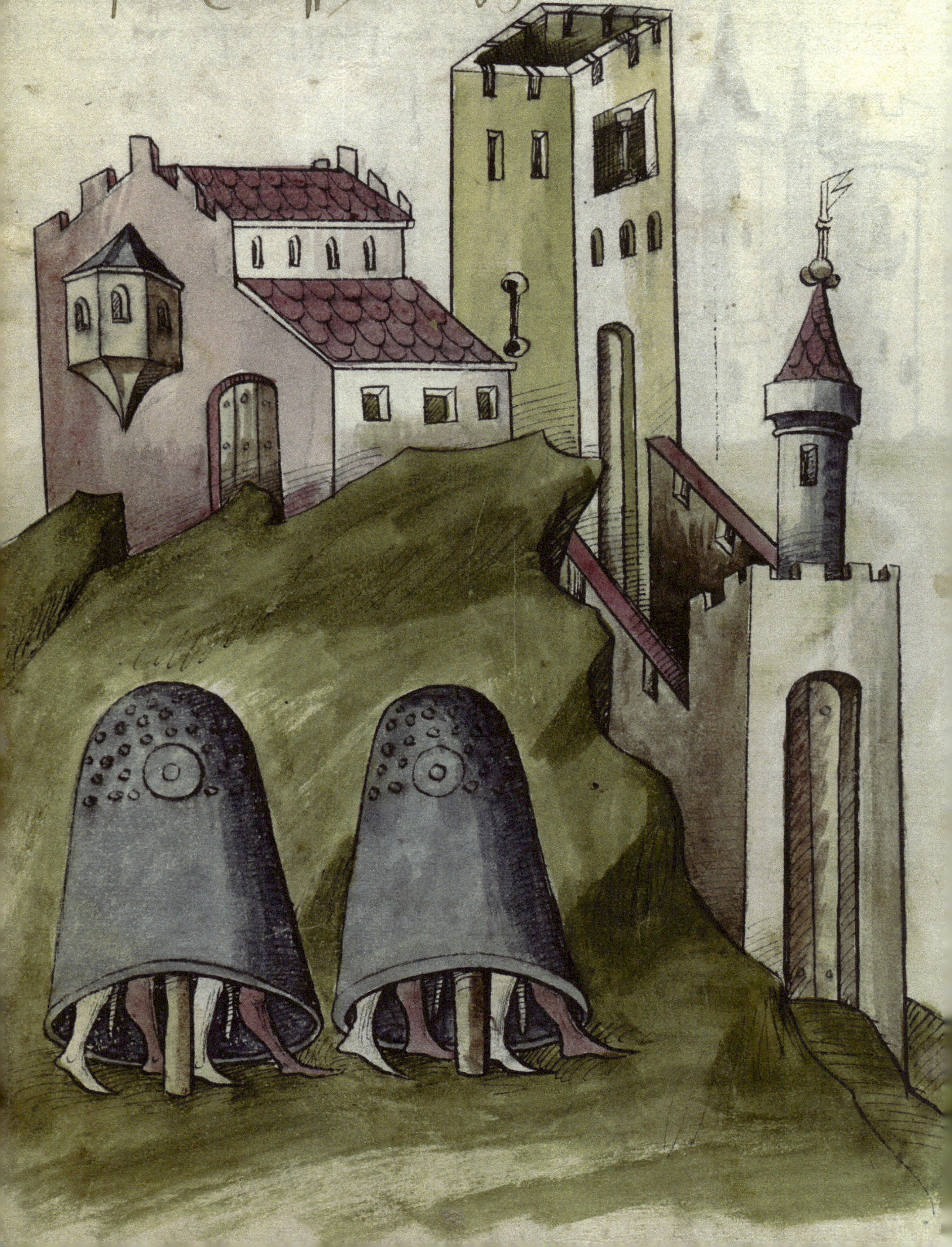

Wa ein vesten vnd ein hulmen volk gesamnet si die du sust nit
über winden mugest da soltu bett ode kussi mit fedran nemen
Vnd dar zu stein vnd pesil vnd zund es an so der roch da von
gaut so ersticket ~~vie~~ die in den hulmen sint also kumpst du mers

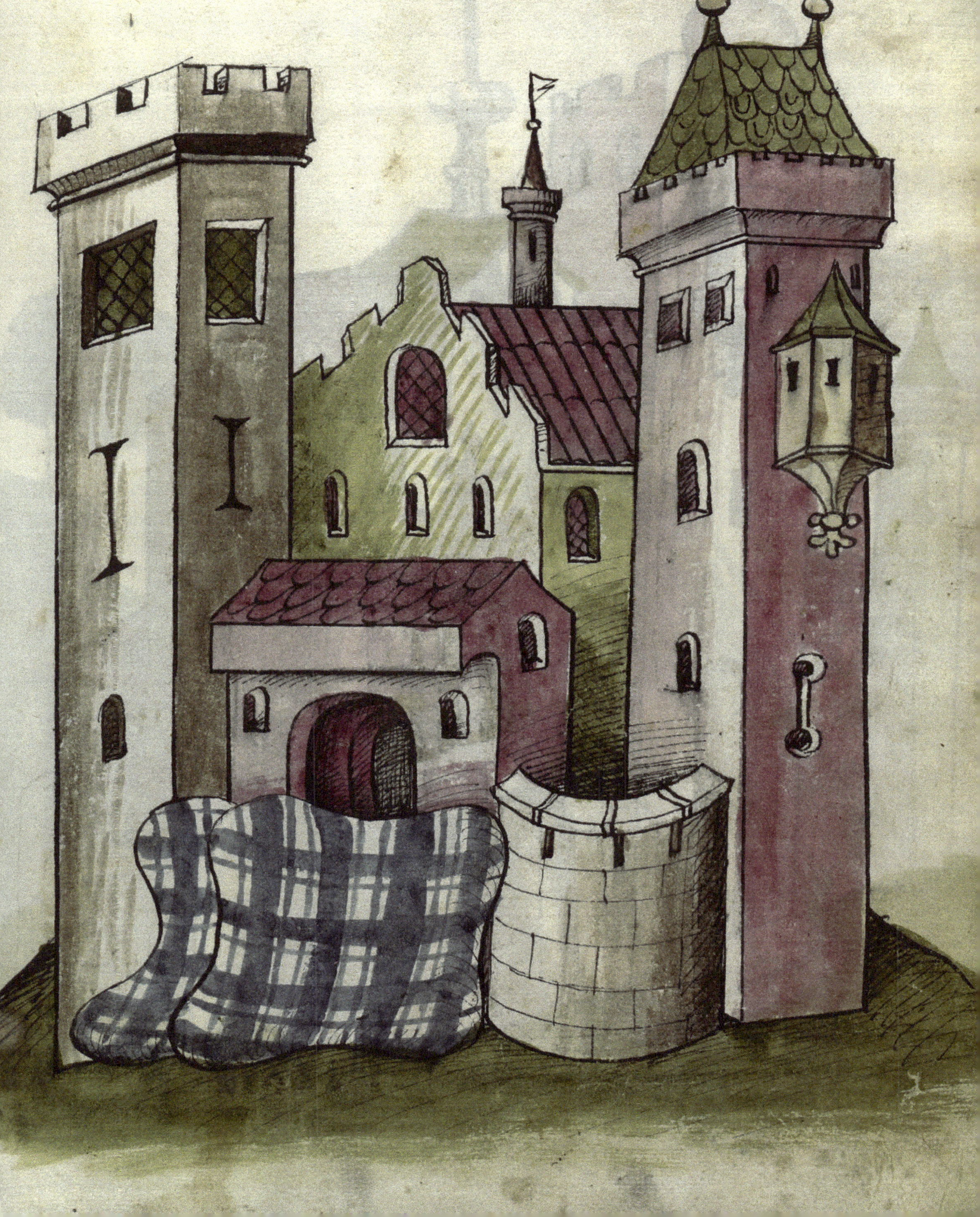

Du macht machen ain liecht vff ainē turn vnd dar vber ain laterne
vō roten glaß mit ainē langen halß setz dz vff ain egk vnd tü ain
gros liecht dar in dz lüchtet vil milen vō dir

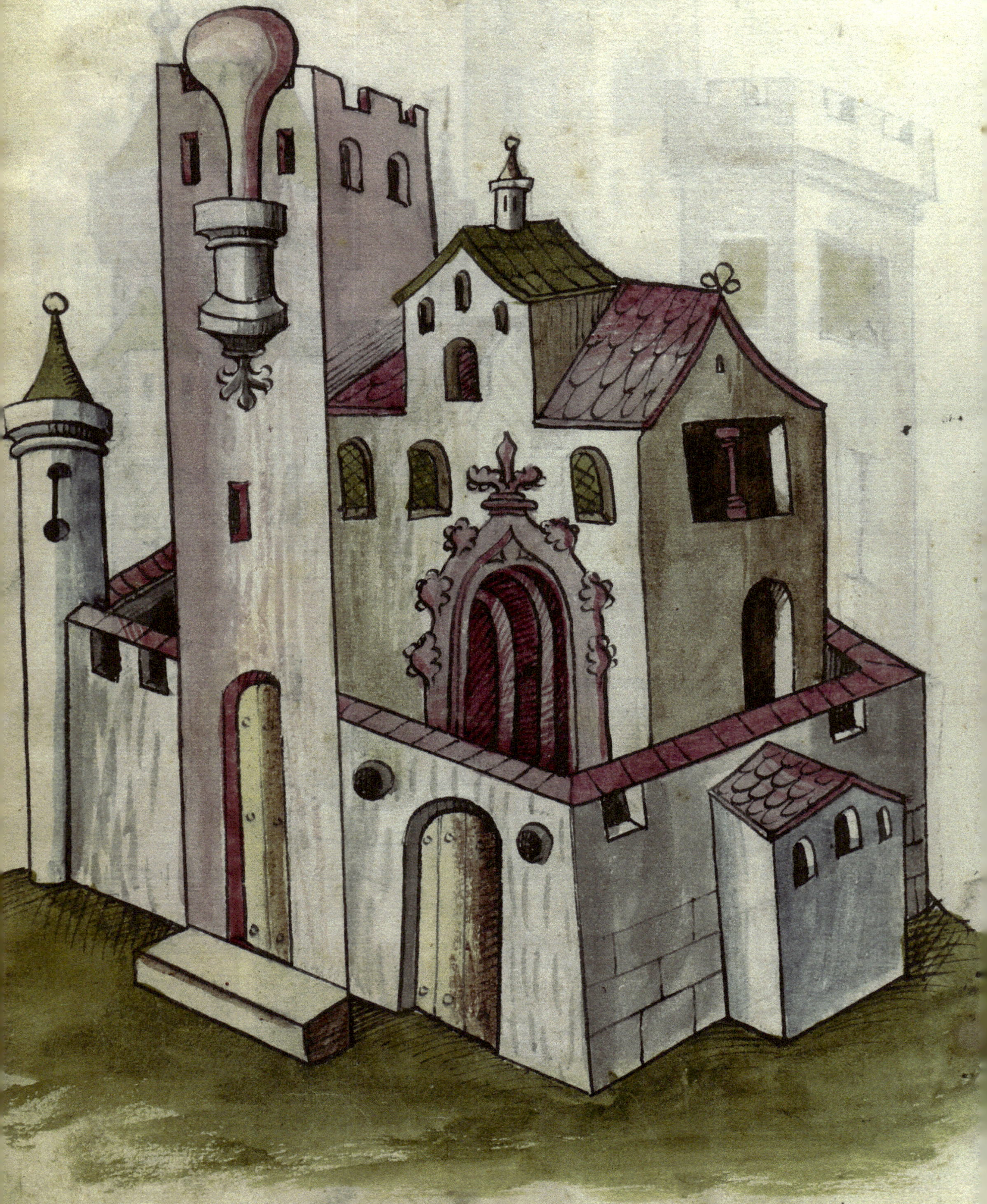

Vfgerichte gezelt ein machst du vestnen in disen weg mit hölzern obnan
mit geschmid gespitzet vnd in die erde gesetzt mit der klugheit vber wond
die turgen den kung von vngern.

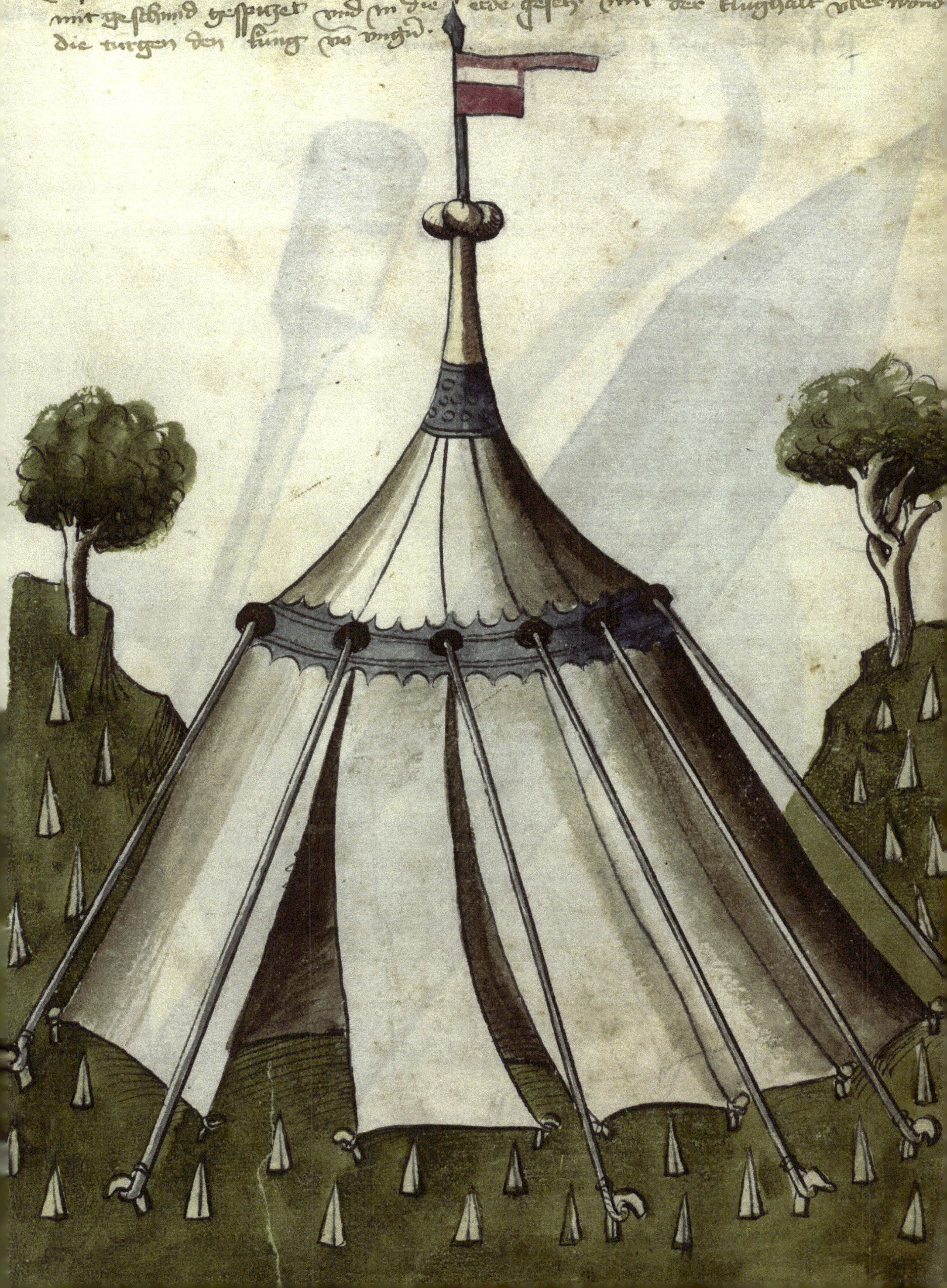

Dise wikele sol von dem besten stahel gemachet sin mit aine zwifal
ruggen und in wendig hol un mit bly gefullet die selbe wyle wile
si haimlich und si lust dz es nieman gehören mag

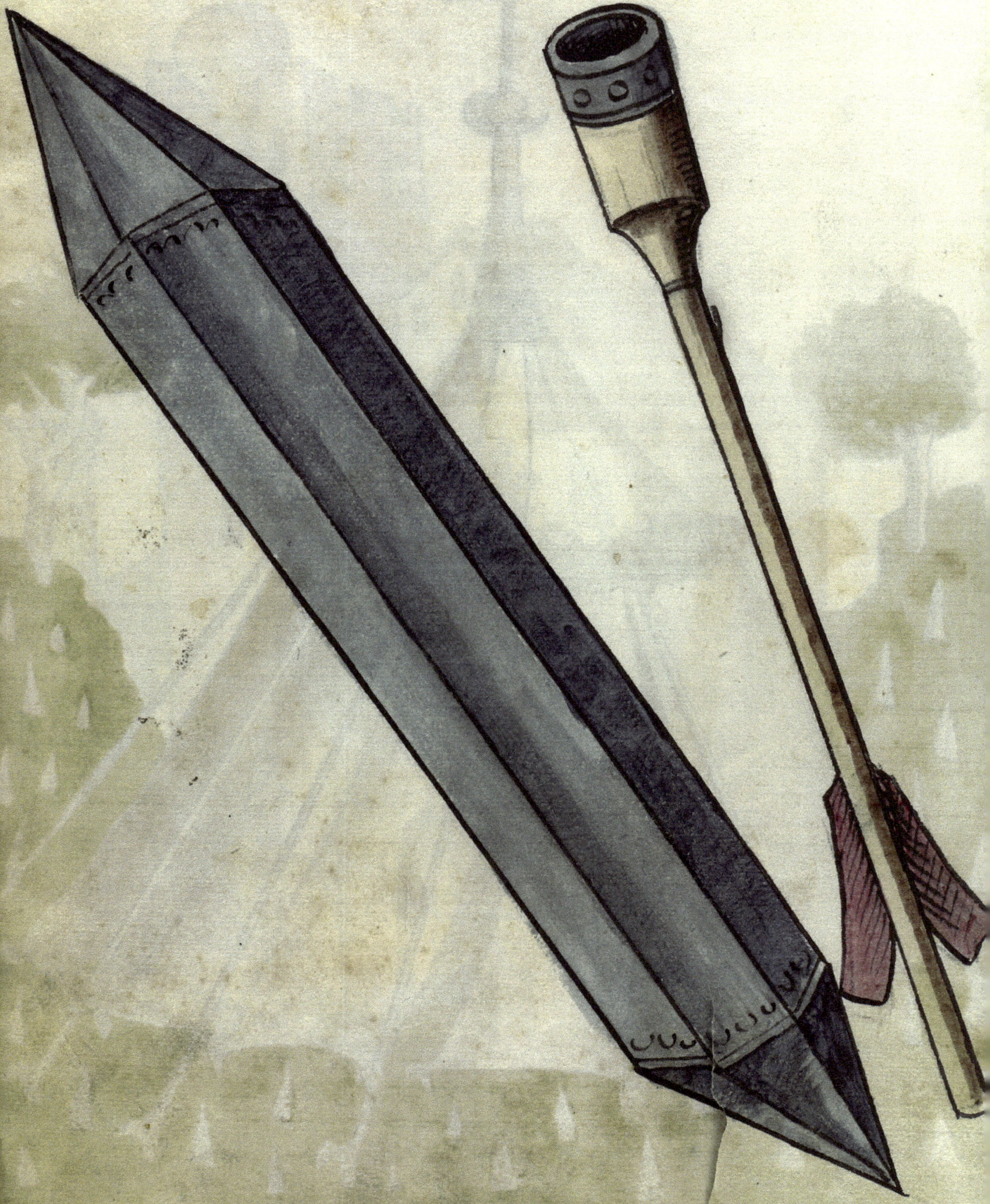

Ingenium pulcherrimum quo probant equestres vide quod considera quantum quod quo quando ferire quando placeat retrahe funiculo pro

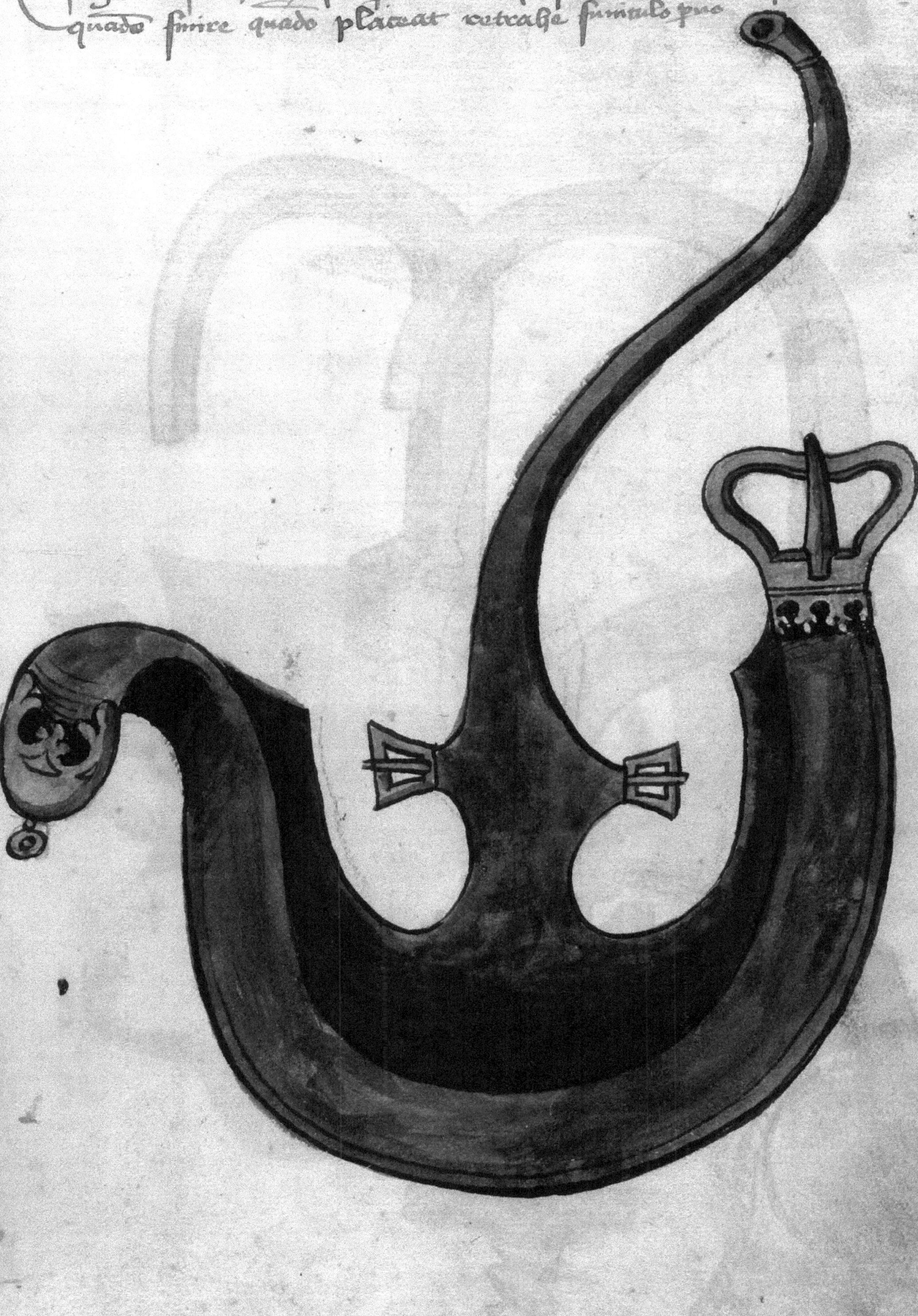

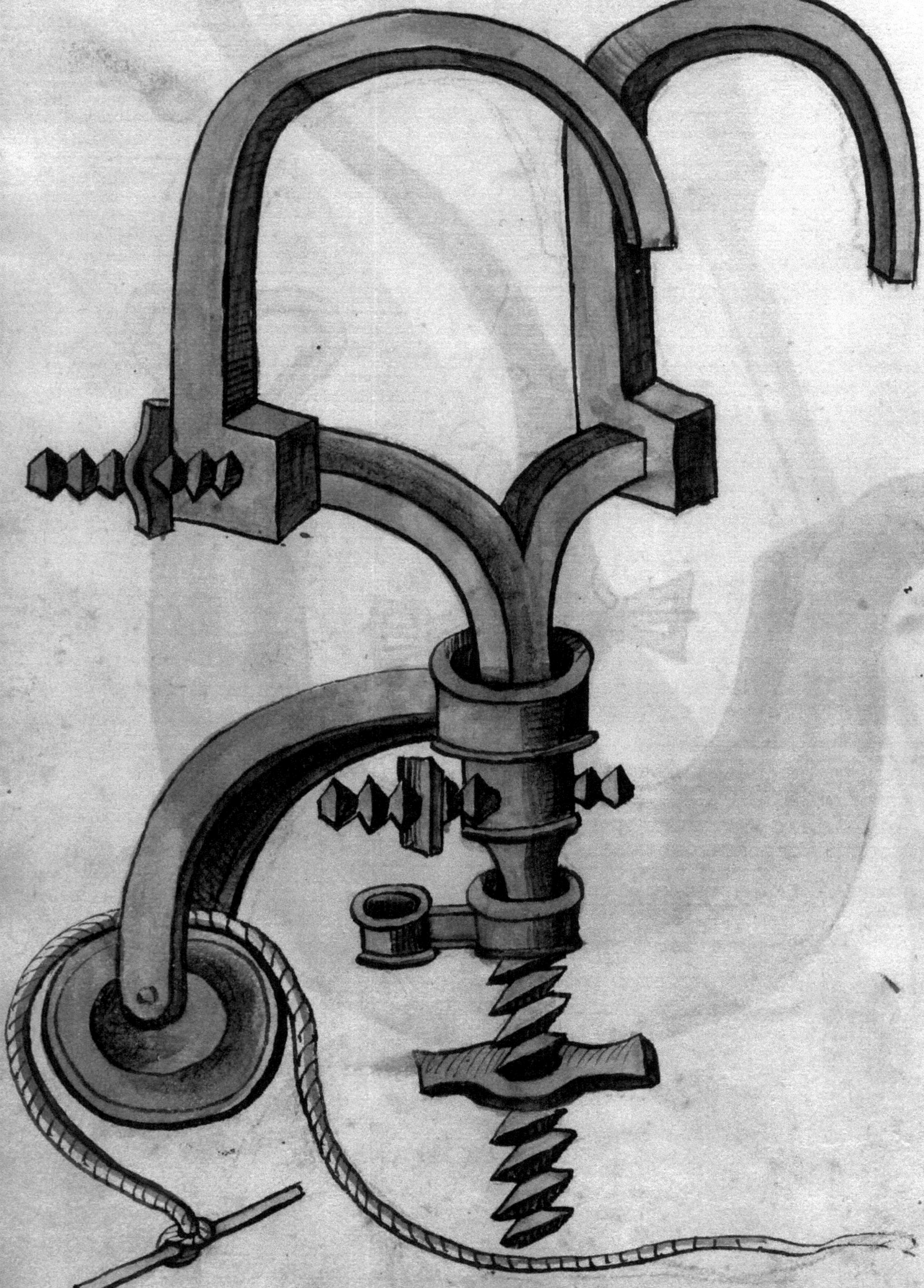

Diß ist ain zug mit dem du schwymmen
maht bind es für den buch des
schwantzes hopt sol hangen die
band sullent lini sin vnd die
ringgen gesmyrt etc

Du gaust oder schwimest mit
disem zug über ain yeglich wasser
du solt war nemen dz hopt vor
nan die hend vnd die ringgen sint
vdeckt vnd diser zug gemachet
von bukinem leder vnd die band
sullent sidin sin etc

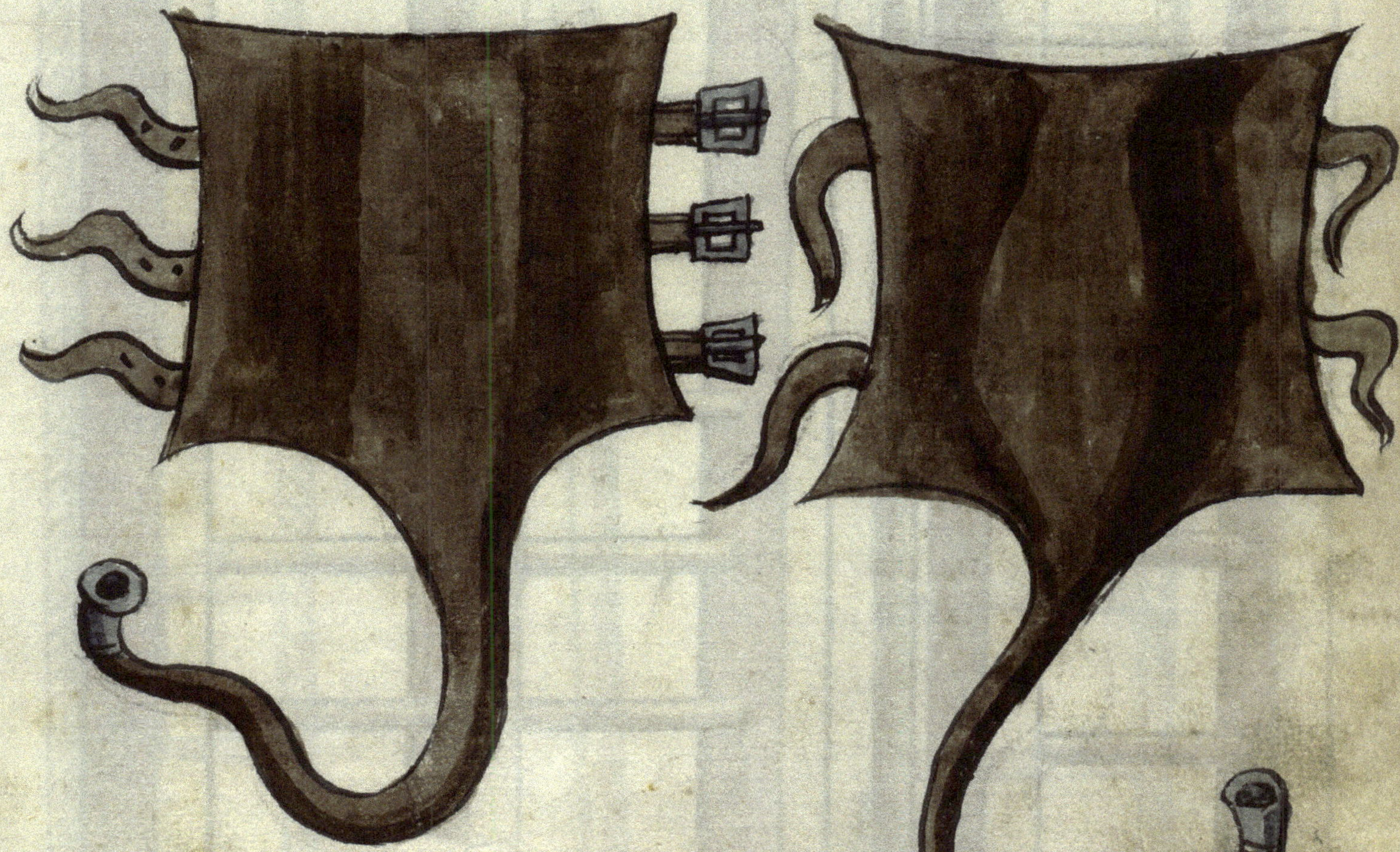

Dis ist stigen mit der lait mit ainualtige vnd zwifaltige fusstapff
vf gan vnd tribt sich vf vnd die lang zwifaltig gabel vfentha
die lait vnderan.

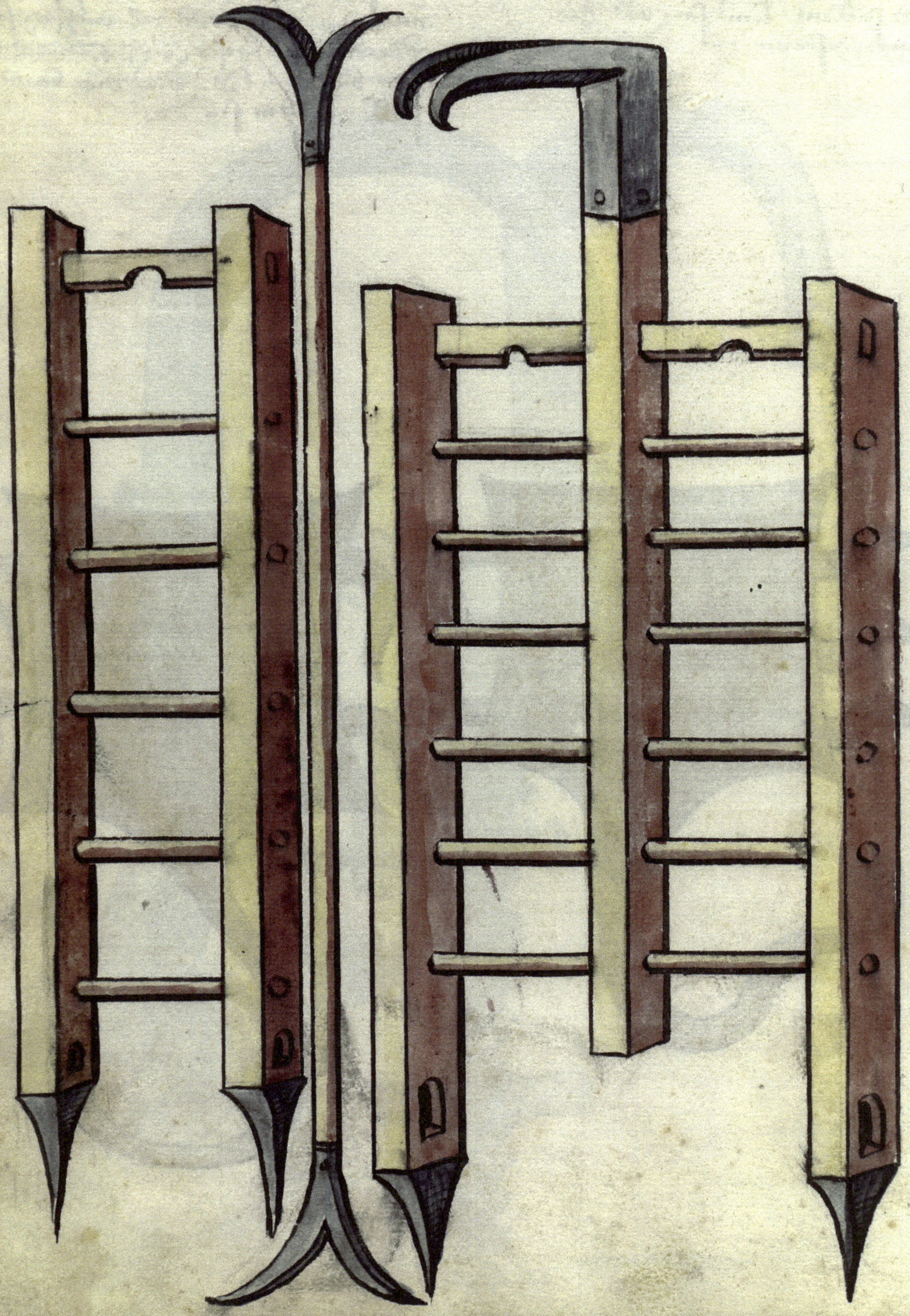

Dis staglaitern sind von sailen gemacht die sollen mit diser langen gabel anschlachen

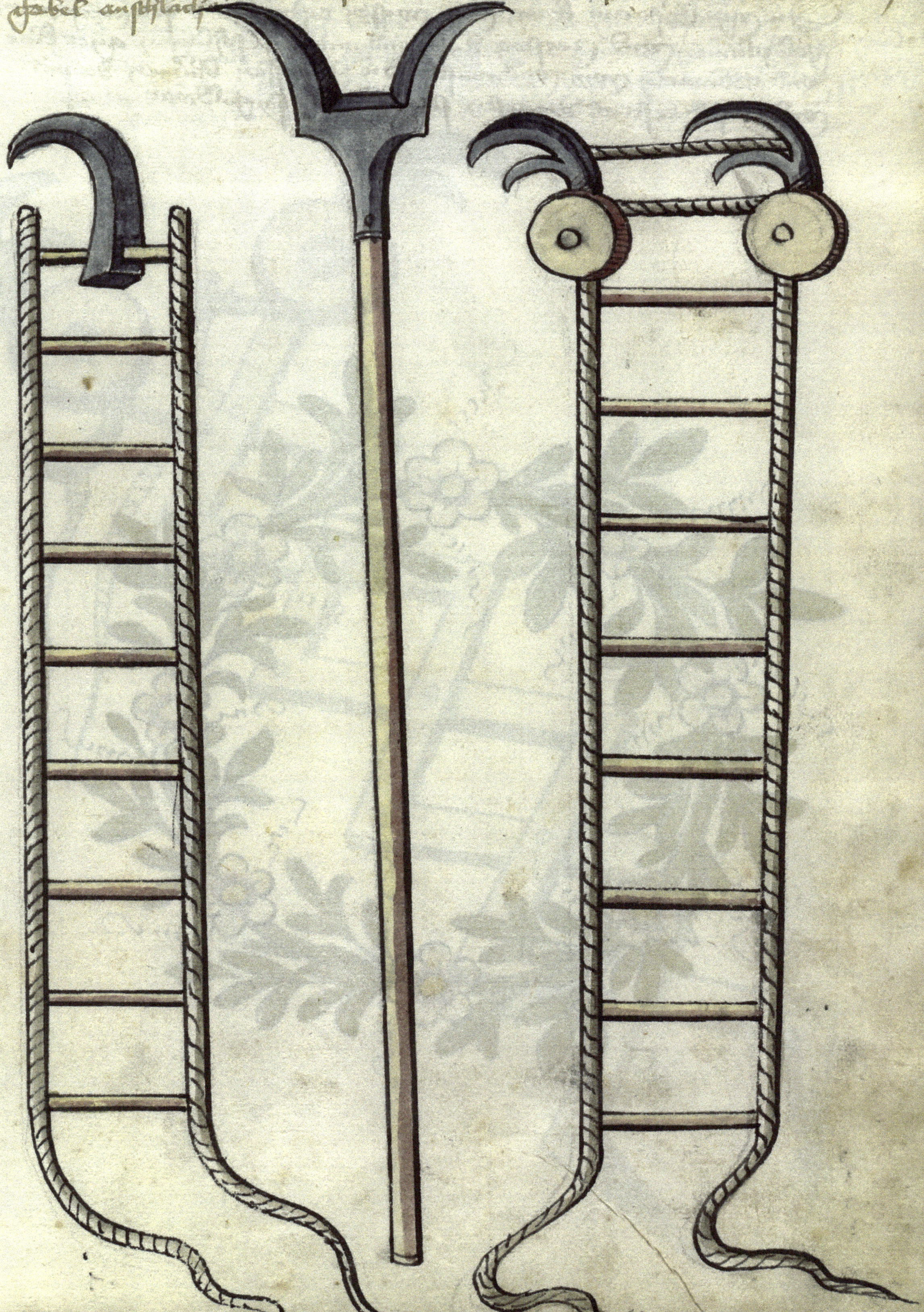

Du vergüldest ain krantz mit weissen rosen In disen weg nim goldplumen und zerstoss die und nim zerschlagen ayer klar und gebrentten wein und mische die zestossen plumen da mit und ~~bestrich~~ bestrich die rosen so werdent sy goldvar

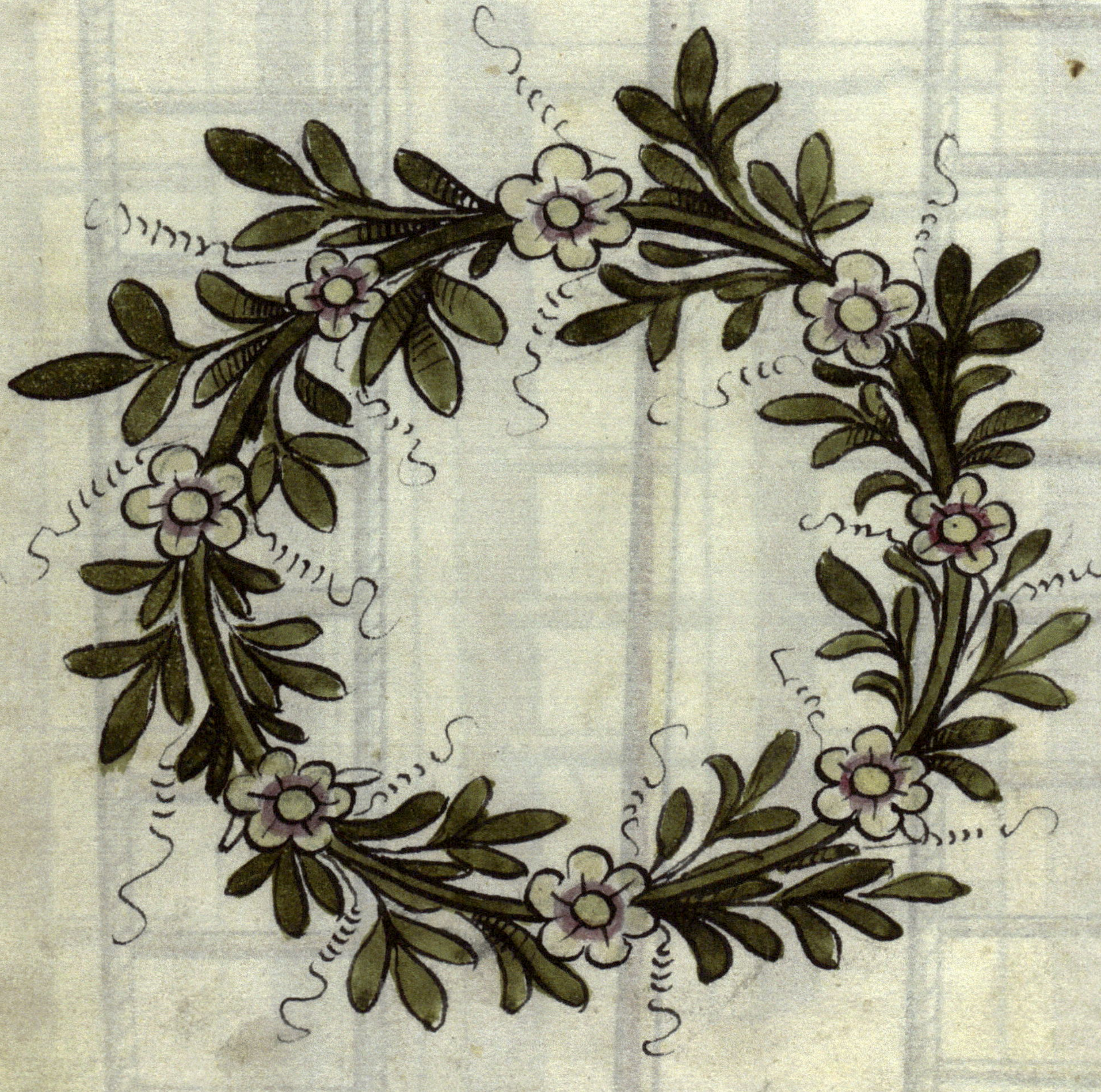

Diser schlang ist funden wid grossen gebresten won er klimet
vff zinnen vn vff turn wen man in vs wendig stecket
so gaut er mit den schiben vff dar nauch sol man in vm
keren biß die haken die vestinung begriffent vn die spitzigen
ysen vnden in die erde gand etc

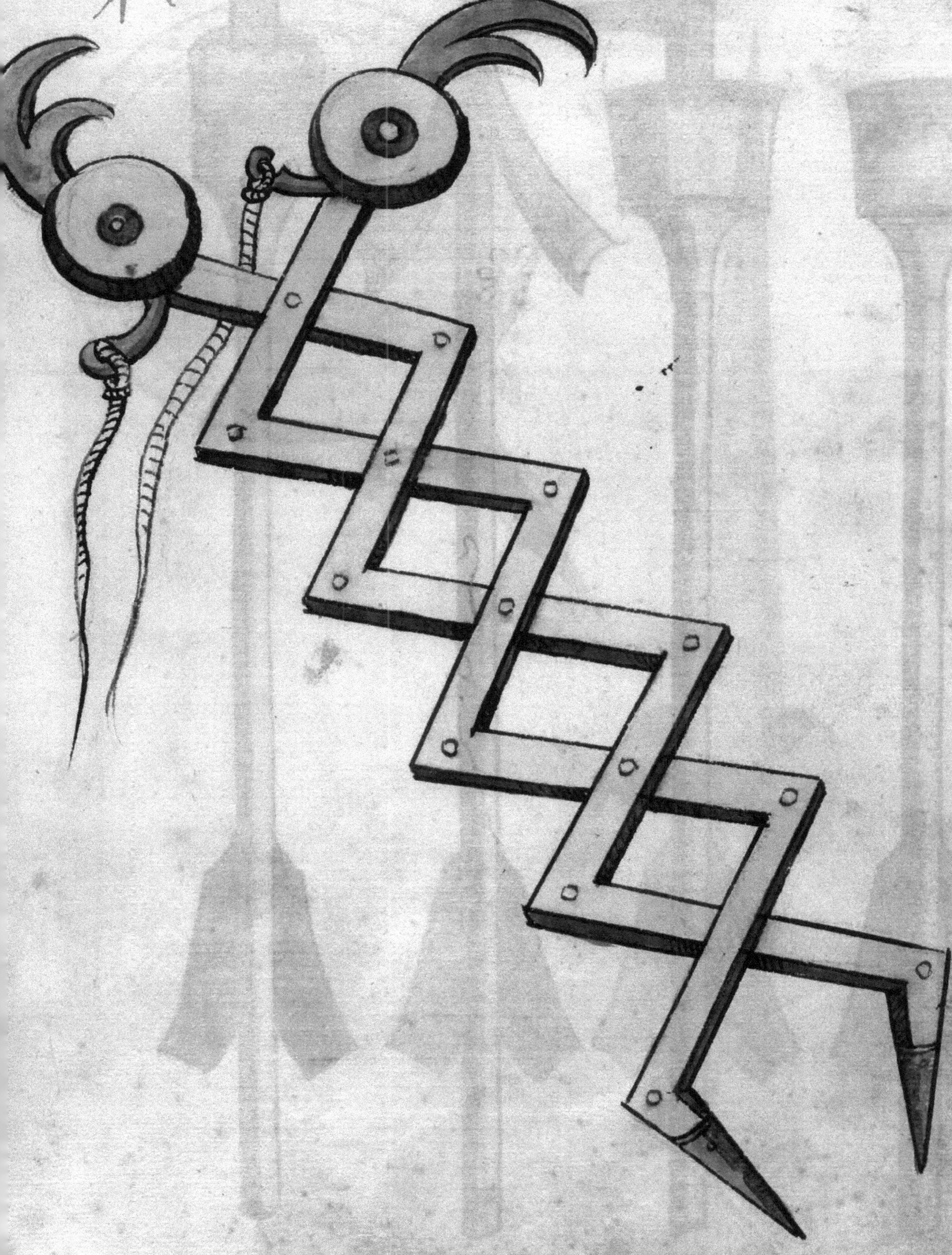

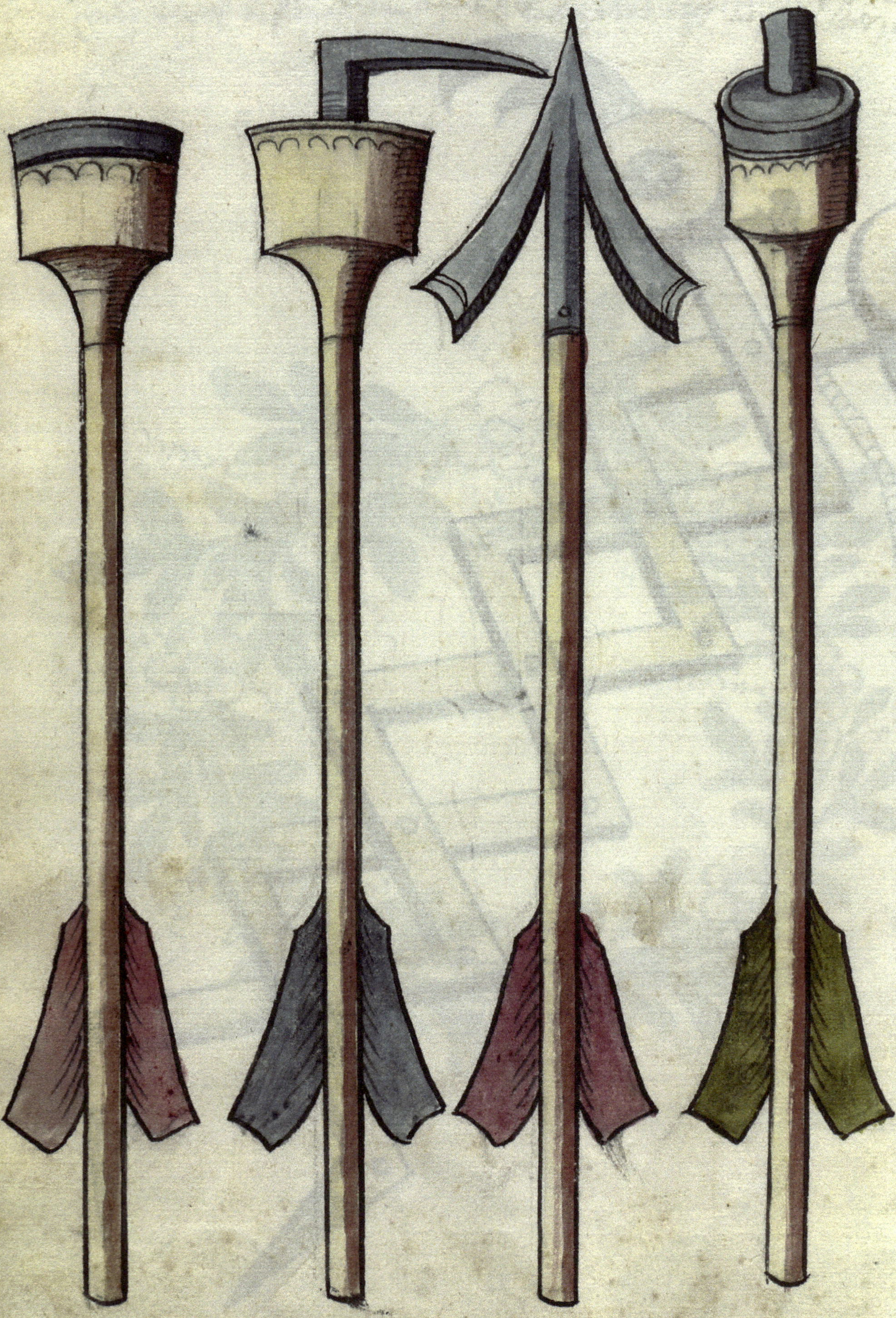

Diser tegen sol ain klingen haben vier hende lang oder mer ficht mit dem tegen in der rechten hand mit dem sinwelen schilt in der lingen hand.

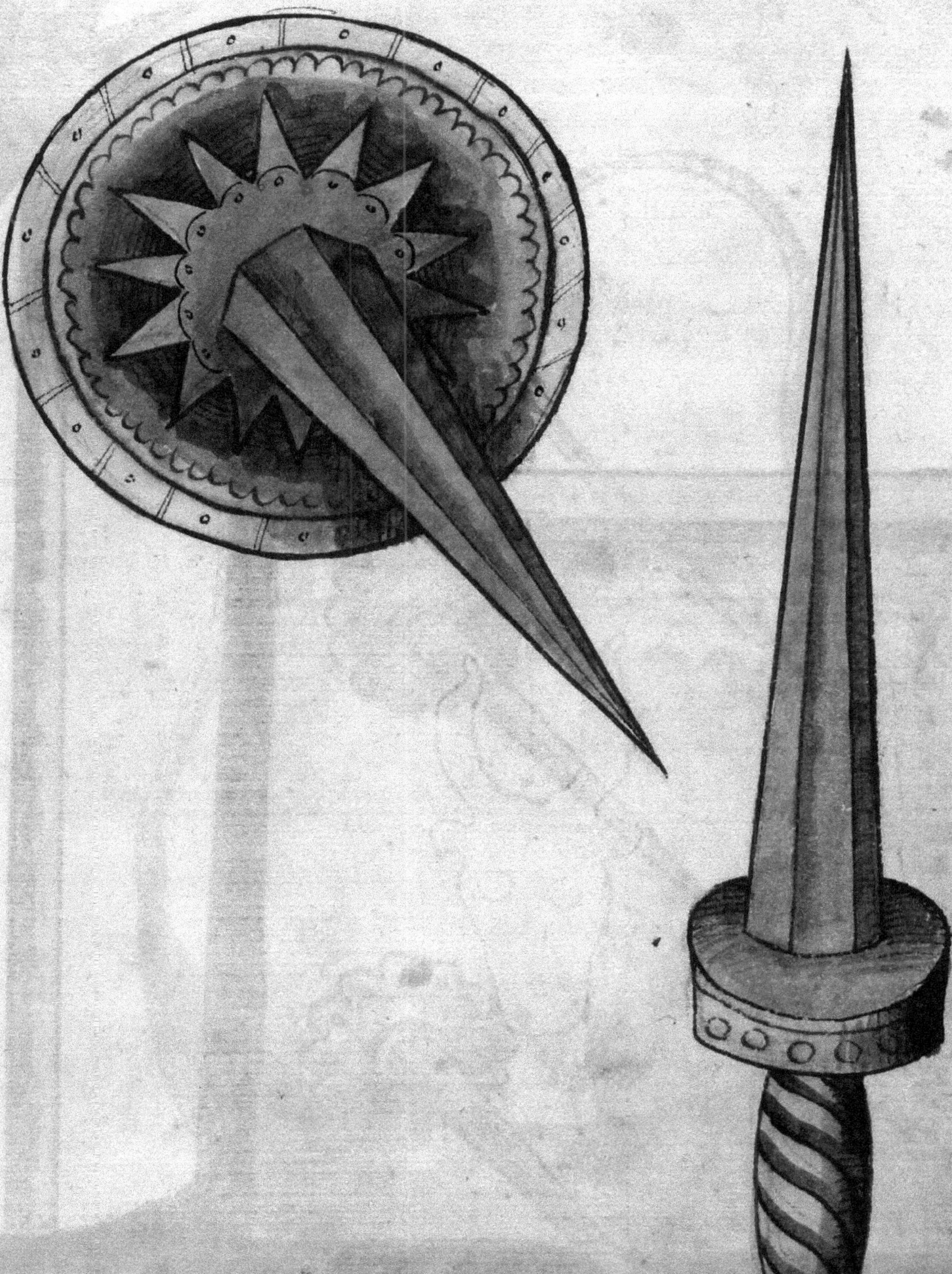

Diser gros kolb hört zu dem schilt du solt den schilt in der
lingken hand füren vnd den kolben in der rechten hand vnd mit
inen baiden vechten stechen vnd schlachen

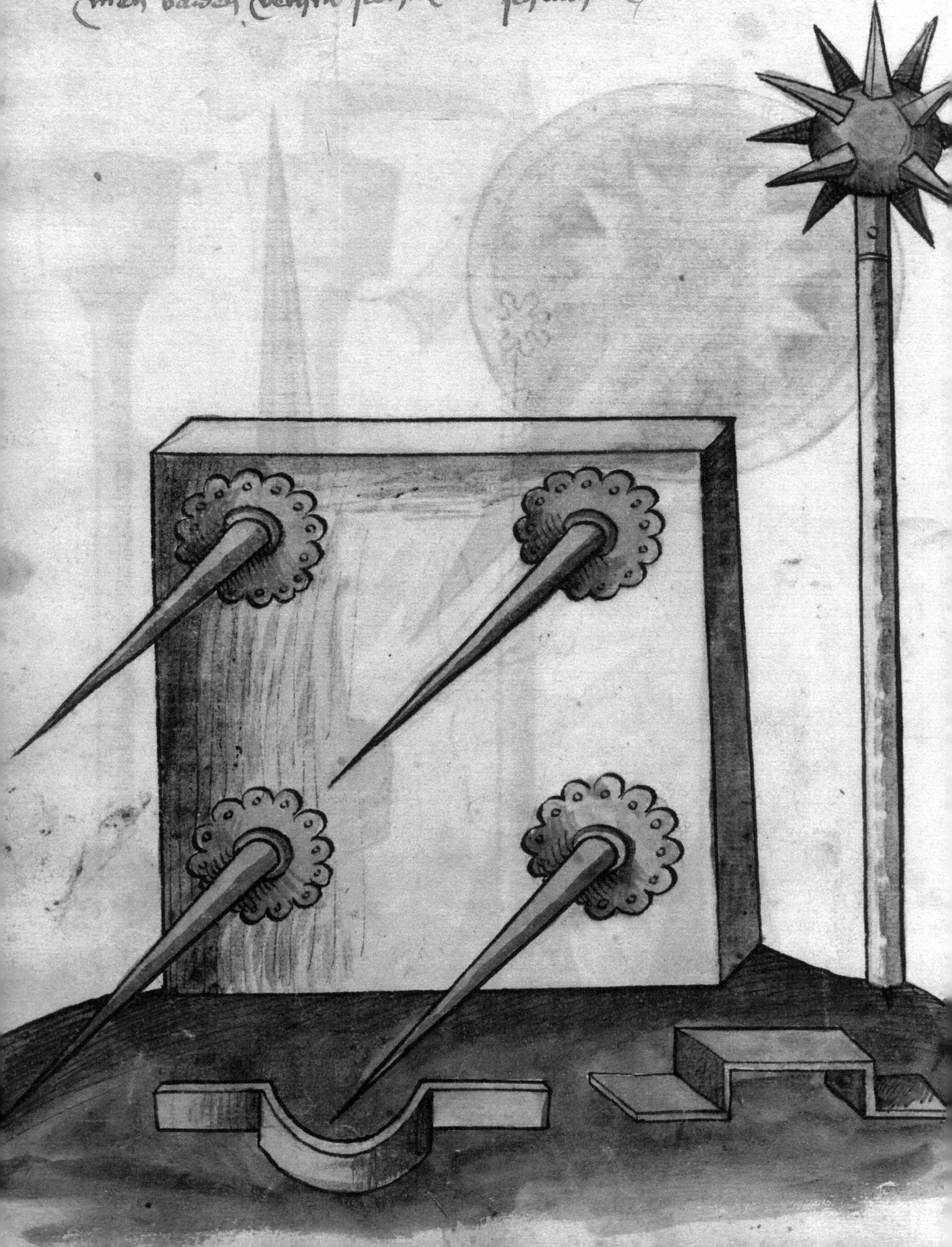

Dis ist ain schling da mit man stain wirfft vnd ist ain kunstlich gewer mit diser wer über wand damit schlahen vnd ist gut vff vestinen vnd vff dem velde

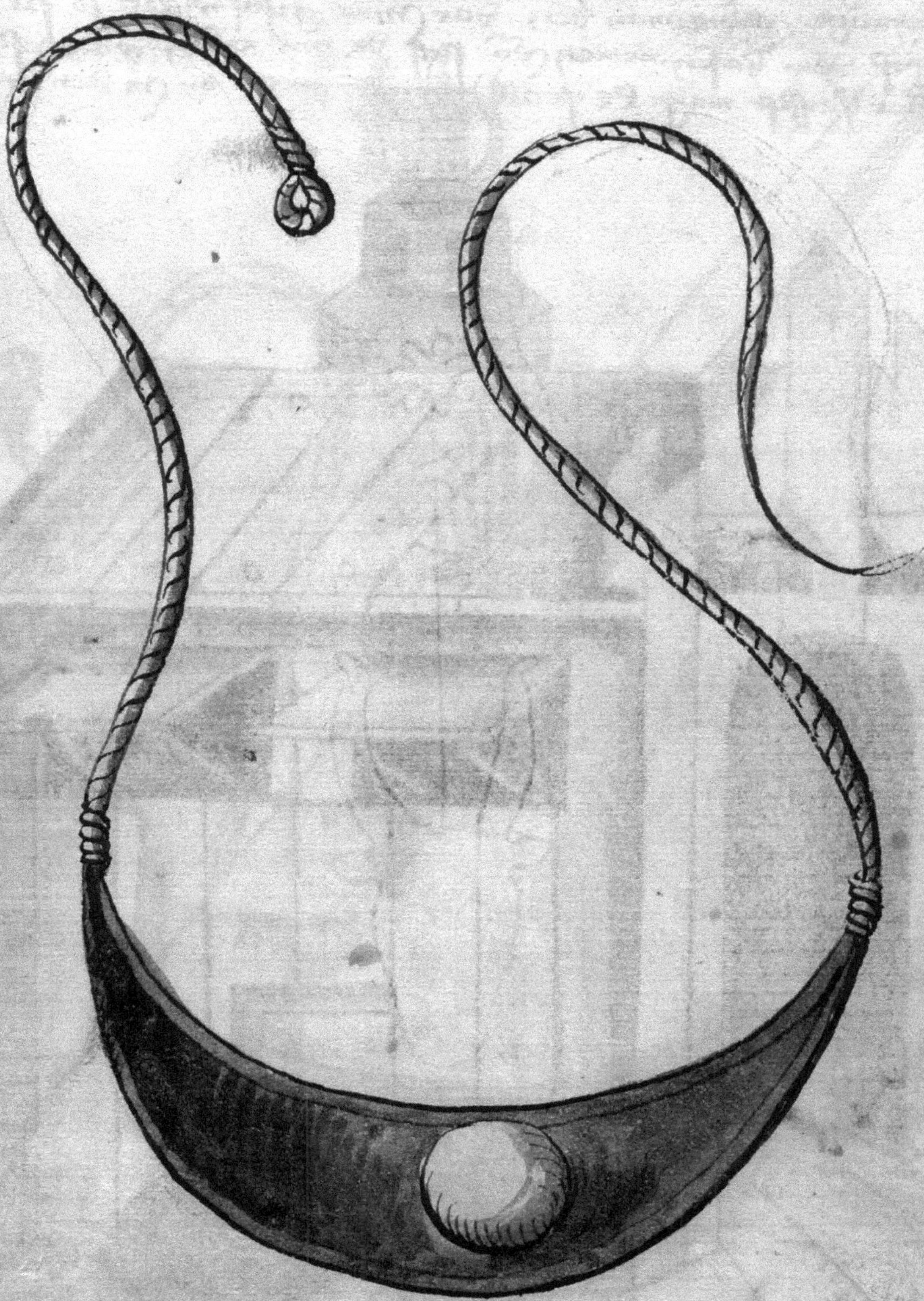

Dis bad ist beschriben von Baliano dem obresten arzat vnd ist gůt für manig hand gebresten besund für dz zittern der glider vnd für den gebresten des flusses der guldin ader Du solt nemen dise krüt. bugg weremůt. baldrion bertram Endorn benedict / haid agrimonie sarw vnd garwinne die by schönem wetter wesche es wol vnd schnid sy ze stucken vnd leg die in den hafen vnd dem bad dz der tampff durch dz ror in gange wenn man den dar inne geschwiget so sol man die krüt vß dem hafen nemen vnd sy da mit riben vnd weschen so man iemer hayssest mag Es ist all monat gůt an in den hundtage

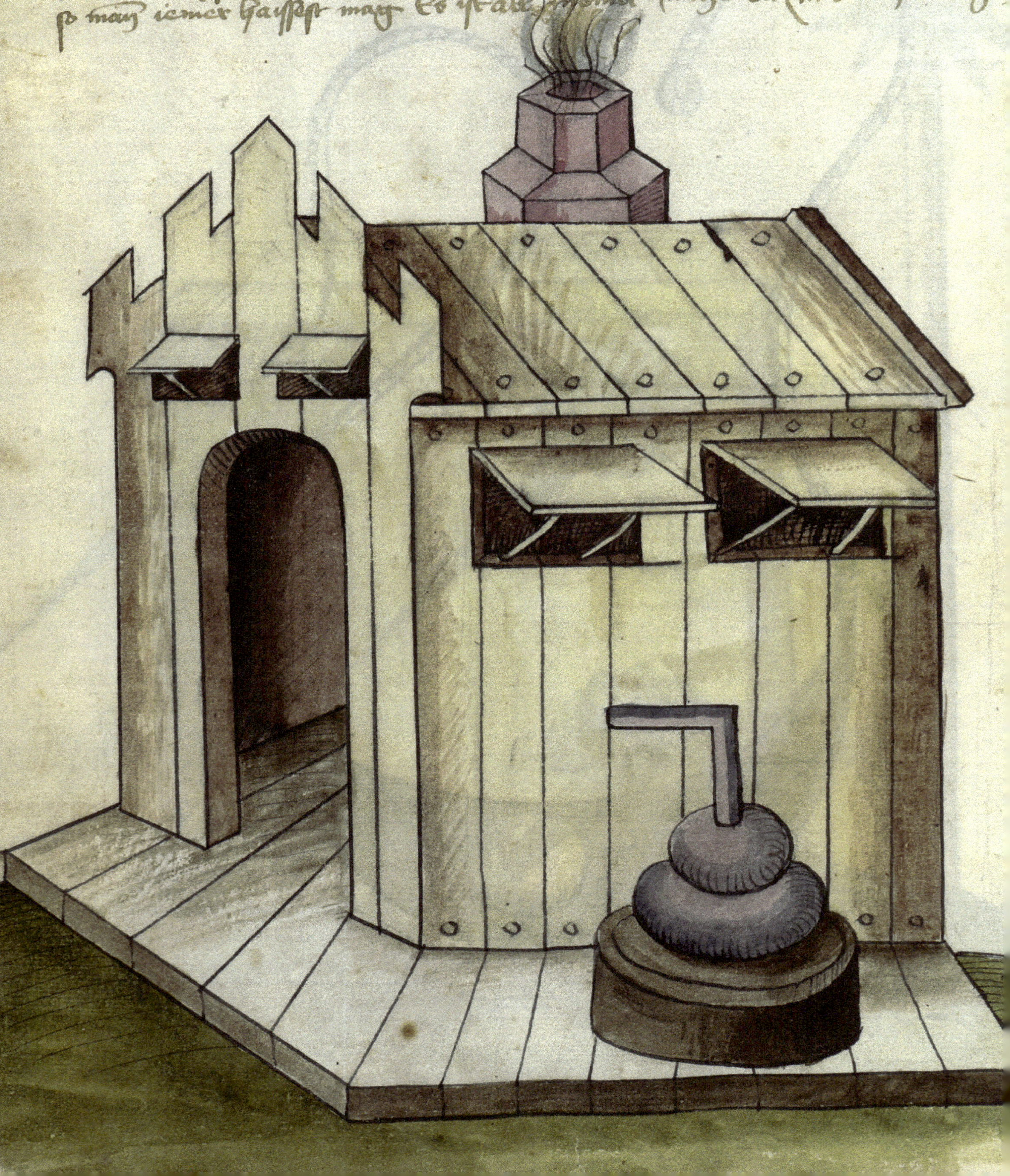

Dis ist ain and schlinge die ist güt zewerffen uss vestinen
und us bergen

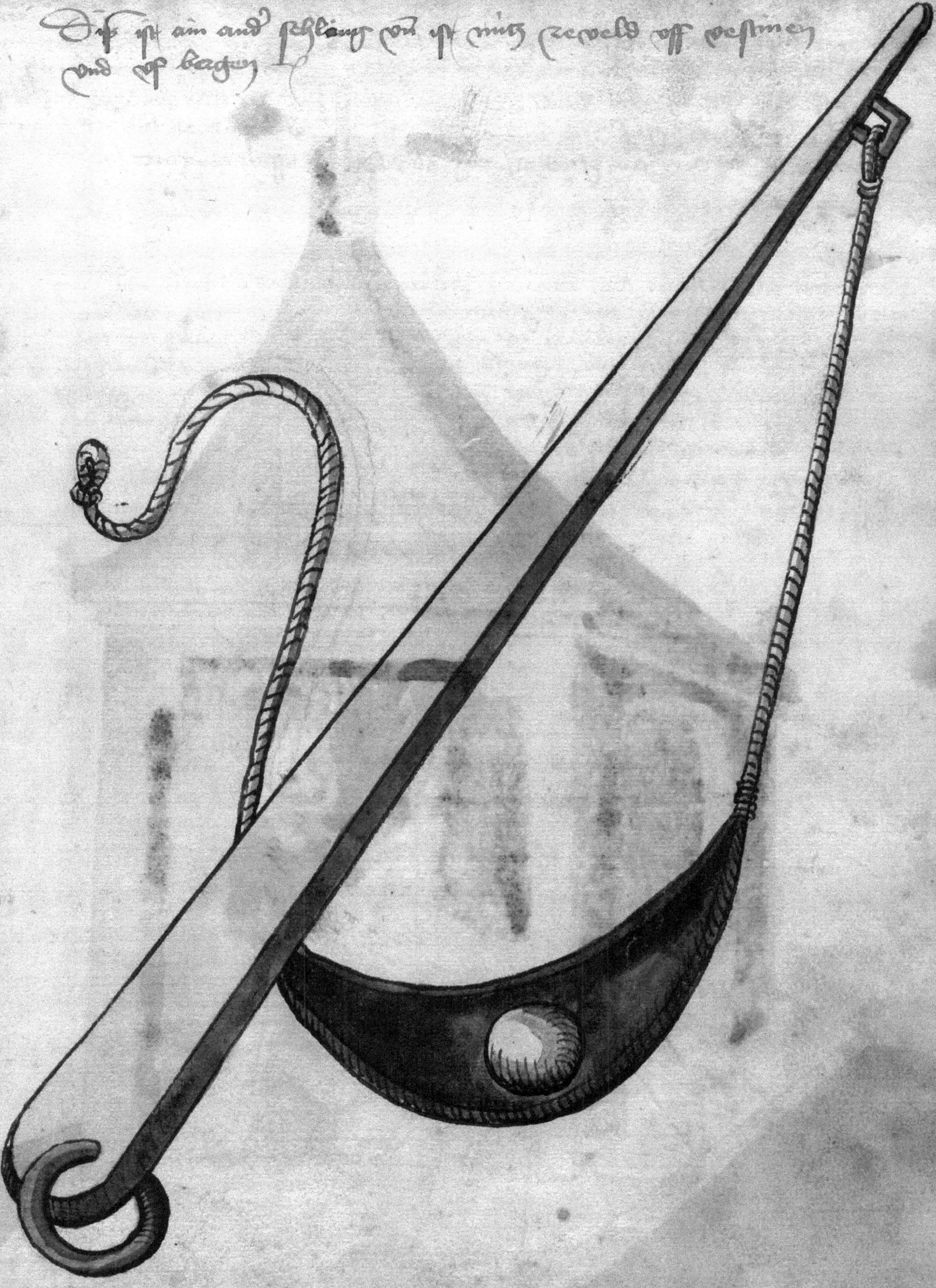

Diß ist ain kuchi mit aina kemi da der koch in allen winden schnelled
an weg flühet nim clare vo ayern und tu es zu den totteren
und güß dz clar durch ain trachter in ain blater dar nach
klopff die tutteren wol durch ain ander uber sud dz clar in der beschlossen
blater dar nach güß die tutteren dar in sud es bis es hert
werde dz ist den ain groß ei dar ab vil essen mugent

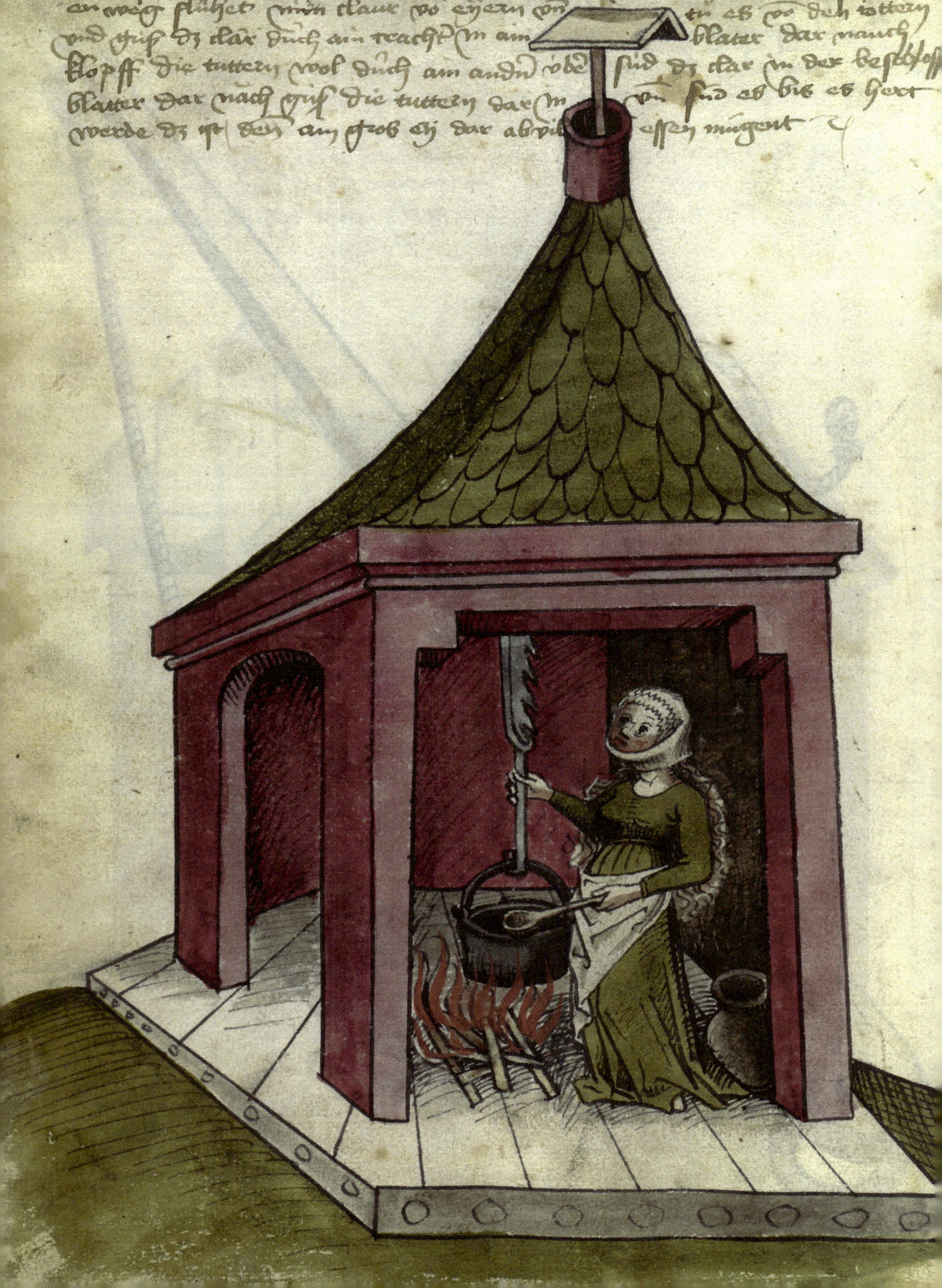

wiltu oberhand tragen brieff kertzen gold silber oder edel gestain nim lei
und mach ain holding dar uss und leg es dar in dar nach nim kalch
und saltz und tepen das mit ayerclar uberzuich es da mit wen das
erdenrinet so wirt es herter denn ain stain ouch machtu ain brot
en zwai tailen und hulen und dar in legen und wider gesamen
machen oder ain hultzin holtz klotz boren und ain zapffen dar
in drengen und abschen das der zapffen und der klotz ain holtz sie

Ain krutt haisset kolwurtz ettlich nennent es nimkol das wachsset gern
an den stetten da man kol ~~brenet~~ gebrent hautt wer der wurtzen
~~findet~~ sudet in win biss der win das vierdtail in gesudet und denn
das mit anderm win mischet das bringt den aller sterkisten schlauff
den man yend gemachen mag und wer das also ain mauss moss bereit
in ain gantz fuder wins tut und es sich da mit samet und mist
so wirt es als ain uber treffenlich starck schloff getranck wer des
trincket der kumet vor schlauffen wedrer vor aller kraft und wer.
und man möcht mit wider lesen ain gross volk und wiss das dis
ain hainlich sach ist

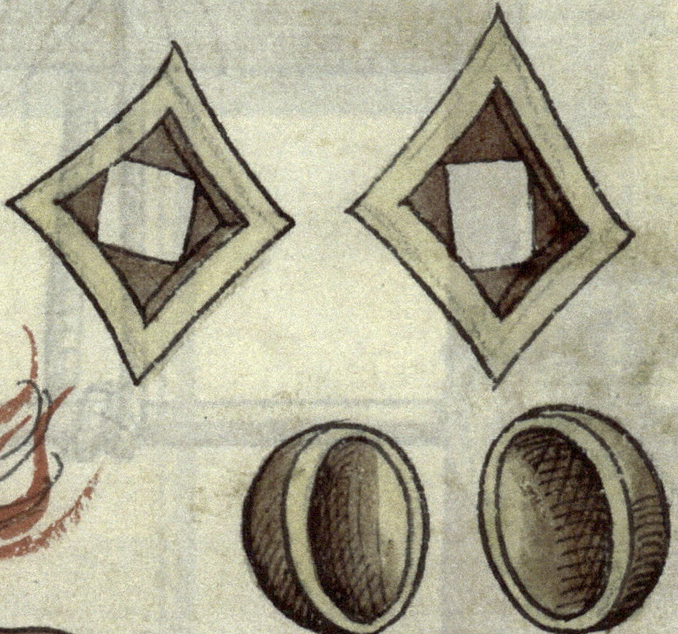

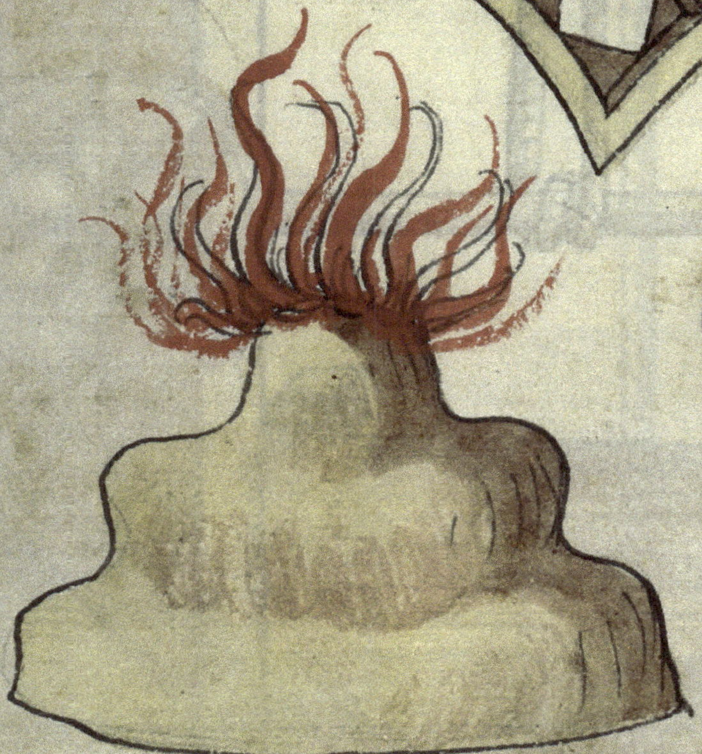

Dis ist ain haspel gemachet von zwifaltige raderen und also geordnet
dz ain tail sich dem stab sail zu dem andern schlüsset so du zu der
ainen sitten zuhest so gaut es über sich zu der andern sitten wid
umbsich etc

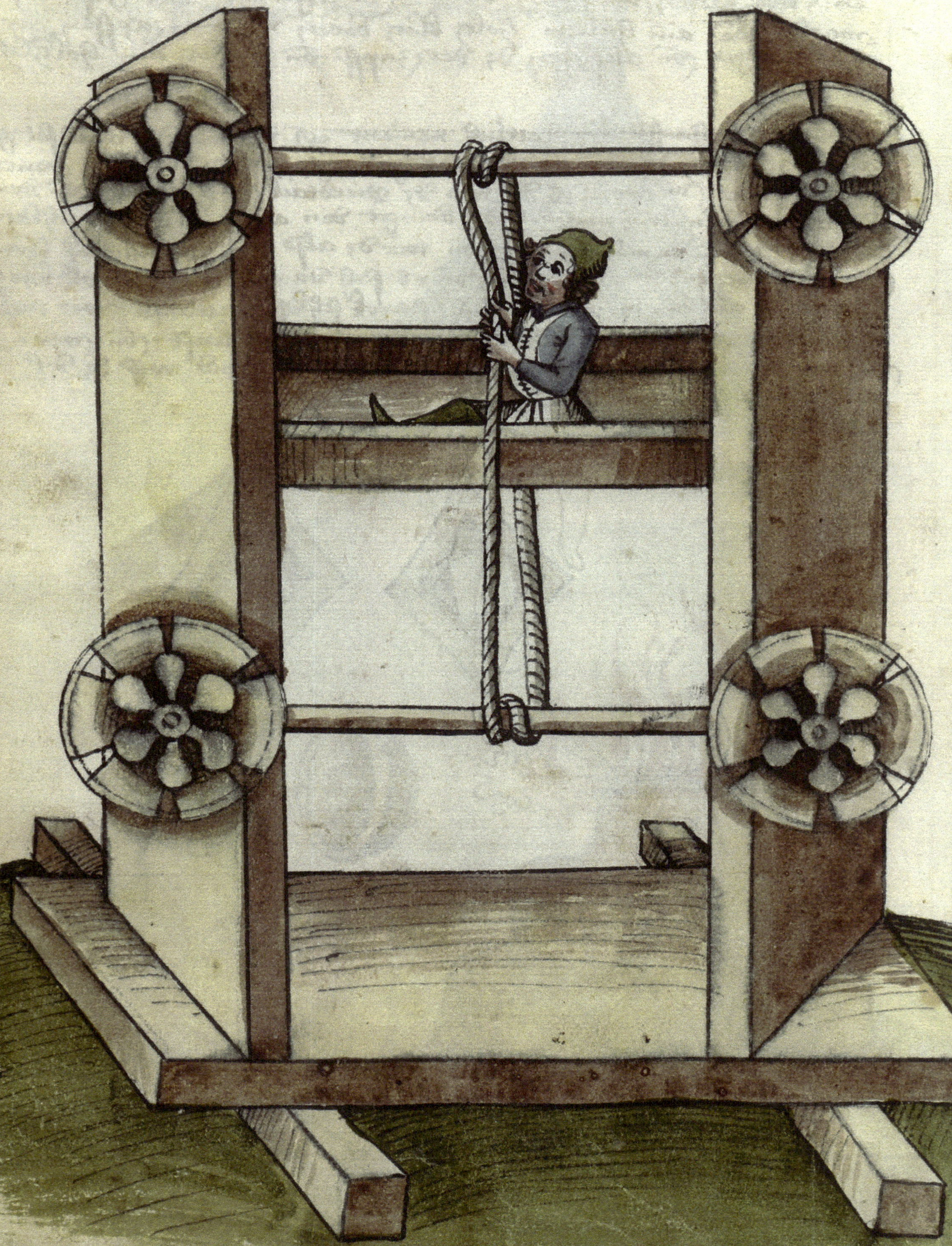

Dis ist ain lauffende brugge die sich für schübet mit den ussern
sailen und mit dē mitel sail zücht sy wider hind sich und ist
ain klüg ding von sail die sail umbkeren und man also anschmi

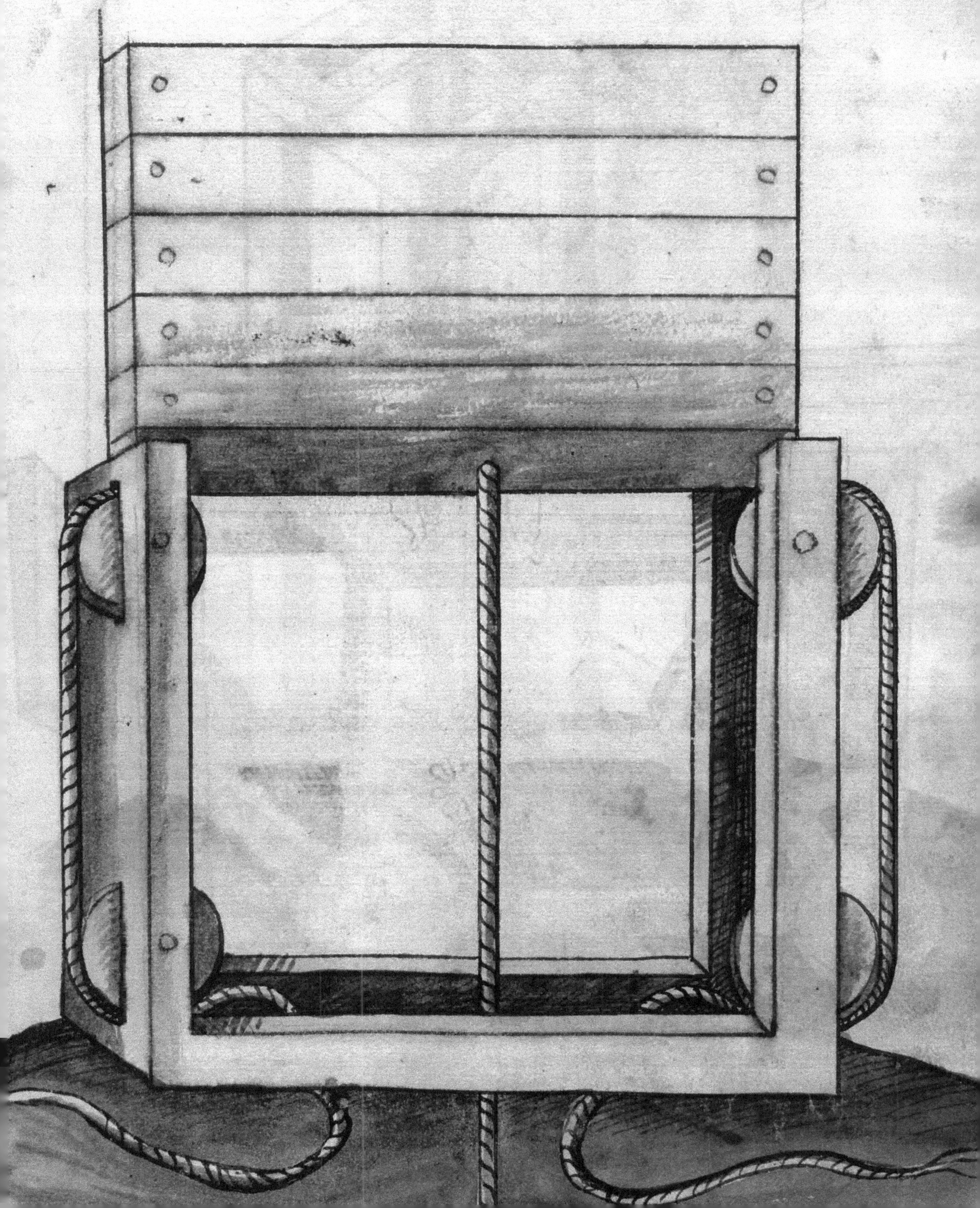

Diser büchssen schirm machet sich vo holczwerck ein gaut off
vn nider wan schüsst den stain her uß so es off gaut vn wen
es nid' gaut so mag de dechain geschoss schaden der hinder
dem schirm ist

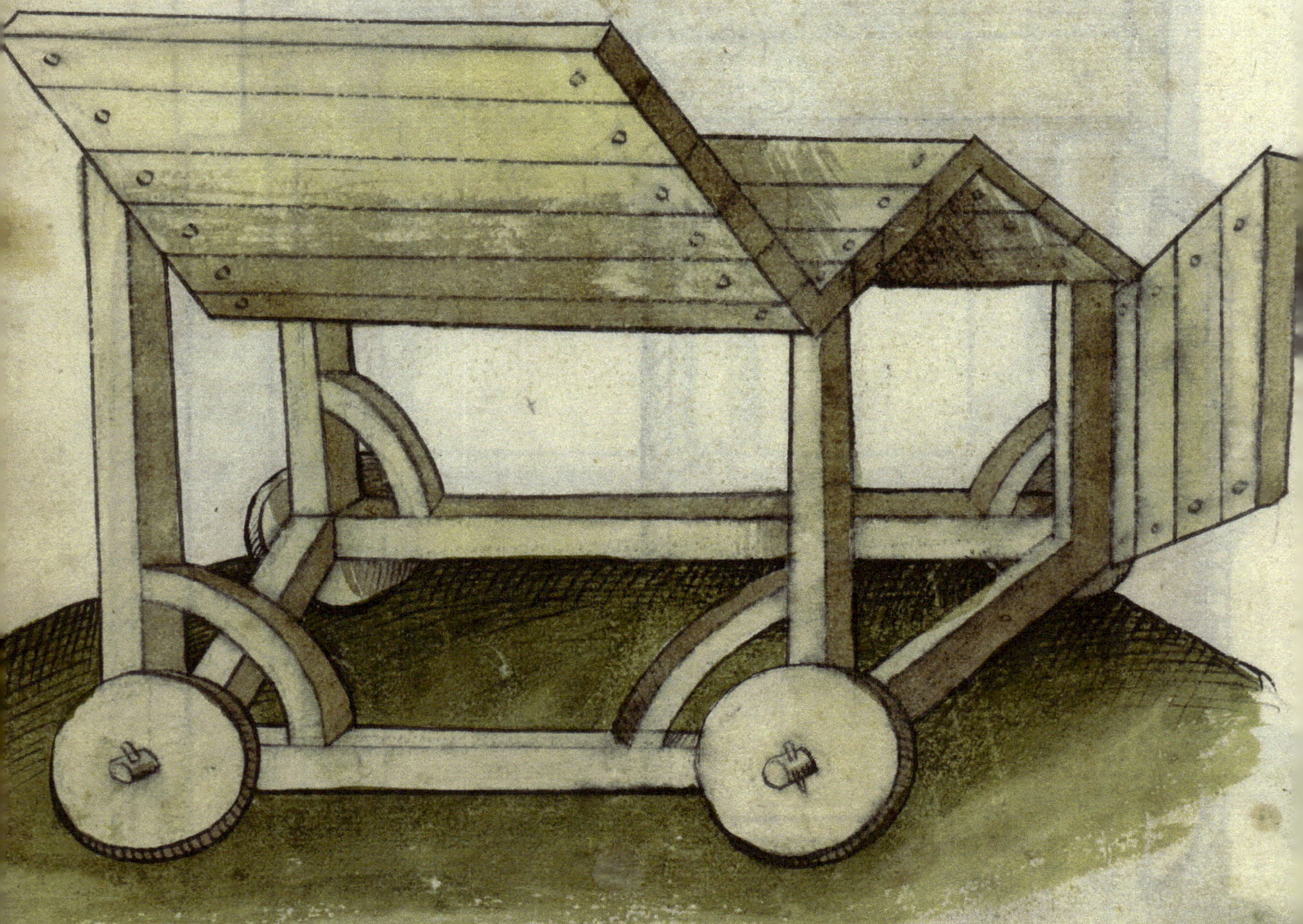

Diß schiff louffet schnelle=clich wid wasser also starch wind als ain pfärt mit ~~sin~~ schnelle louff Es sol zwaij reder haben als hie geformiert statt

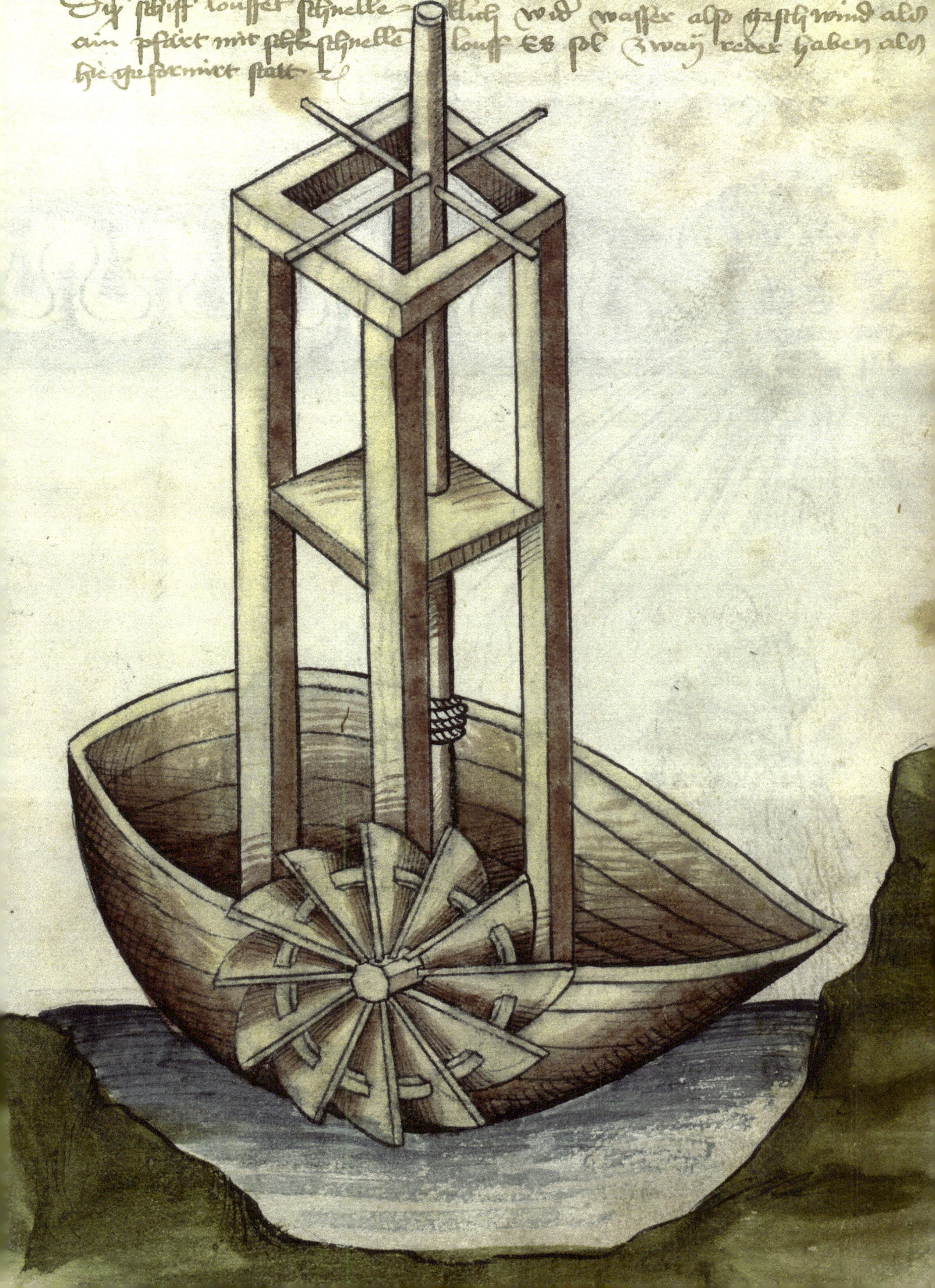

Merck wo die sunn dem gold oder liechten glantze harnasch nach
gant das sol der schilt vor tun als öker windet ain mauliche
wechst sinen veient mit der sunnen hilff der sunnen glantz
in das gold oder in das liechten schöne harnasch sendet genst
dar us in des veient ougen

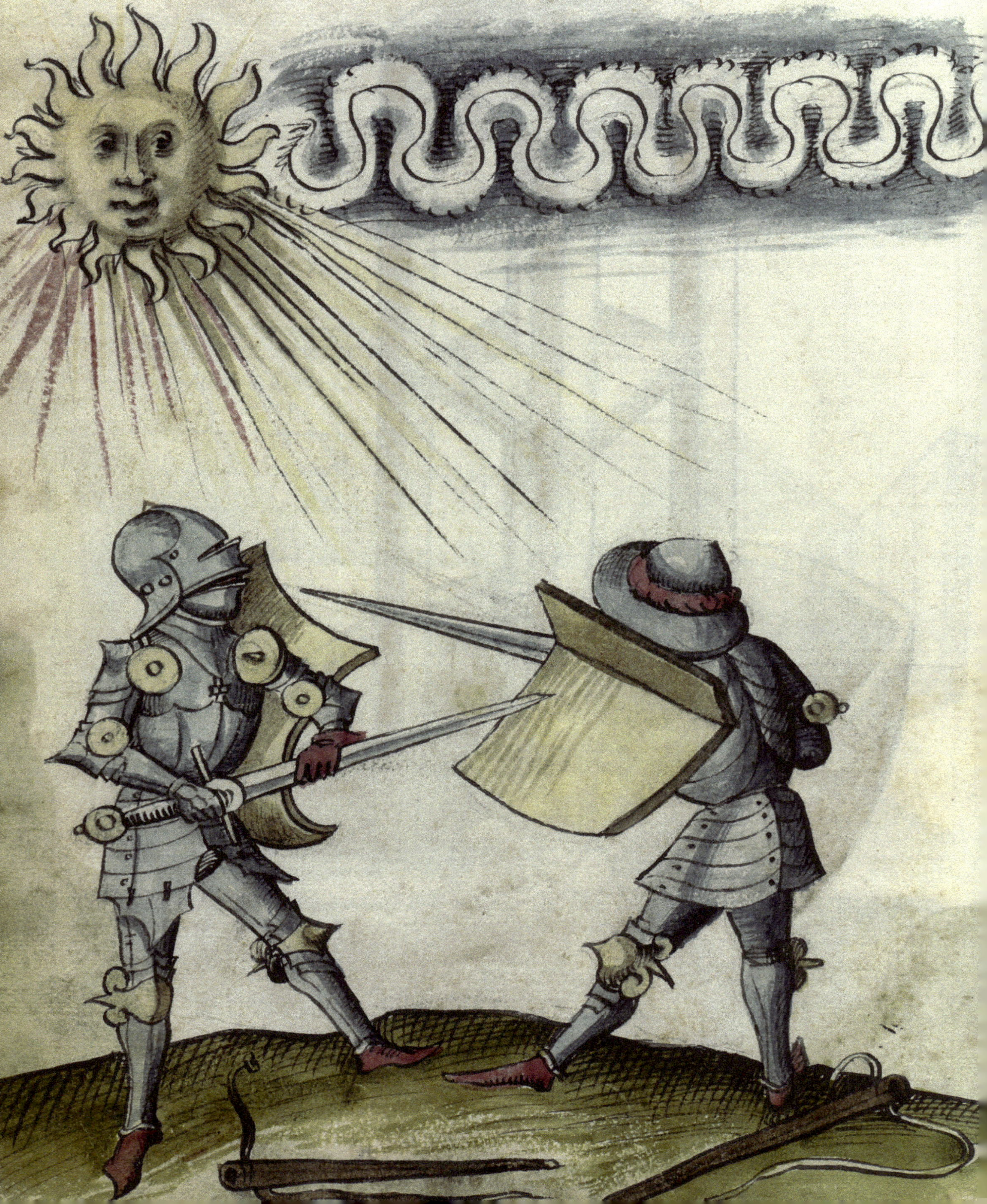

Diß gewäpnet hopt schnidet mit de drey vñ getrucket sitten
es gaut vff zwain rederen vñ mit d zungen vñ de horn sticht
es vñ töttet vñ ist vestlicher vñ streitte Es sol sin wendig
hültzin sin vñ vswendig starck mit ysen beschlagen dz es nieman
mit hamers noch mit axen zerbrechen müge der künig porus
fürte disen schilt vñ leite vil sind zerbrechent damit
nider Et

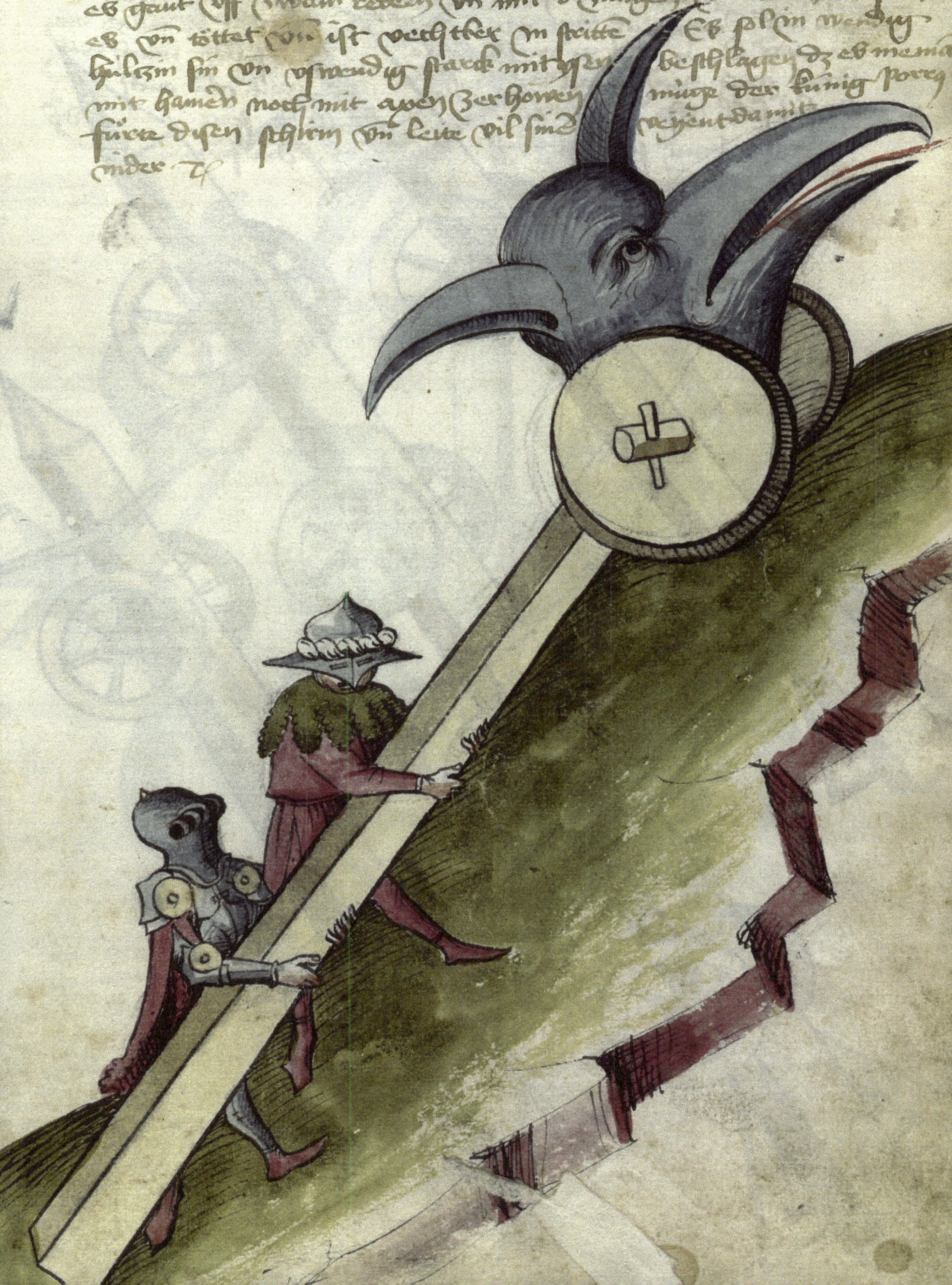

Ain waser stritt sol sin wegen in starckem stritt also ordne der
erstid ain wagen nauch dem andern dar nauch zwen neben
ain and(er) dar nauch dry dar nauch vier ye mere me
nauch d(er) linien und dz du sy alle erfollest nach der
heres kraft dar in tail dz ross volk und ouch
dz fußfolk also tailest du alle spitz dis
ordnung bruch so du ziehest in die fiende

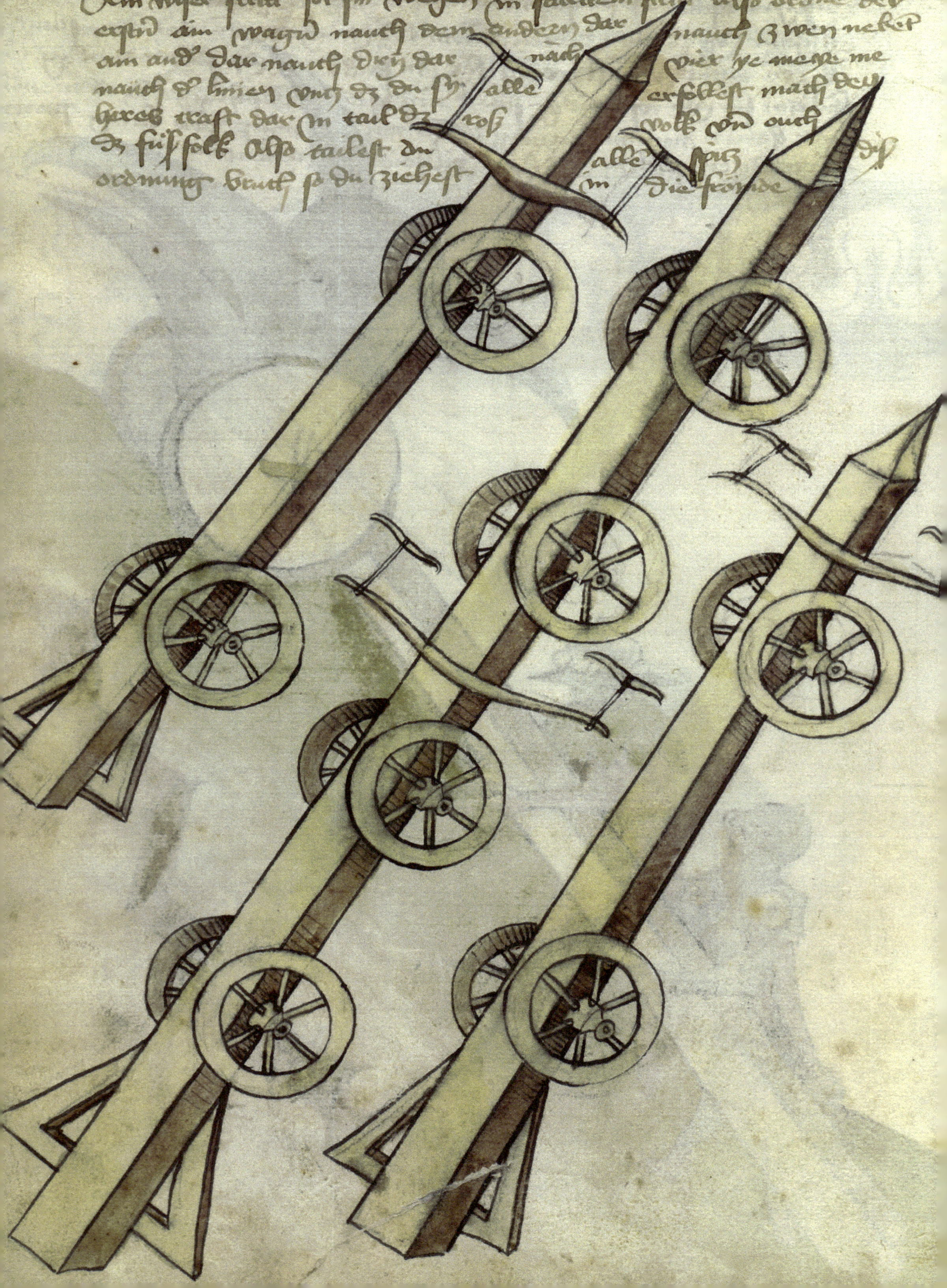

Diser spicz zwingt sechs
dar auß halb vssin vnd
vnd der feinde ein menet ma
zwinget den madrest
ze finde

pfert vnd sind die formen
halb stetglin vnd ist zebenuß
vnd ain sicherhait wonen vnd

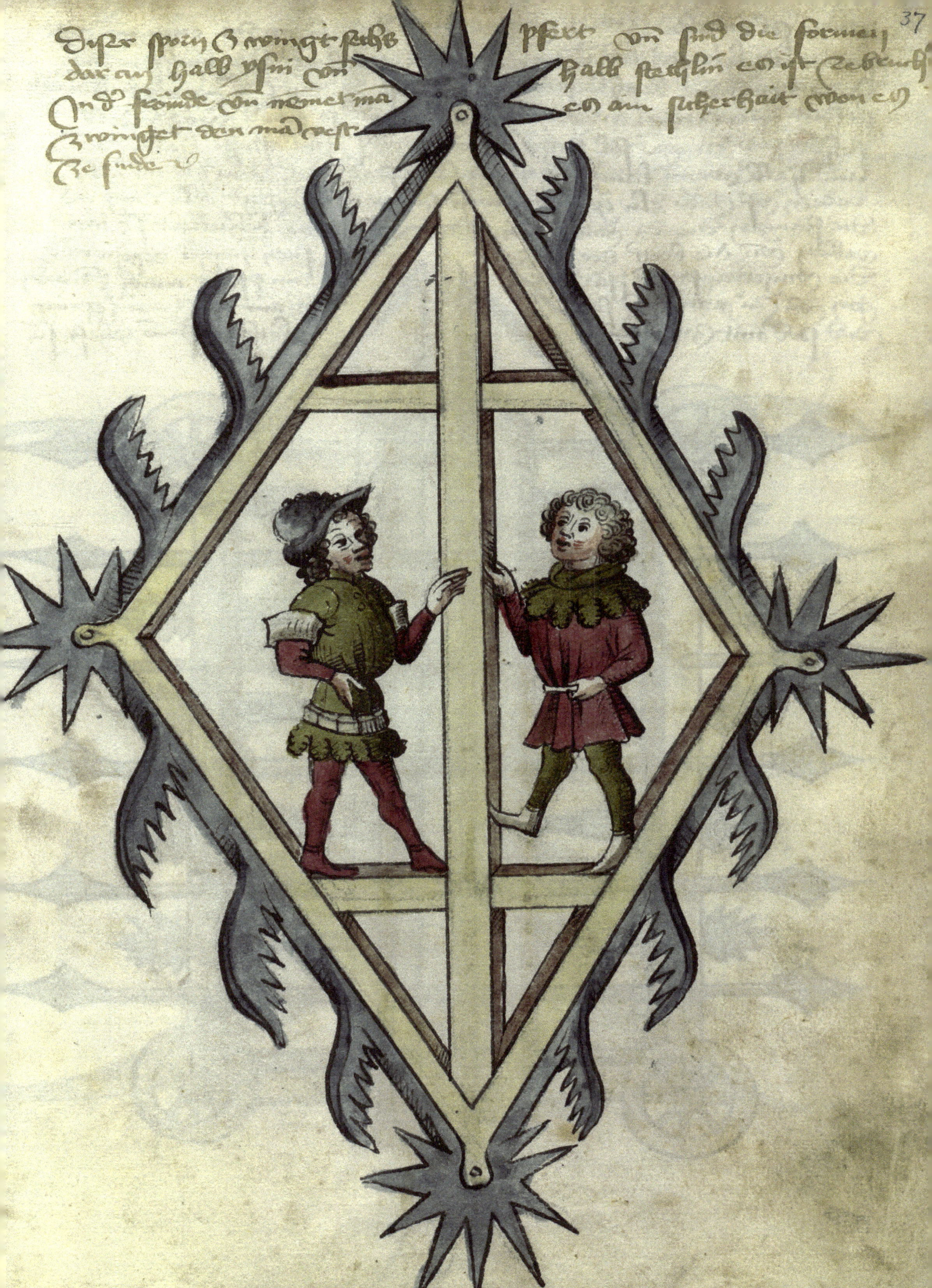

man sol machen zwen wägen uff dise form da enmitte uff
gewäpnet lüte strittet die wägen die vechtet die buchsen die
letzent und die beschlagene trome ist daz du zu wasser kumest
so setze die zwen wegen nach ain and so stand wasserhalb
sicher / je d wage sol sechs reder nauch sine grössi haben ain
und halb wage lang sin die pfert und nach den zwain ersten
redern uff zwo eln hon so sint si sicher und legent alle ding nid
die stangen die da und unen sint die behüttent sy vor
vallen und die brett die dazü den siten hanget beschirmet
die ungewaupnete pfärd sol am pfert nauch de andn
hon und zu etwedere site ist ain an zwain gwint
und sind mit zwisaltn kette zesame gehest sin

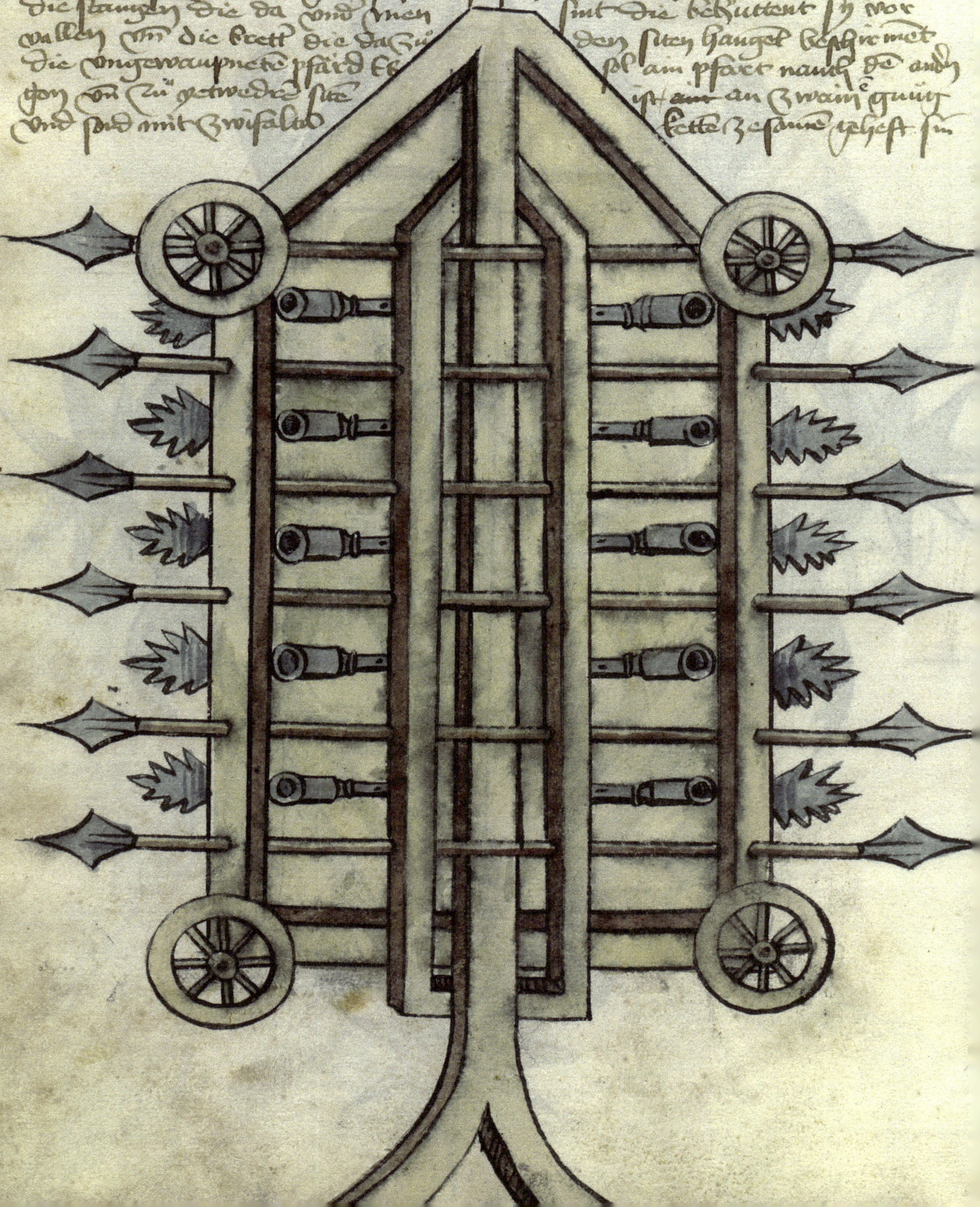

Diser züg haysset ain krebs vnd ist geschmidet vō ysen vnd gaut
hinder sich vnd fürsich man fürt en vf vier schnellen redern Es schmidet
vornan vnd hindan Es sind zwifalt sichlen vō lange ysen zü yetwedre
siten an den achsen der schiben sin Es haut vier ougen wen man die
enzündet so schüsset es stain da vor geschrottene stahelstuck als ein
hagel da mit man die vyent niderlait den züg mag man machen
groß od̄ klain als man denne will.

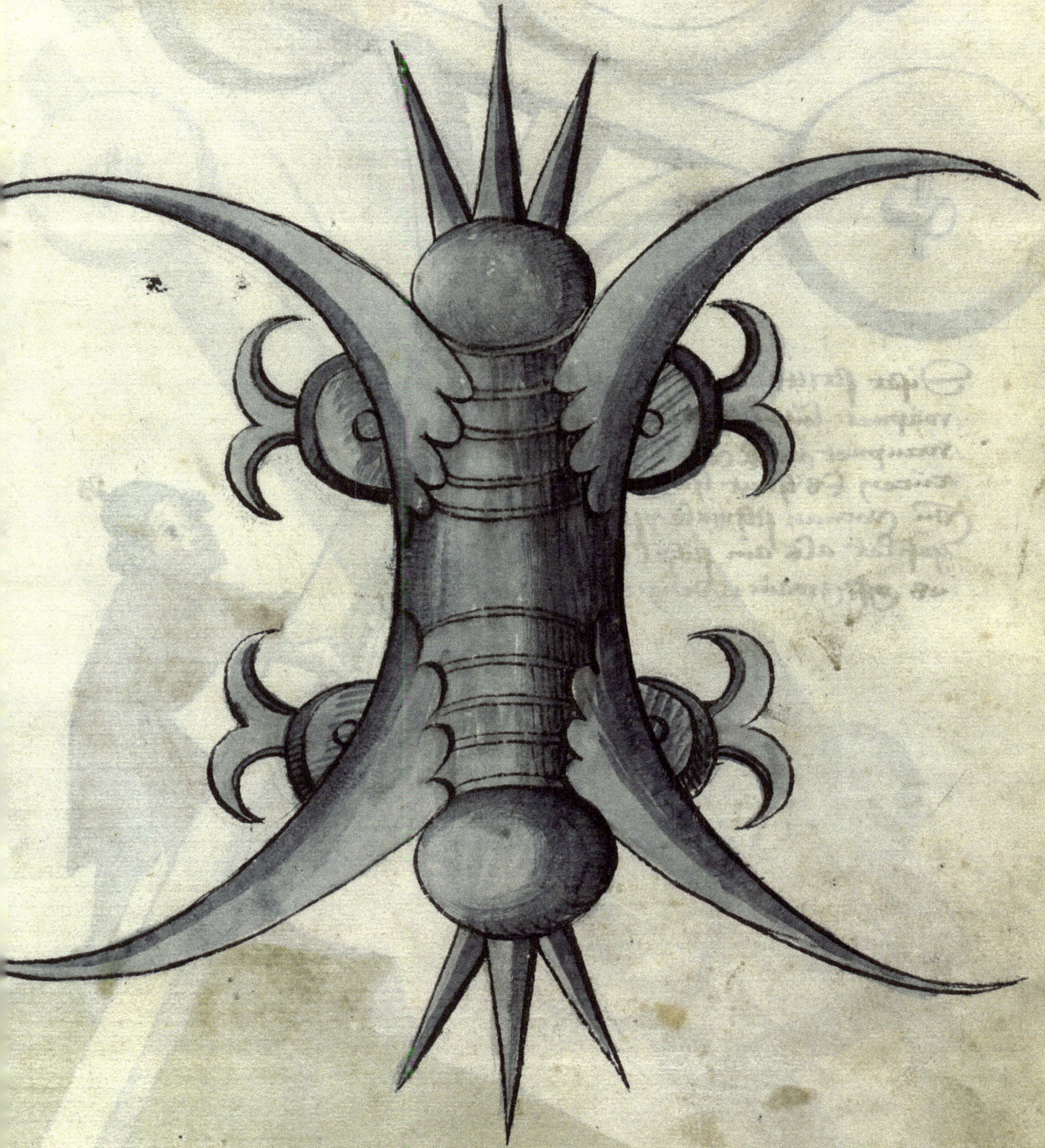

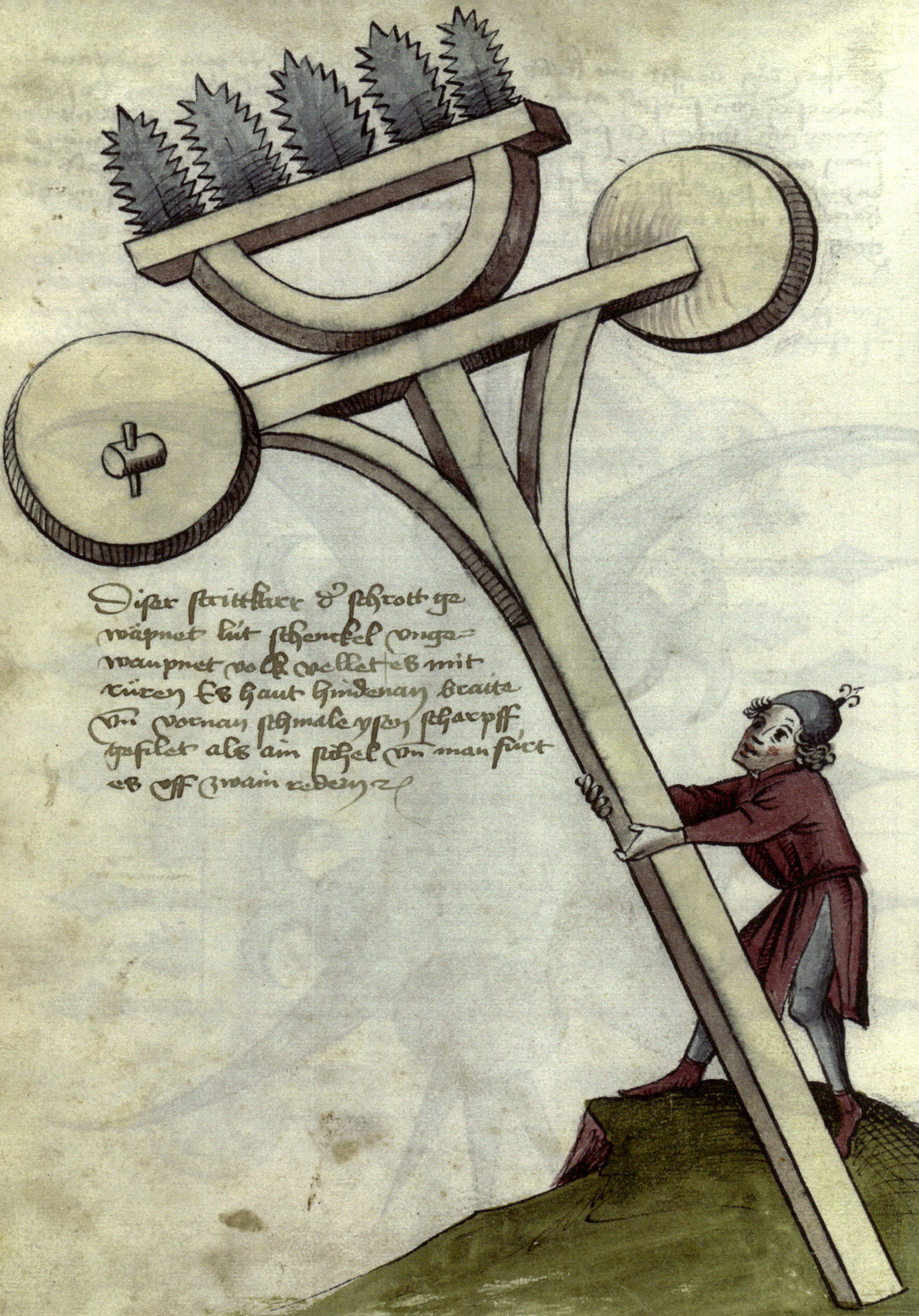

Diser strittkarr der schrott ge
wäpnet lüt schenckel unge
wapnet volck vellet es mit
rüren es haut hindenan braite
vn vornan schmale ysen scharpff
gefilet als ain sichel vn man fürt
es uff zwain redern

Dyser schirm gehört zu büchsen und ist gezimert von
holczwerck und sol vornan zwaij clain redlin haben
und hindan zwaij grossen und daz es dester lichtlich über
berg gang es sol haben zwaij kurcze ysen ainer eln lan
da hindan und vornan diser ist nücz an bergen und ze
stiegen und auch wider ab ze ziehen daz ysen sol man
alweg mit langen sailen hinder sich ziehen

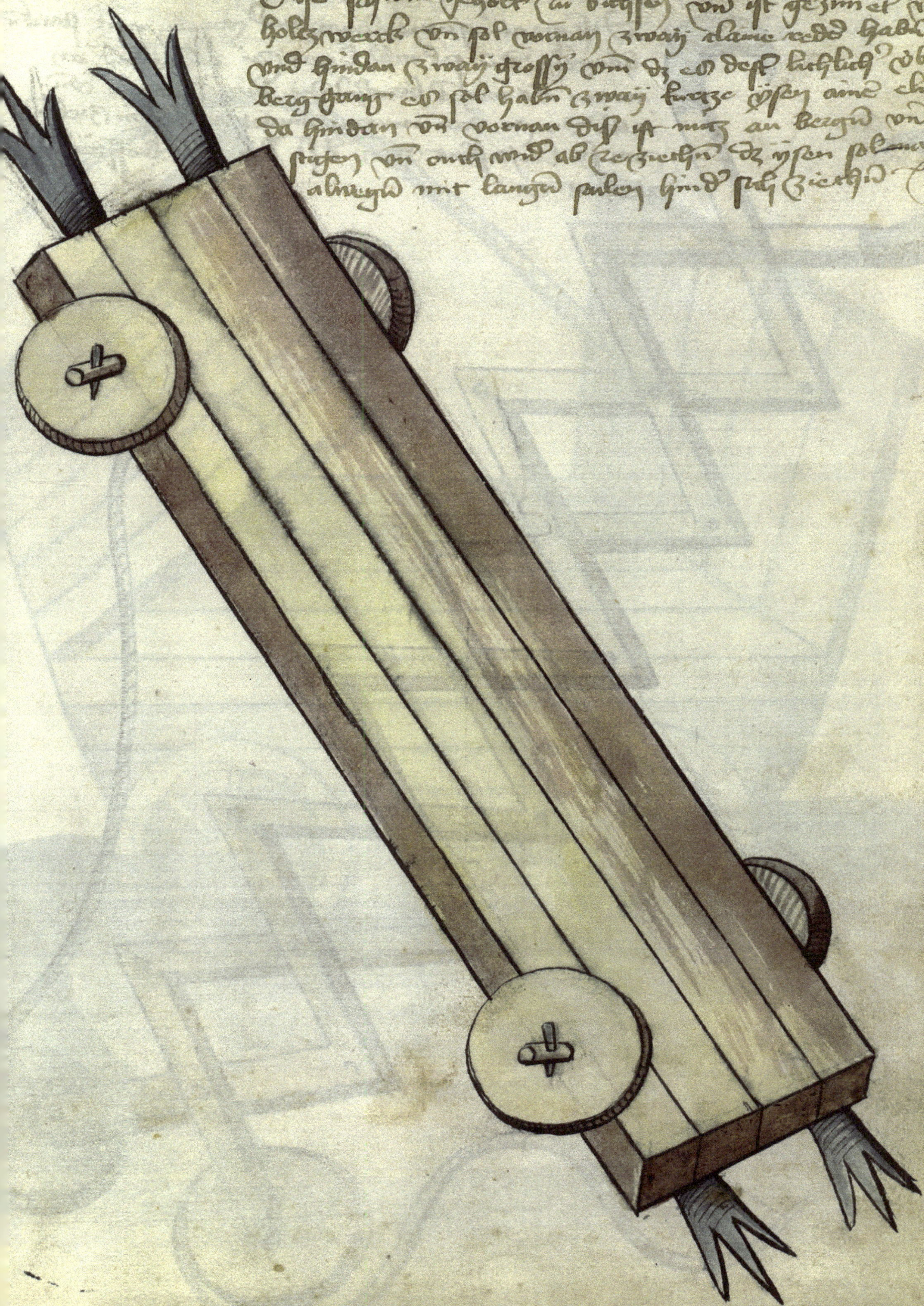

Dis ist ain zange lange nach vornan mit starcken
haugken die sol man legen zu aind wand an
muren Es mugent bruchen die lute sturme von
statte die in der muren mugent in solchin ziehen
wz sy begriffent wen dz si die sail krefftenclich
ziehent etc

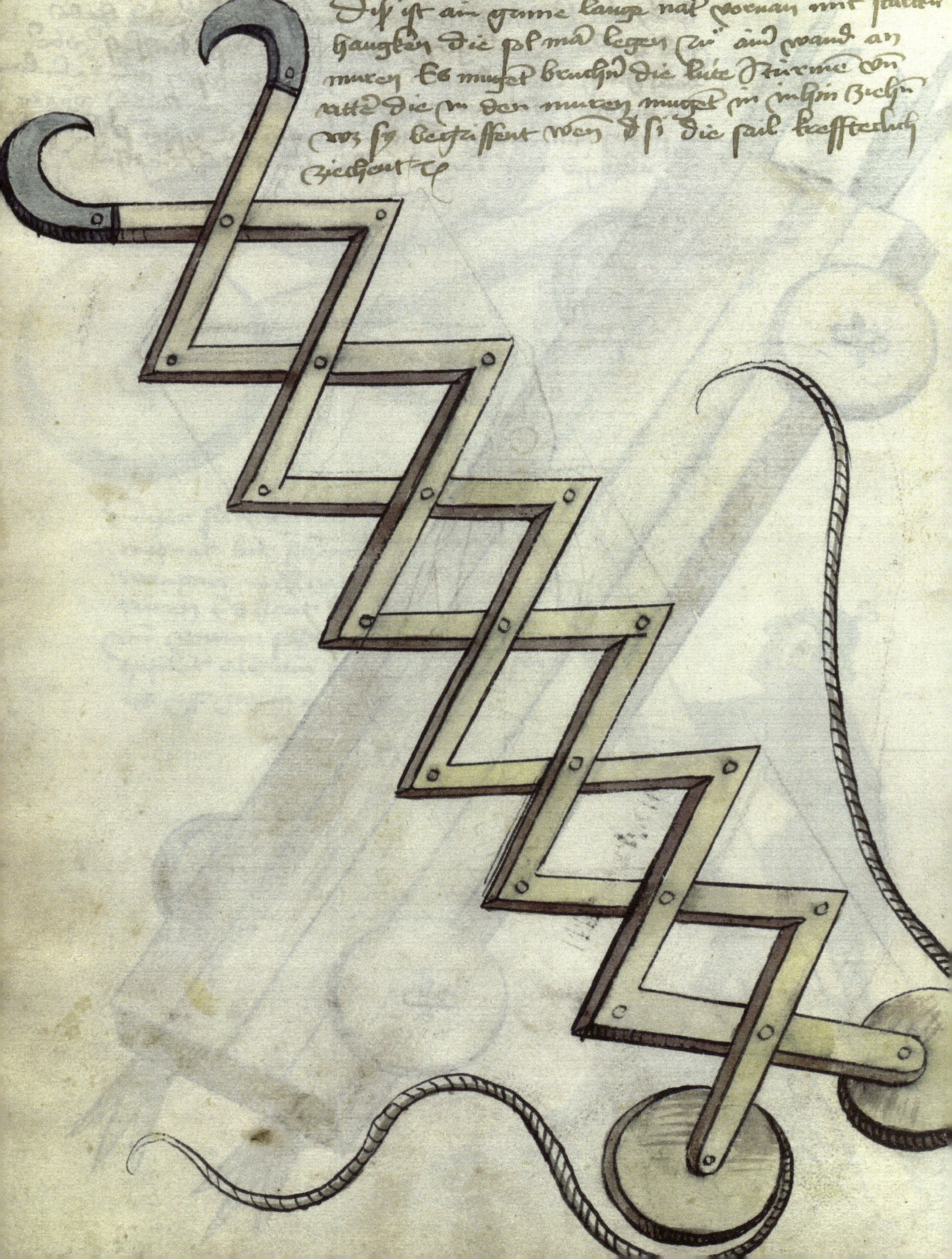

Diß zeug dienet in zwen weg dz füret sich über land uff vier
redern und schwimet in dem wasser tü als ich vor gesait hab diß
zeug ist ain güt wagen und vest und gelücklich uff dem wasser

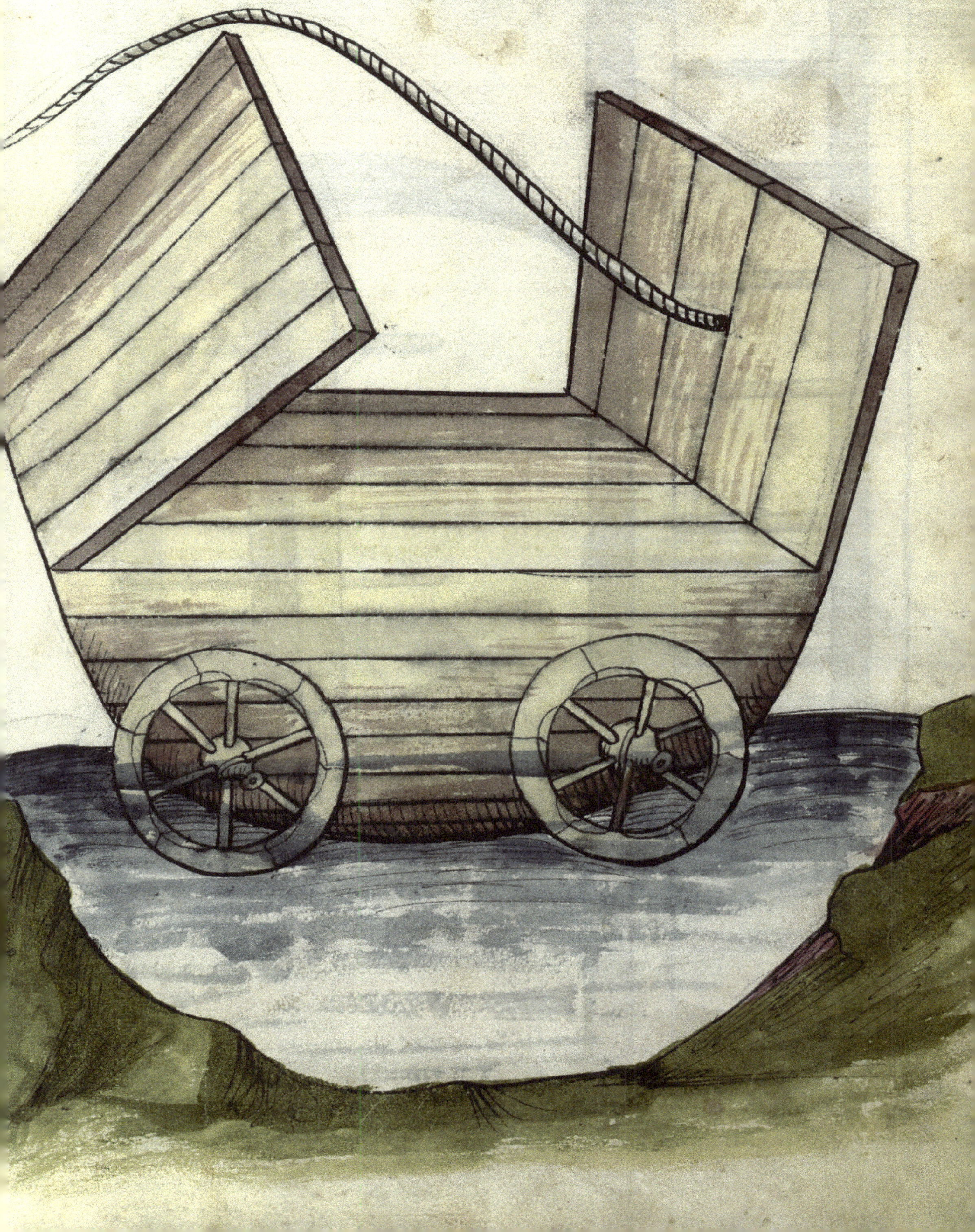

Diß ist ain and[er] stighaugk der furt sich
vff vier redern biß dz d[er] oberhaugk
die mur begrifft vnd stiget man sich
da mit türn vnd muren ꝛc

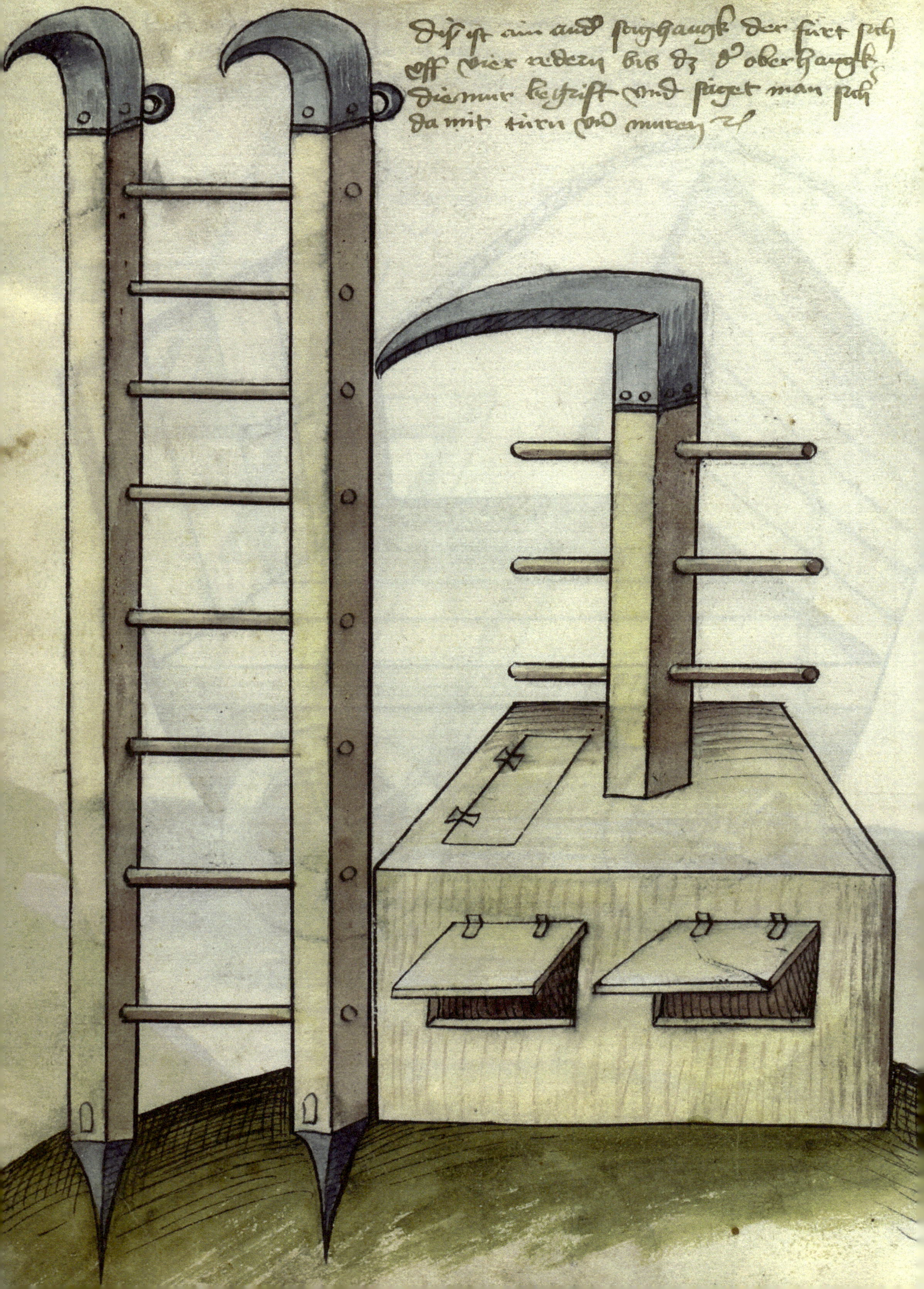

Also fürt sich wasser von ain sitten obnan ab und zu
der andern sitten wid uff Enmittend muess sol sin ain
stube die dz wasser ufenthaltett

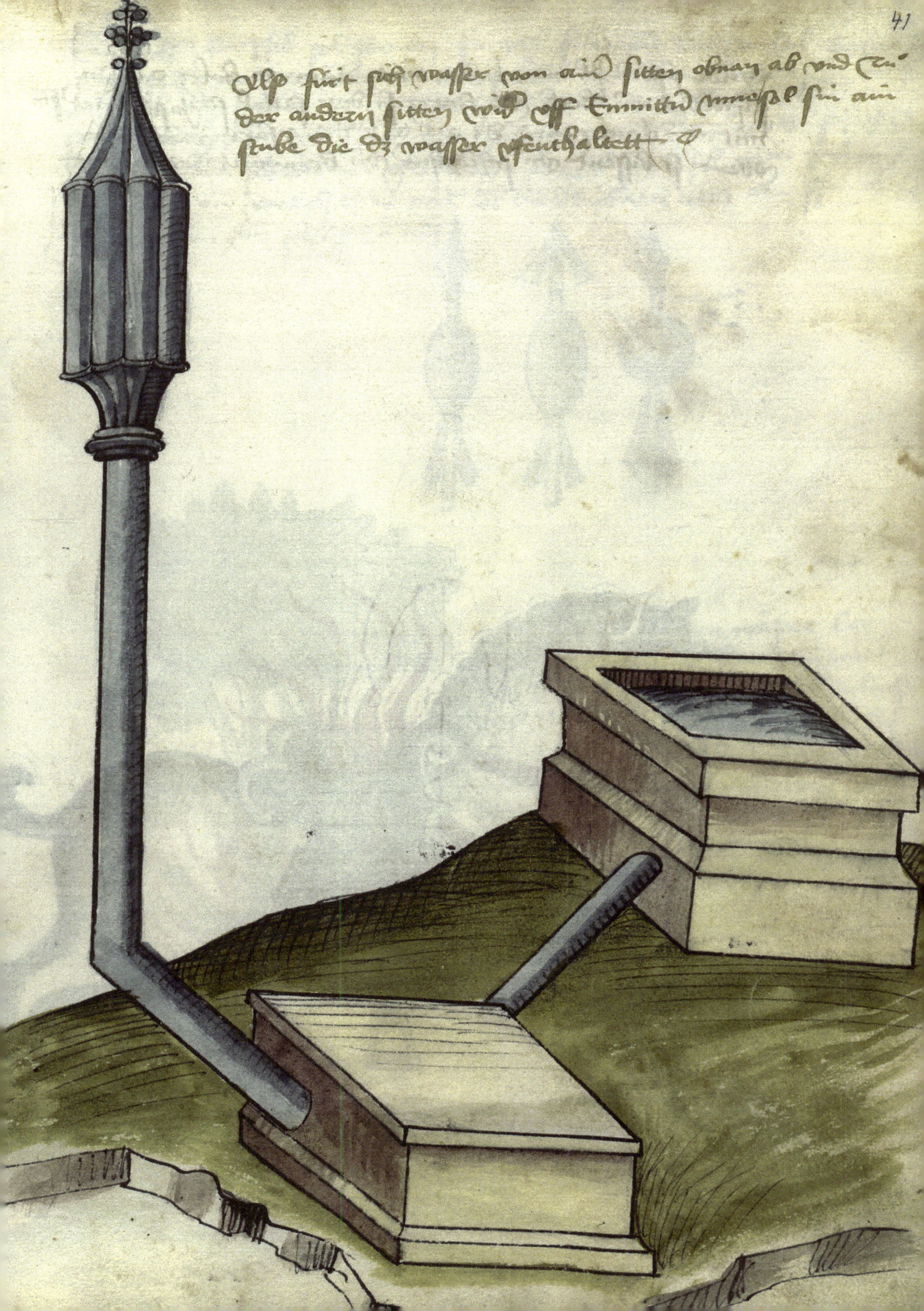

wilde pfärd sol man laden mit dürrem holtz dar jn
schwebel vn̄ bech vn̄ hartz sy der sattel sol fest gschmiert sin
mit ayn claue zünd daz an trib die pfärt vnder die
vient so bissent vn̄ schlahent vn̄ brennent die vyent

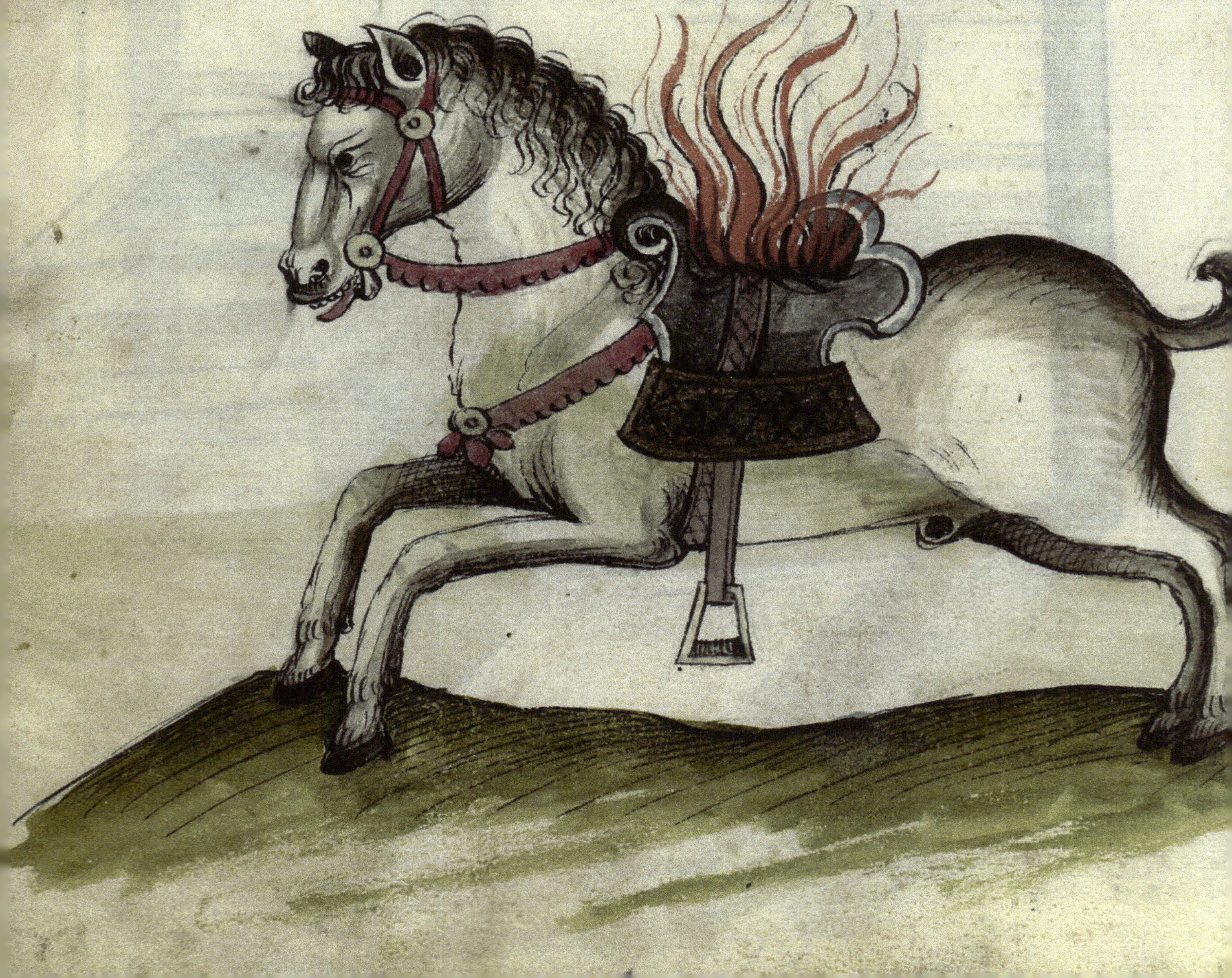

Ein recht fürpfil sol sorman sin wol sin vnd dur ein hol dz sol
man füllen mit pulver vnd ain sekklin dar über ziehent dz auch
mit pulver gefüllet sy zünd dz hindan an vnd schüss in bald
so brint dz für vnd letzt den schaft wenig vnd wo der schaft
beheftet da schadet er gröslich / ain ander fürpfil nim pulver
schwebel vnd werch tüch mit öl binds oben als ain spinel
zünd es an vnd schüss da mit

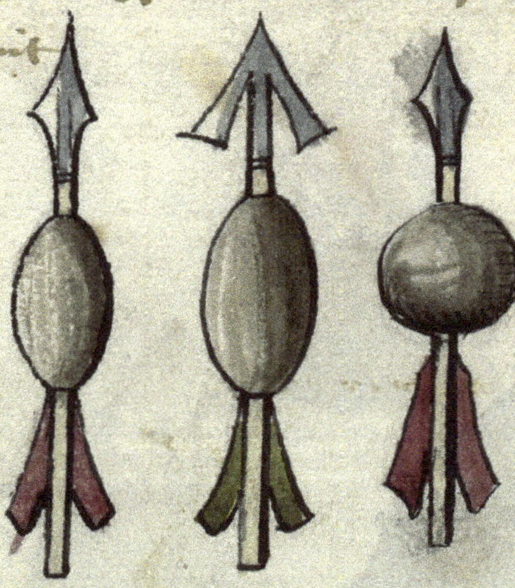

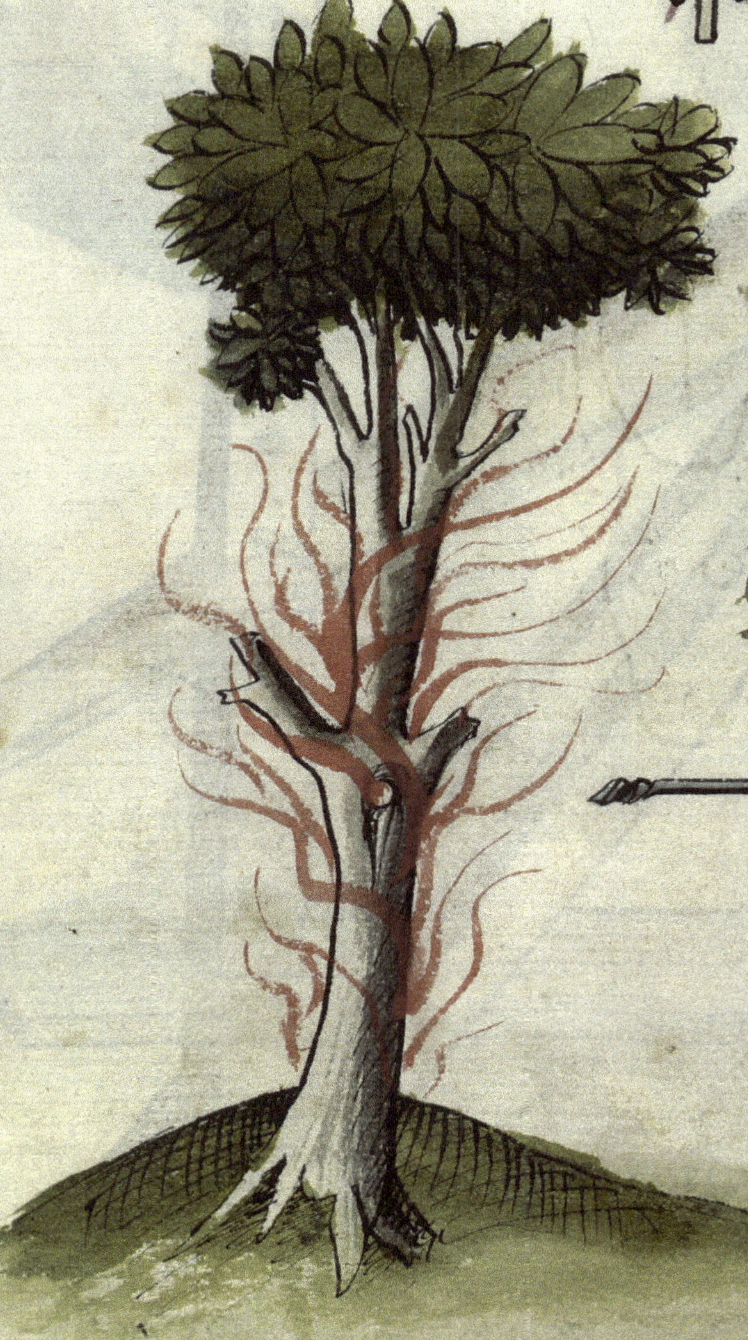

Mit ainem grossen näper bor
ain loch in ainen baum vnd mit
ainem clainen näpper ain klain loch
vf die ander sitten vnd fülle dz
gross loch mit pulver vnd vsschlach
es vast wol mit ainem clotz zünd
es zü dem claine loch an vnd fleuch
bald da von dz bom springt von ain
ander vnd machet ain gross tummel

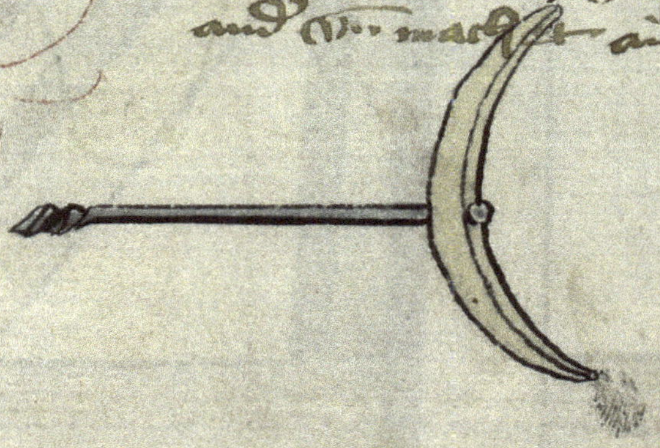

Diser zug ist gemacht zu drin büchsen vnd schüsset ie aine nauch der andern

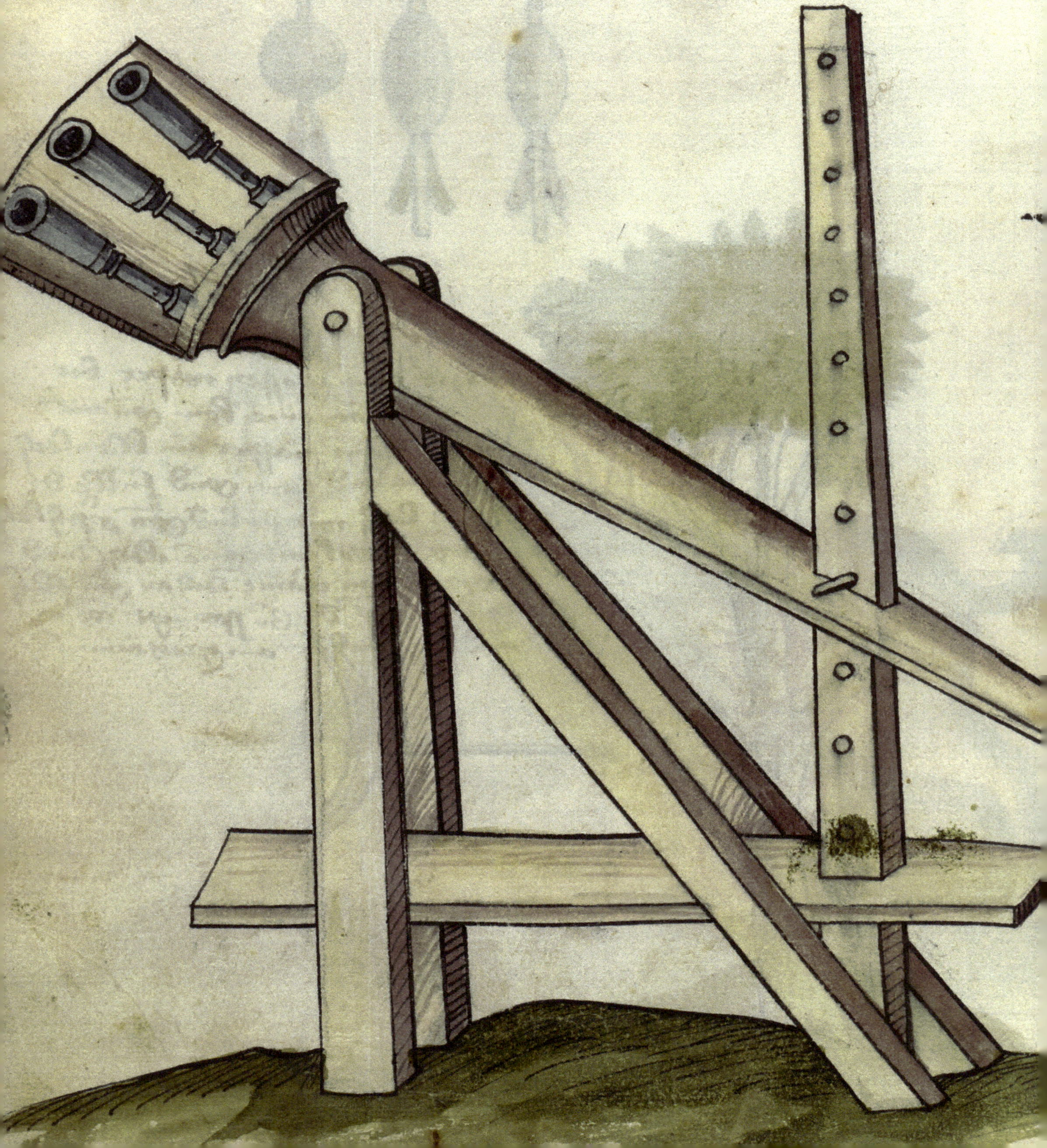

Nim des aller bestē pulvers vnd leg es an diss kugeln vnd sha
en wirff die da von kumet grosser schad wan dz fur verbricht
sy vn brennet gar hart

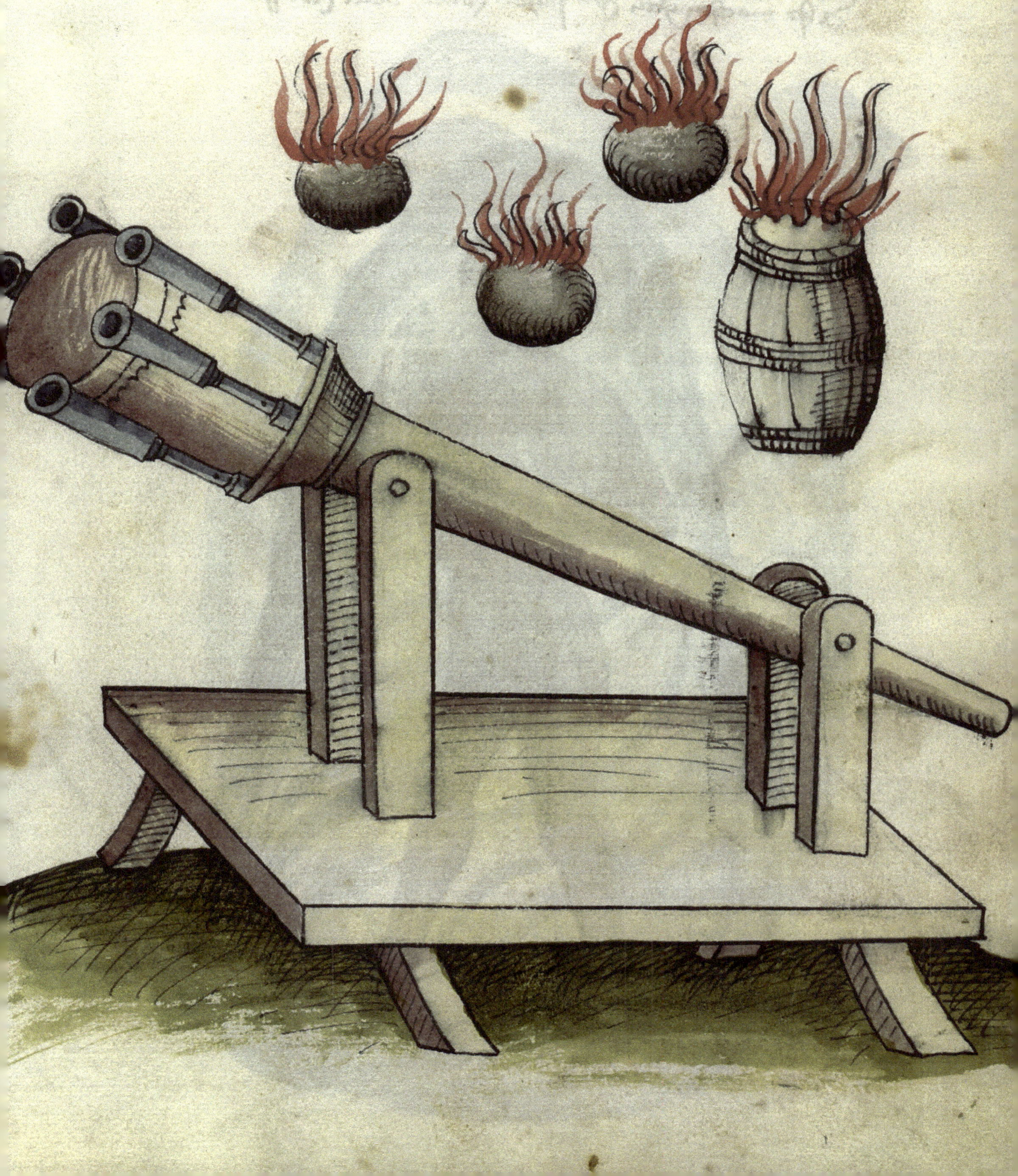

Diser zug höret und dz wasser dz höpt und d lip sind
v'decket sin mit leder und wol geneit und die ouge w
glesin dar in gemachet und mit harcz und mit bech wol
v'sichert oben vor de mund sol sin ain badschwm dar und
zwen dar wo du den atem vahest und wo du lassest
also machtu gan und sehen under dem wasser

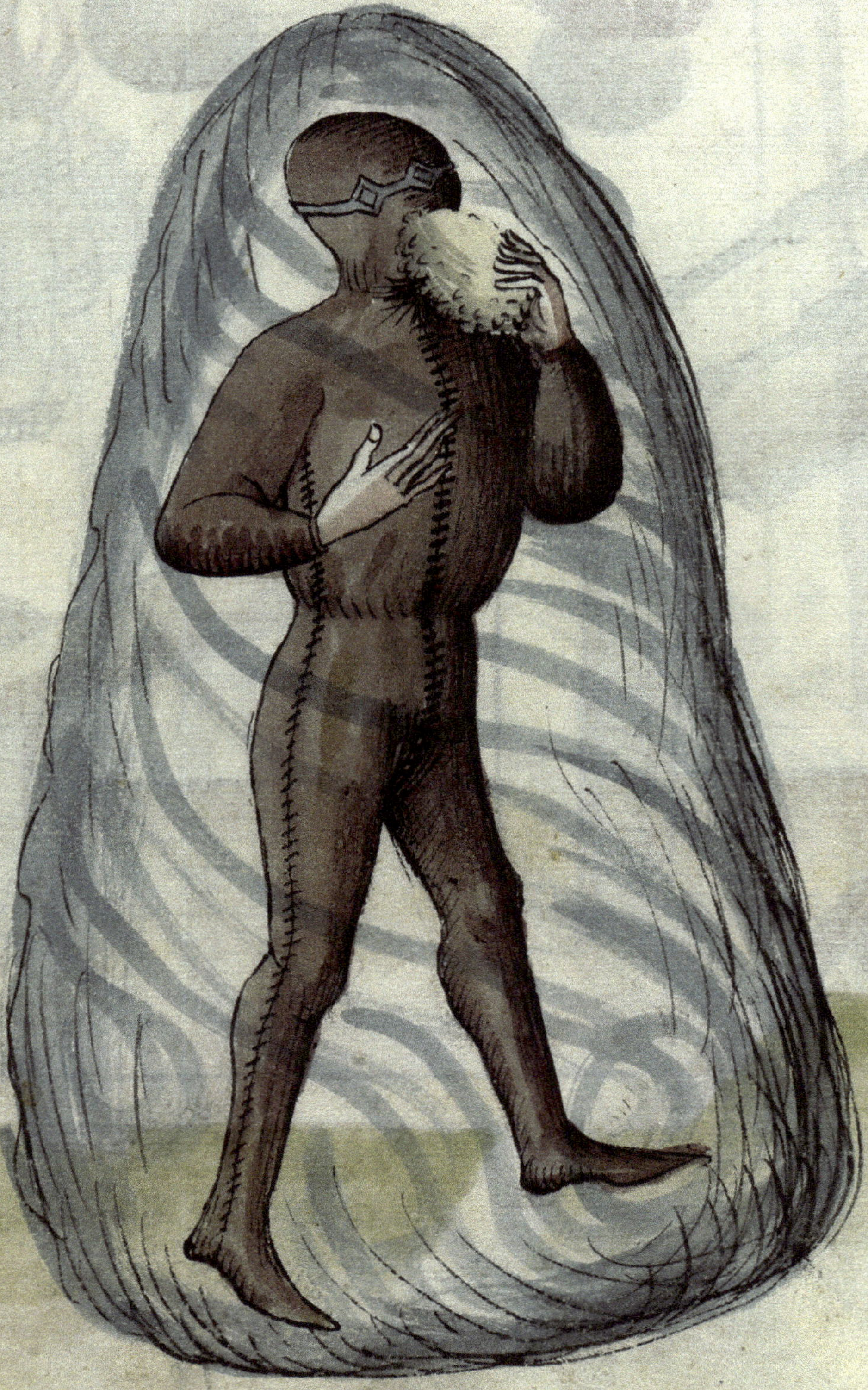

Geleich weis ist diser sinn als gerourt dz dz hopt bedecket ist
mit aine schwern helm vnd auch die ougen dar vnd gemachet
als vor. Ist dz das wasser starck rinnet so solt du dich beschweren
mit gewicht oder ain sail binden an aine baum od an ain
stok das du dar an herus mugest komen

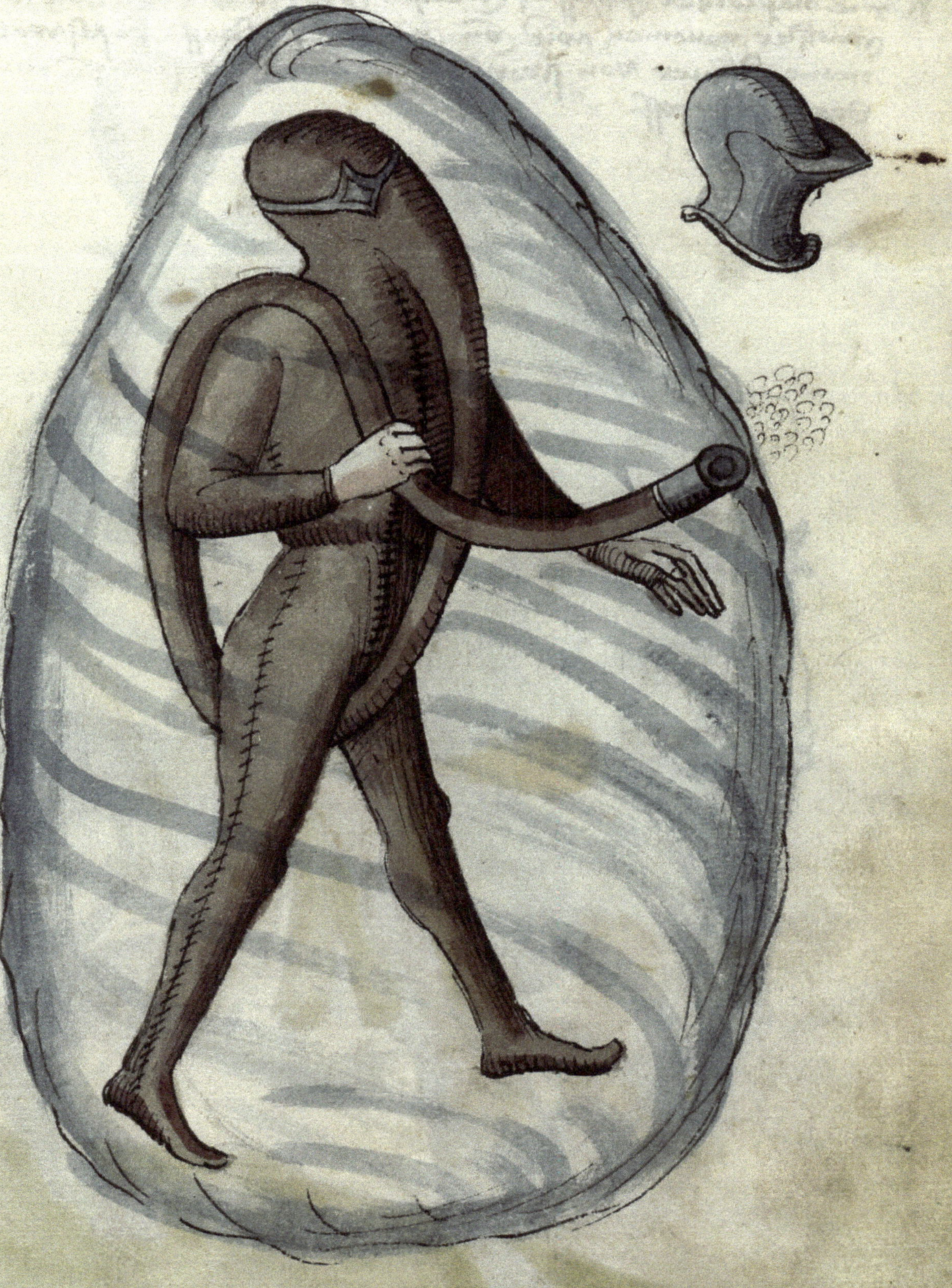

Lolich ist genant lulch samen ein wo im gesotten ein d win ein andn
gemischet wenn du dz getrincken gist der entschlaffet
und entwachet ein achtagen nit Nim ol dz ougen krautt
der kreps die sige mische es wa mit du wilt dz machet gröslich
schlaffen Nim baldrion leg den über nacht ein vom wein du dz
getrinken gist der entschlauffet bis man ein wecket Nim den some
vo nuwatten wenn du dz ein trank gibest der beschlaffet den andn
bi dz har Remedia für die vorgeschribne stuck ist starcker essich in
die naslöcher geschossen welcher über land ritte wil oder zu aine
wachter genomen wirt ein in der schlauff beschwärt der
neme körner von strepio ein kuwe ess ein dz mund so hört
der schlaff uff

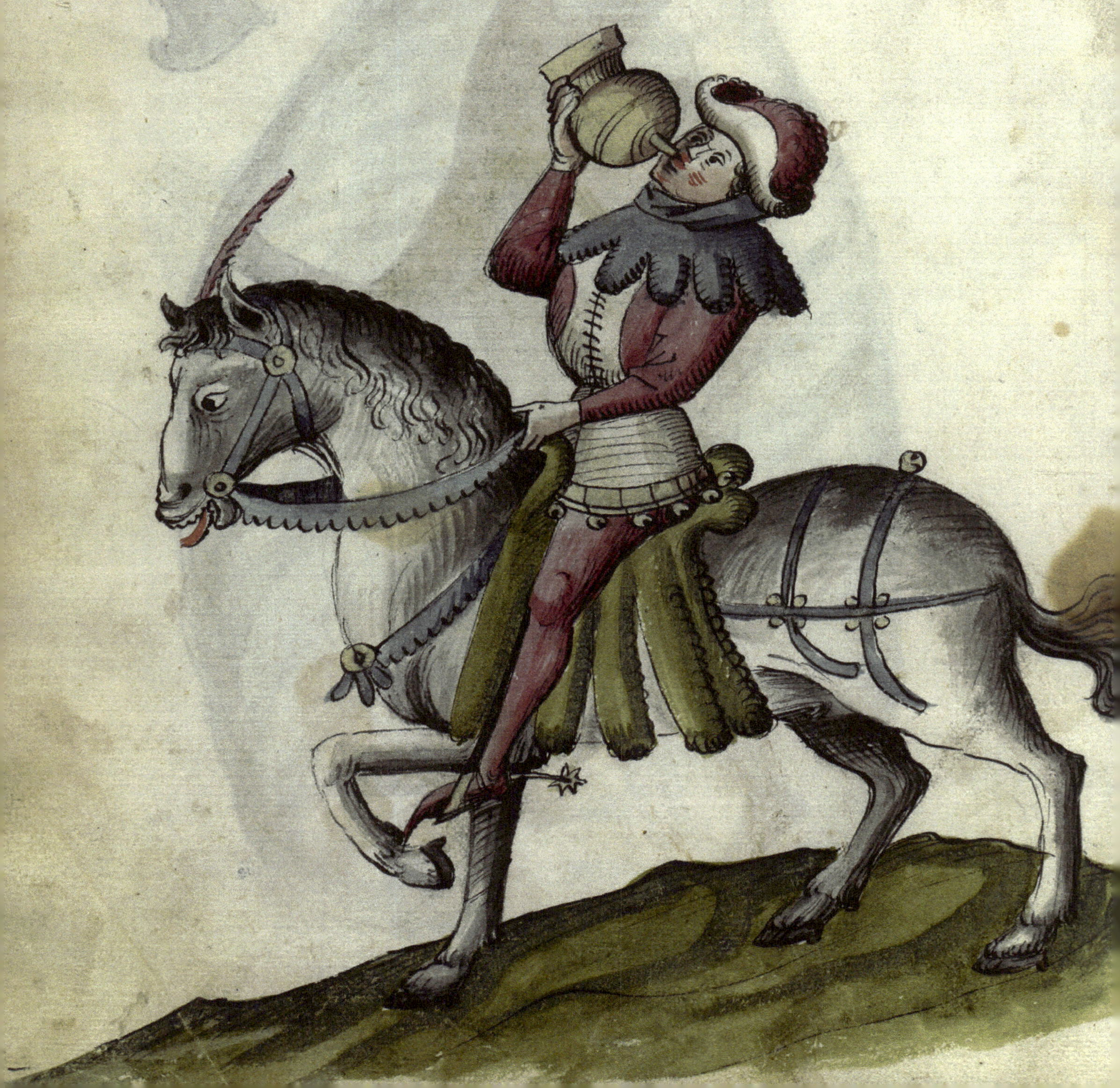

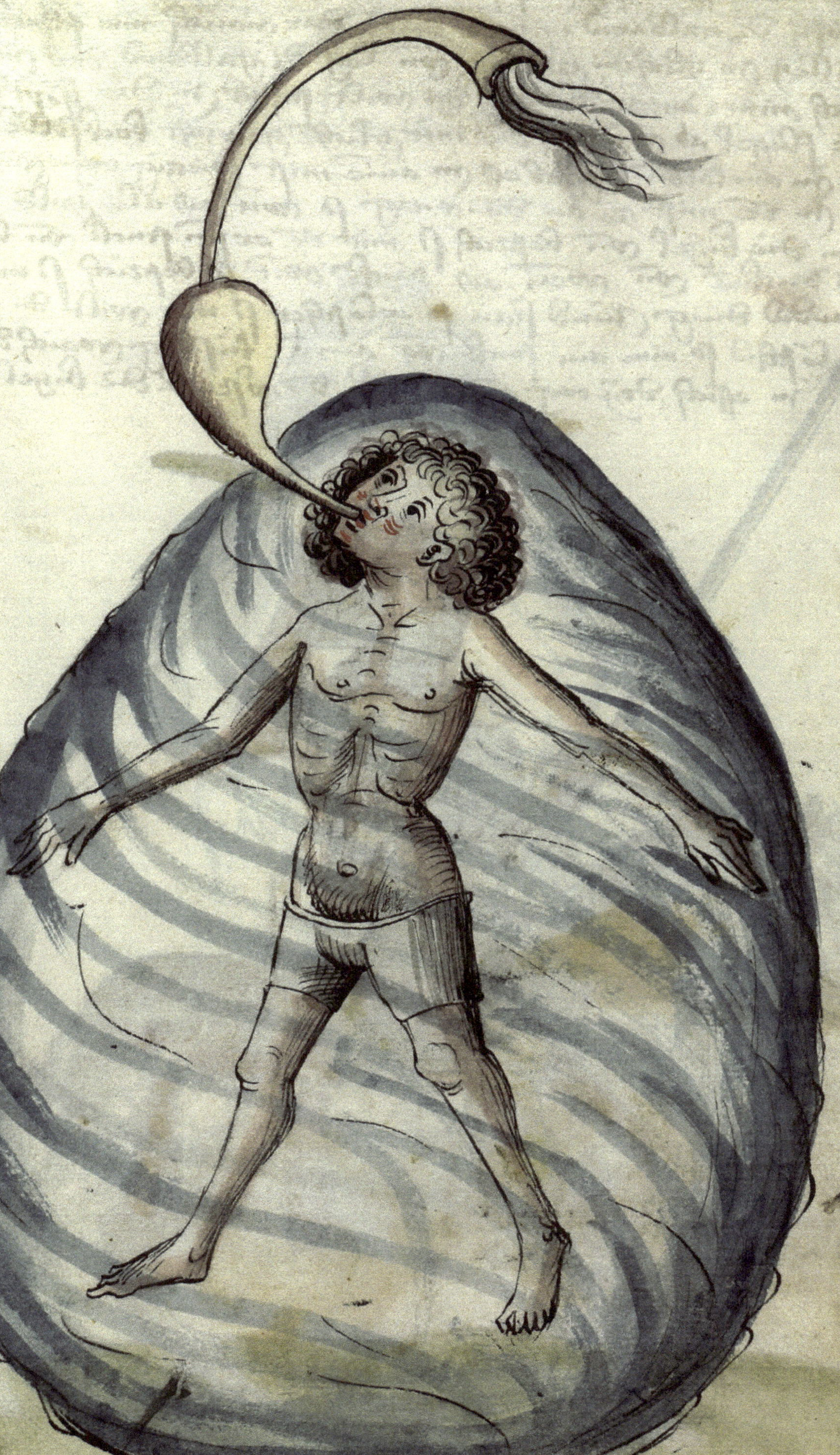

nim kupffer schlag vnd mach dar aus ain kugel inwendig hol
darnach nim vngelöschten kalch ain tail salbam ain halb tail
mysch daz salbam mit dem kalch darnach nim schnegken
schallen in gleichem gewicht vnd lech daz salbam dar in dar
nach nim cantarides als du wilt schnid in die höpt vnd
die flügel ab vnd stoss die mit gleiche gewicht kecksilbers vnd tü
es in ain kolben vergrab es in ainen mist viertzig tag vnd end
daz in dem mist ye an dem .x. tag so wirt es als gold dem
nim die kugel vnd bestreich si mit dem ersten stuck vnd lauss
es truckne vnd wen es trucke wirt so bestreich si mit dem
andern ding vnd wan si erlöschet si nit wilt du si ab
löschen so nim ain stuck von ainem kissling waich das
in essich dry tag vnd versenck vnd versenck die kugel mit dem

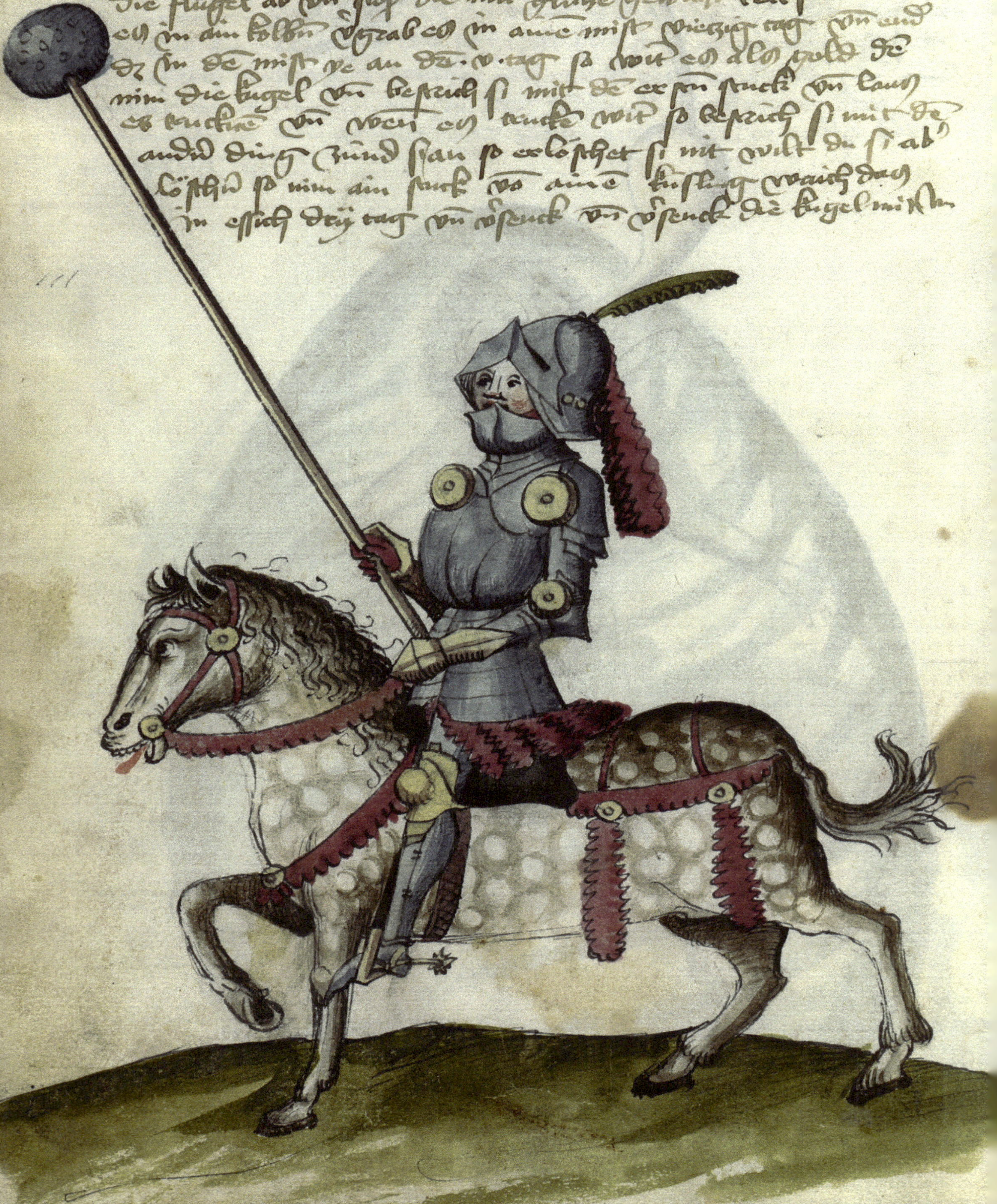

Ich haiss philomenus vnd bin gemachet von er oder von kupffer ich
gib kain hicz so ich ler bin wen ich aber gefüllet wird mit
terebinto oder mit gebrantem win vnd man min lip zu dem fur
tüt daz ich haiss wird so wirf ich fur in gneist vnd da mit man
ainer iegliche kerczen anzünden mag

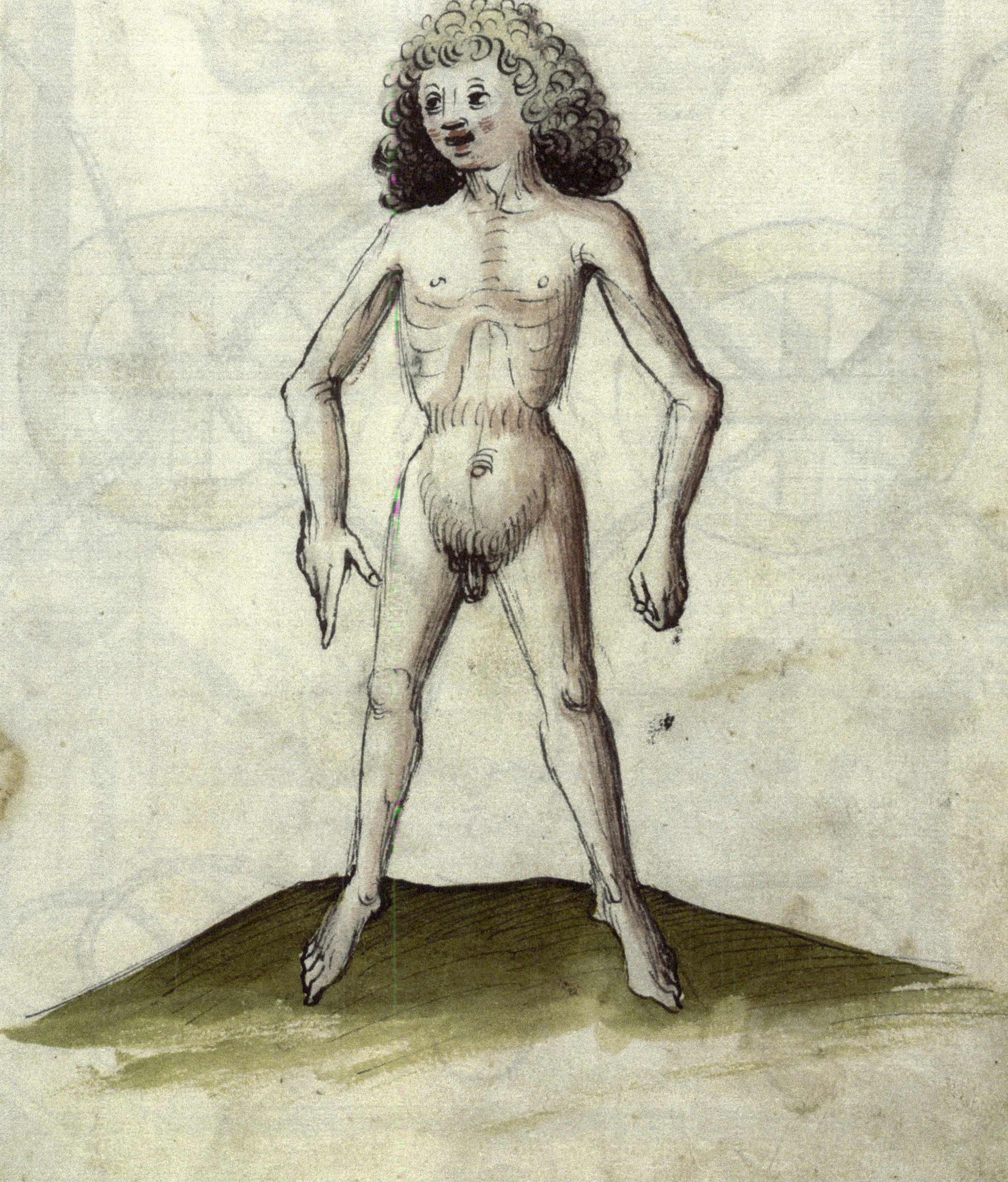

Dis sint schne rauff die sol man in dise form machen
vn stro das ross decken vnd ob den füssen zesamen
stricken yeglicher wis machstu dz machen mit langem stro
vnd den füssen zesamen gebunden

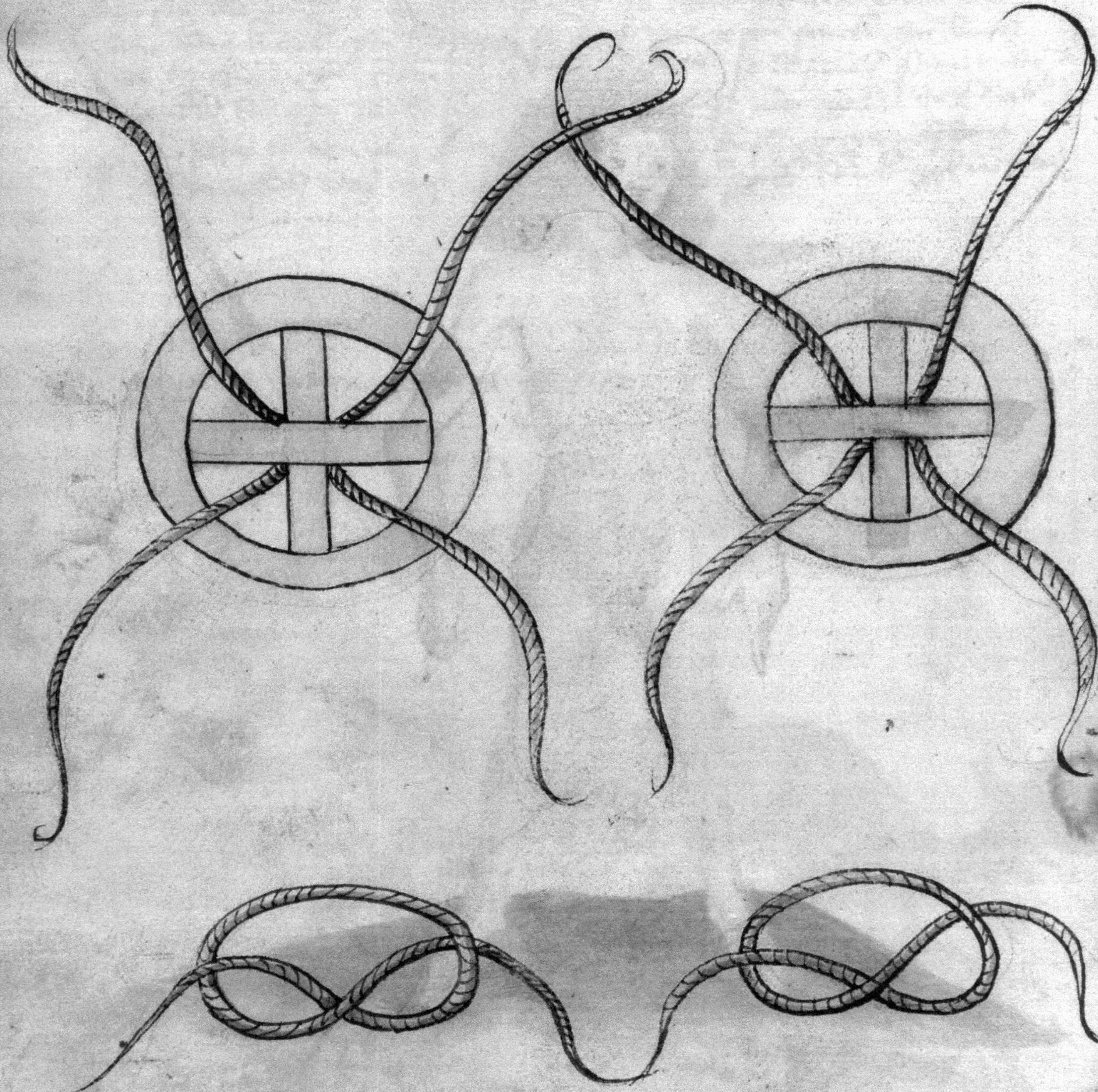

Dies fürsten palast machtu warme mit dysen wol
schmäckenden stucken nim vil tigel die fir enthaldet
mach es uß dürrem holtz und kolen ain fir dar under un
dar in ambram musch assa campher mirre altes oli
banum mastick wirouch von zwayerlay sandel und usser
lesen wirouch dar zu od andre wolschmeckende ding
und lest negelin oder macht in wyn unmorndes so
zerklub sy alle und die nayjelin dück in ain tigel un
thu das wines ain wenig dar an wenne dyn dise
stuck haiß werdet so wirt es wol riechen

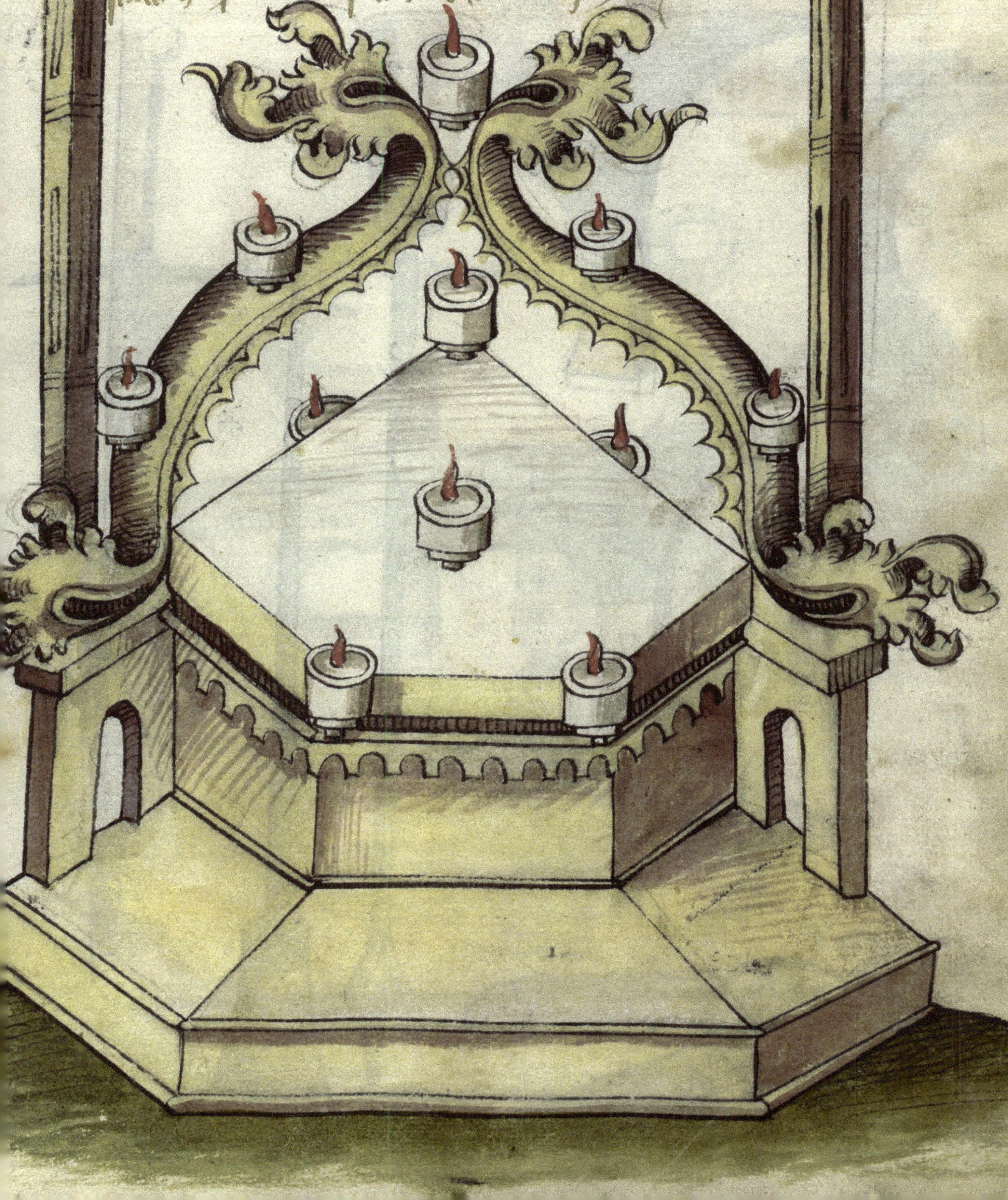

Diser gesamnet zeug ist gůt zu kauffen fur die heren
ain kessper gaisfuss ain näber ain dietrich ain pfriem ain
schmit ysen ain pfar schach die stuck sind notdurftig

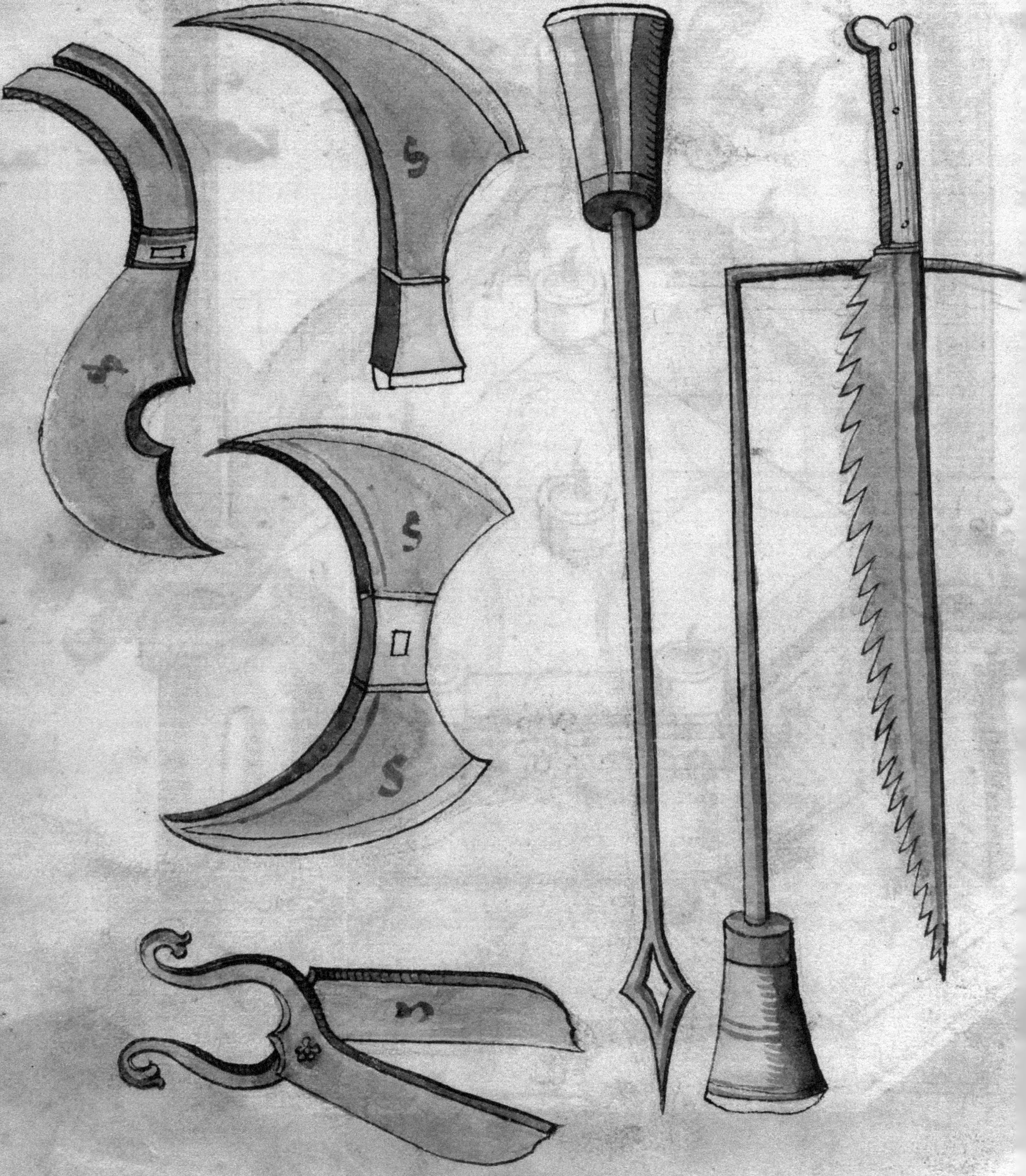

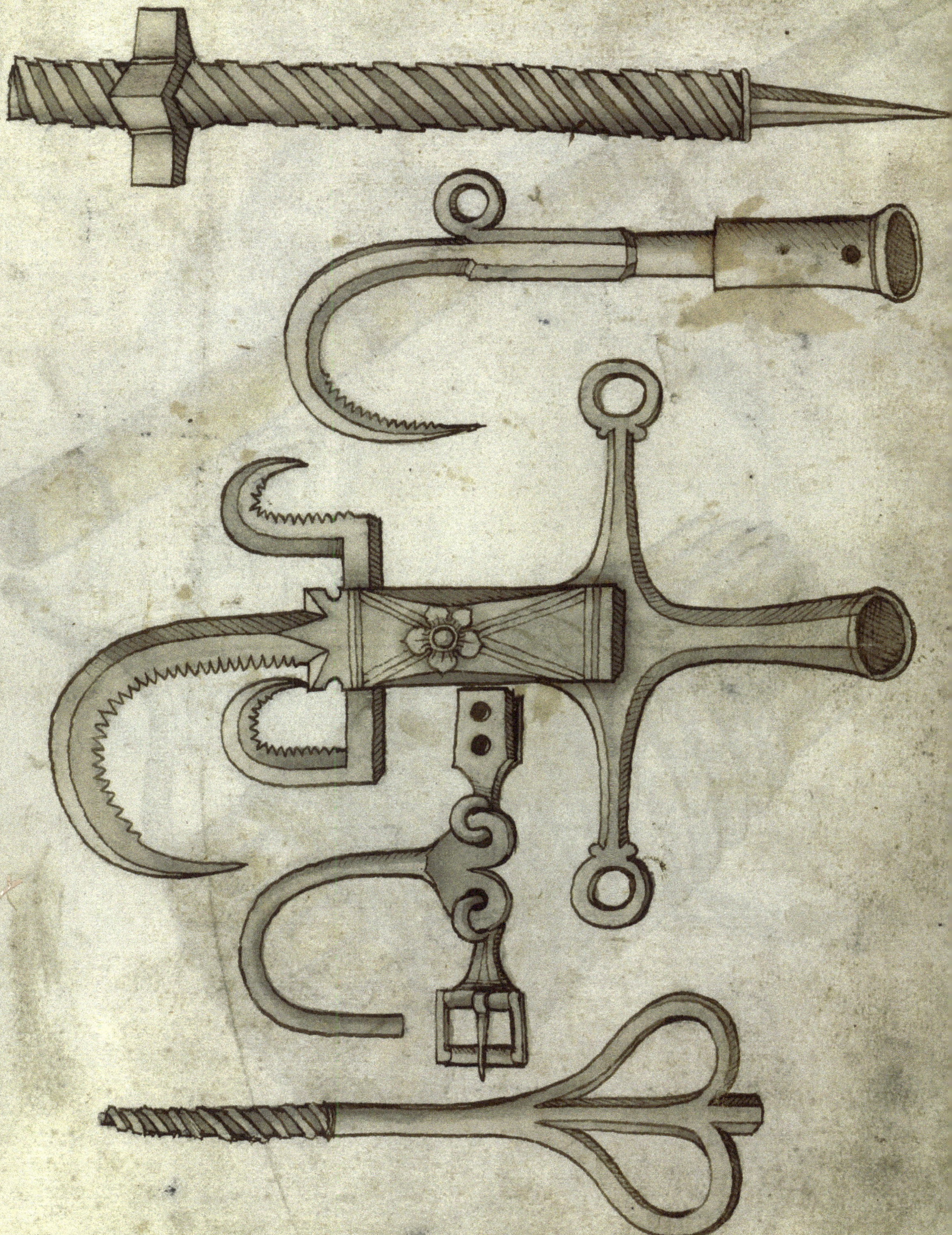

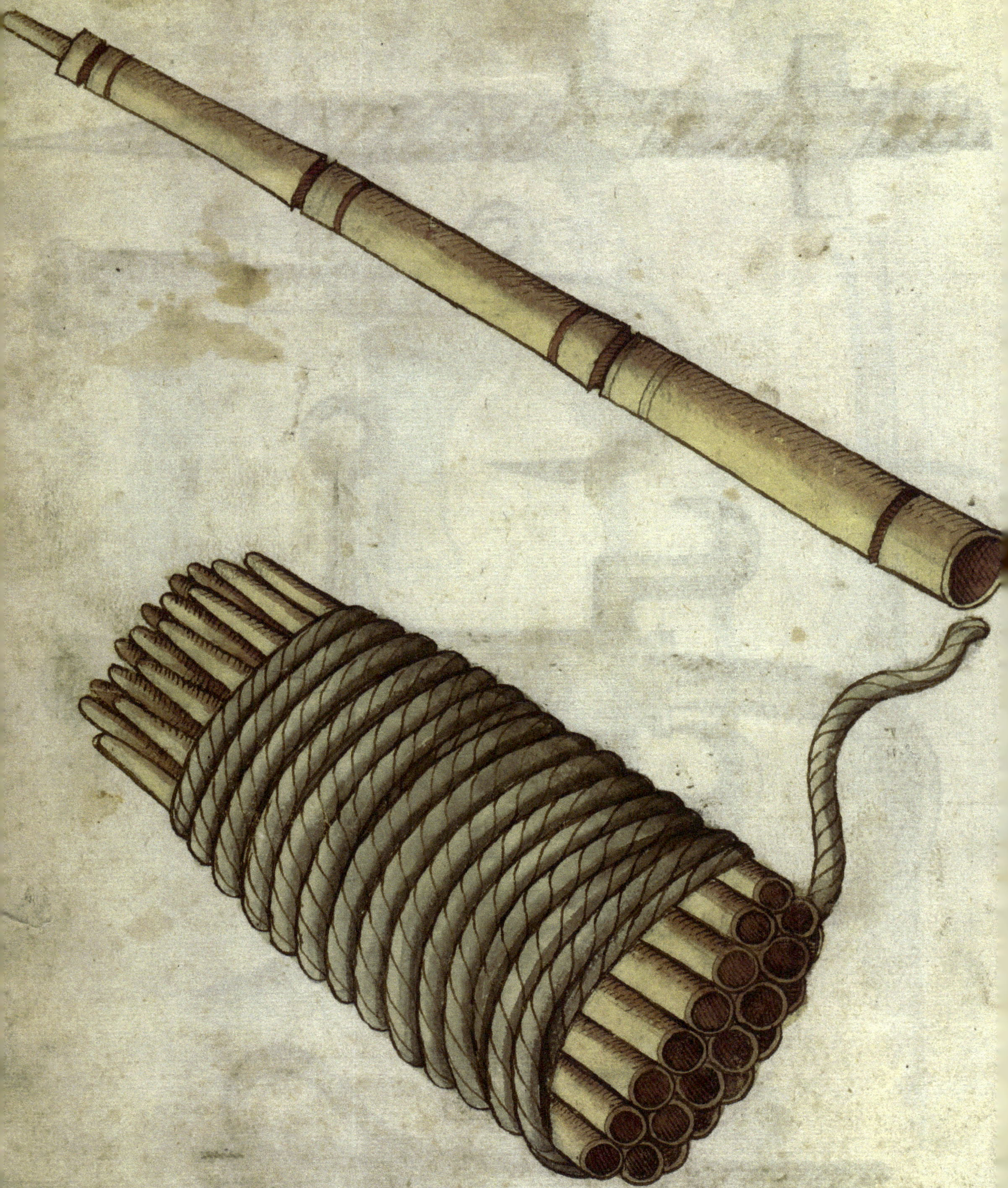

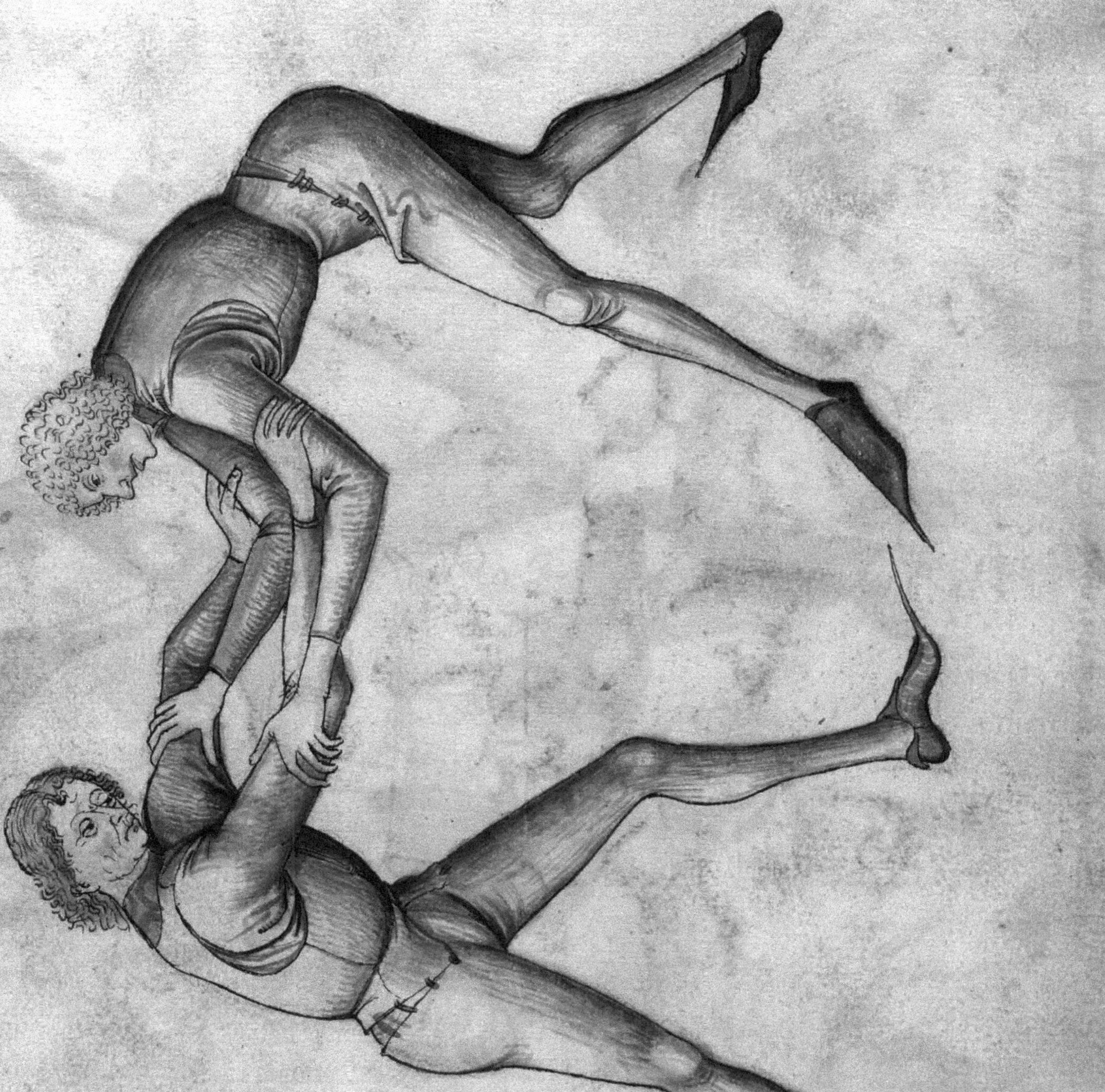

Item daz arm brechen und uber den schenckel werffen

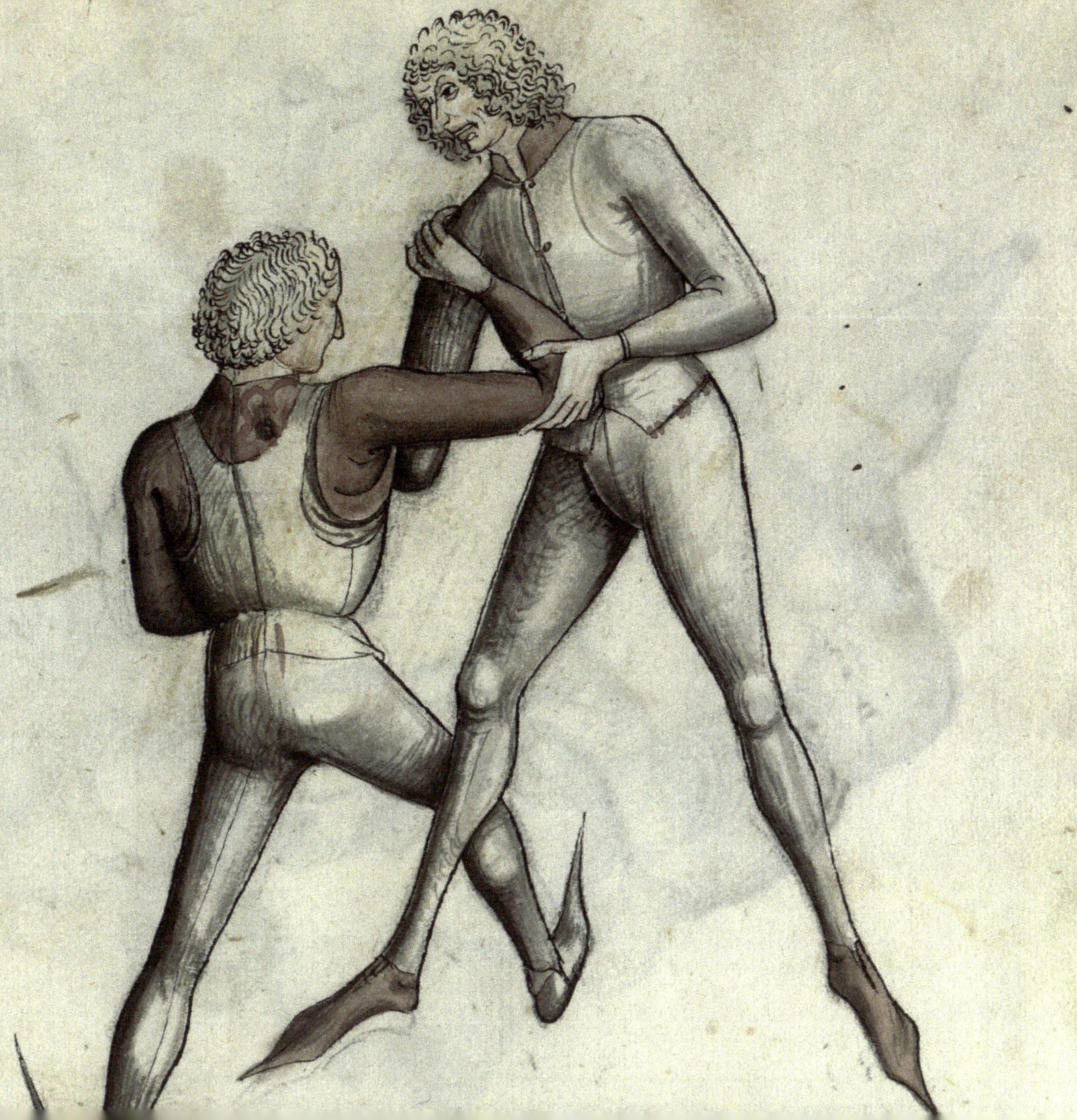

Jtem das burn vassen

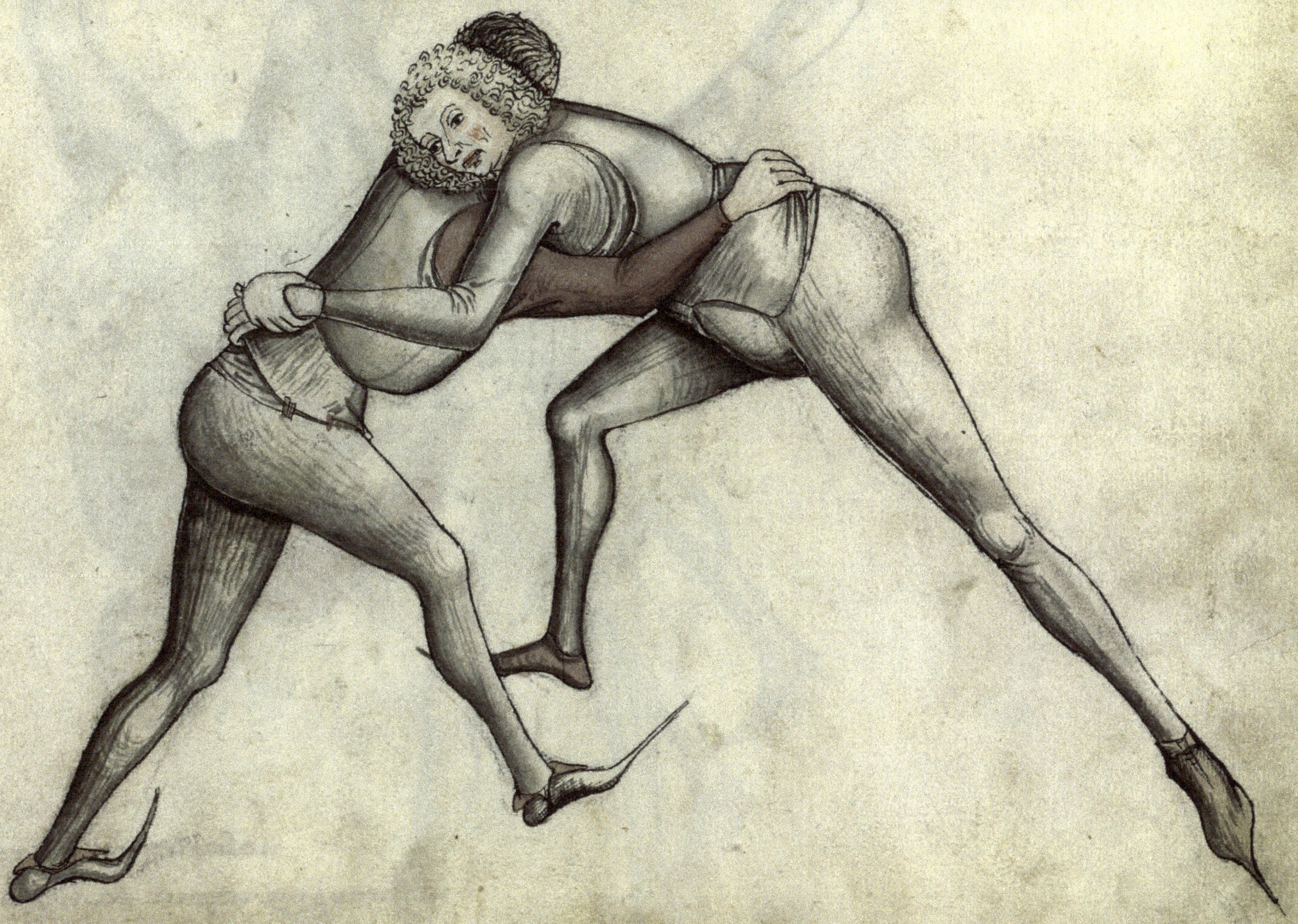

Item daz vf zucken vnd werffen
vor der elenbogen

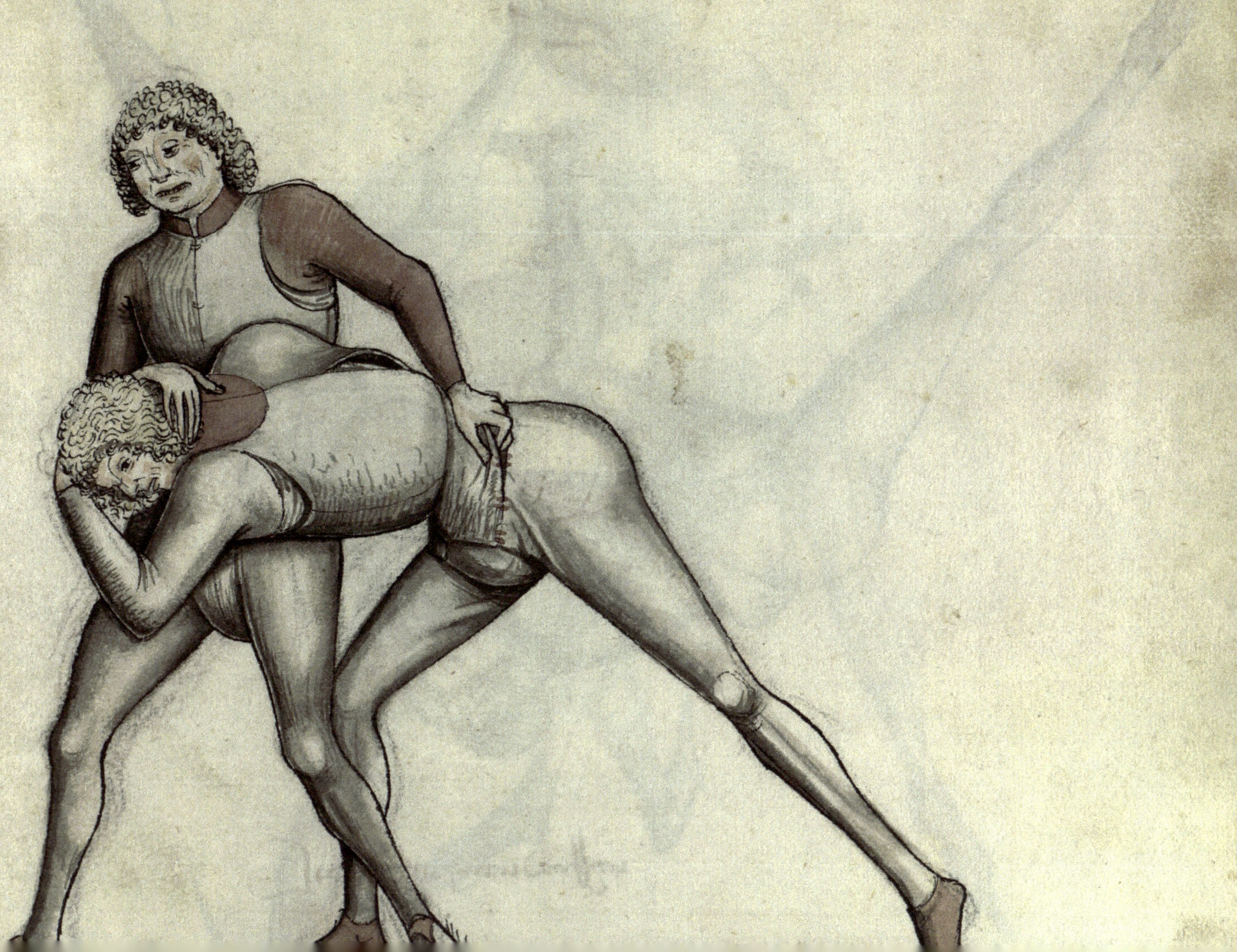

Item das durch gan

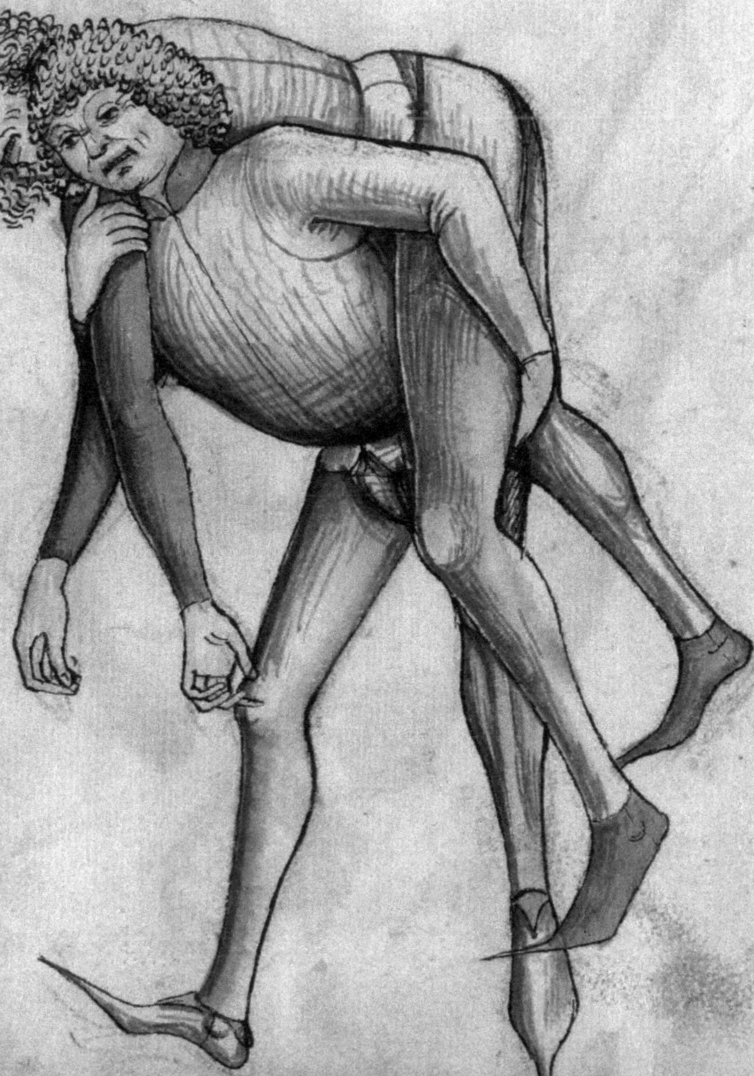

Item der bruch wider daz-
durch gan

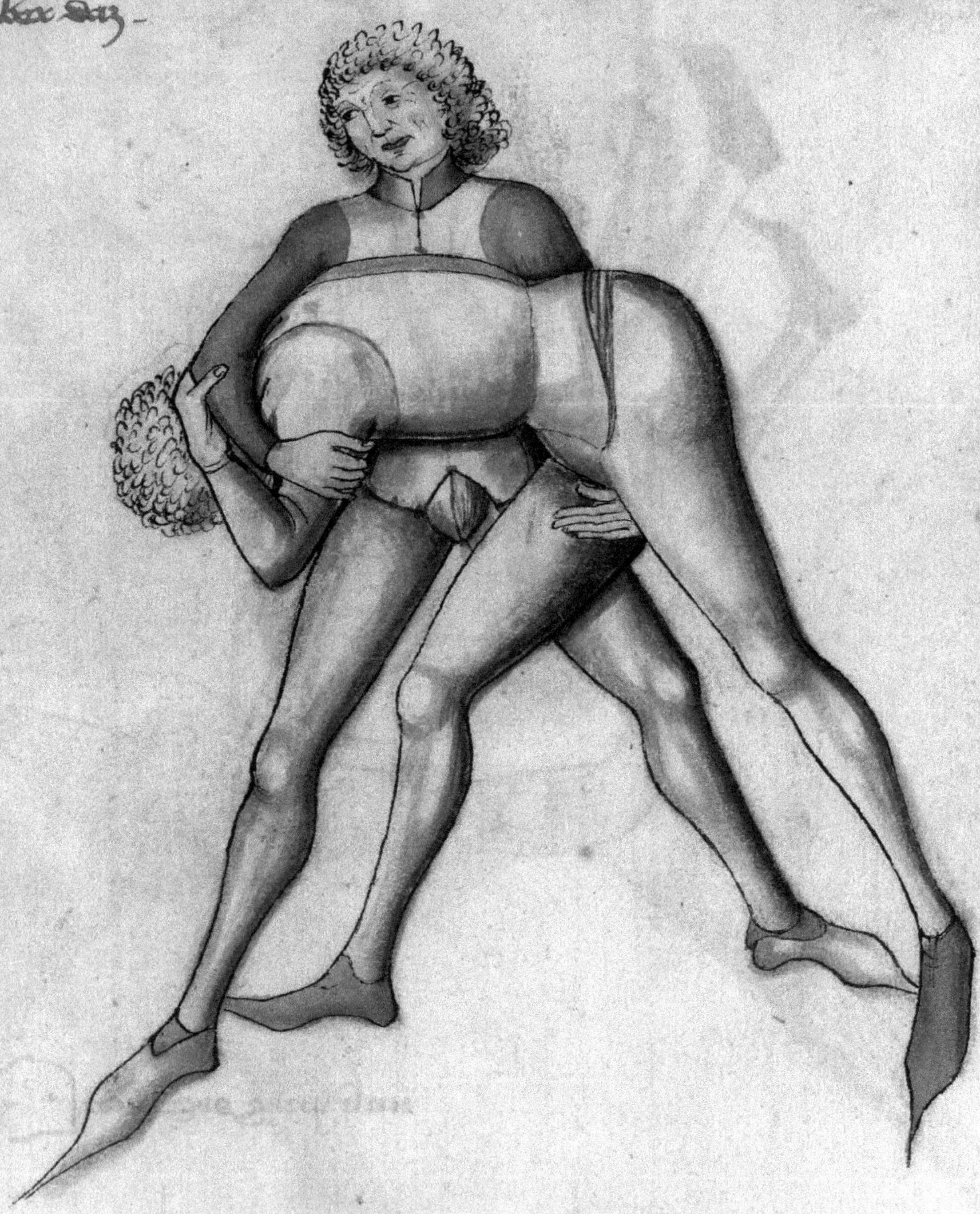

Item daz vassen jm wamass

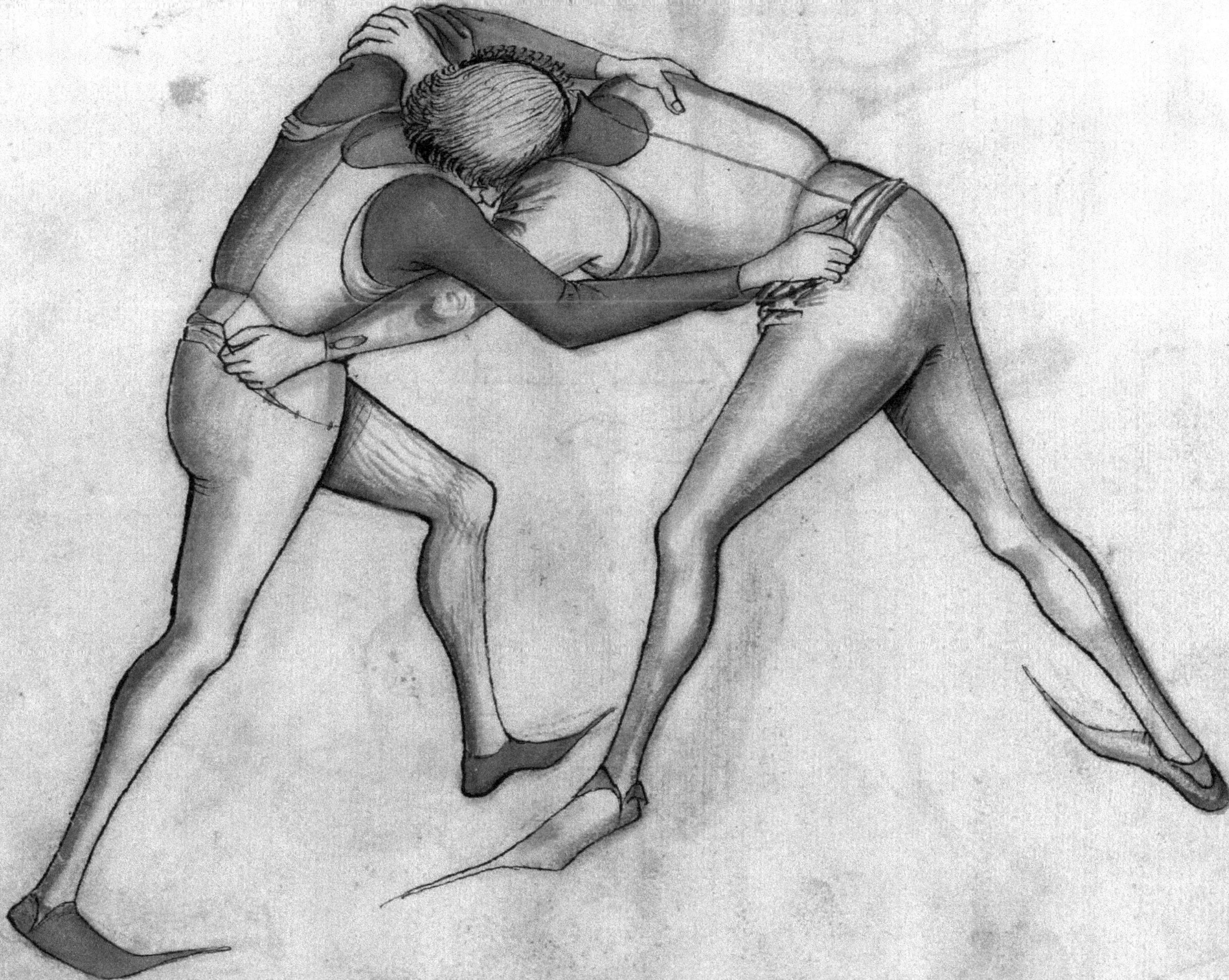

Der bruch über daz
vassen im wamess

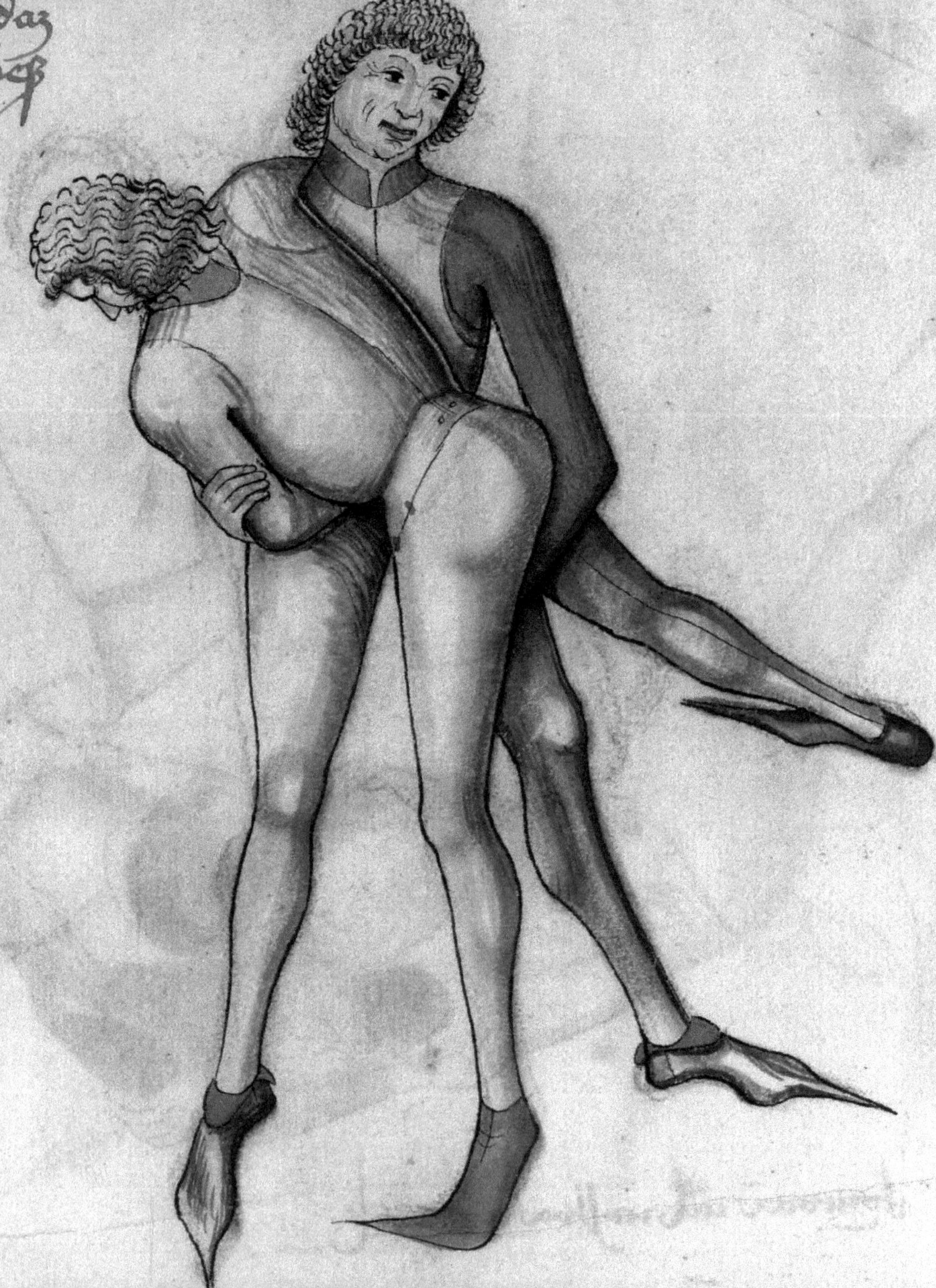

Daz stuck uber den
arm und jnn fůß

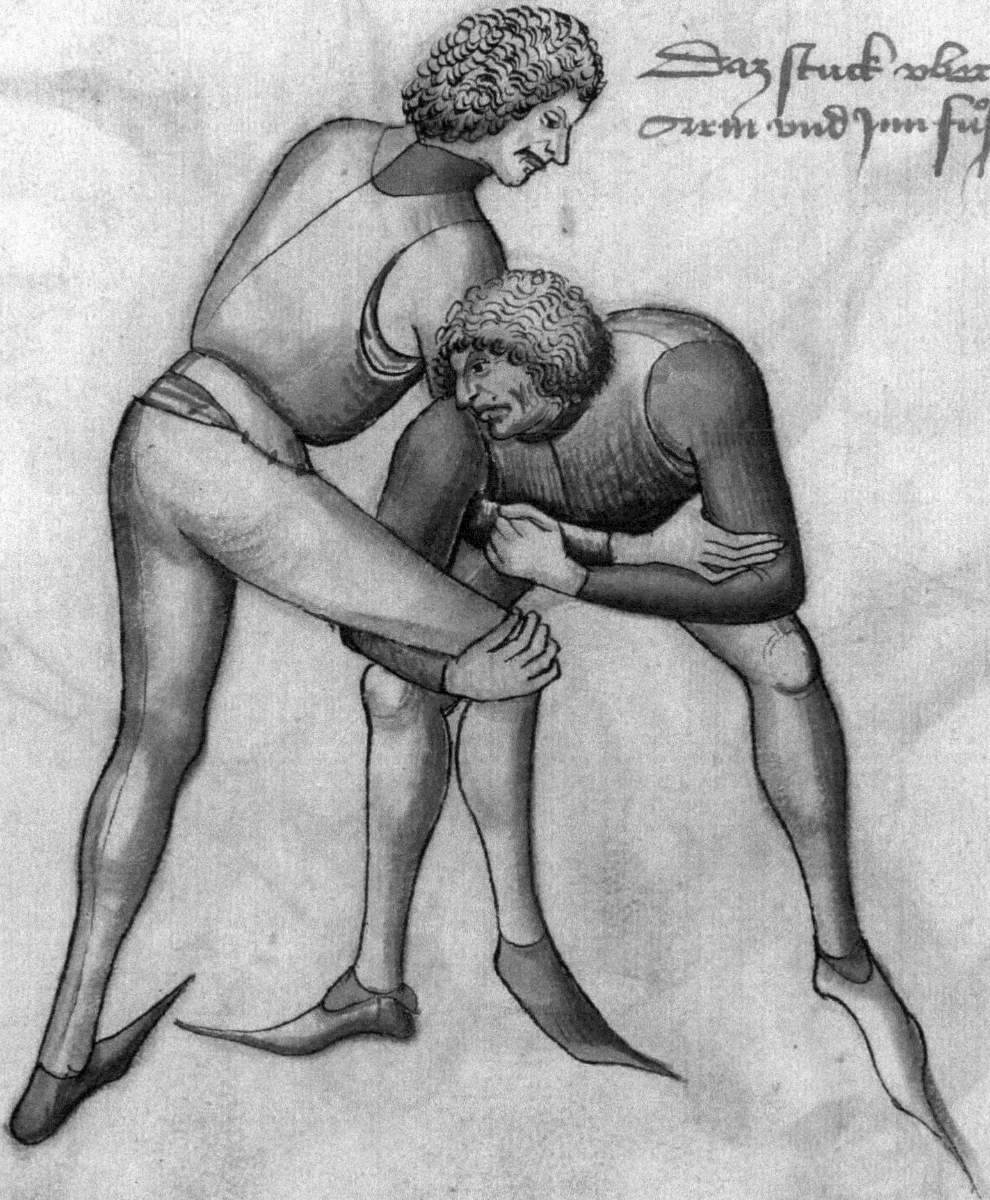

Daz werffen ober
die huffte

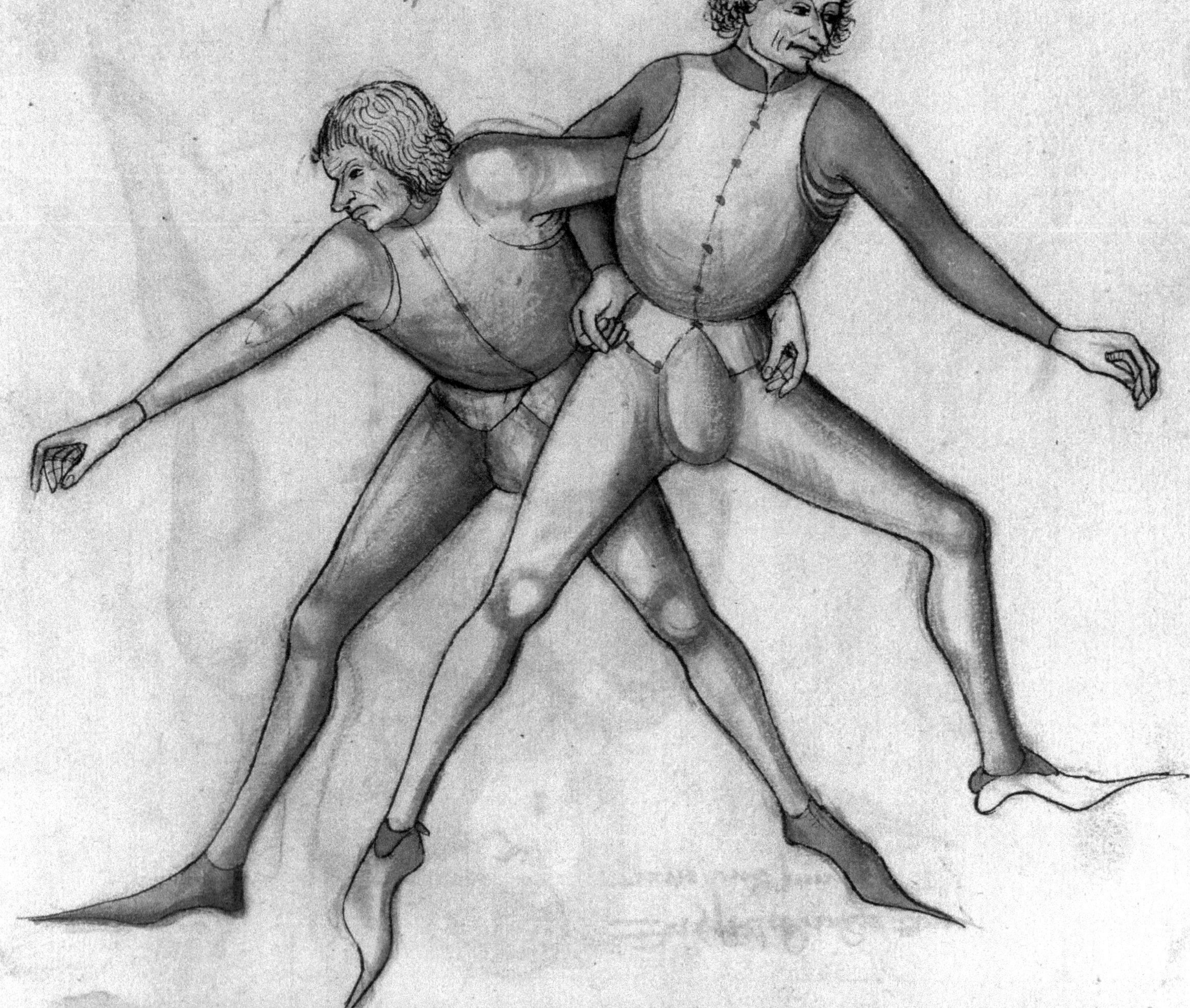

Der armbruch

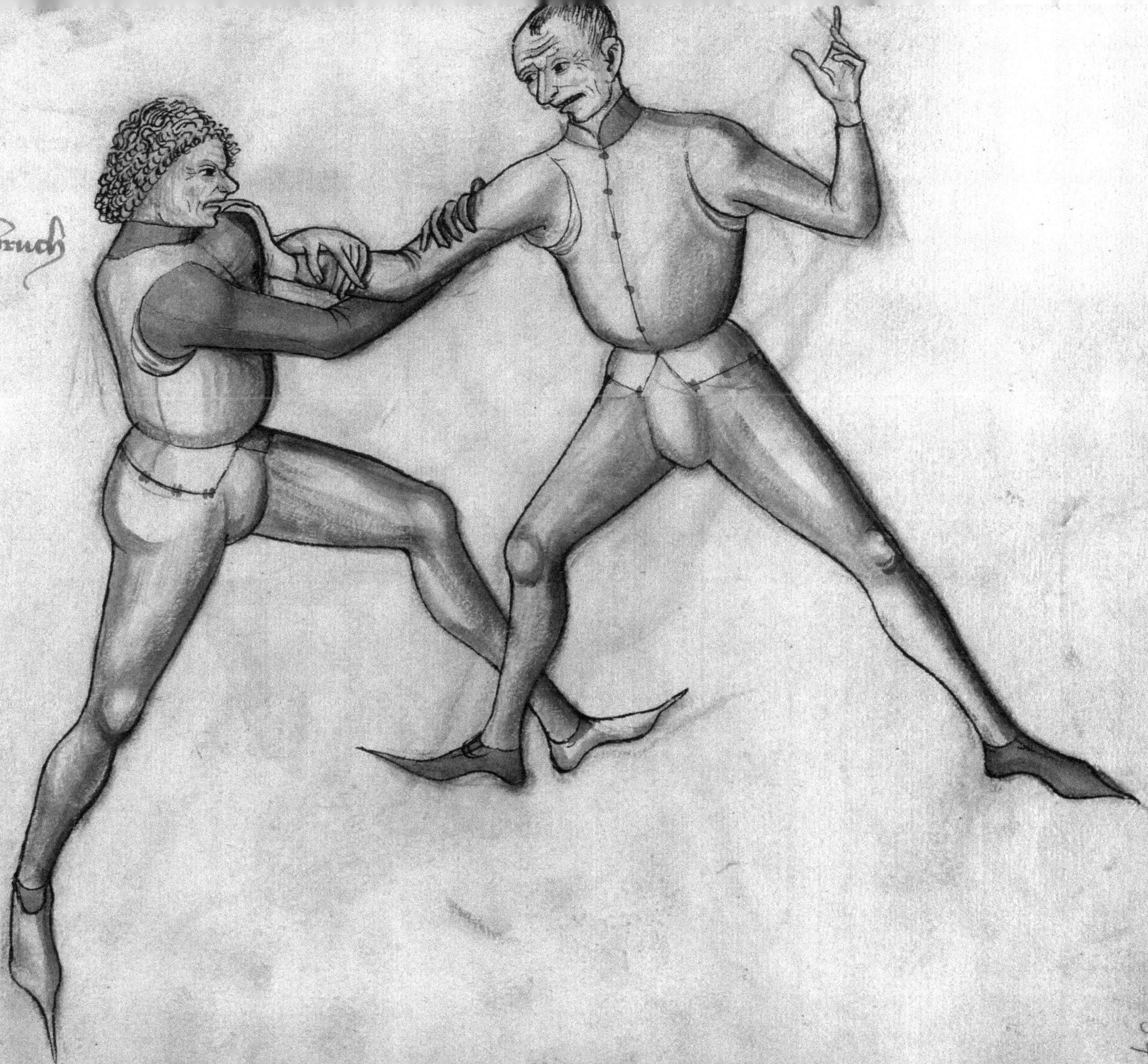

Das hind
tretten

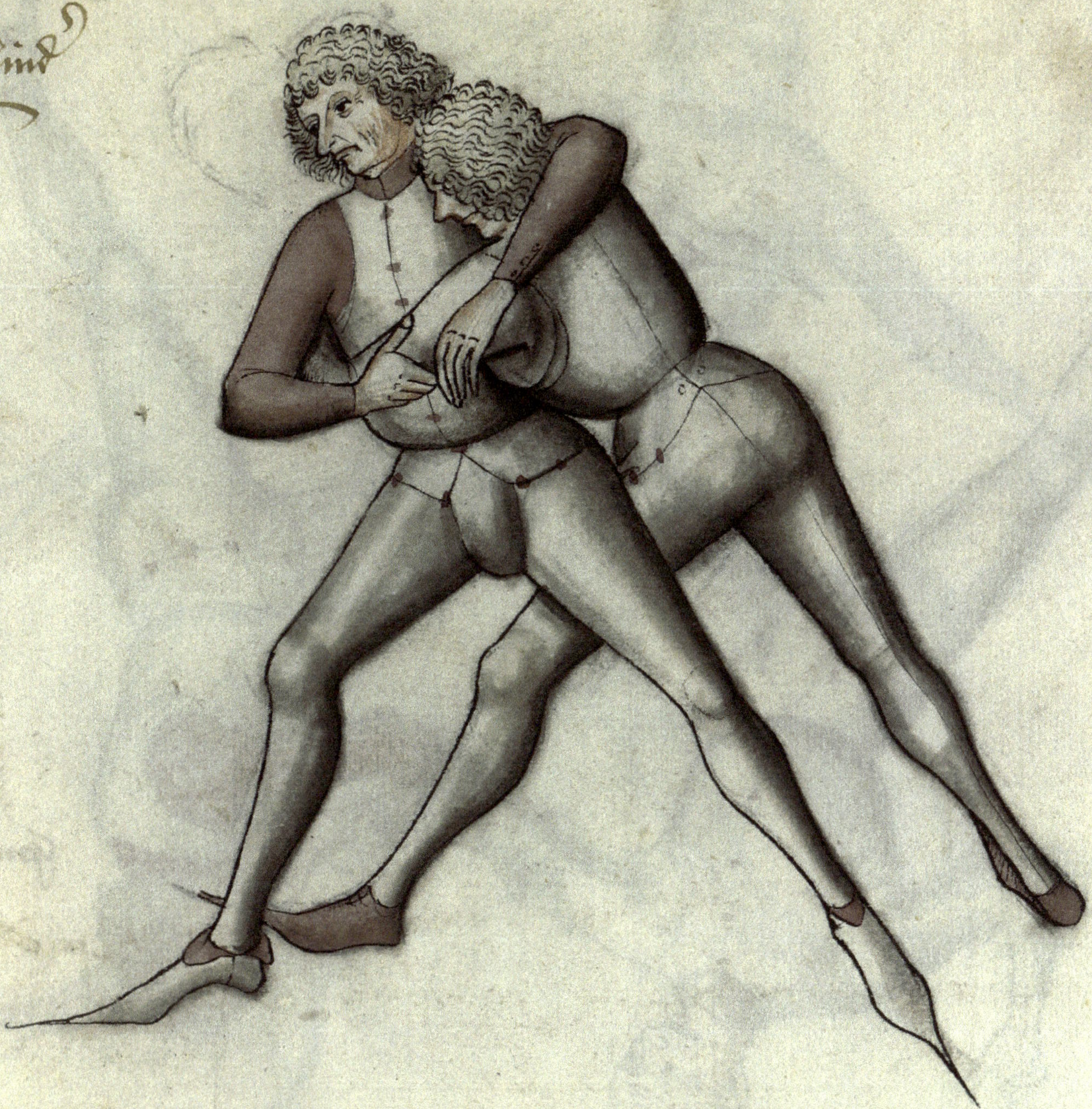

Der armbruch
uber die achsel

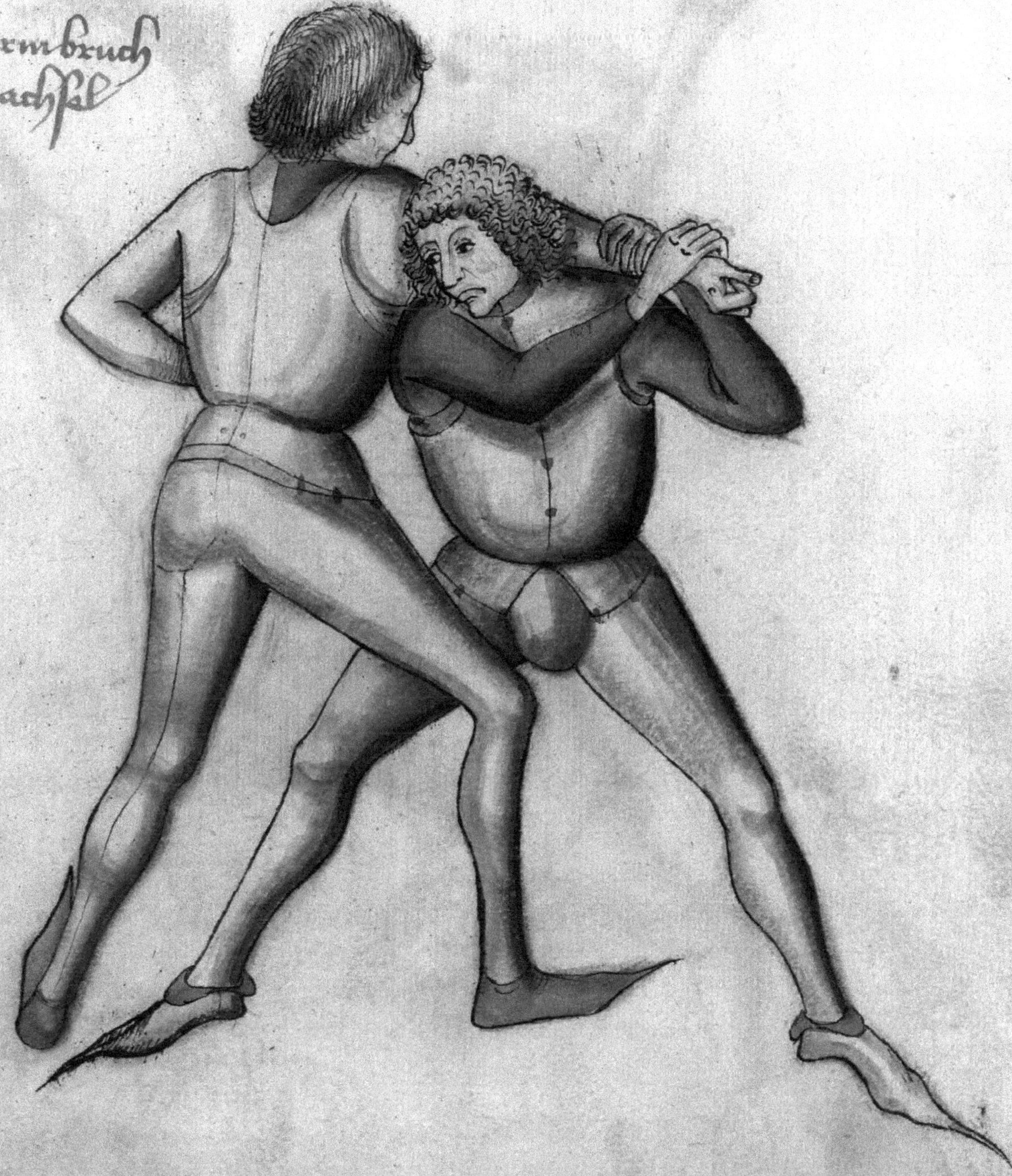

Durch ain hind(er) tretten

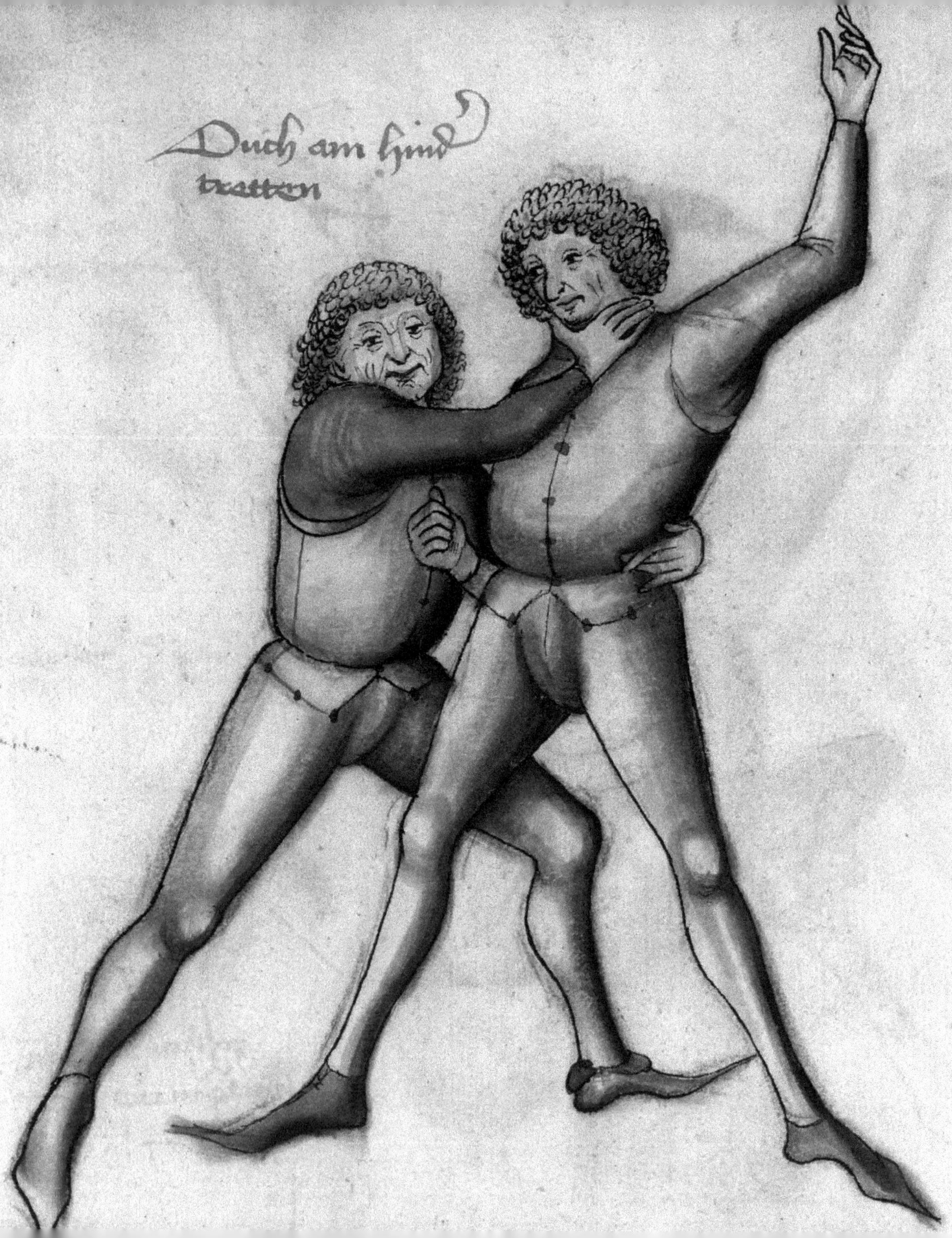

Das achsel brechen

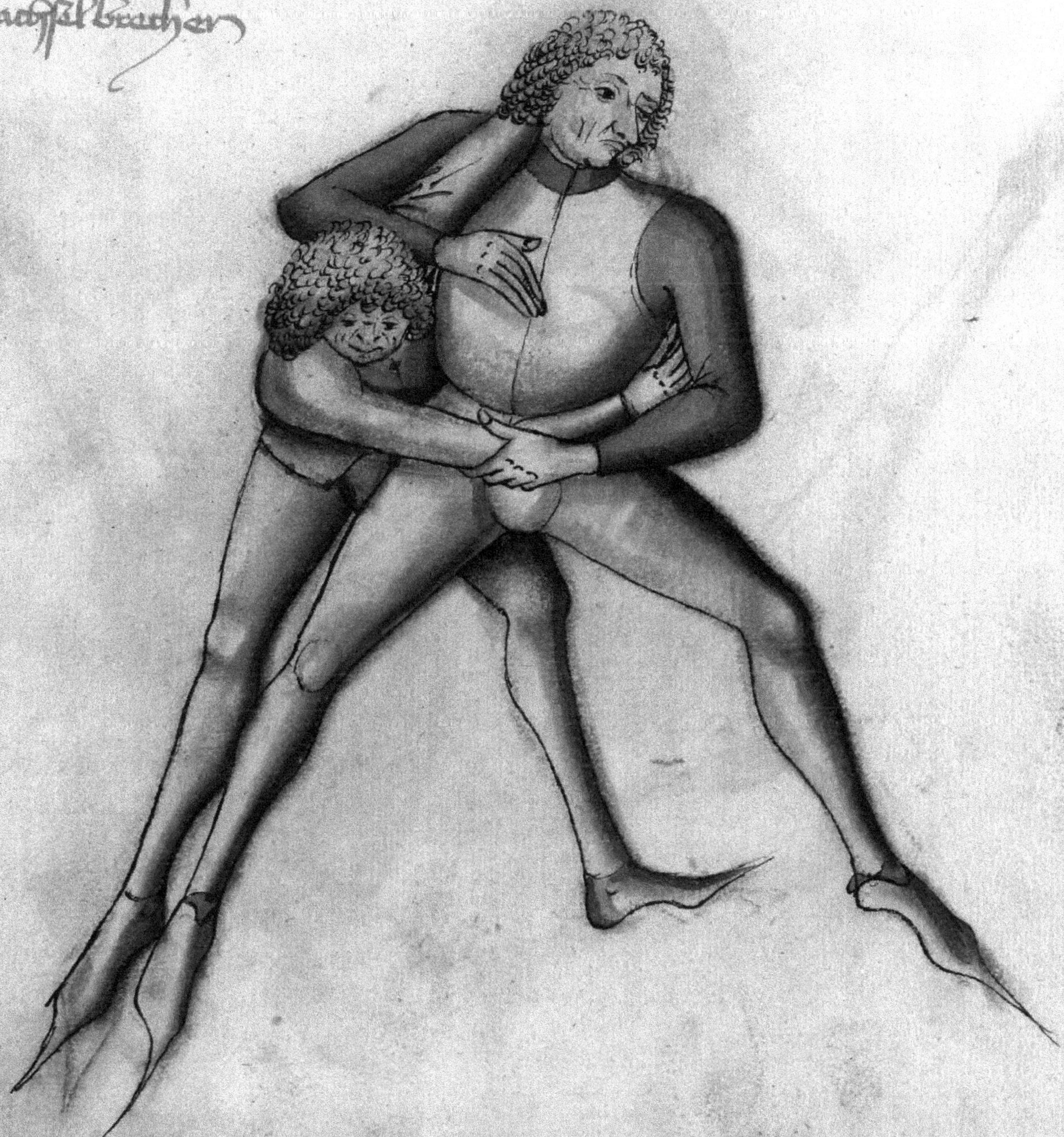

Das halß wirgen

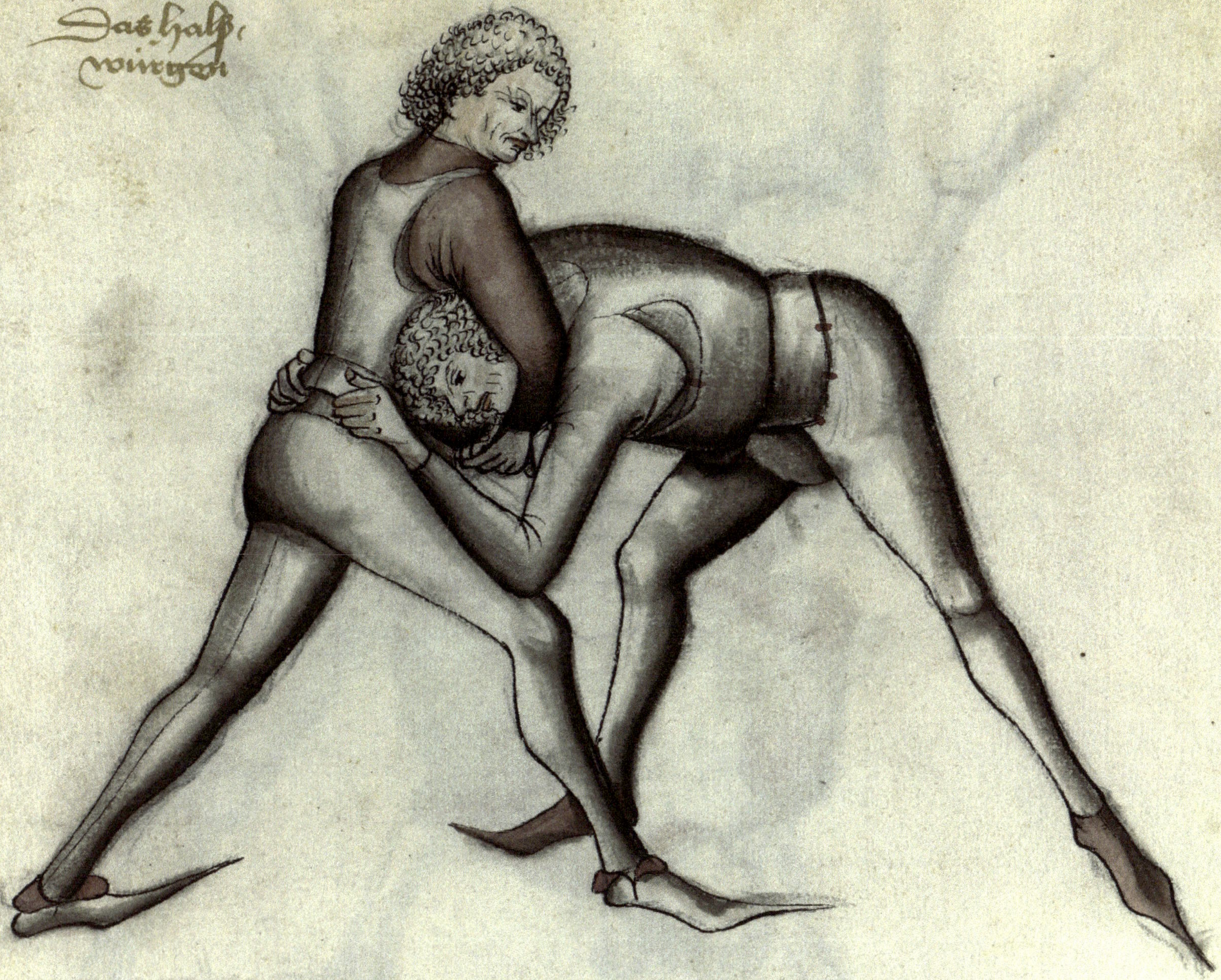

Daz versuchen durch gan
oder hinder tratten

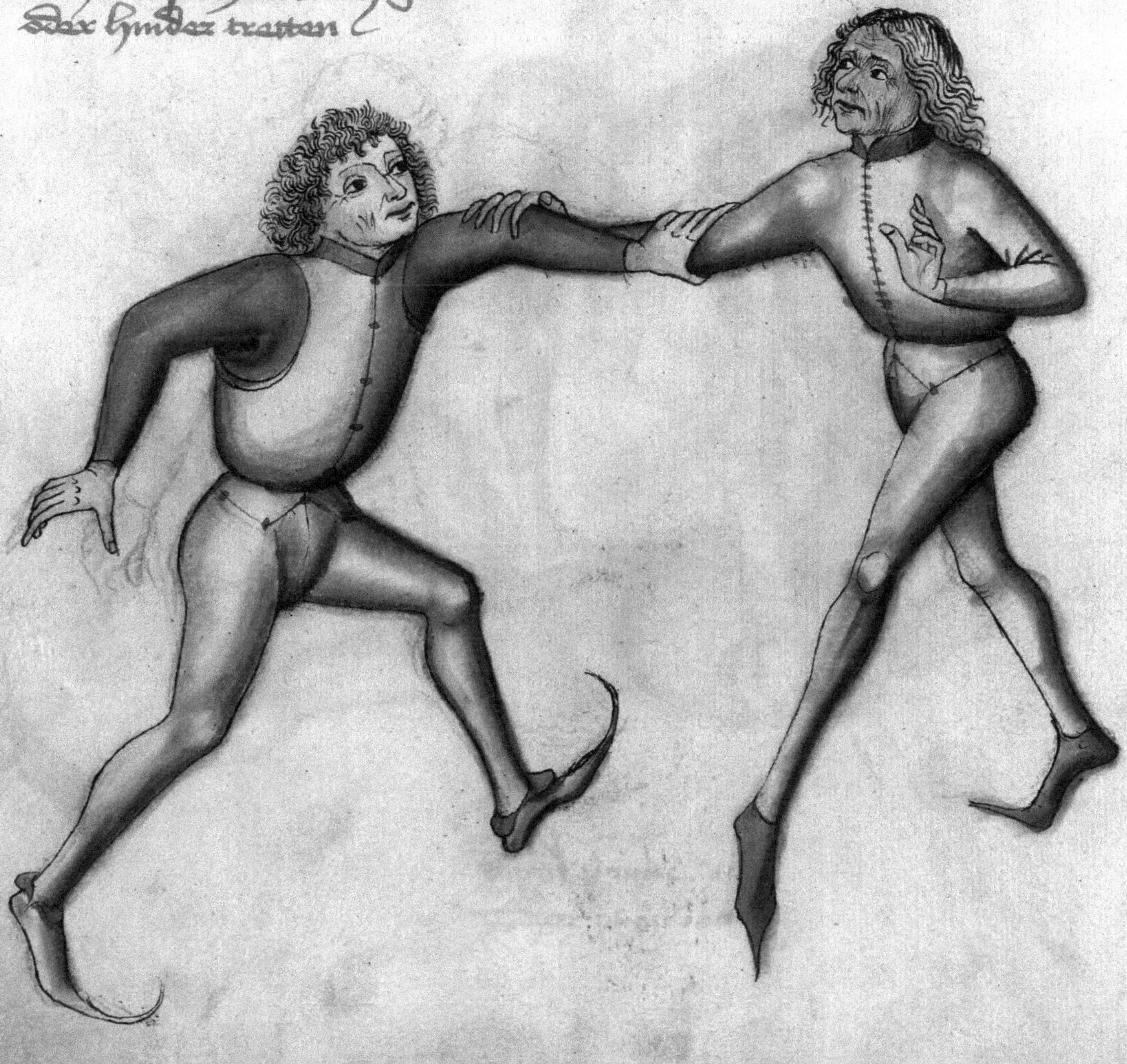

Der bůbenwurff
übers houpt uß

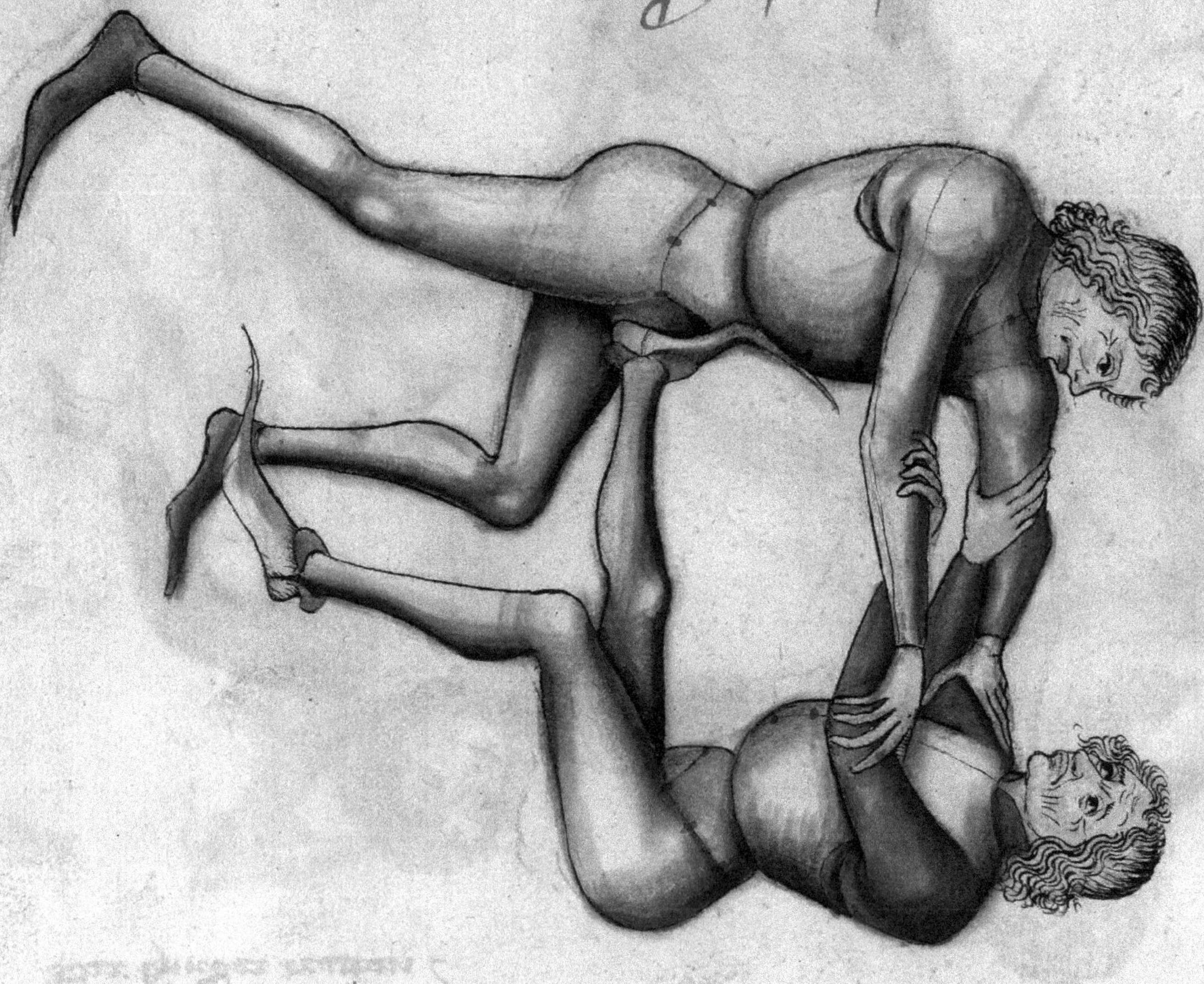

Stuck vnd bruch

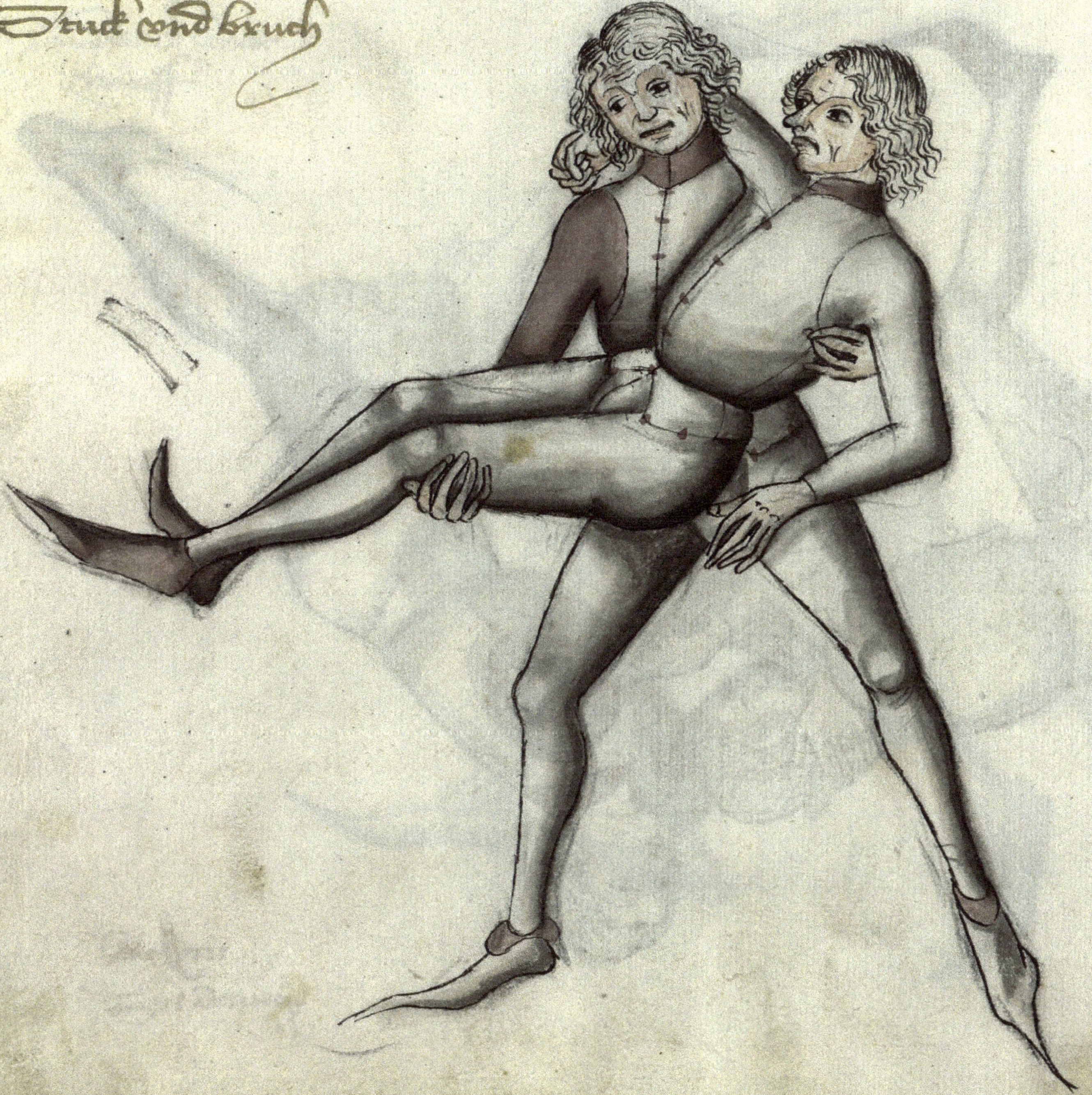

Daz genick vassen

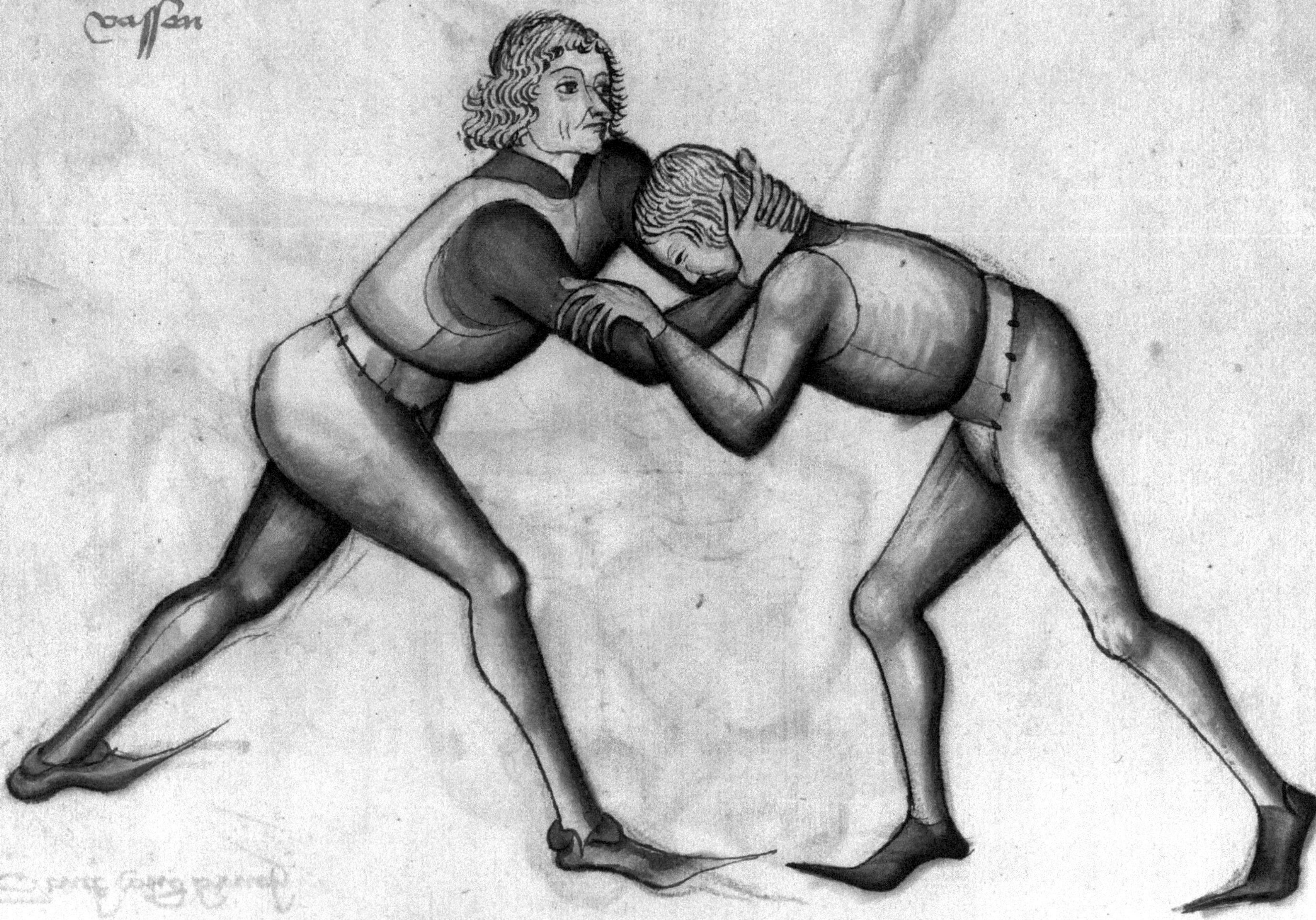

Der es hartt
wurff

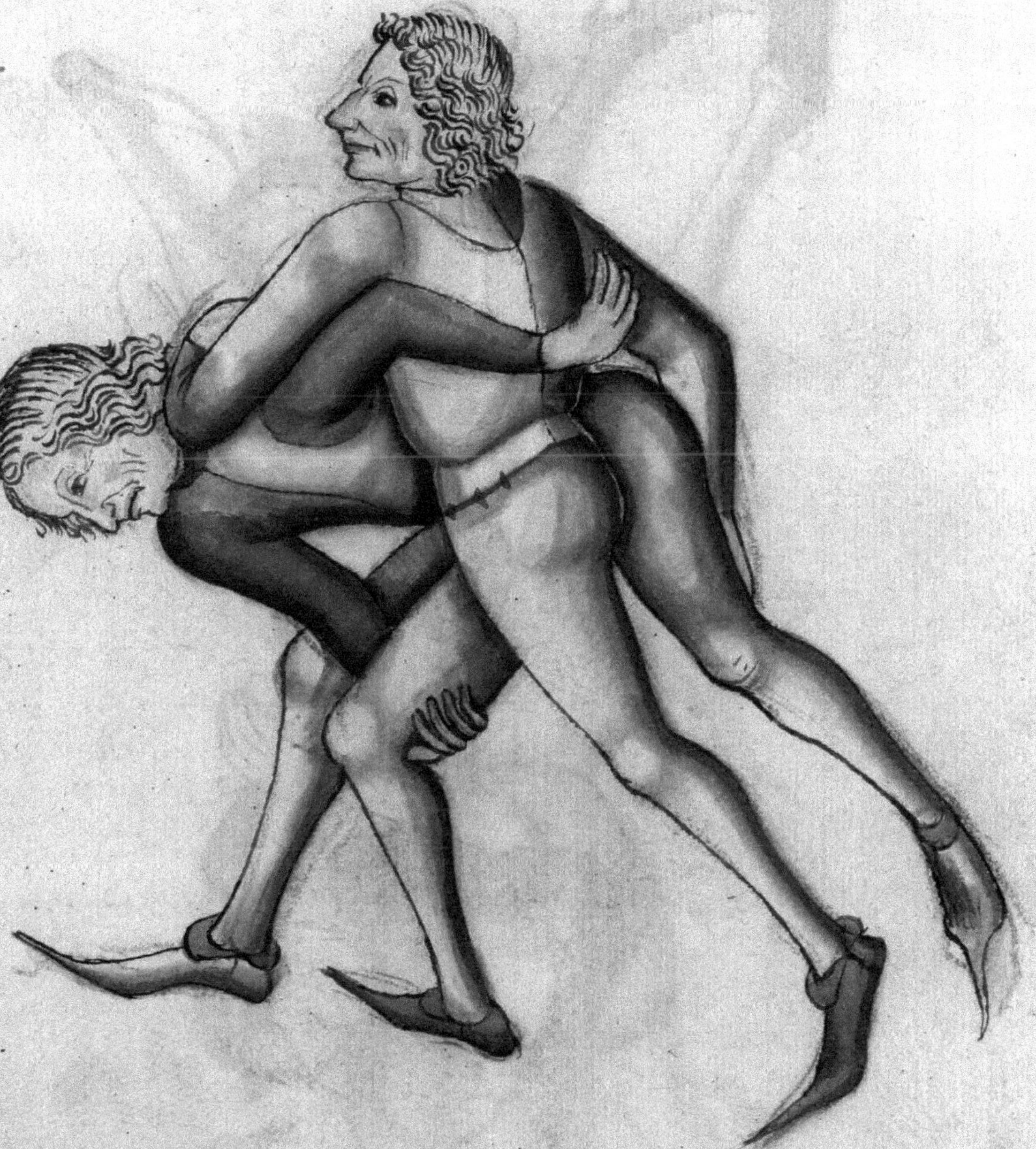

Com man zu komen

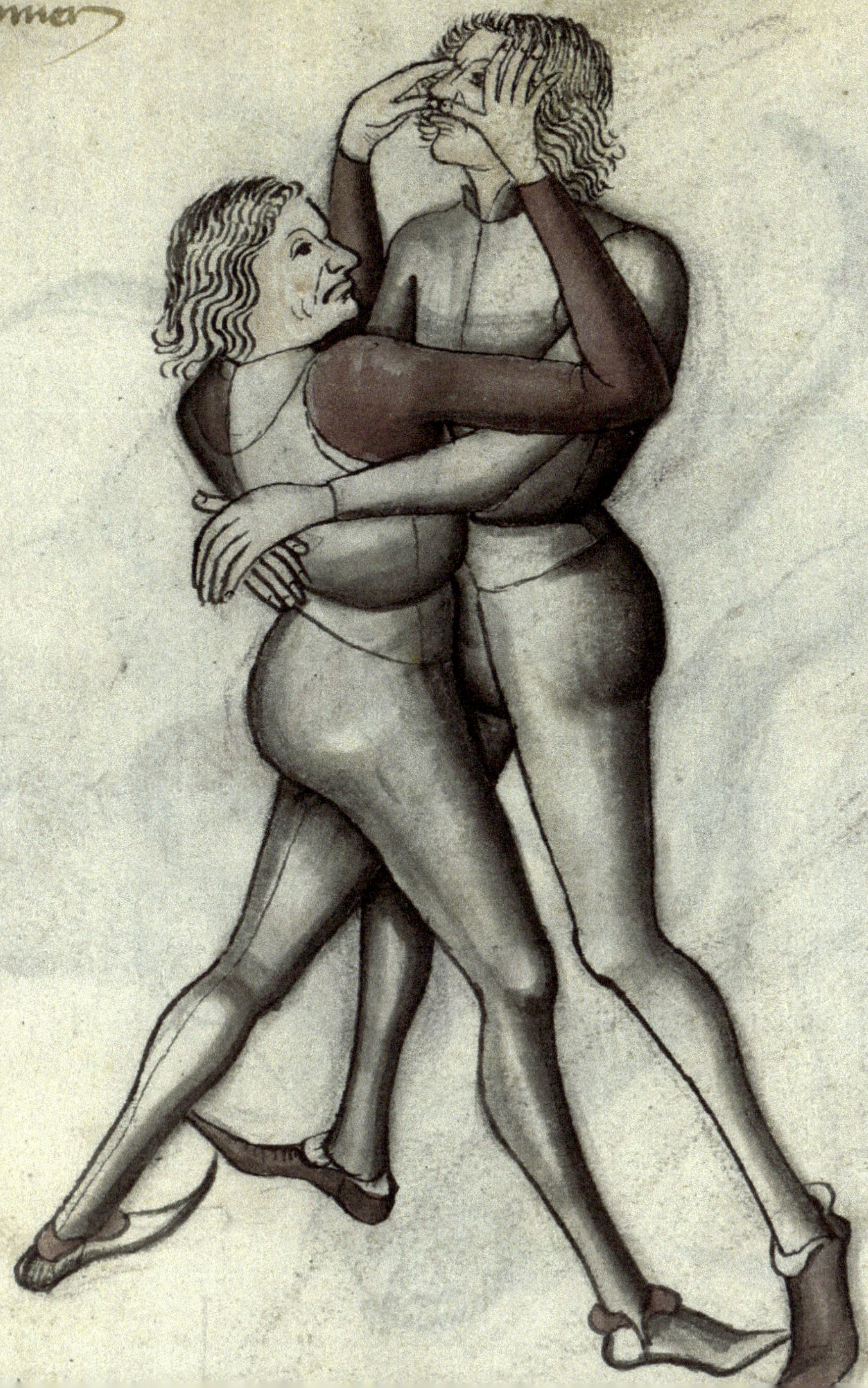

Daz beslossen
vassen

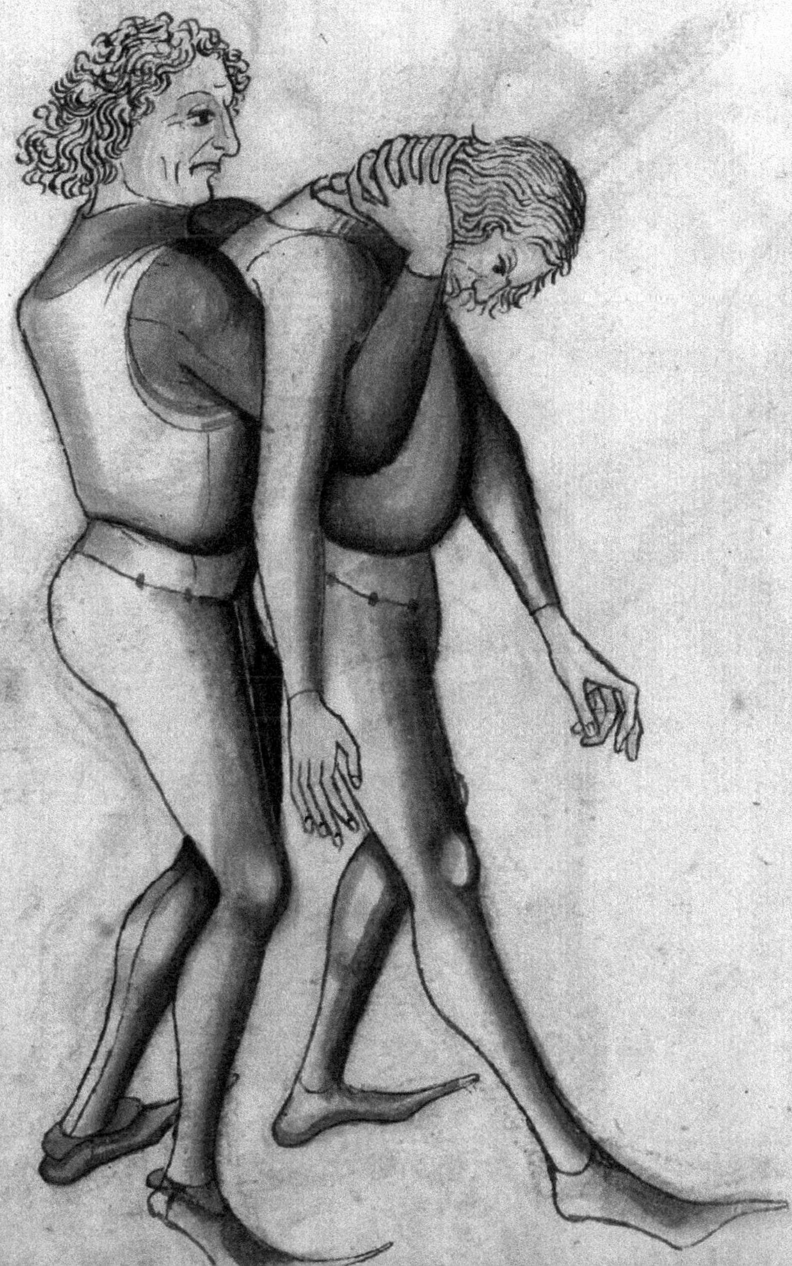

hinder sich der bruch
für daz haben

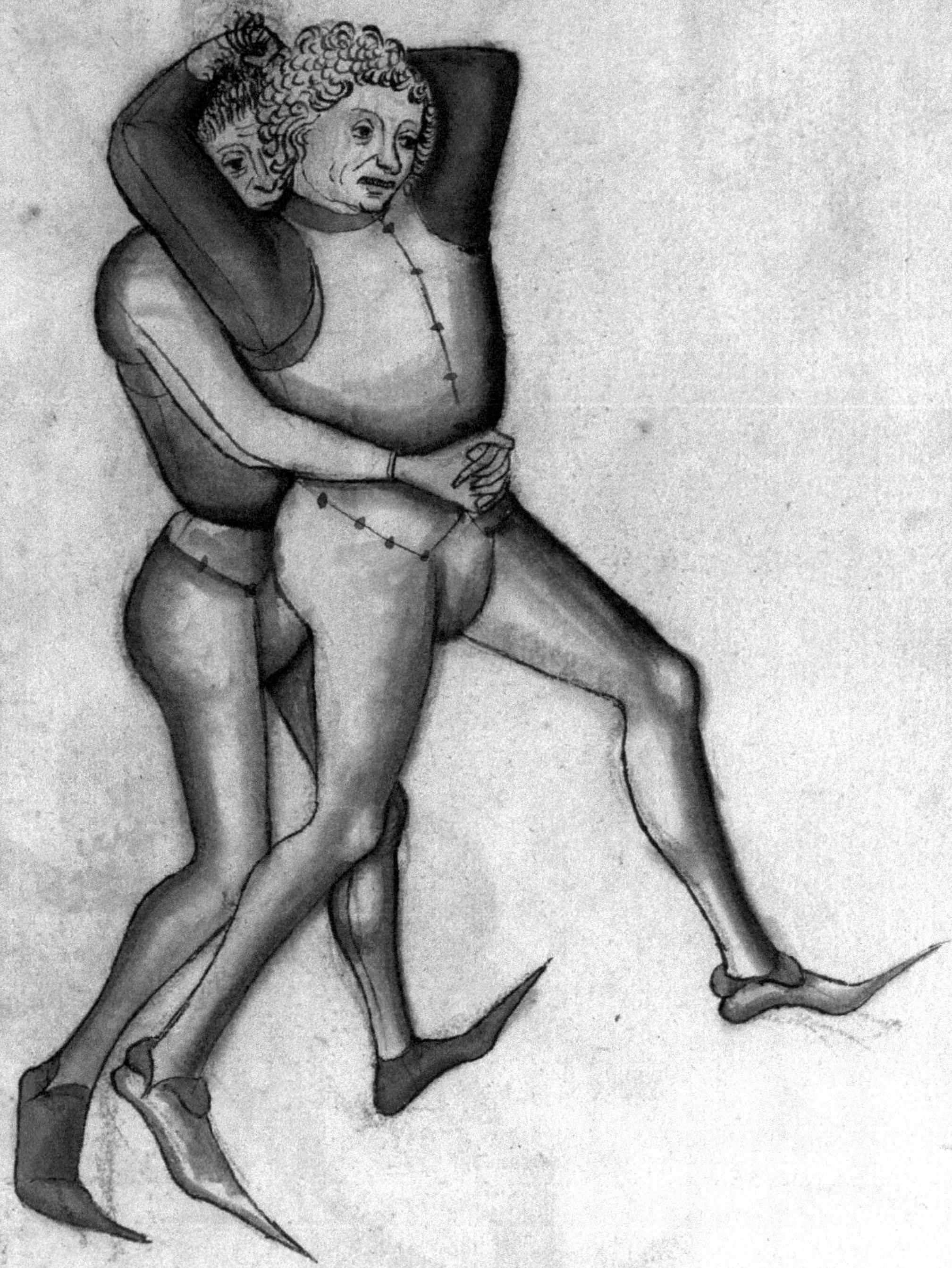

Für den obern stich Mit
dem lingken arme

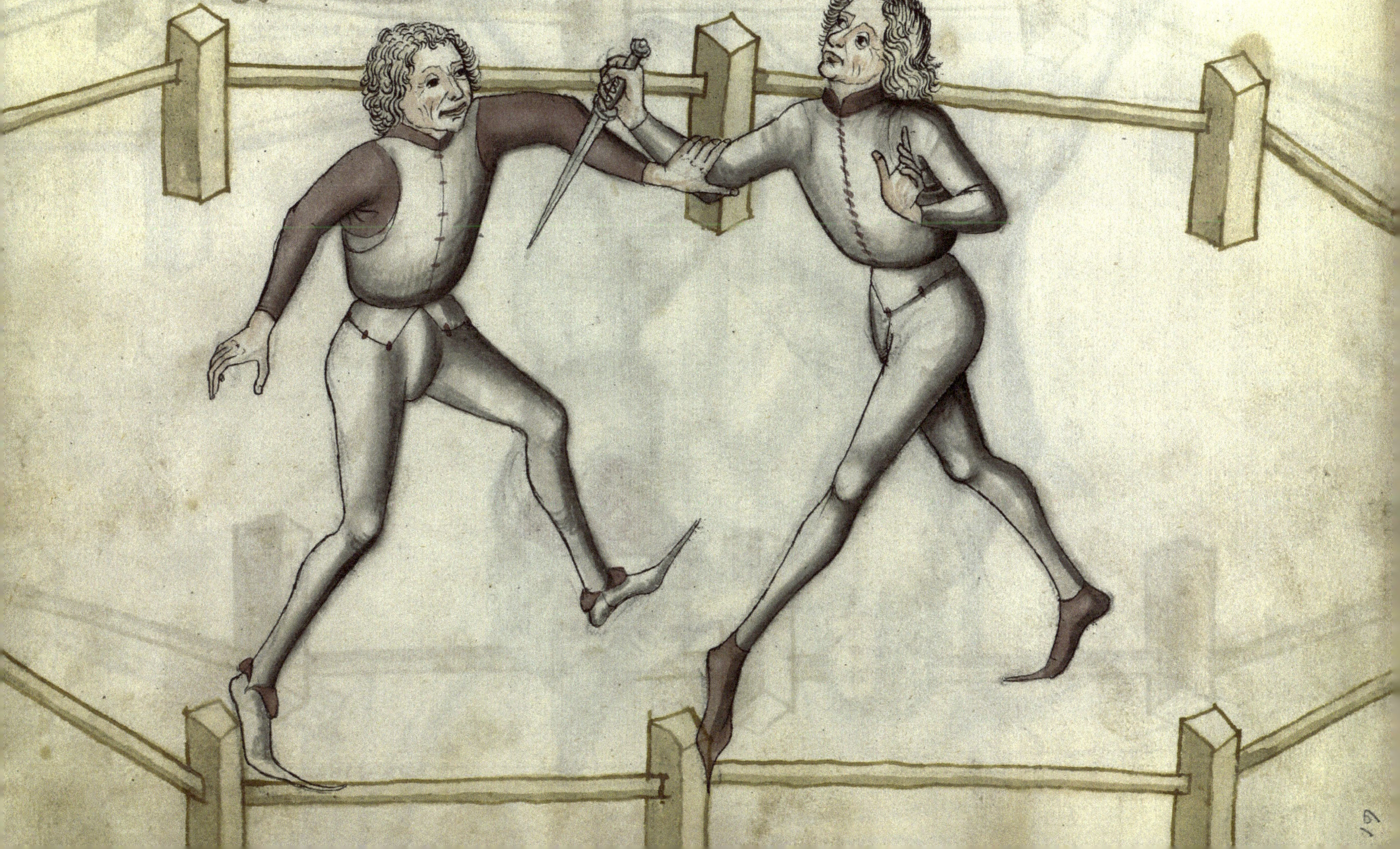

Der arm bruch

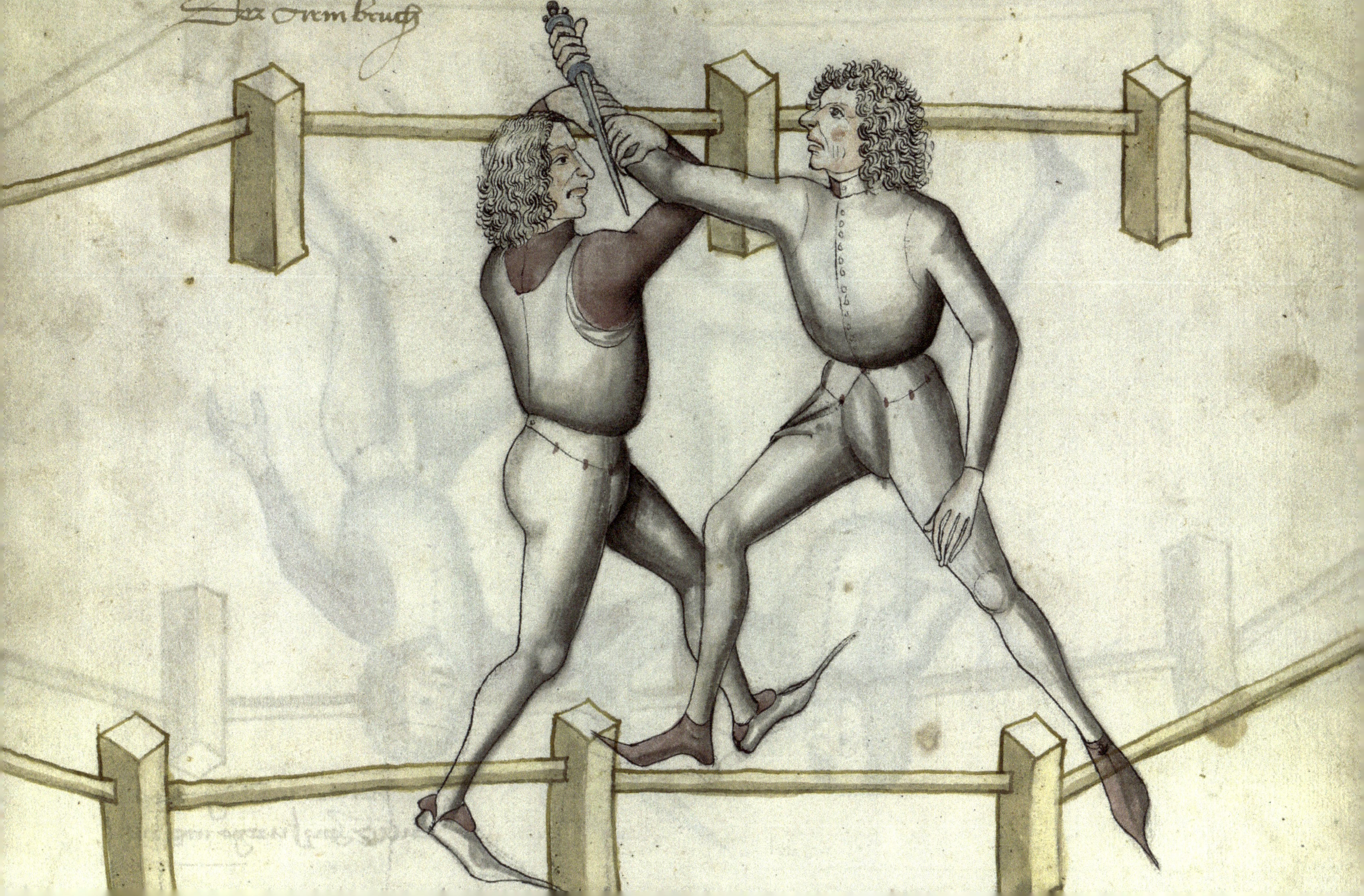

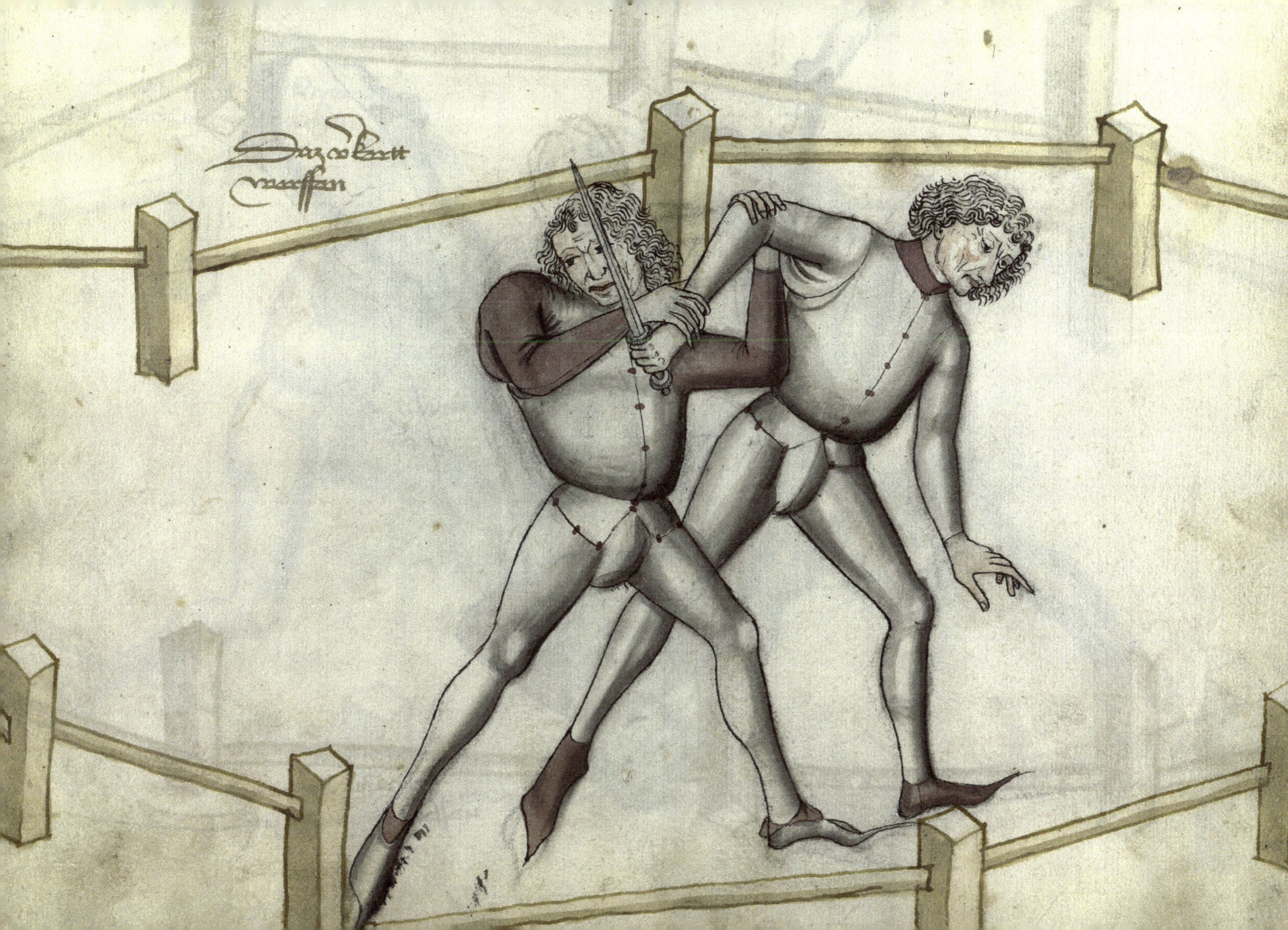

Den man zu werffen
mit dem tegen

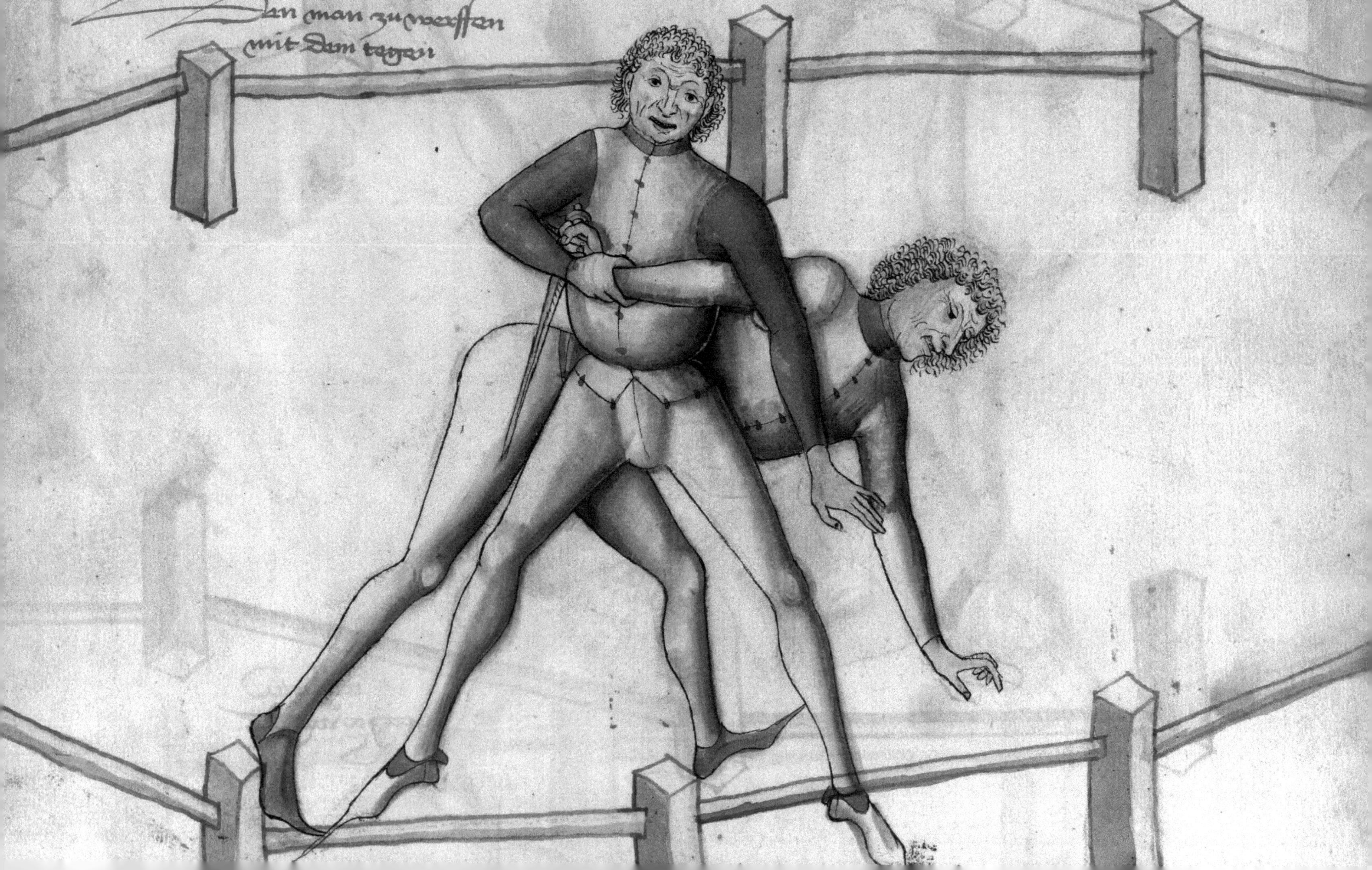

Den vndern stich weren
vnd den arm brechen

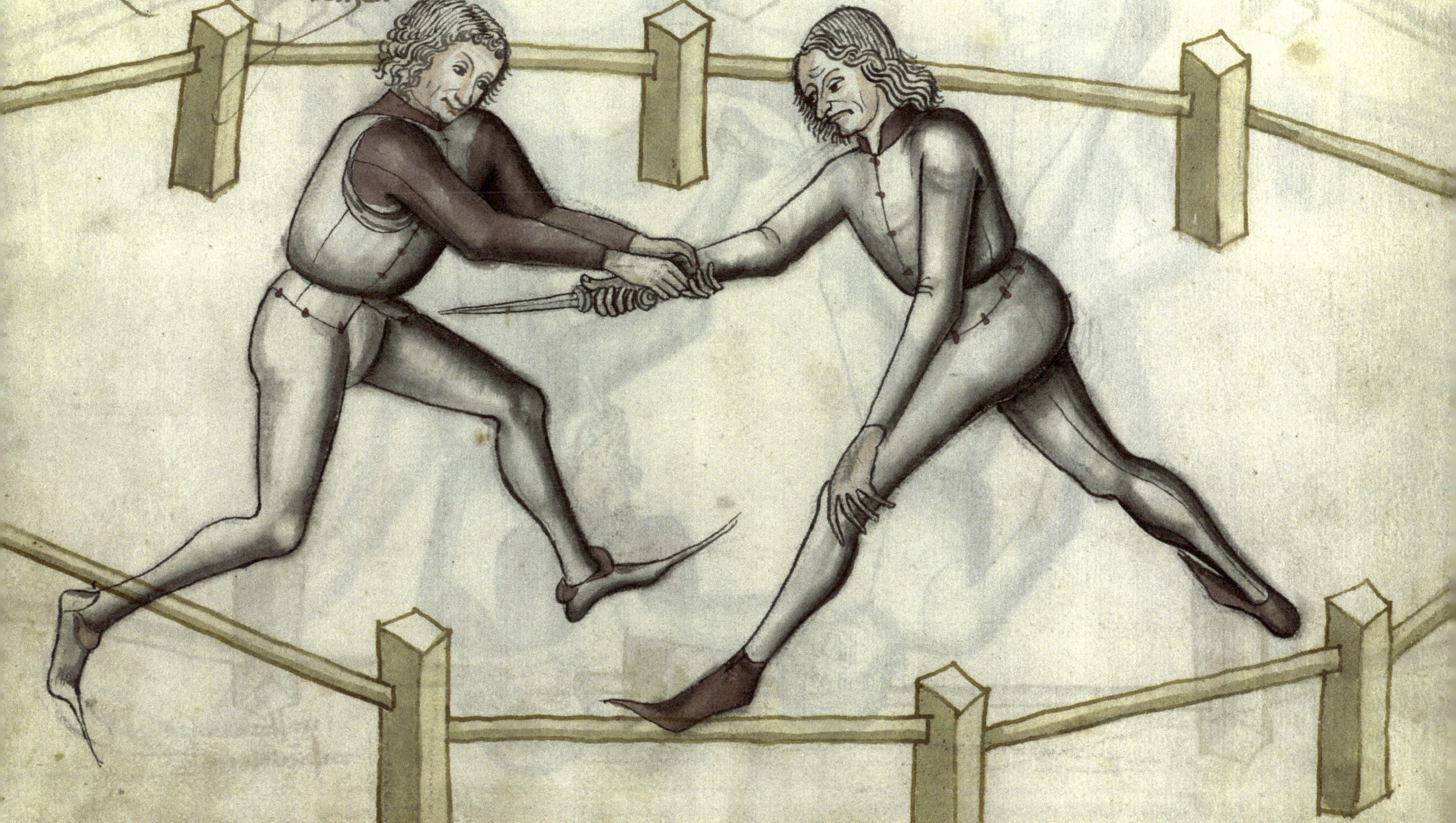

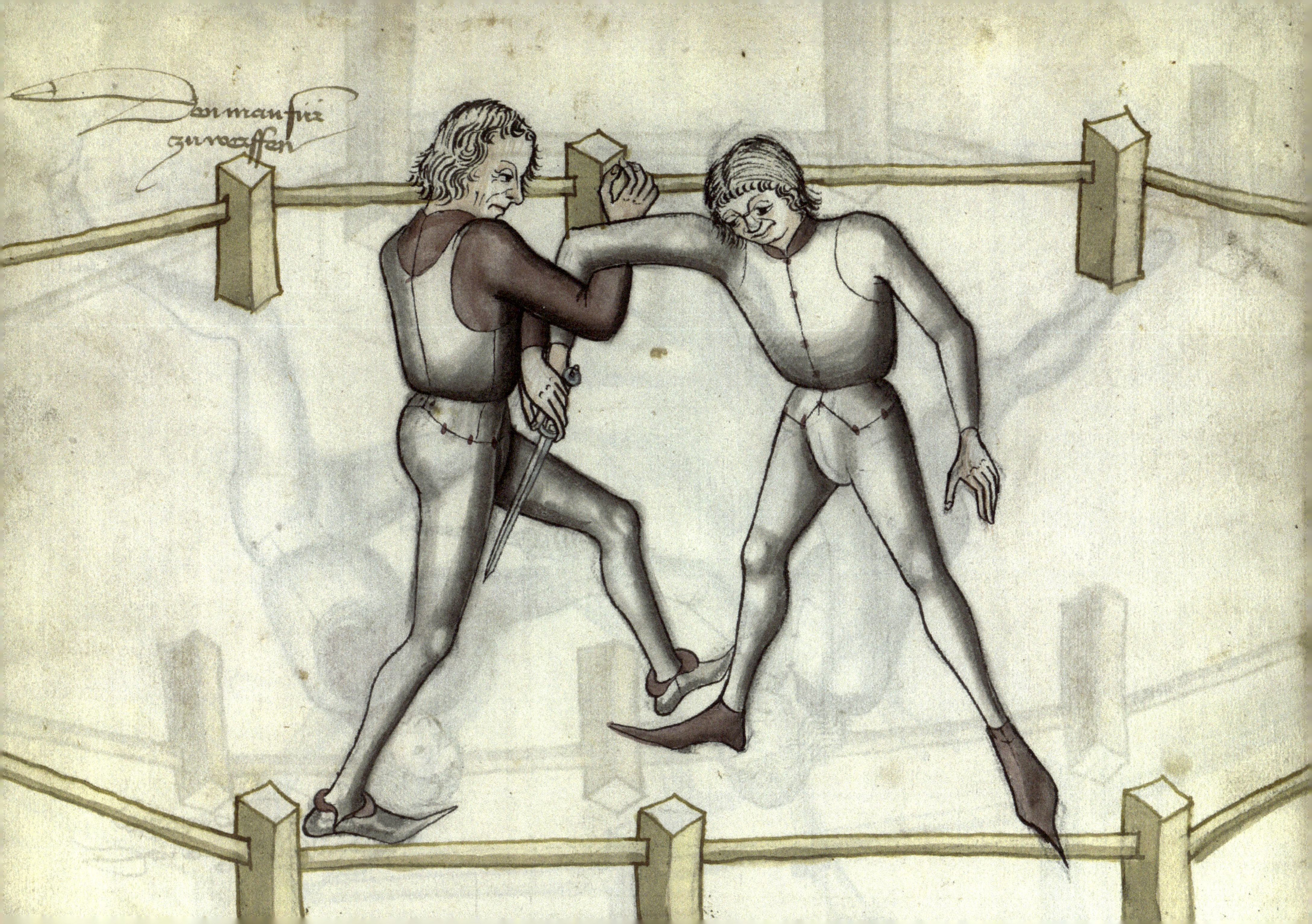
Den man für
zu werffen

Den tagen ainem nemen
mit sinn tagen

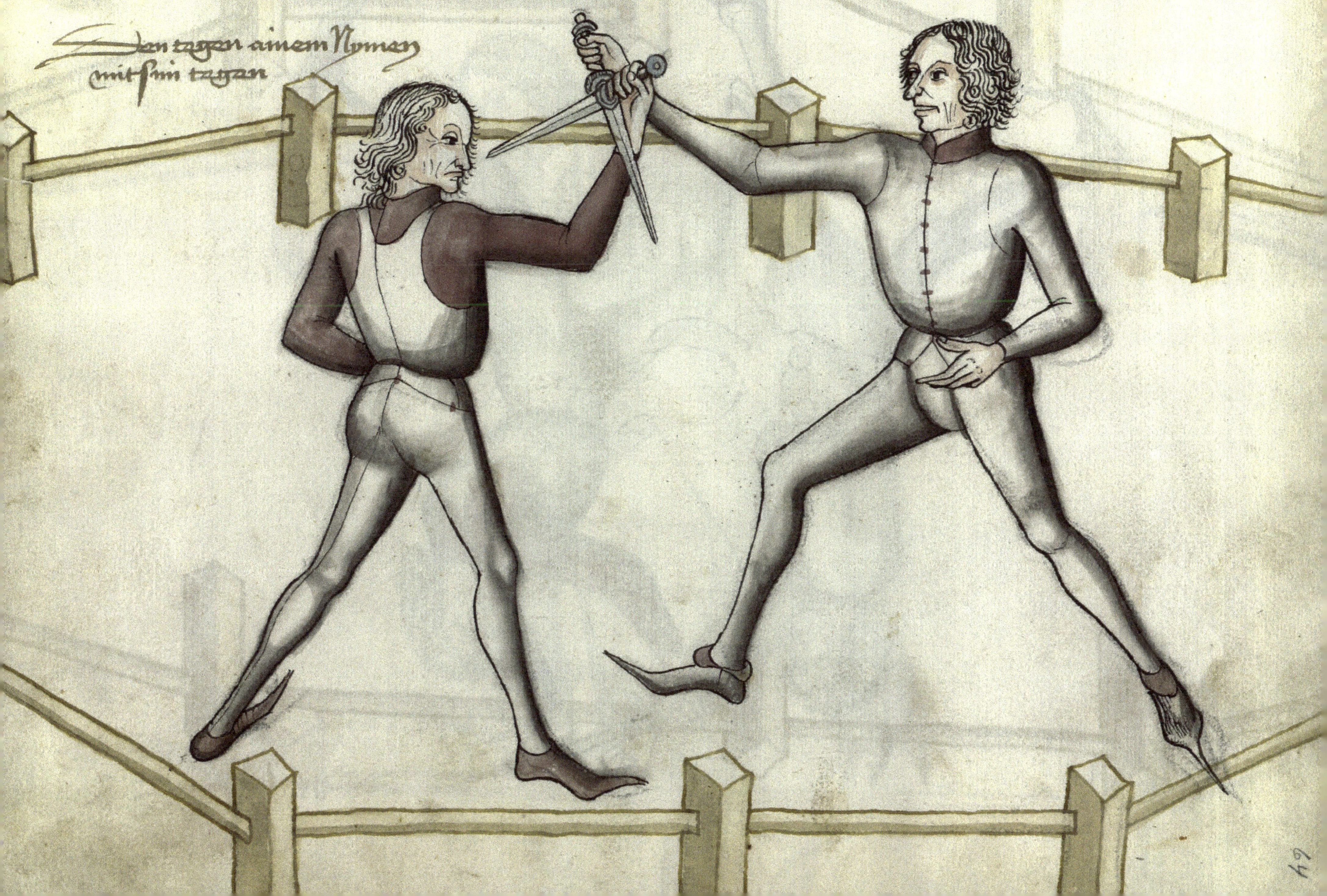

Der ober stich

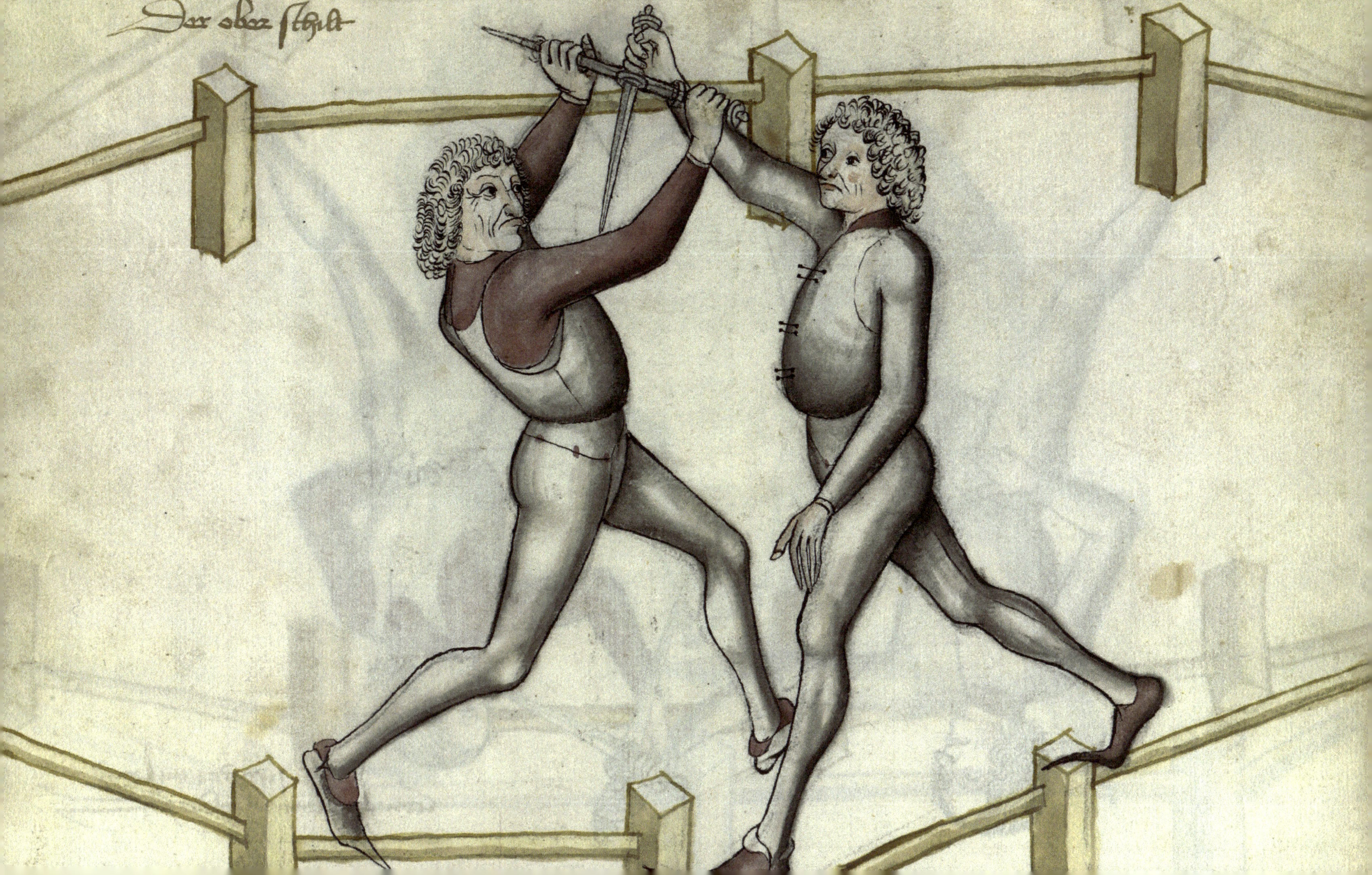

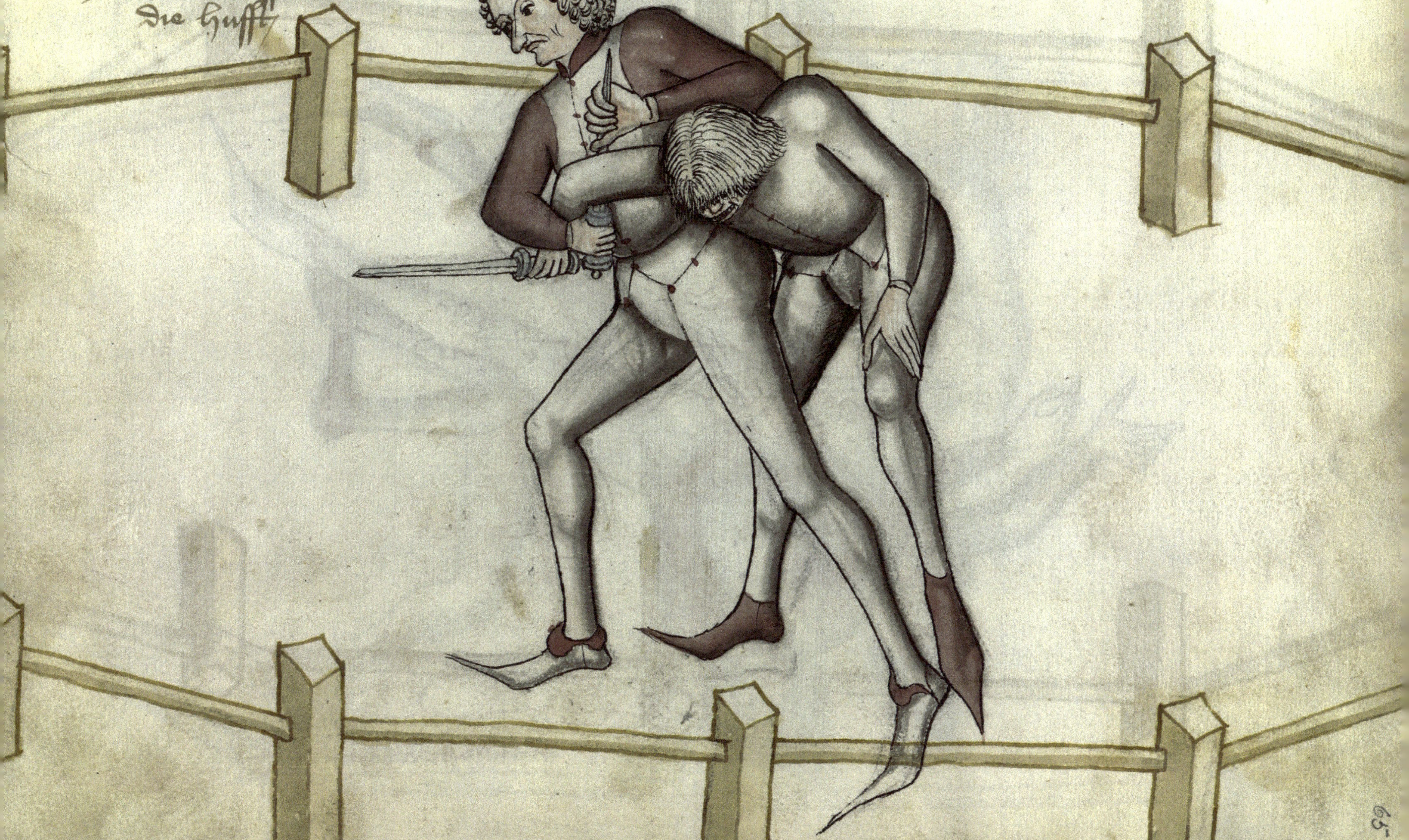

Der wurff uber
die hufft

Den man weffen mit gewalte

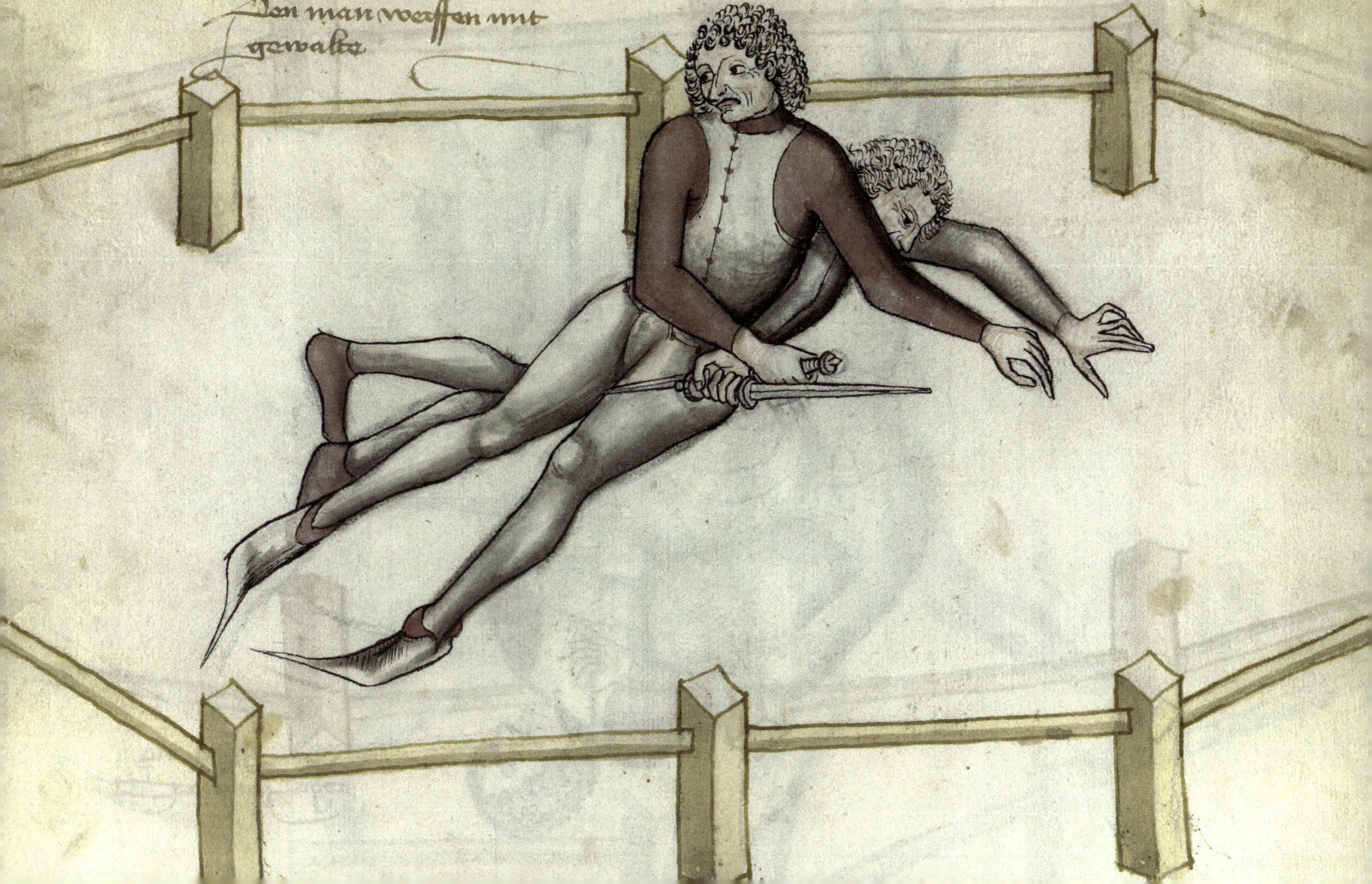

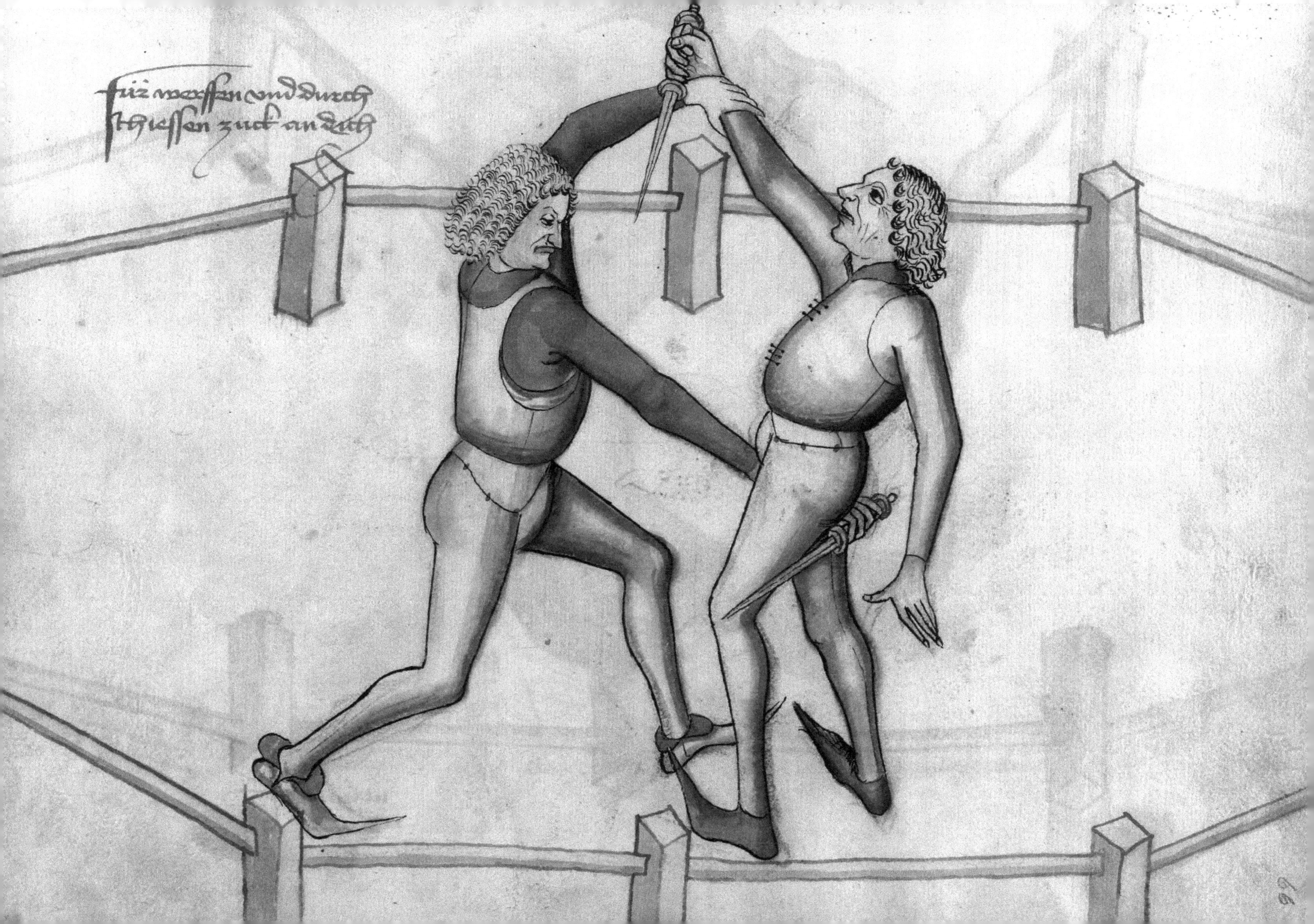
Für werffen vnd durch
schiessen zuck an dich

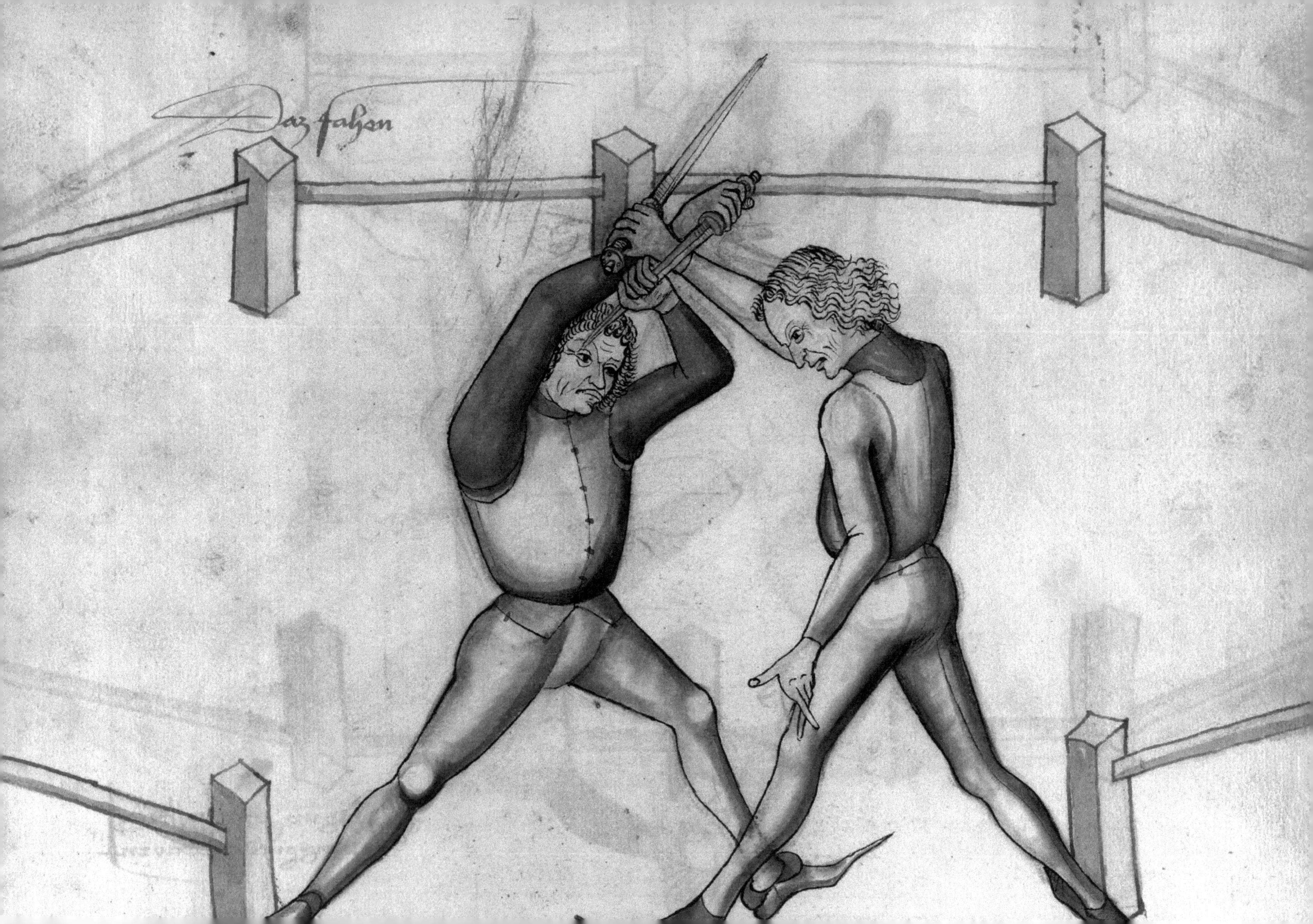
Daz fahen

Der bruch
darüber

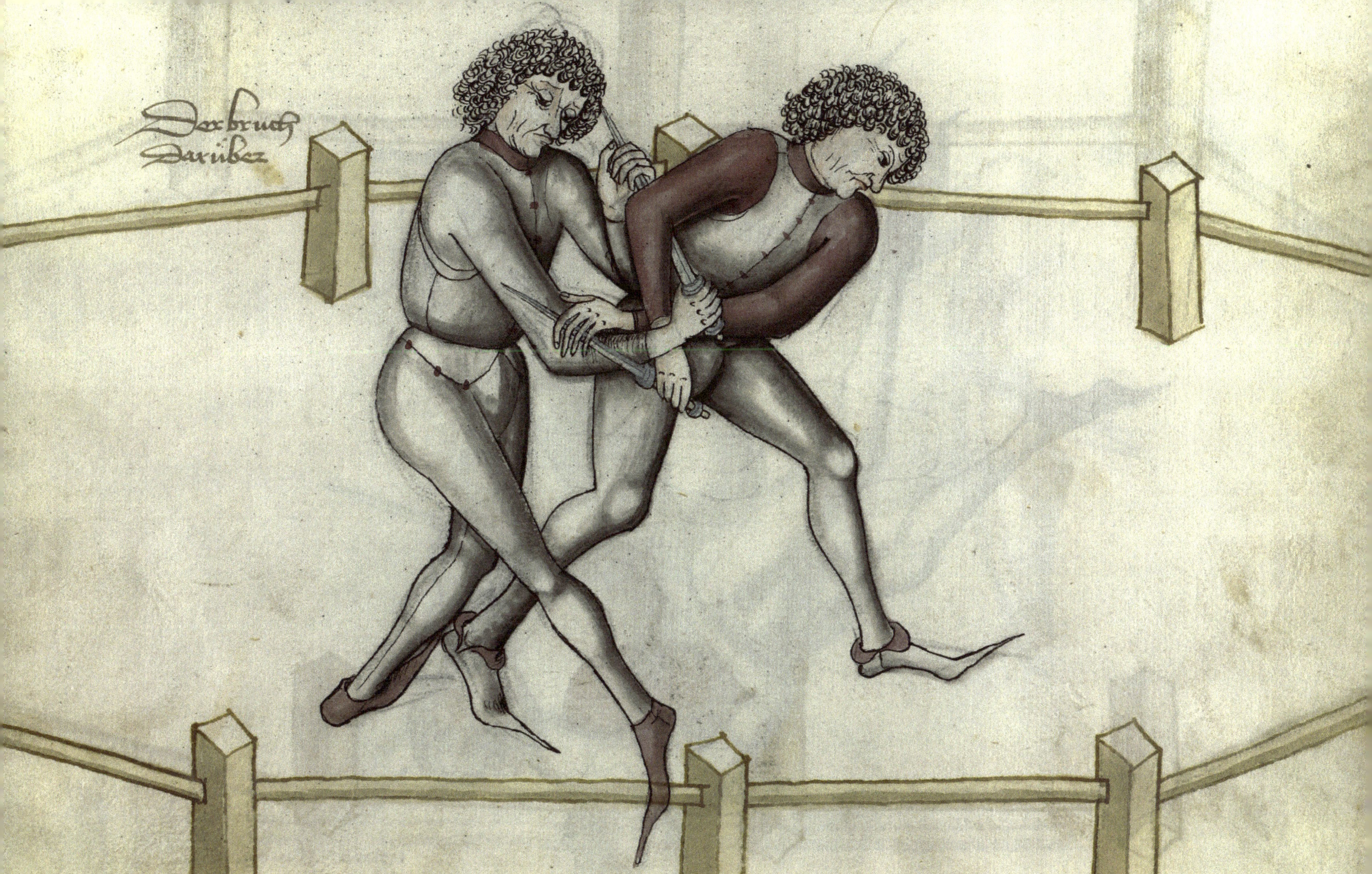

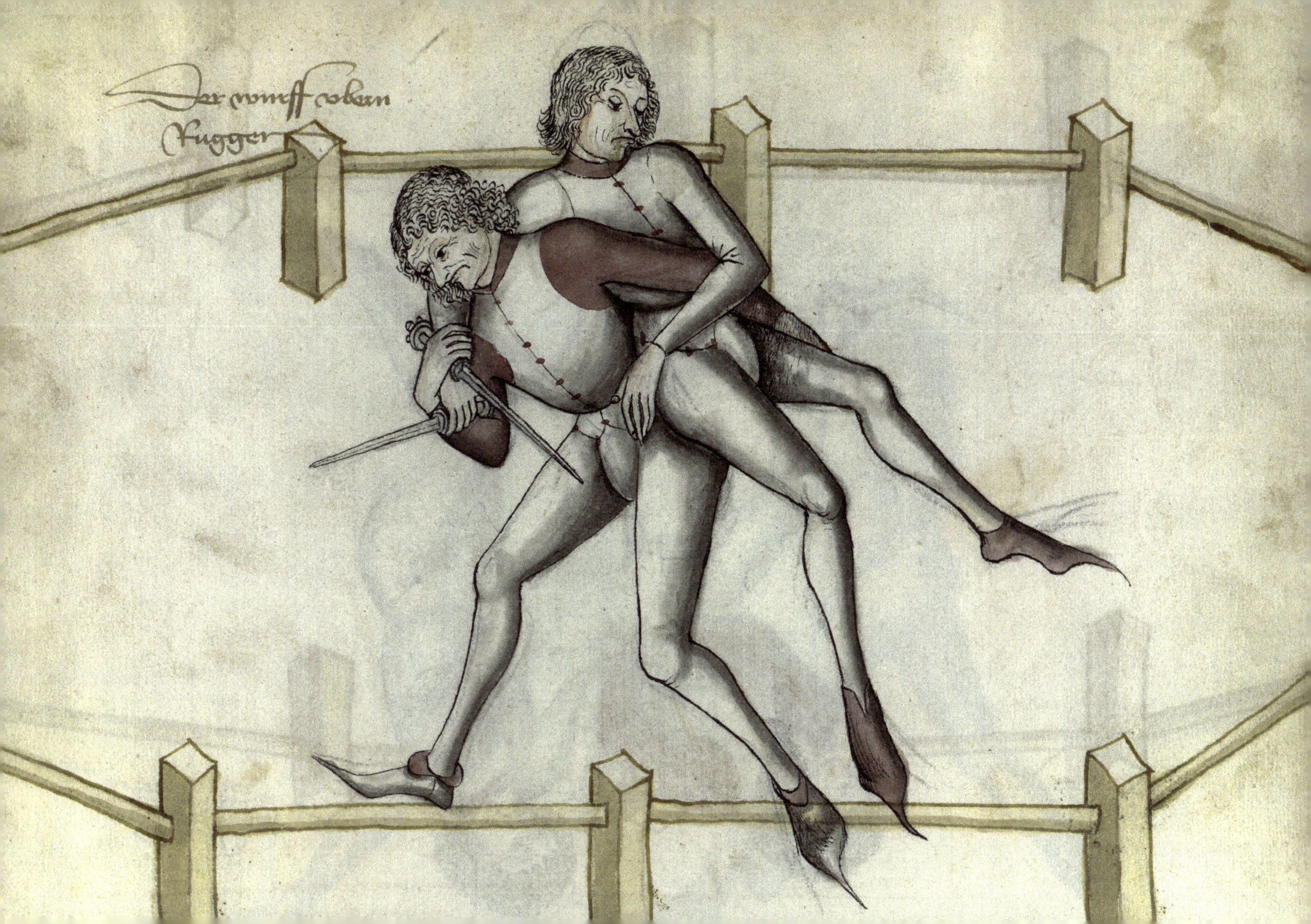
Der wurff oben
Ruggen

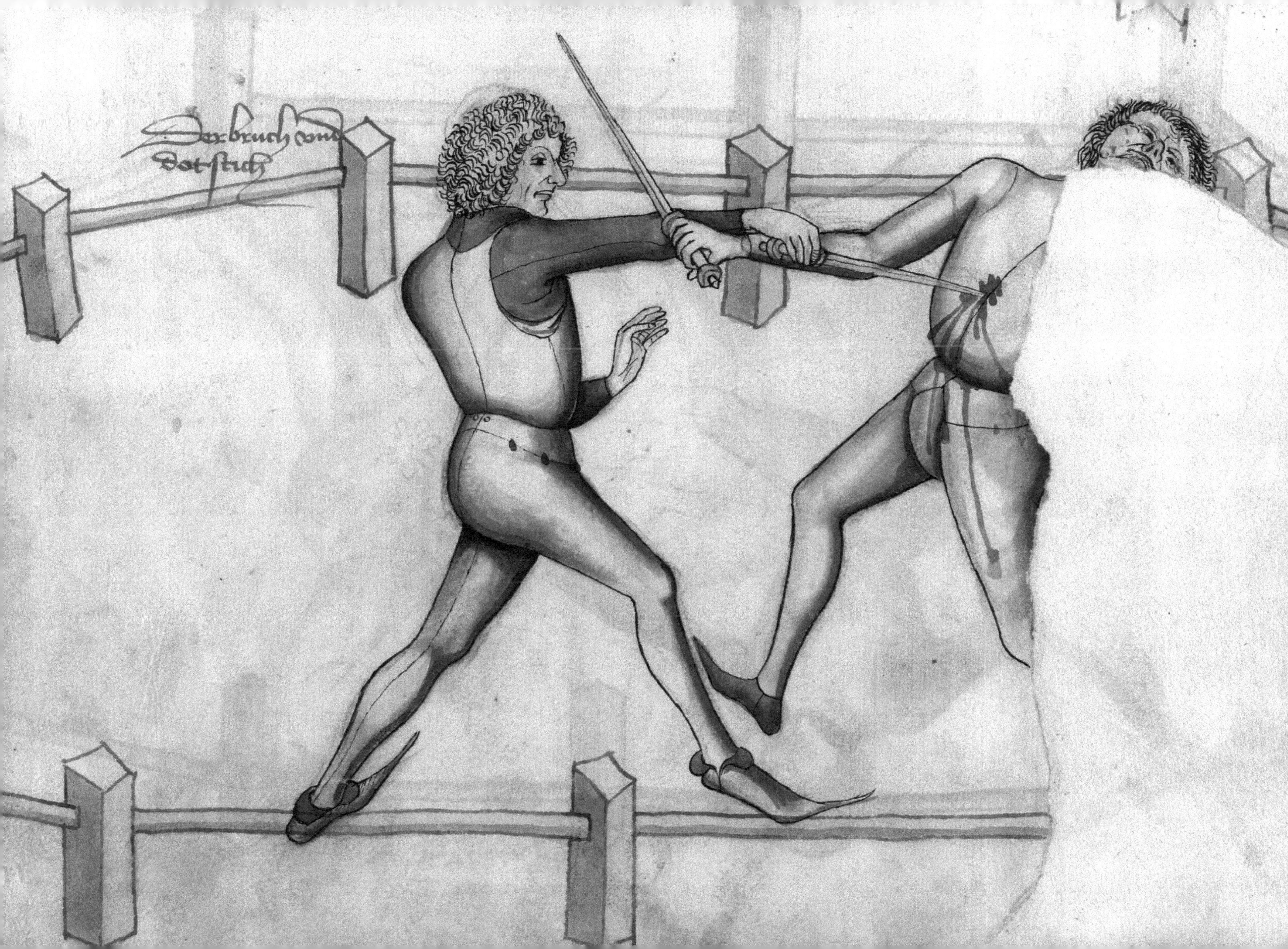
Der bruch vom
dot stich

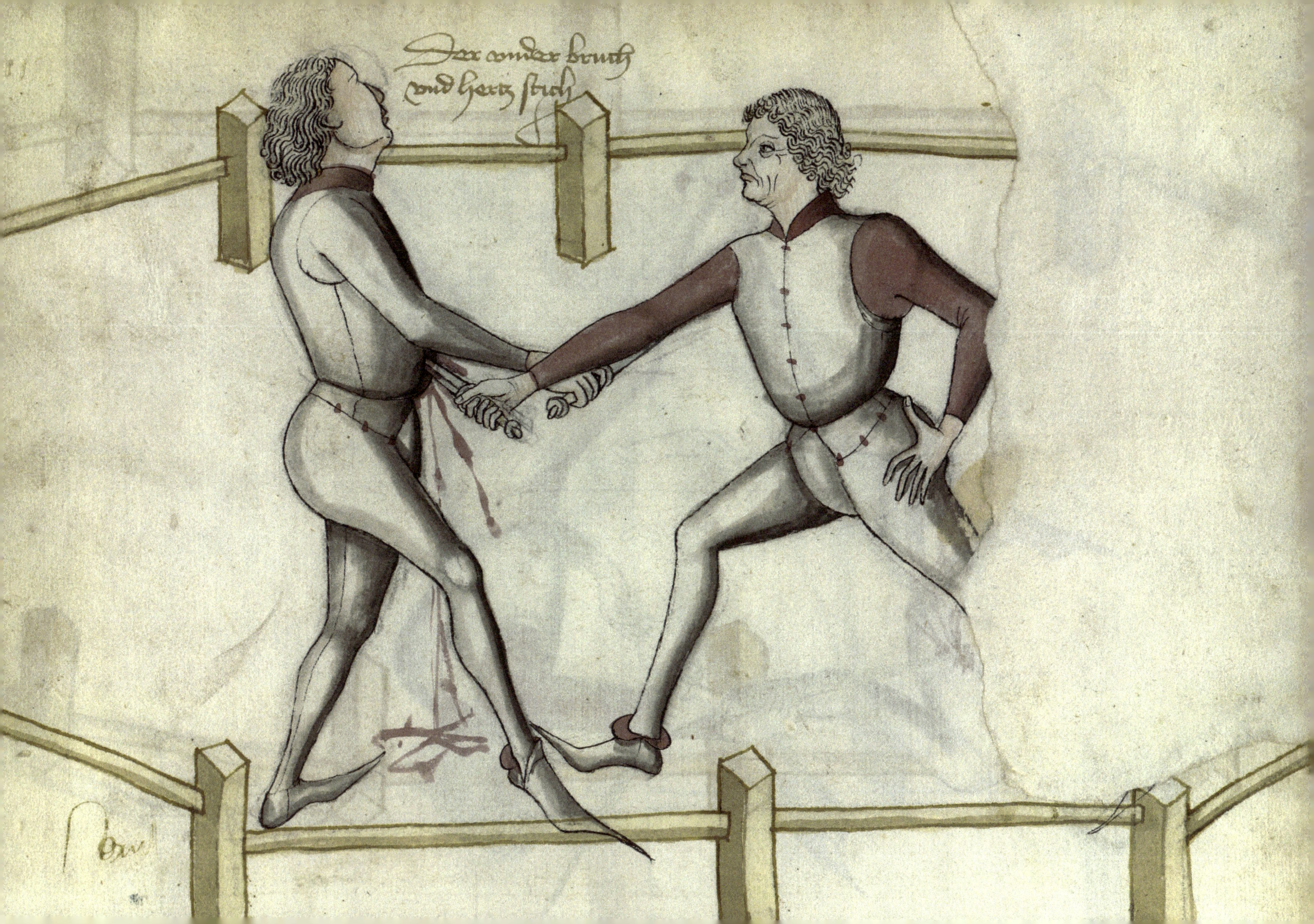
Der vnder bruch
vnd hertz stich

Der wabet stich vnd
bruch der füz

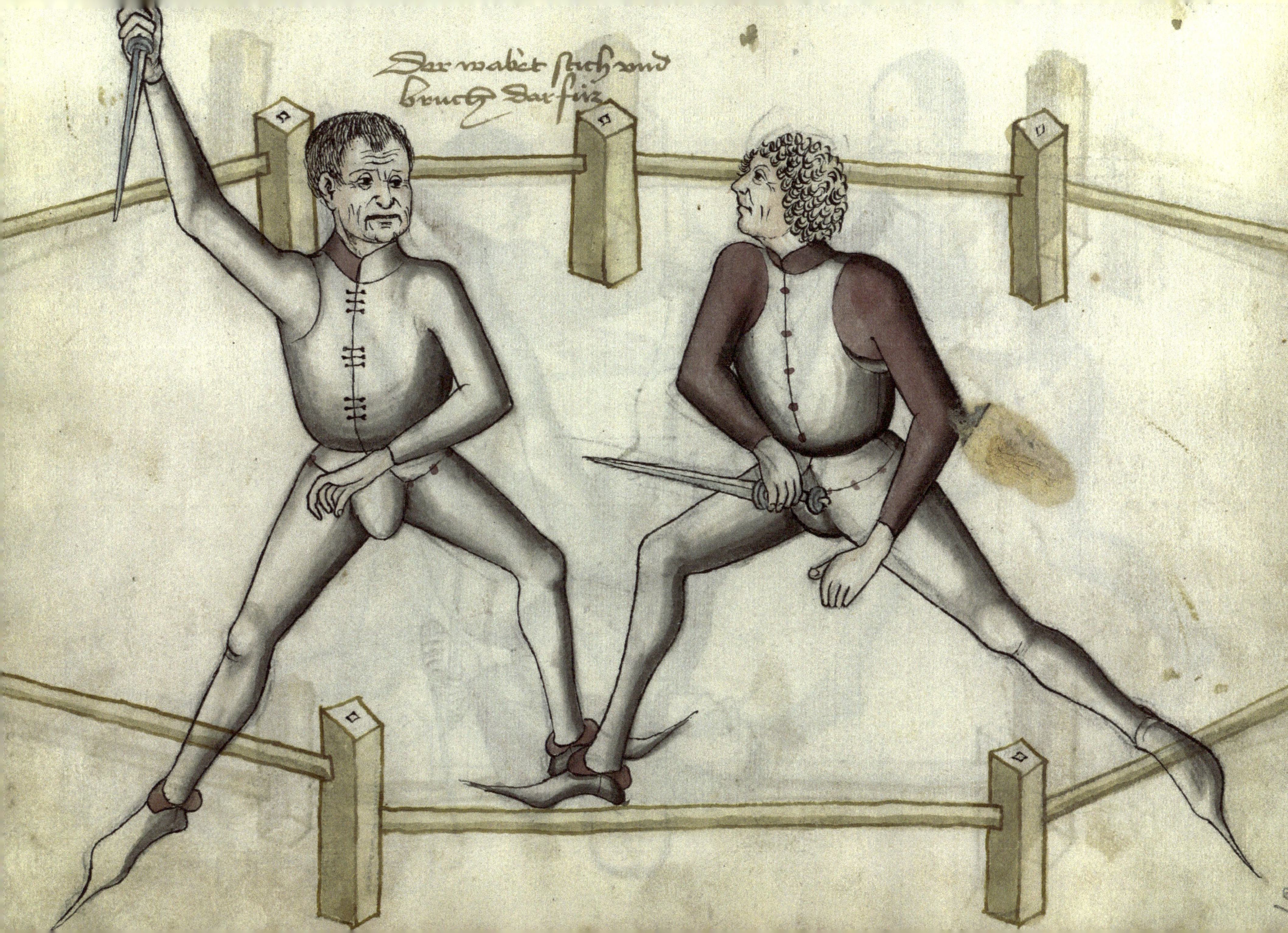

Stuck ist volbracht

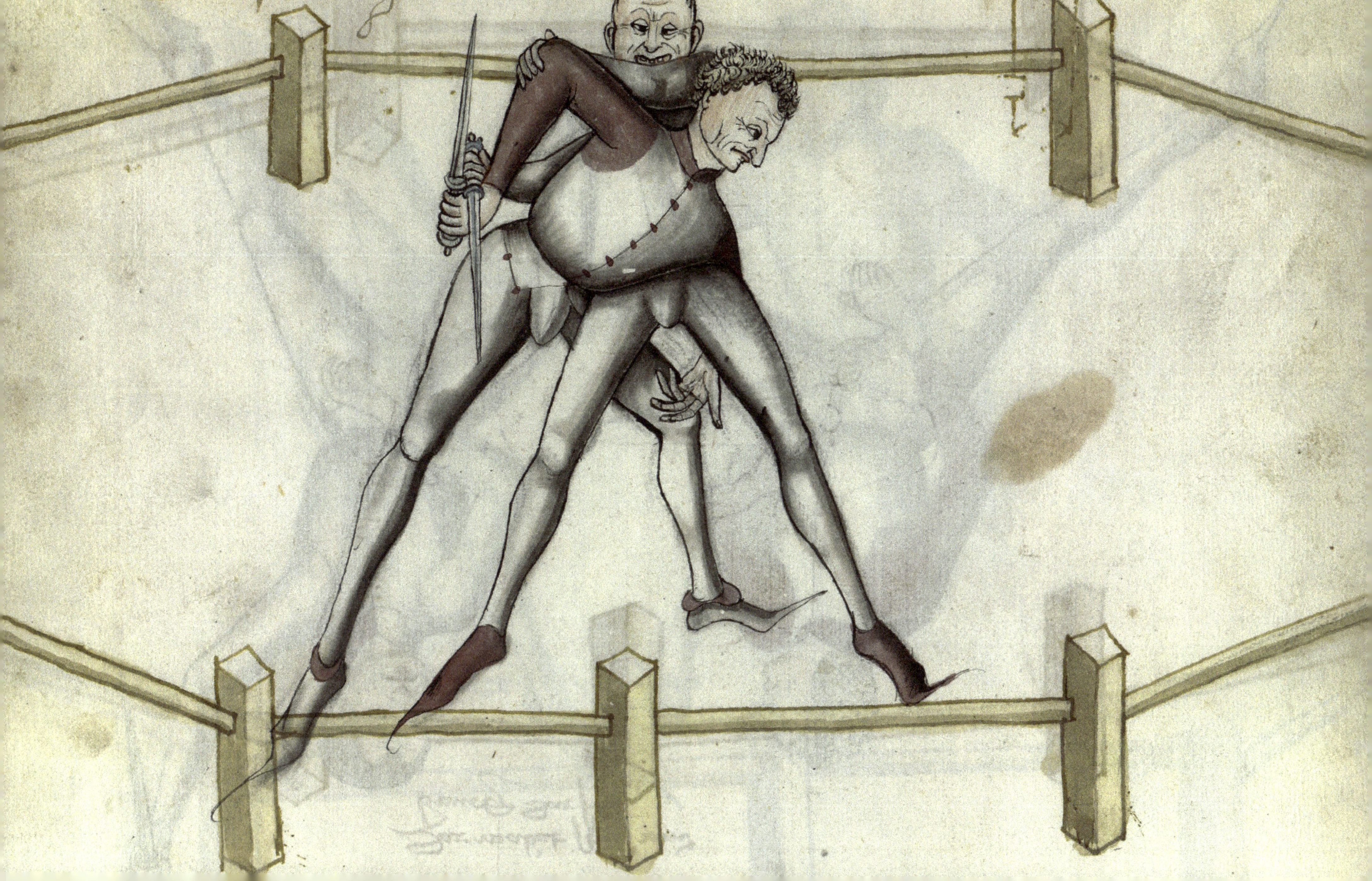

Der ander stuck

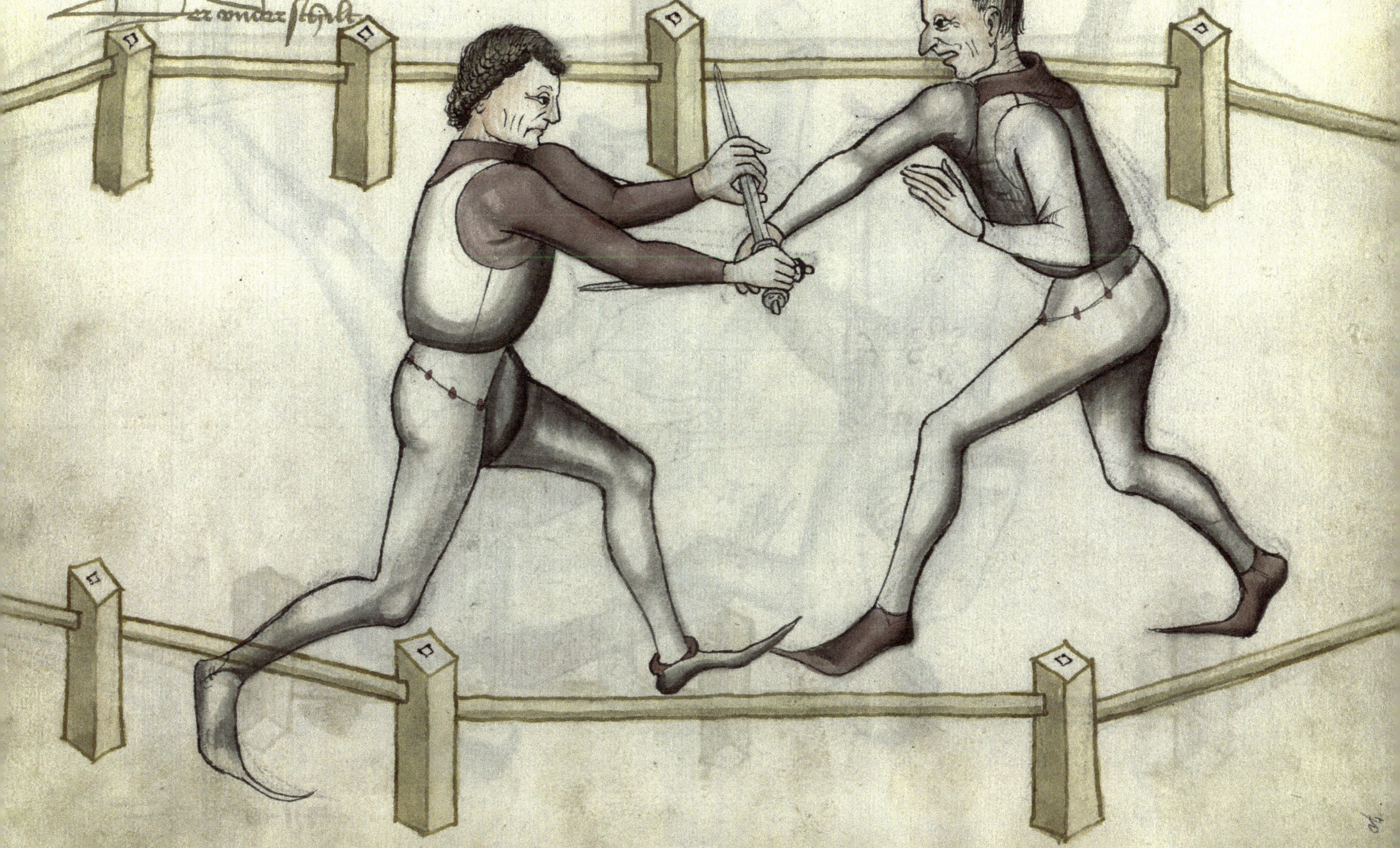

Der mortt stich

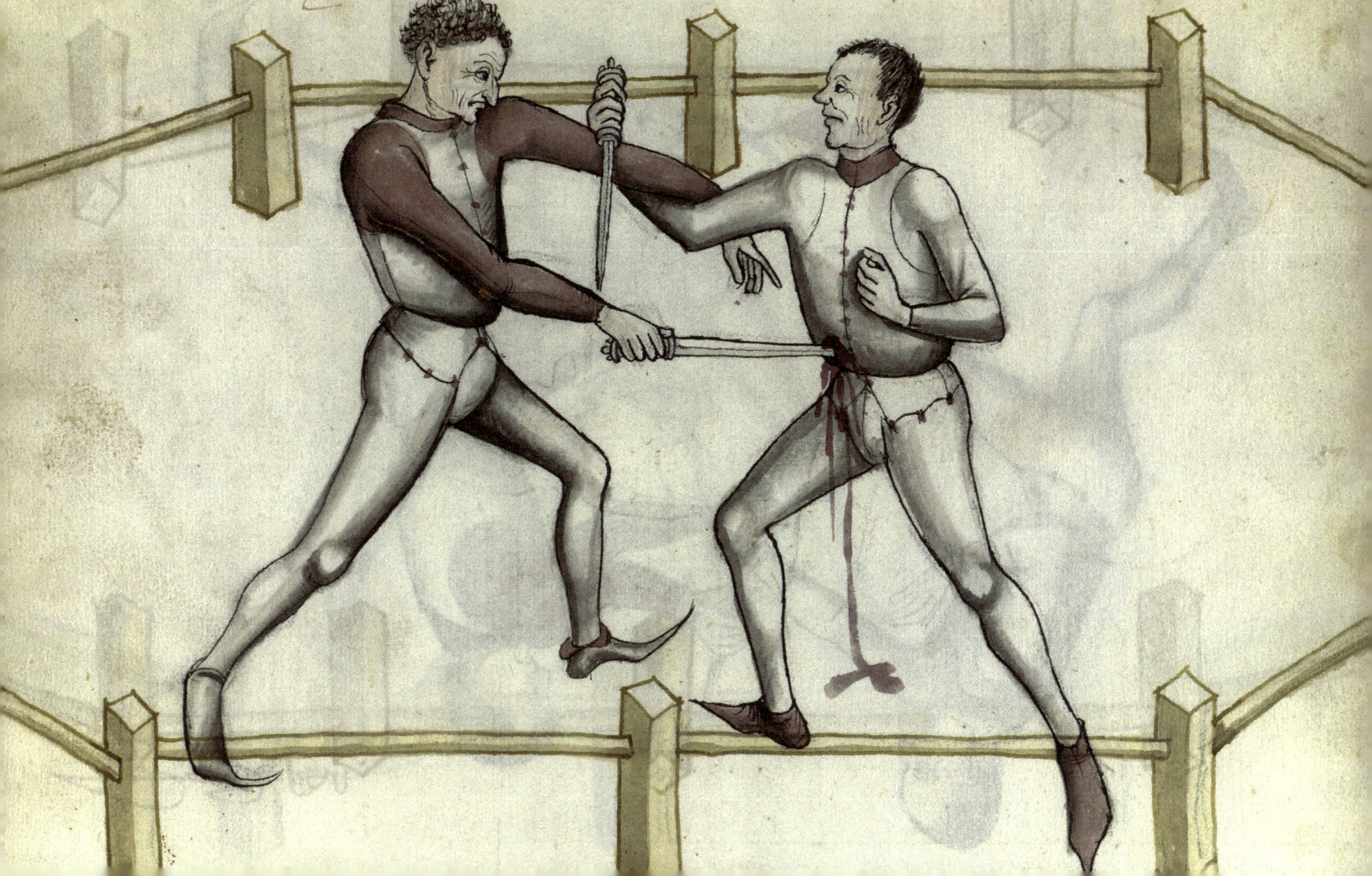

Das end stuck

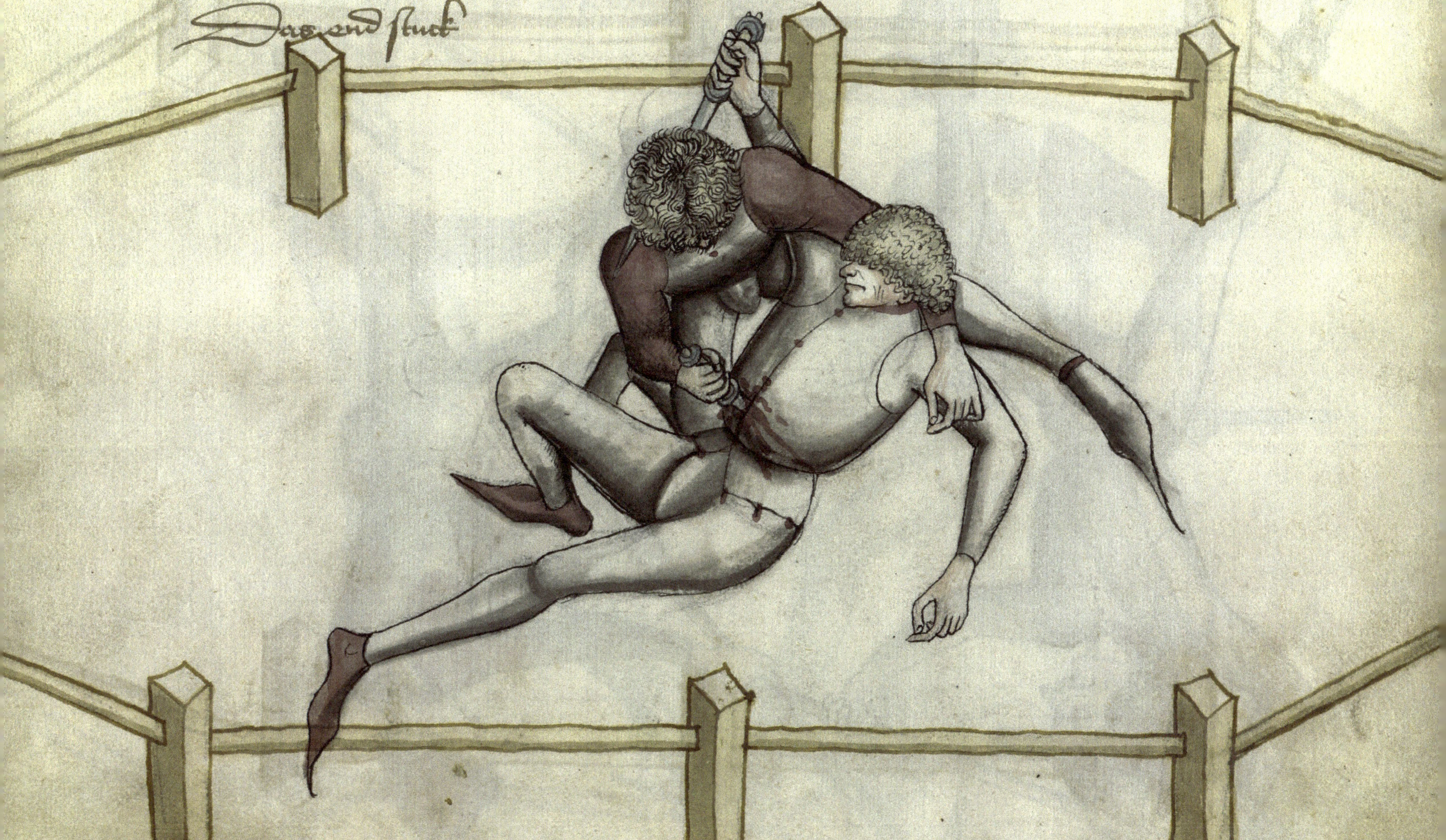

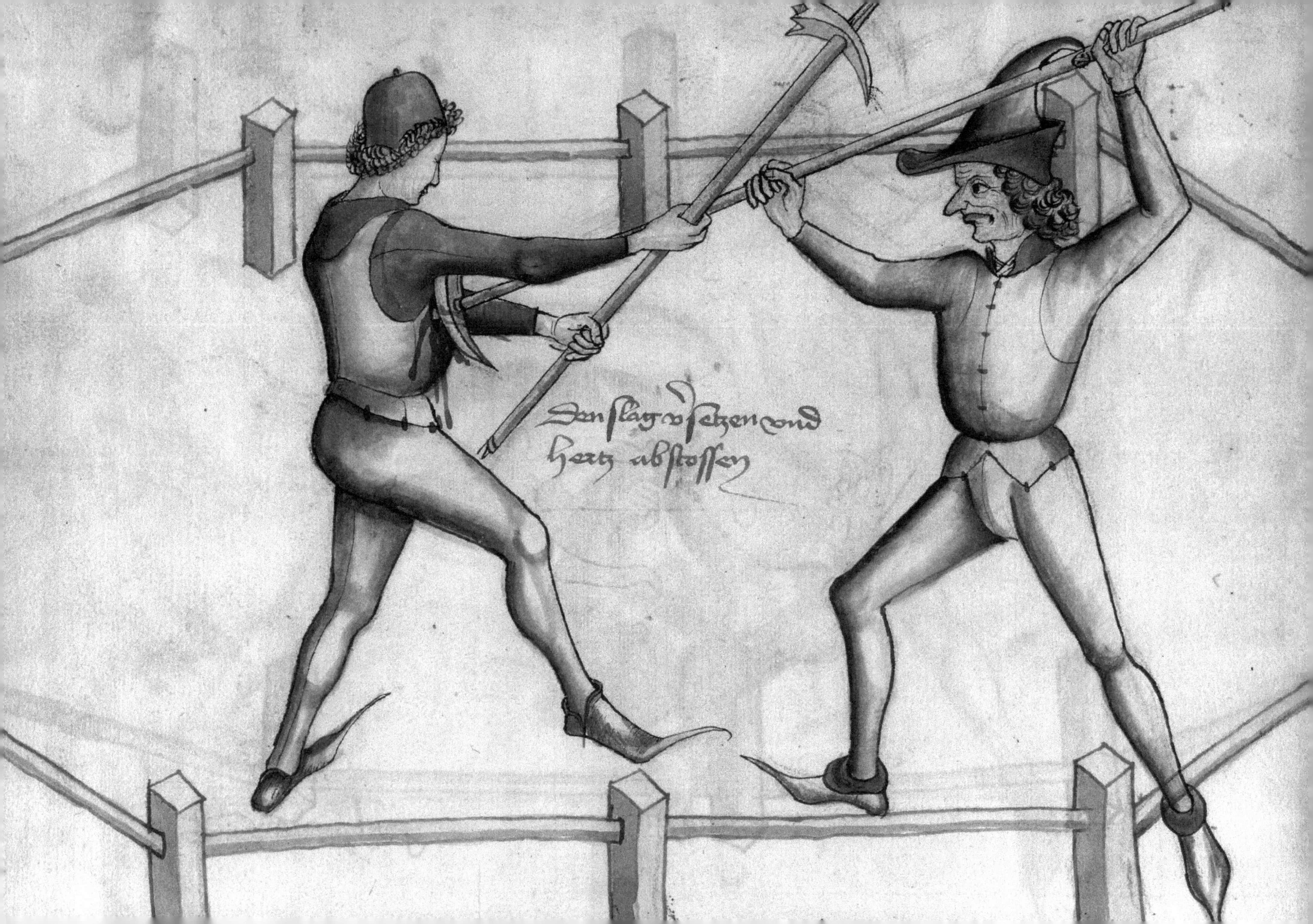
Den slag versetzen vnd
hertz abstossen

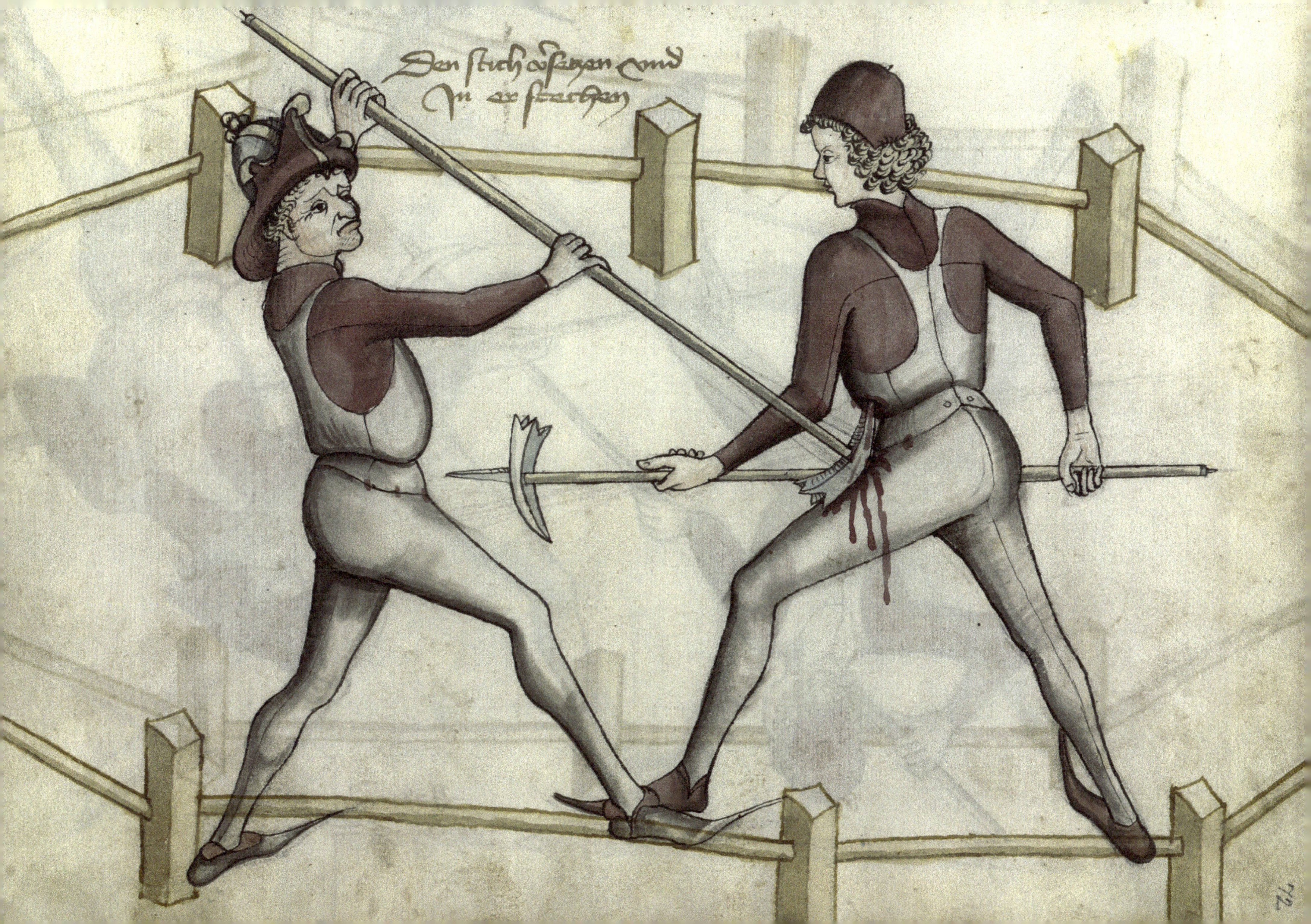

Den stich absetzen vnnd
In ain straichen

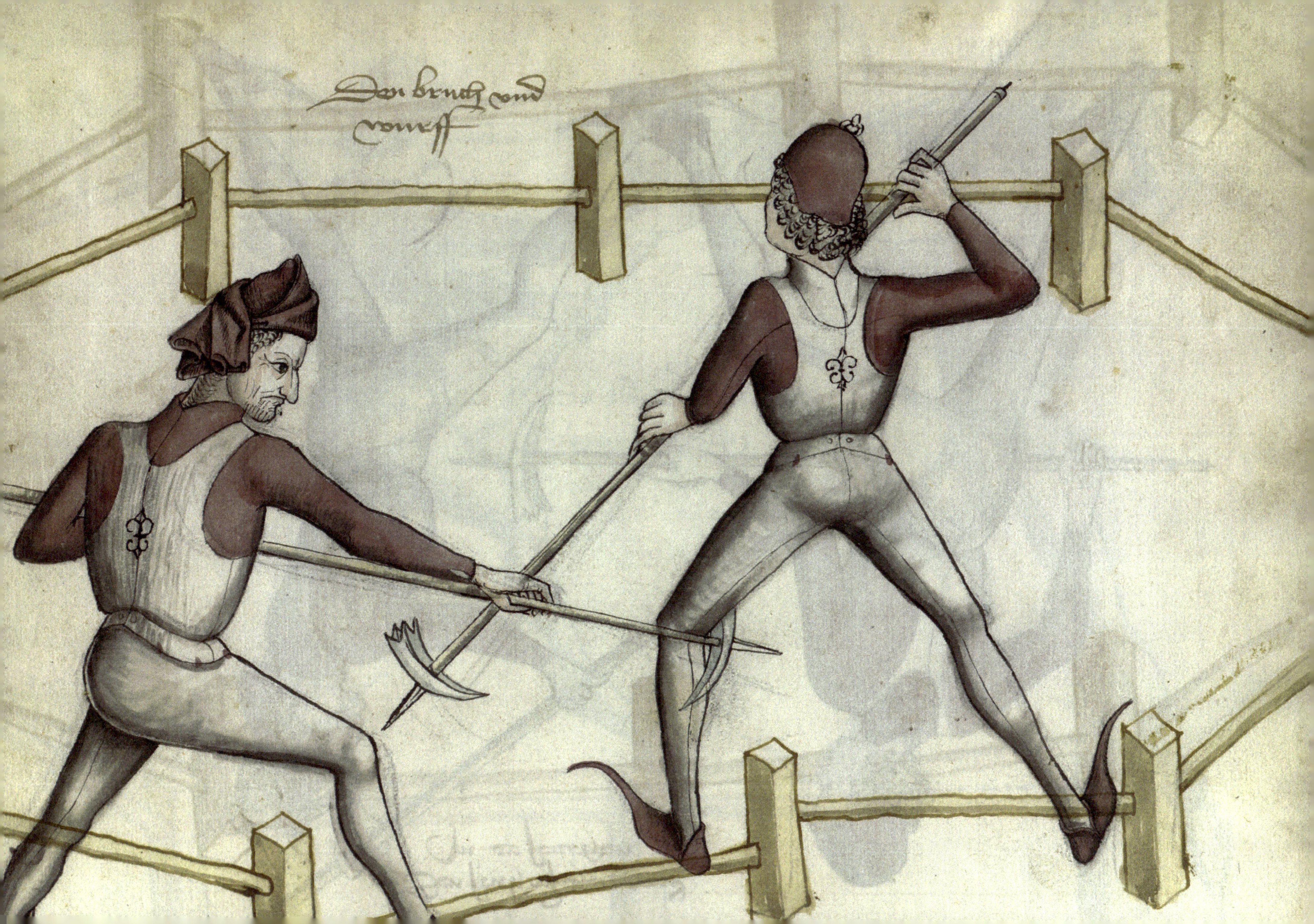
Den bruch vnd
wurff

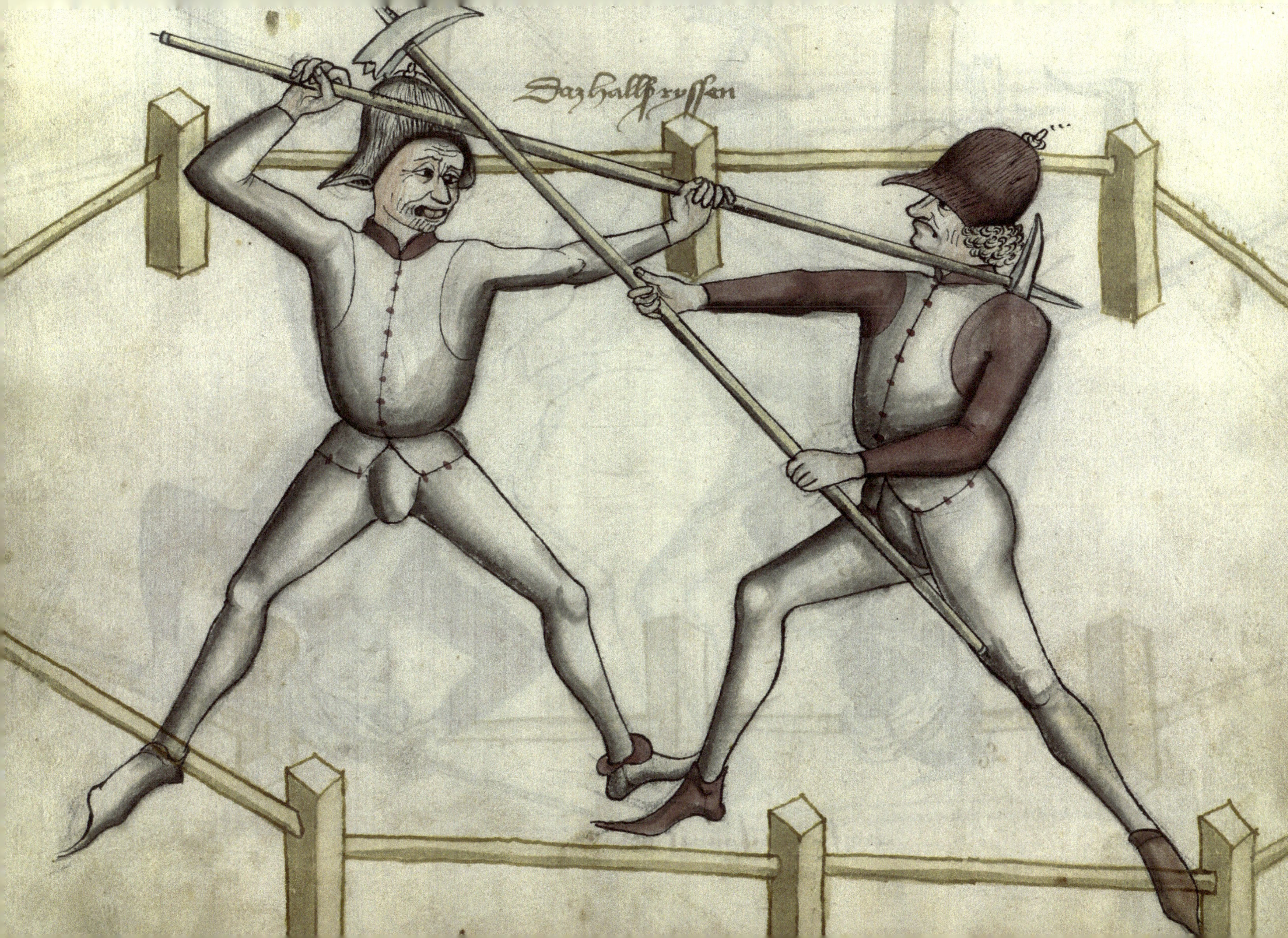
Daz halß ryssen

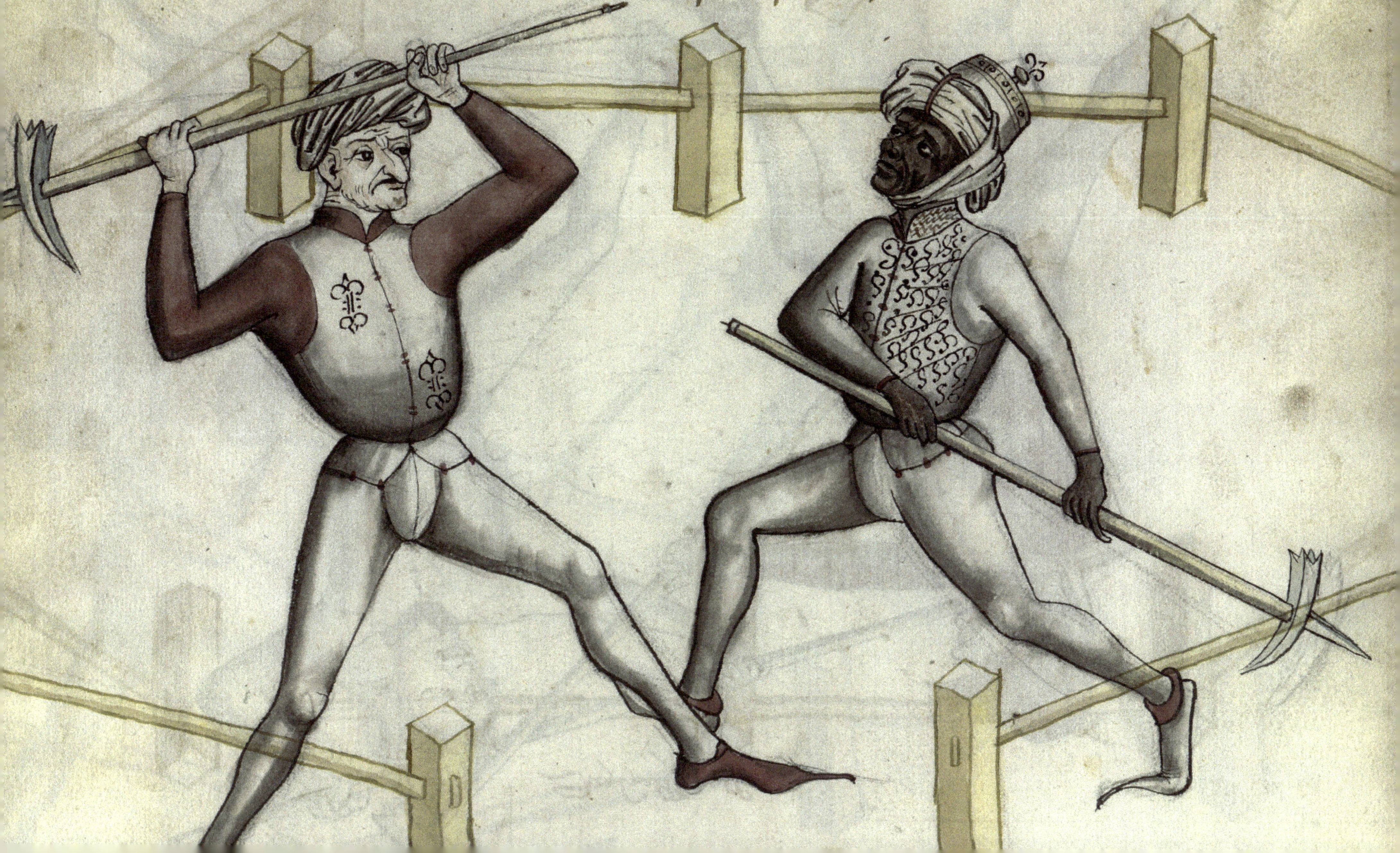
Der rott stand fur den slag

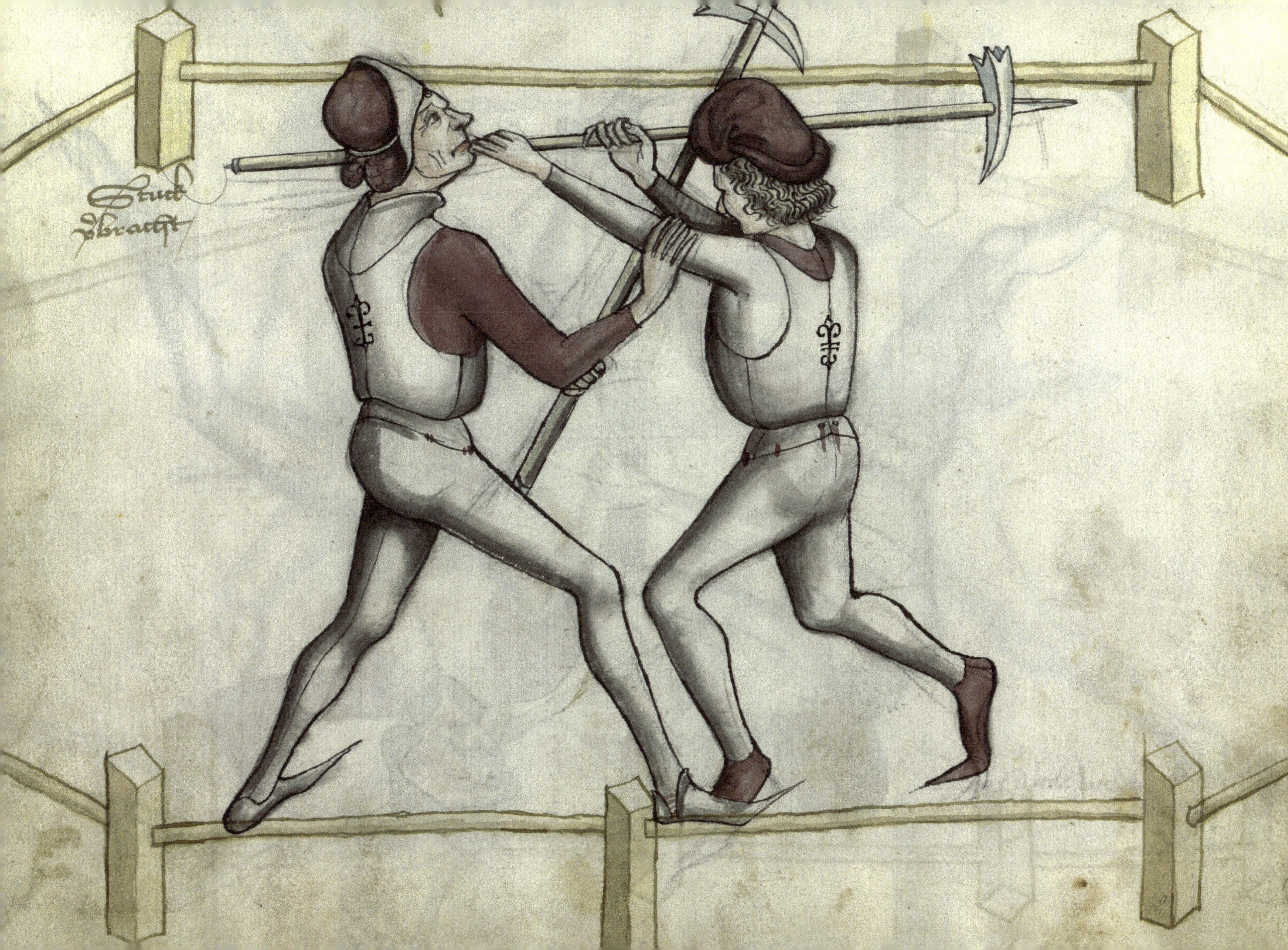
Stuck
abracht

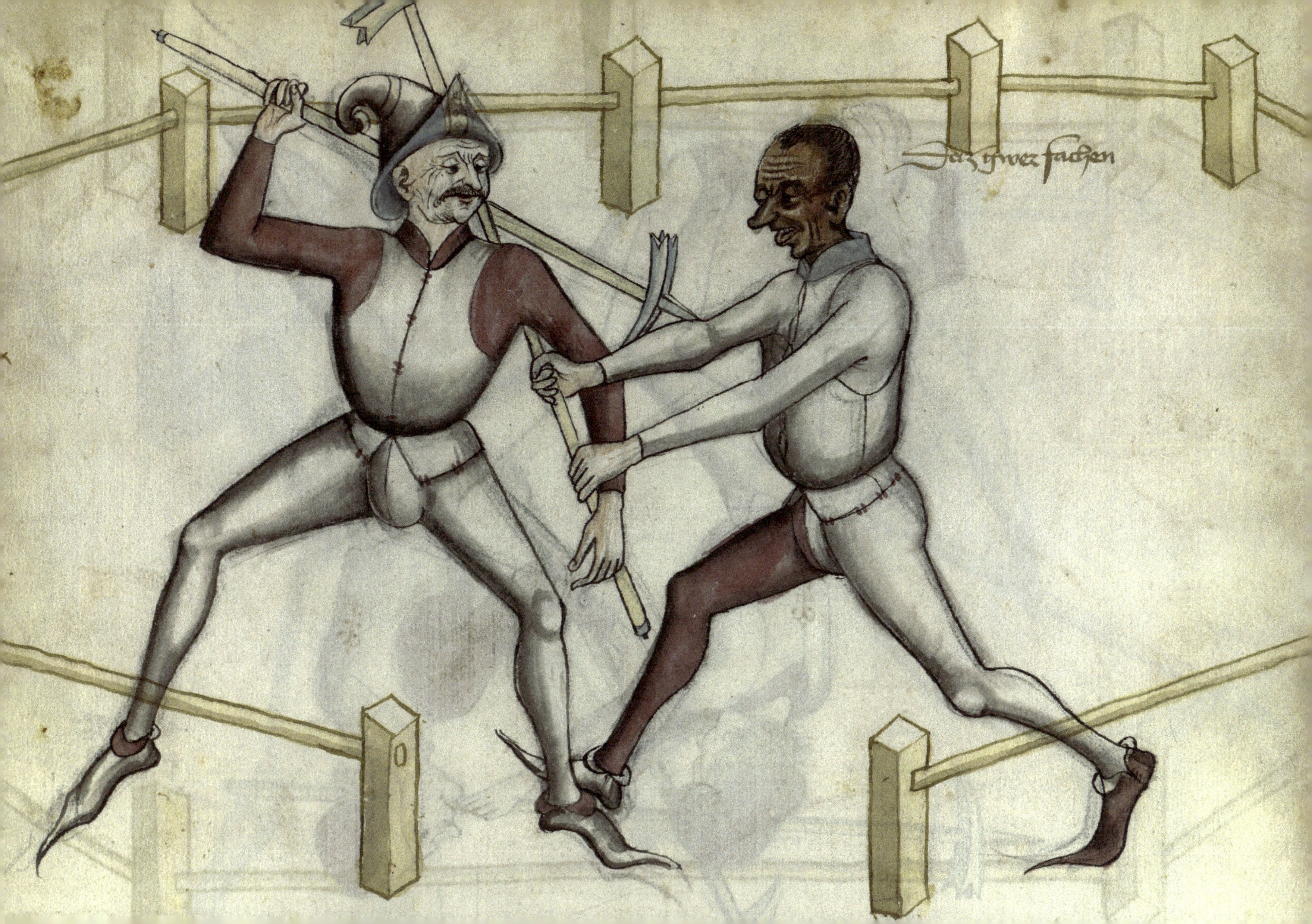
Der zwerz sachsen

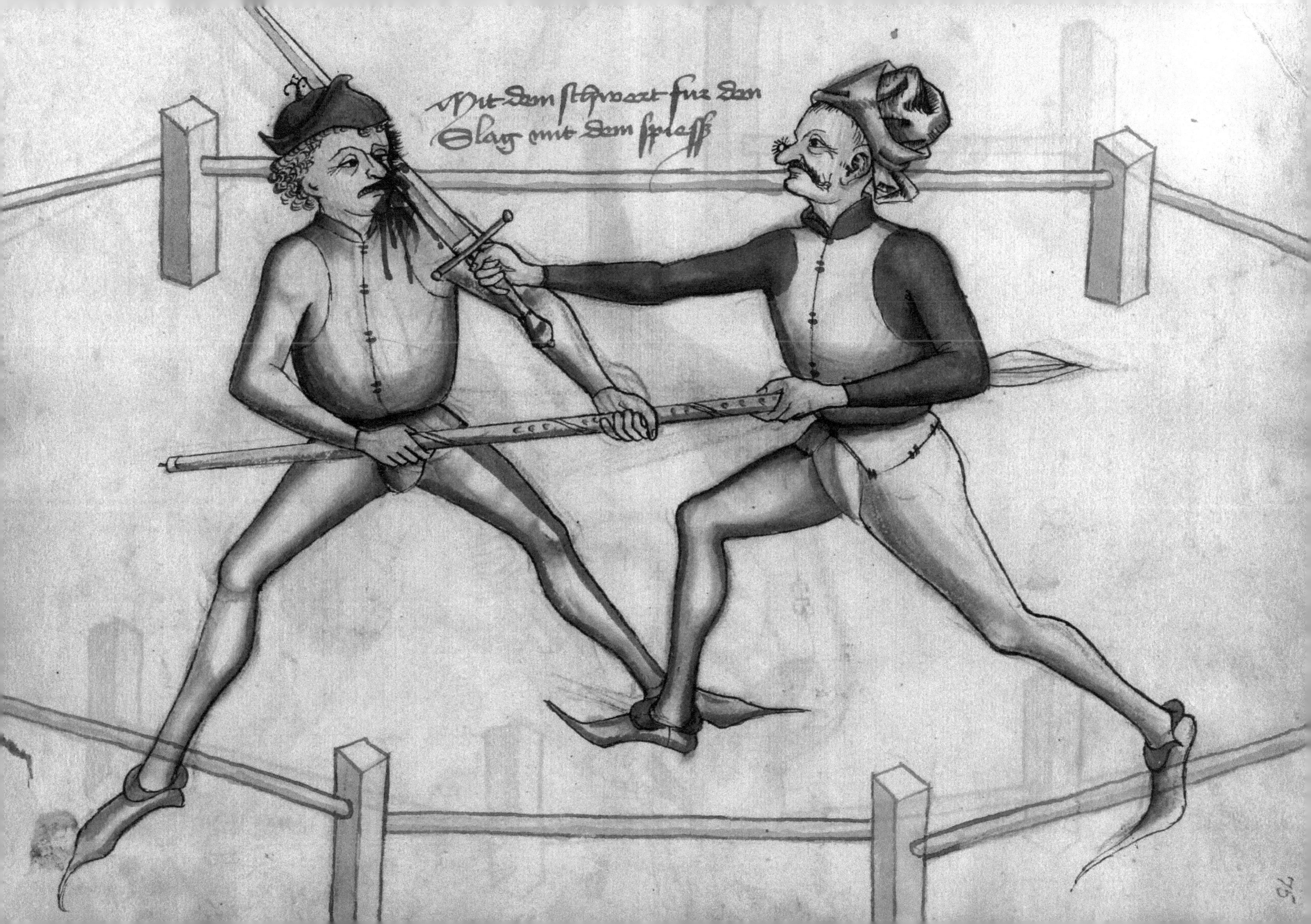
Mit dem schwert fur den
Slag mit dem spiess

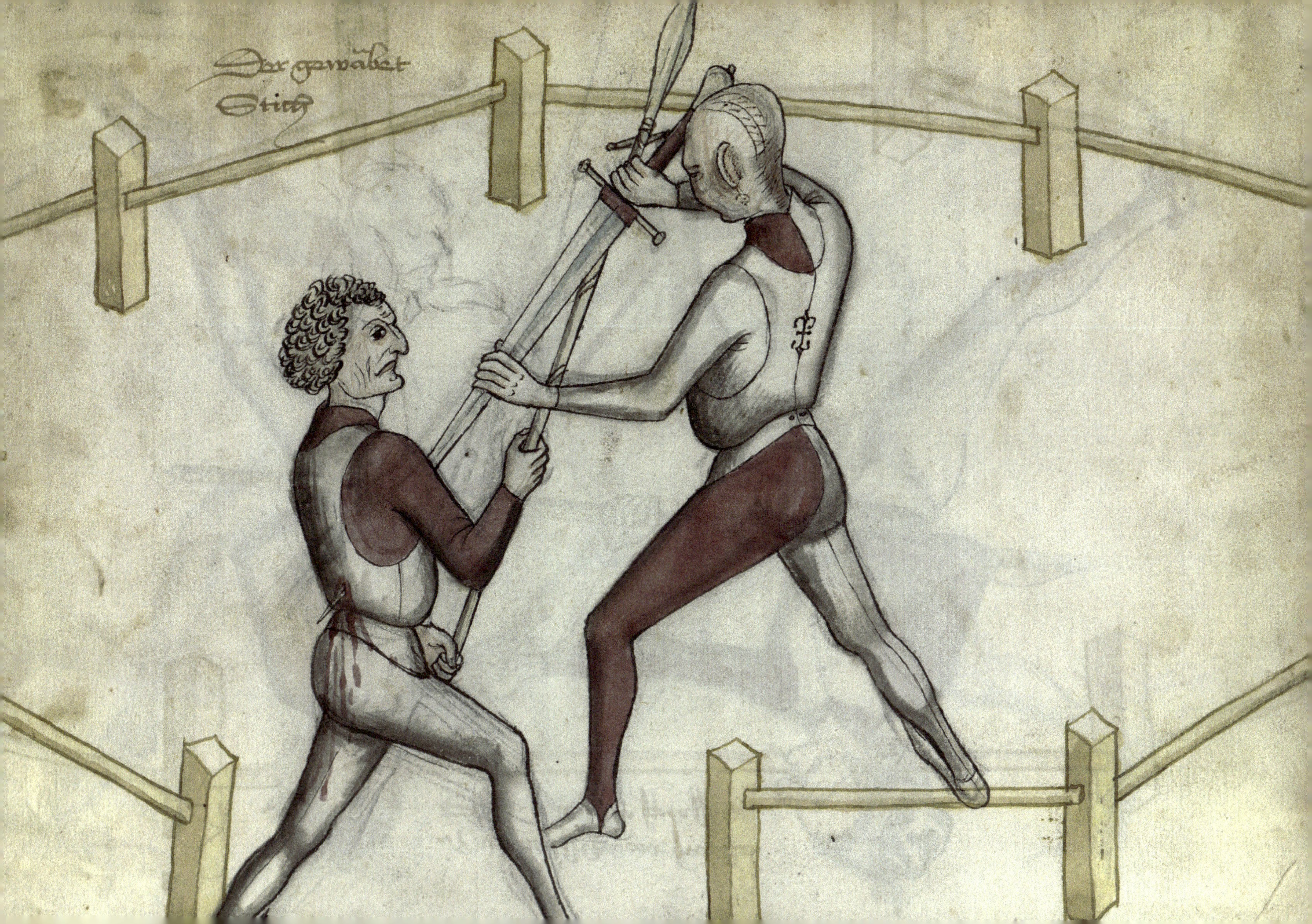
Der gewabet
Stich

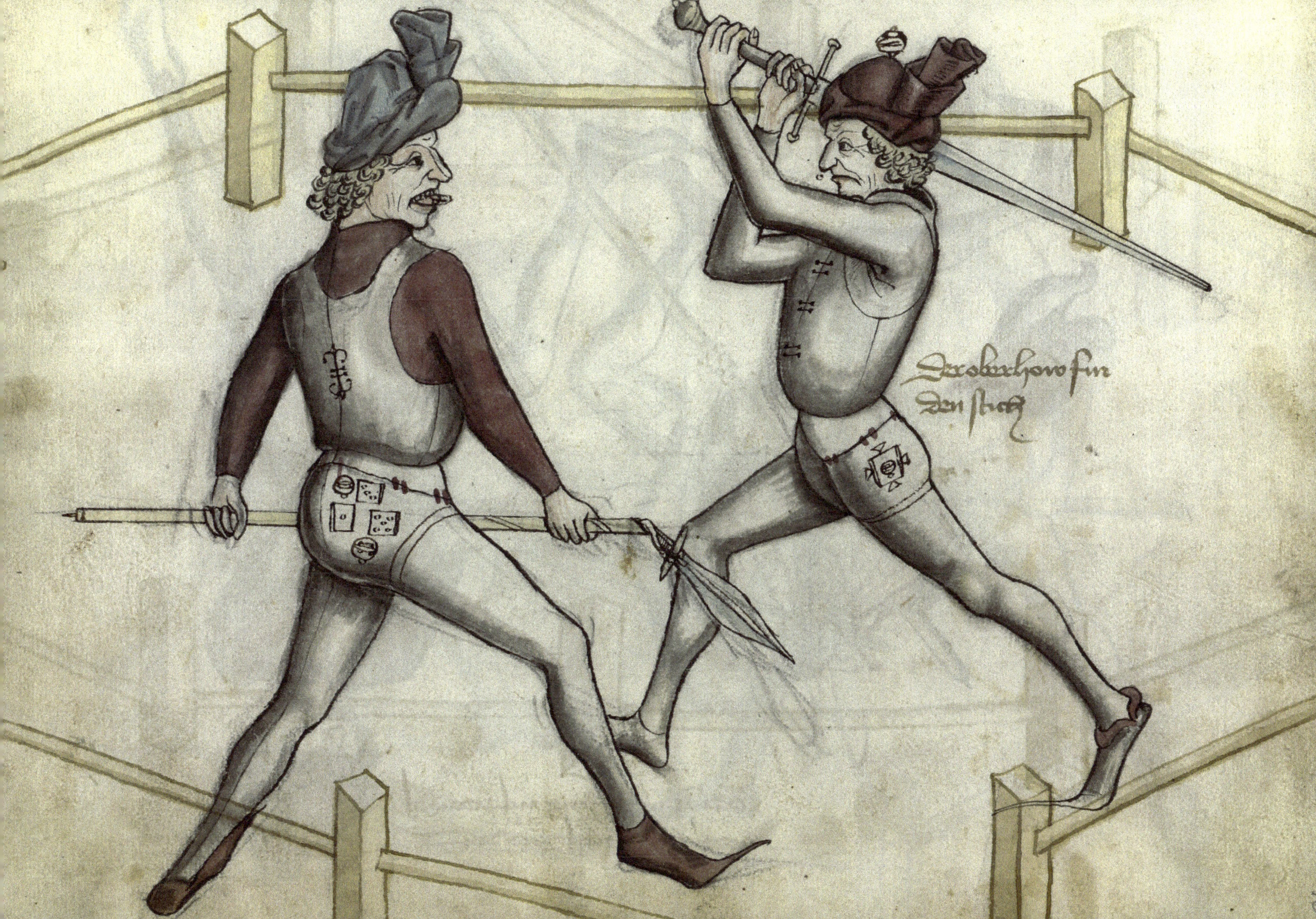
Der oberhow sin
den strich

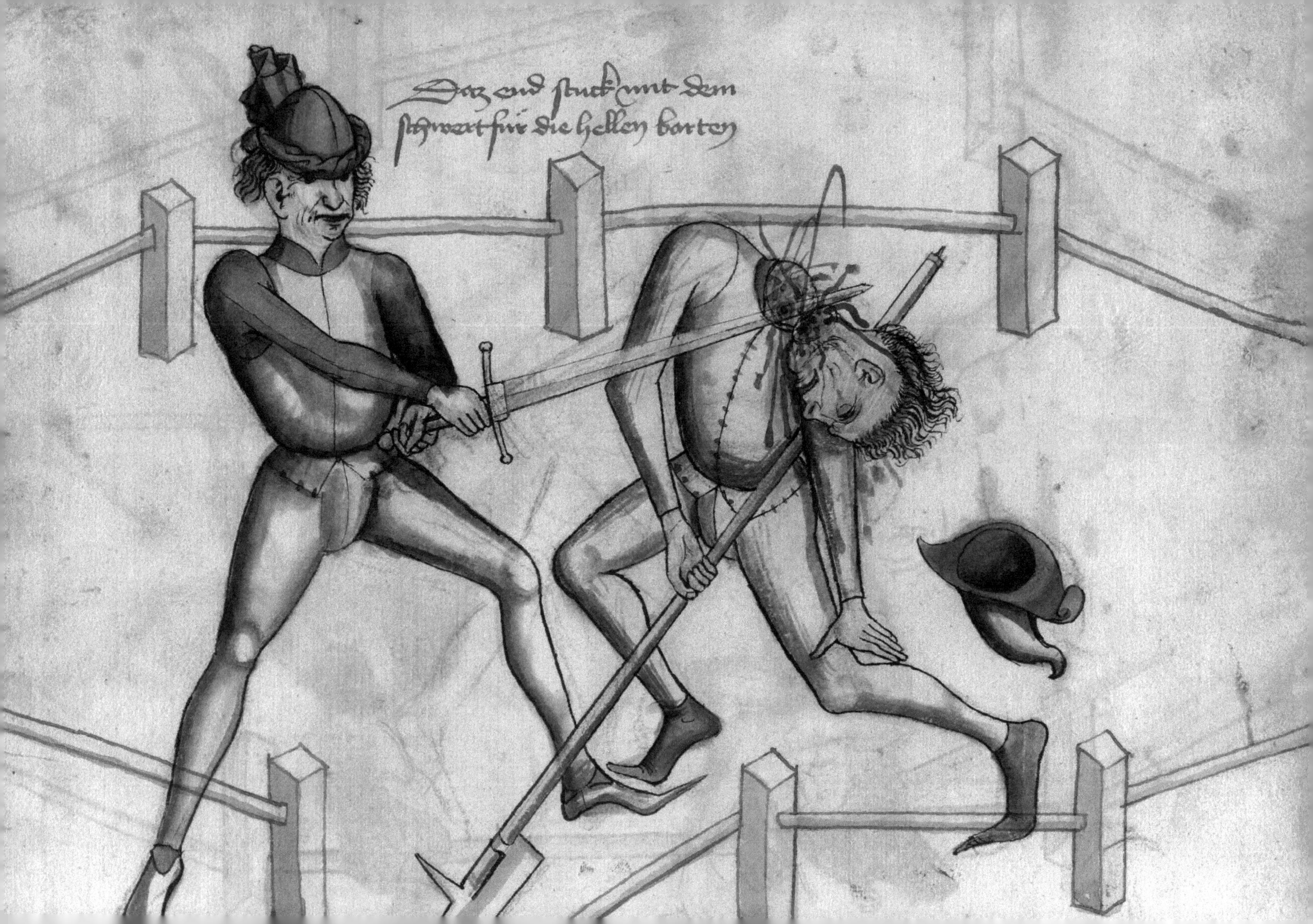
Daz and stuck mit dem
schwert für die hellen barten

Daz blenden ab dem houpt
Darby der wurff in leib

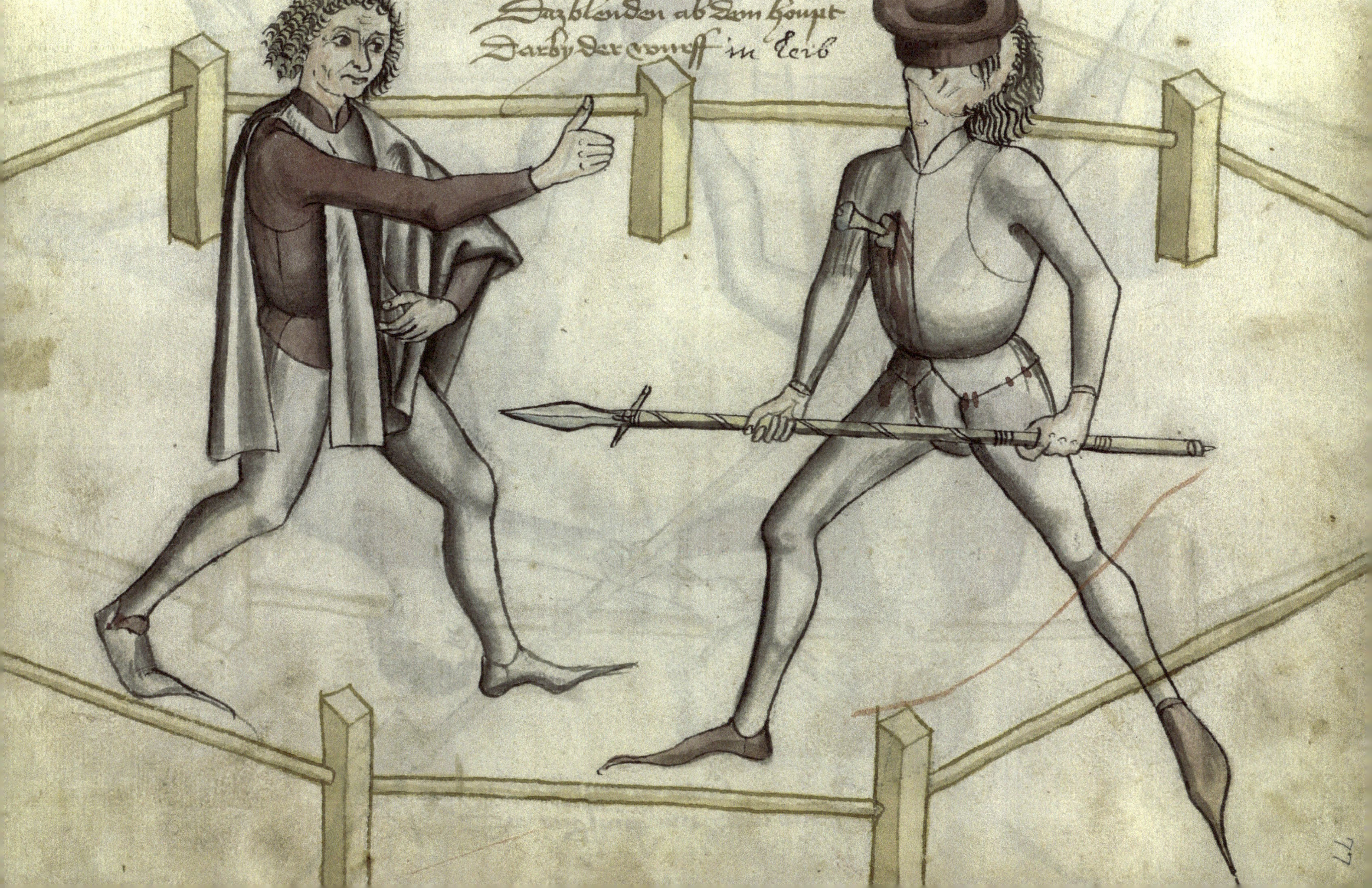

77

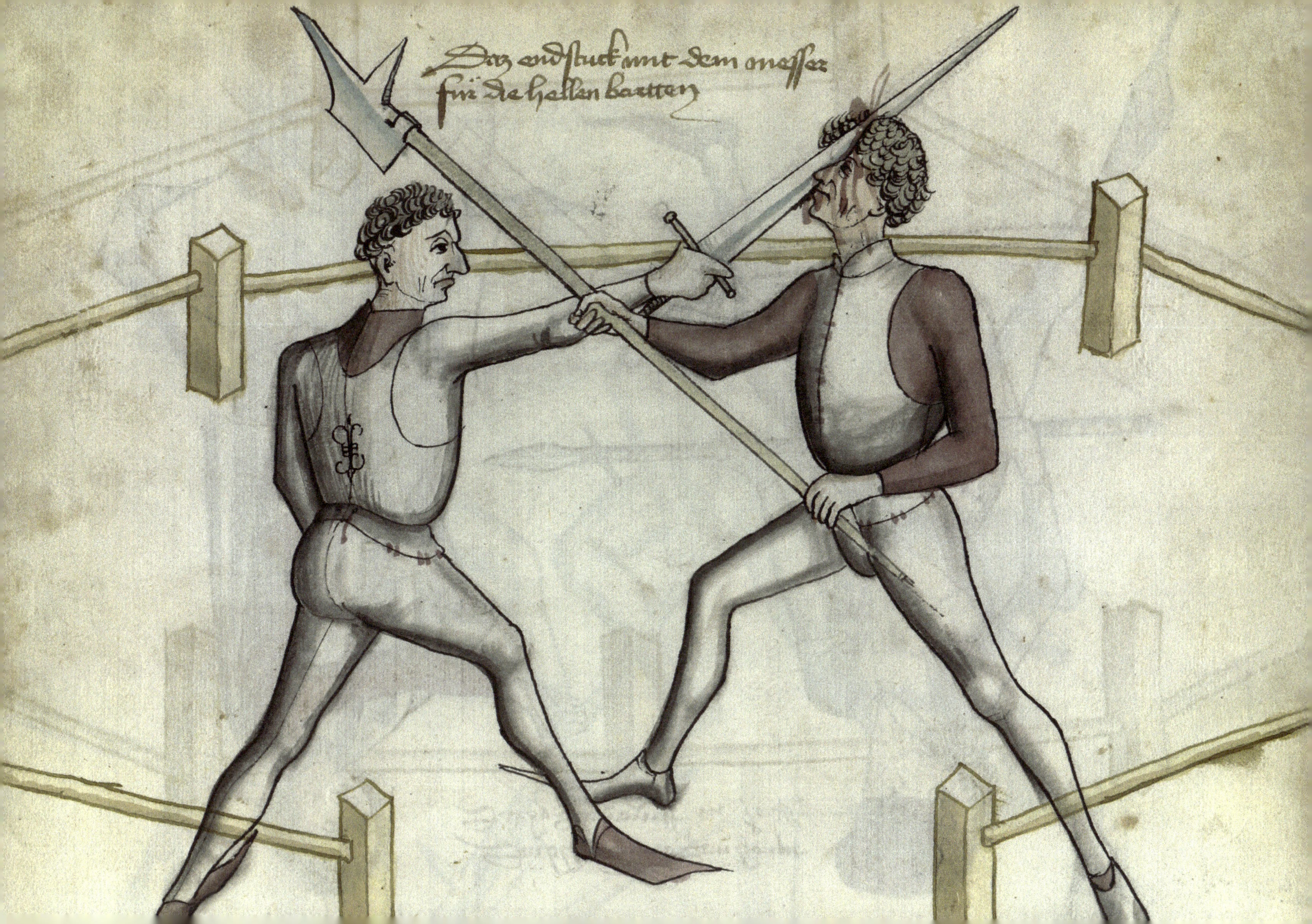
Daz ander stuck mit dem messer
für die hellen barten

Daz übersetzen gen dem spiess

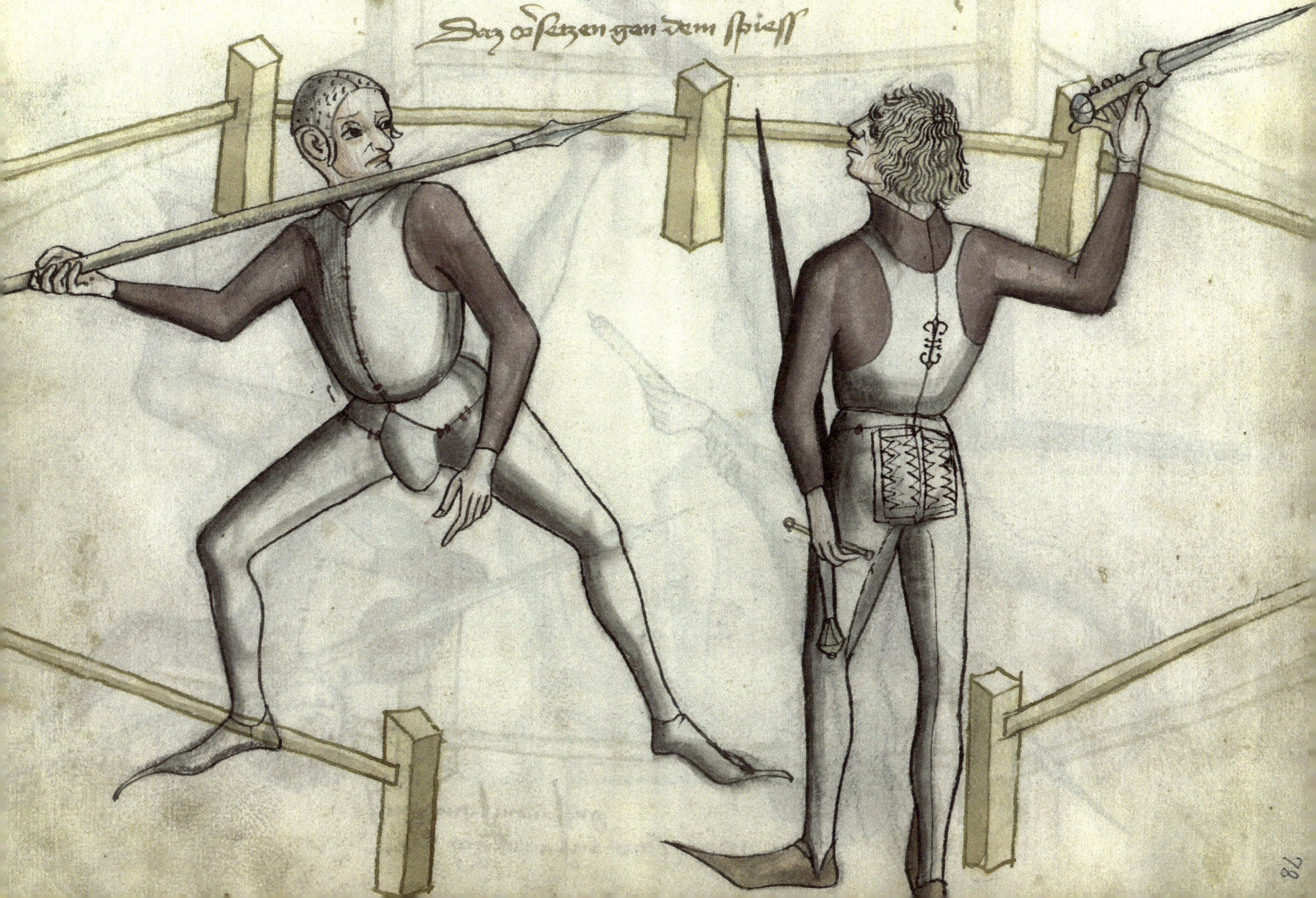

Ain billgerin fur ain langen
spieß mit sinem stab

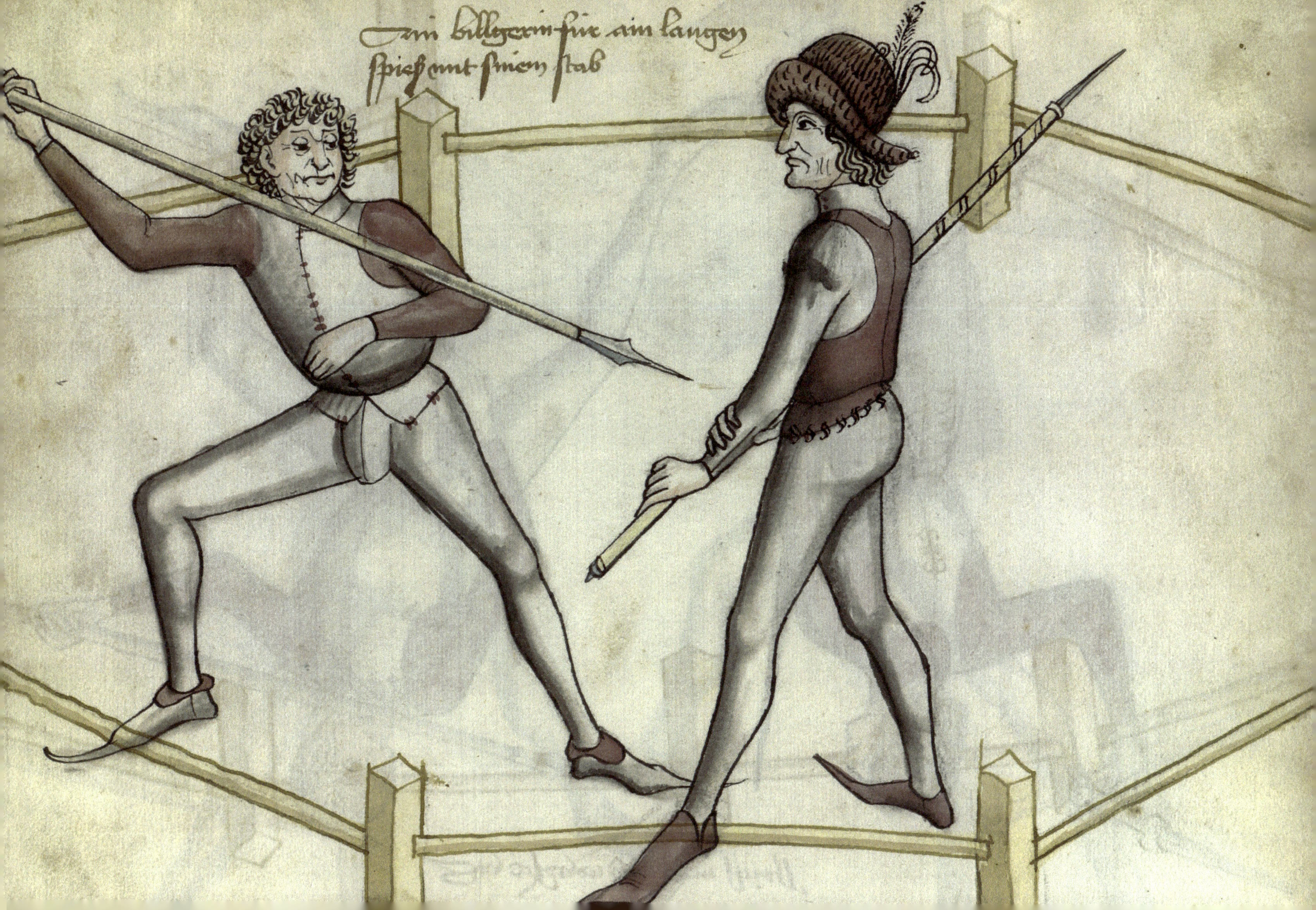

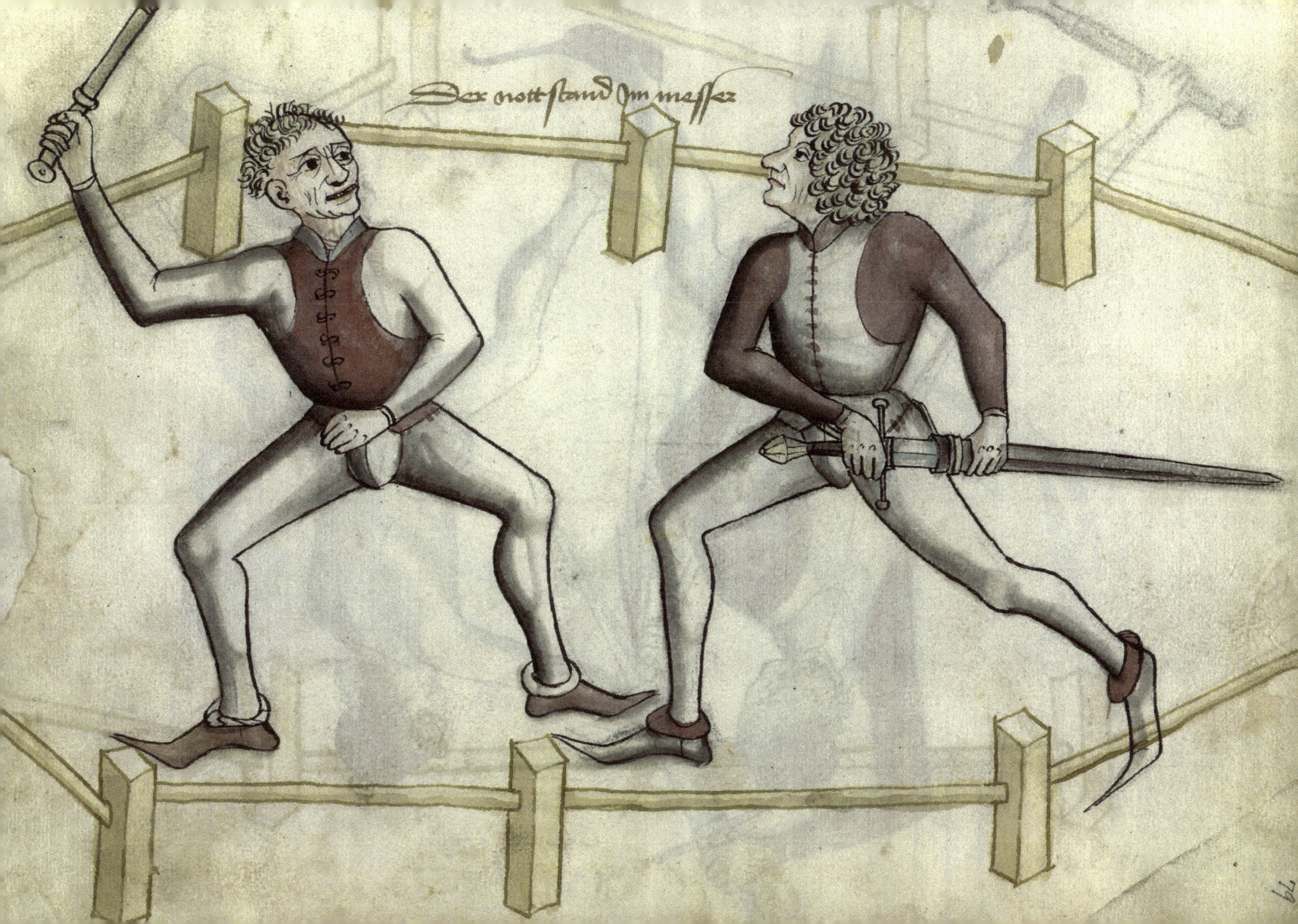

Der nott stand im messer

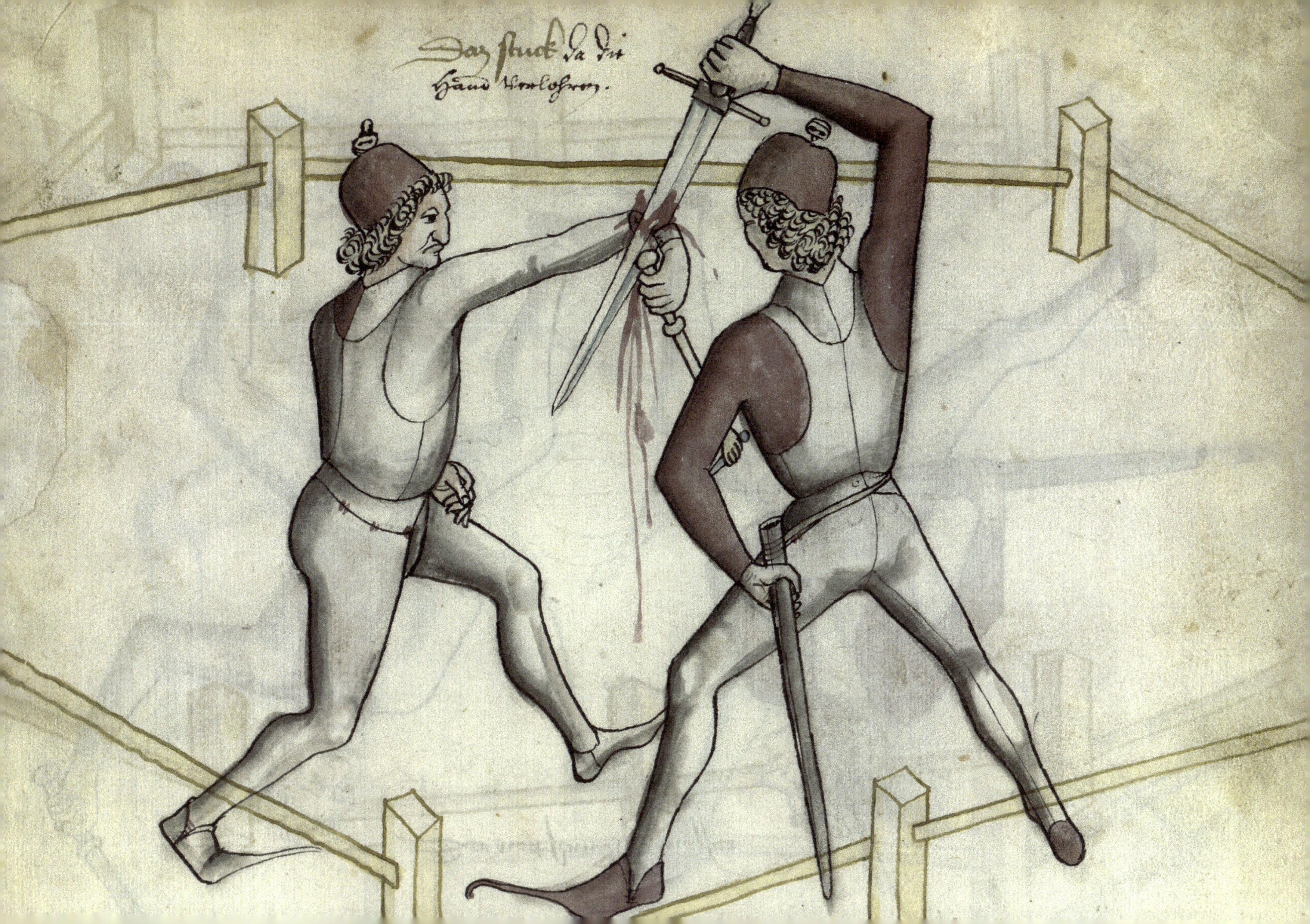

Daz stuck da di hand verlohren.

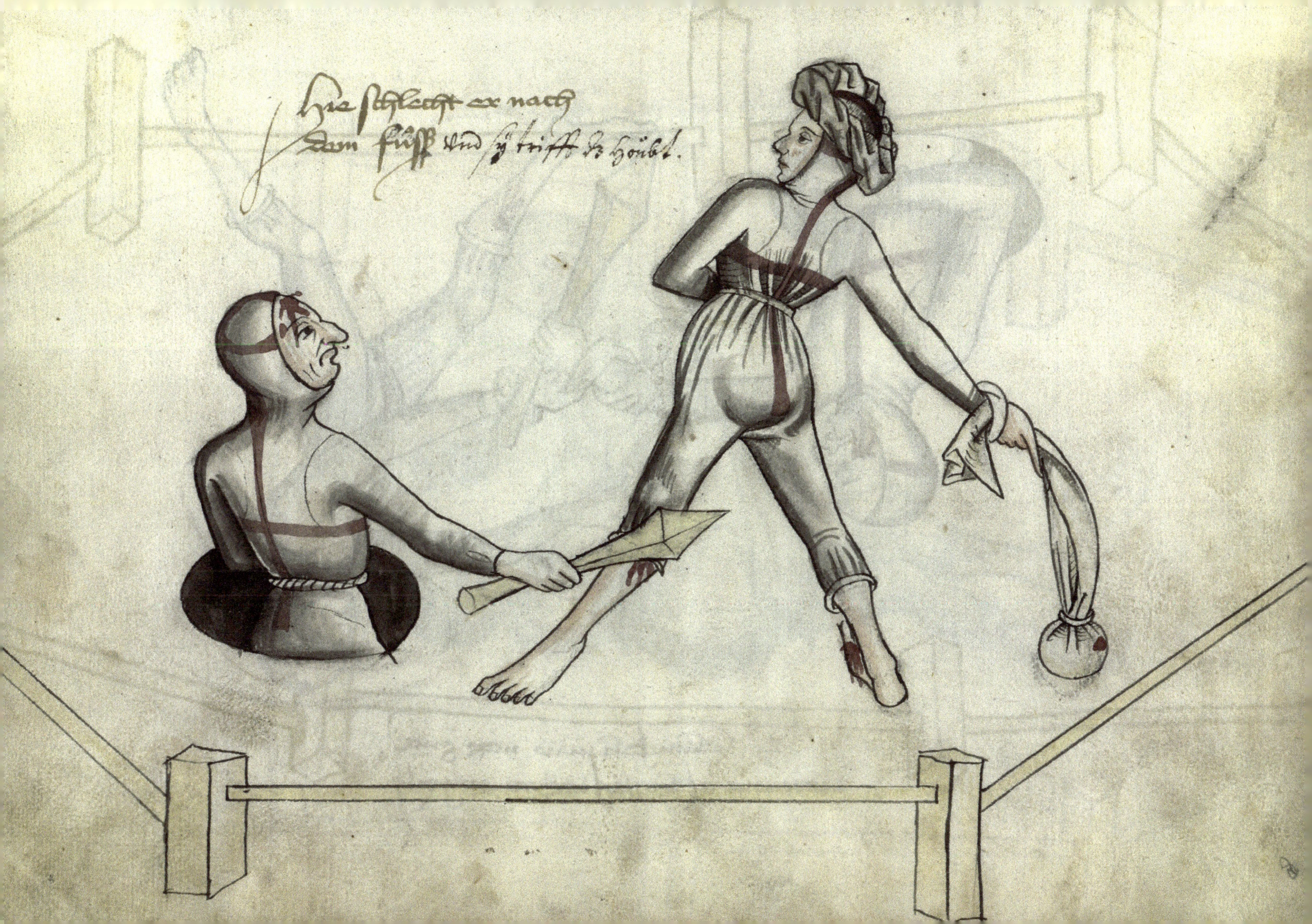

Hie schlecht er nach
dem füss und sy trifft dz höubt.

hie hat er den schlag ir entwert
und den arm gefangen

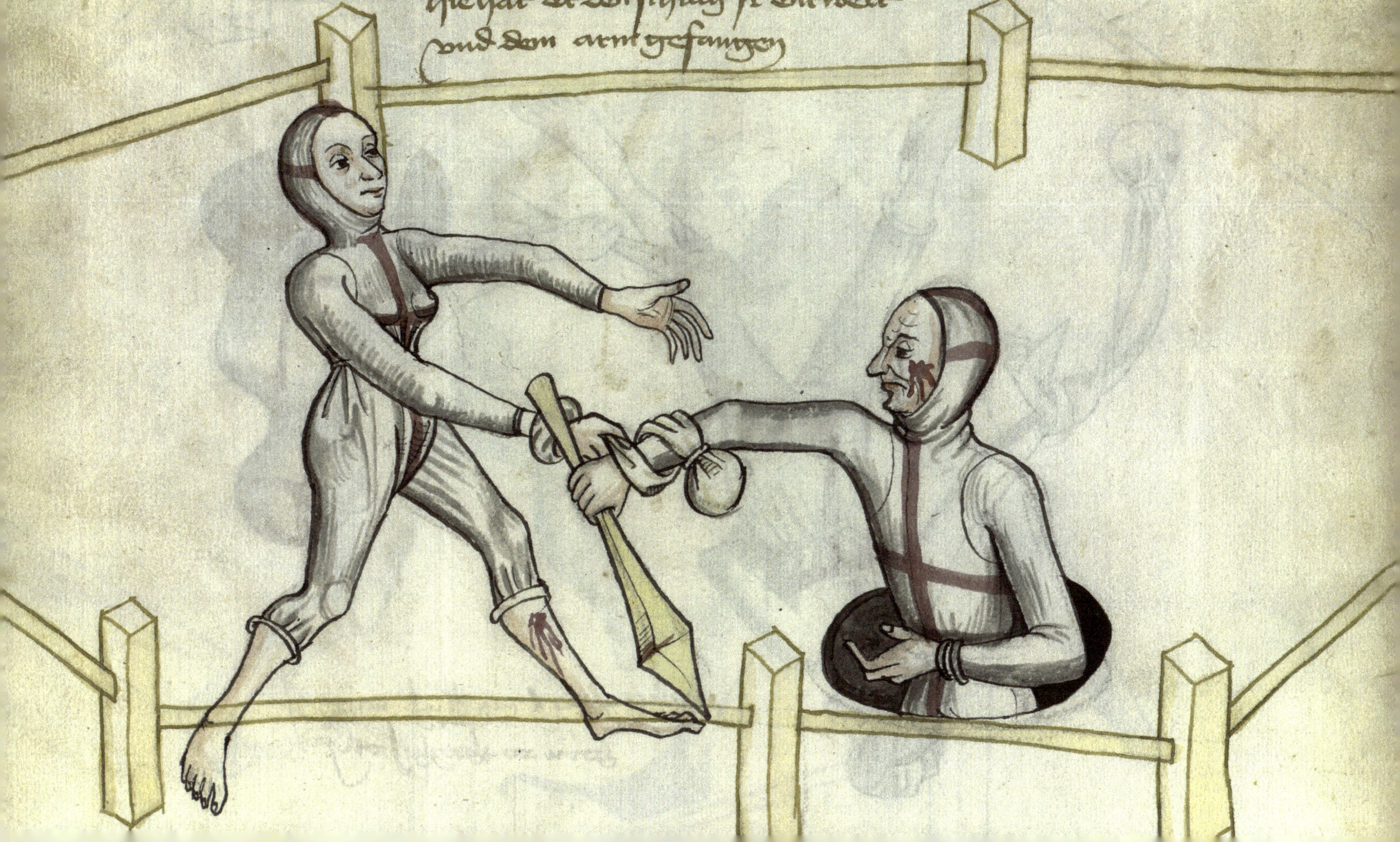

Der griff nach dem halß

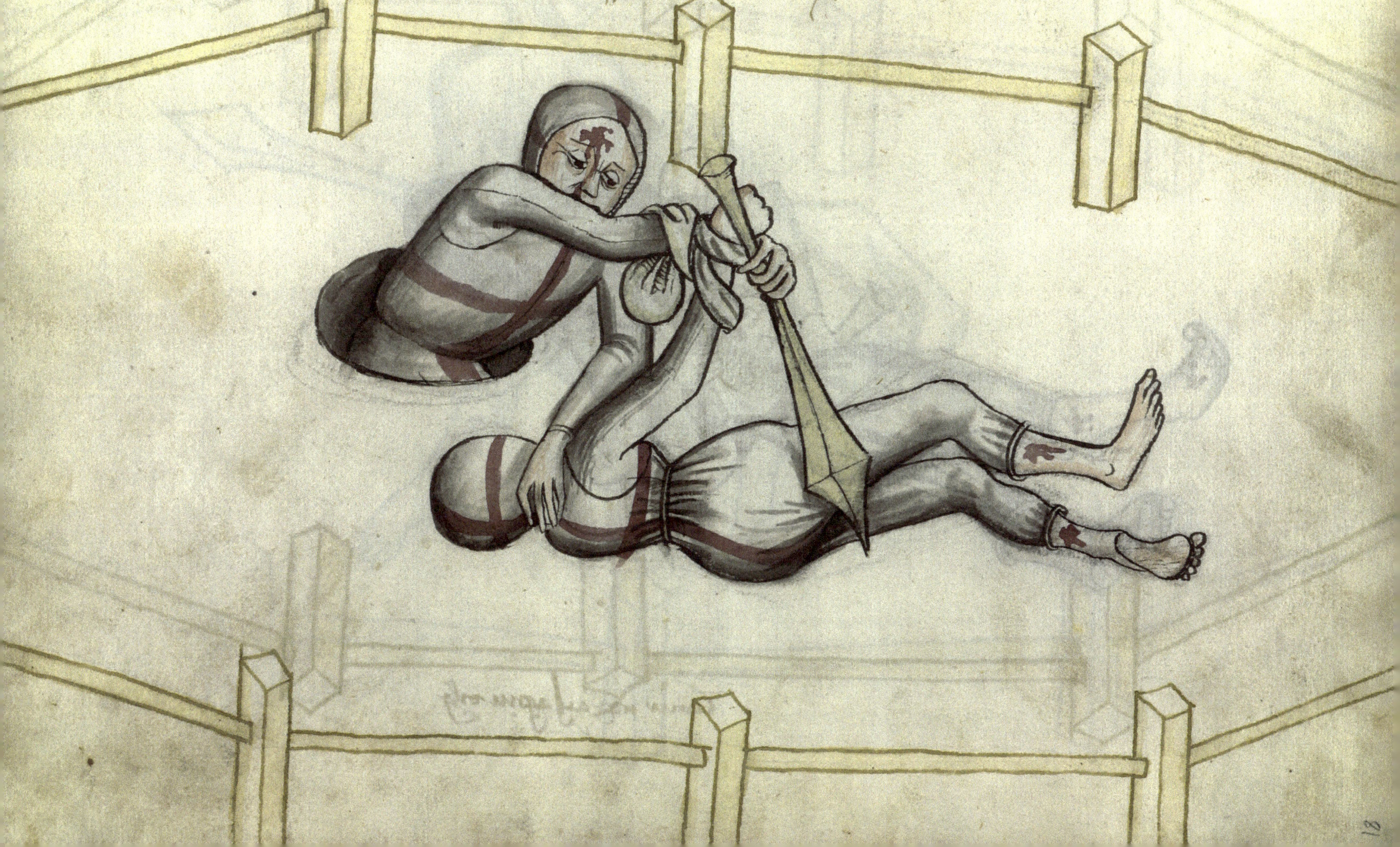

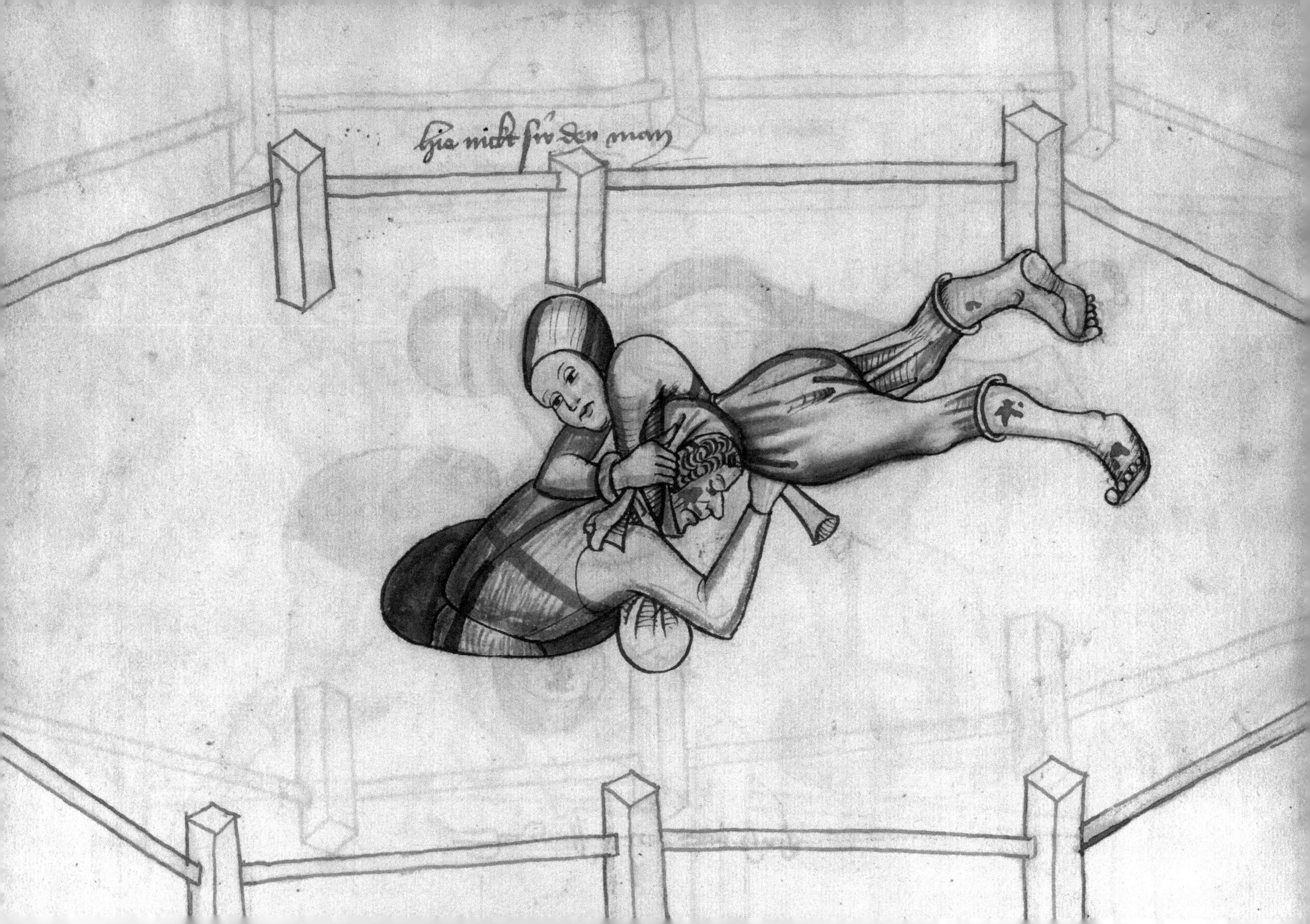
Hie würgt sú den man

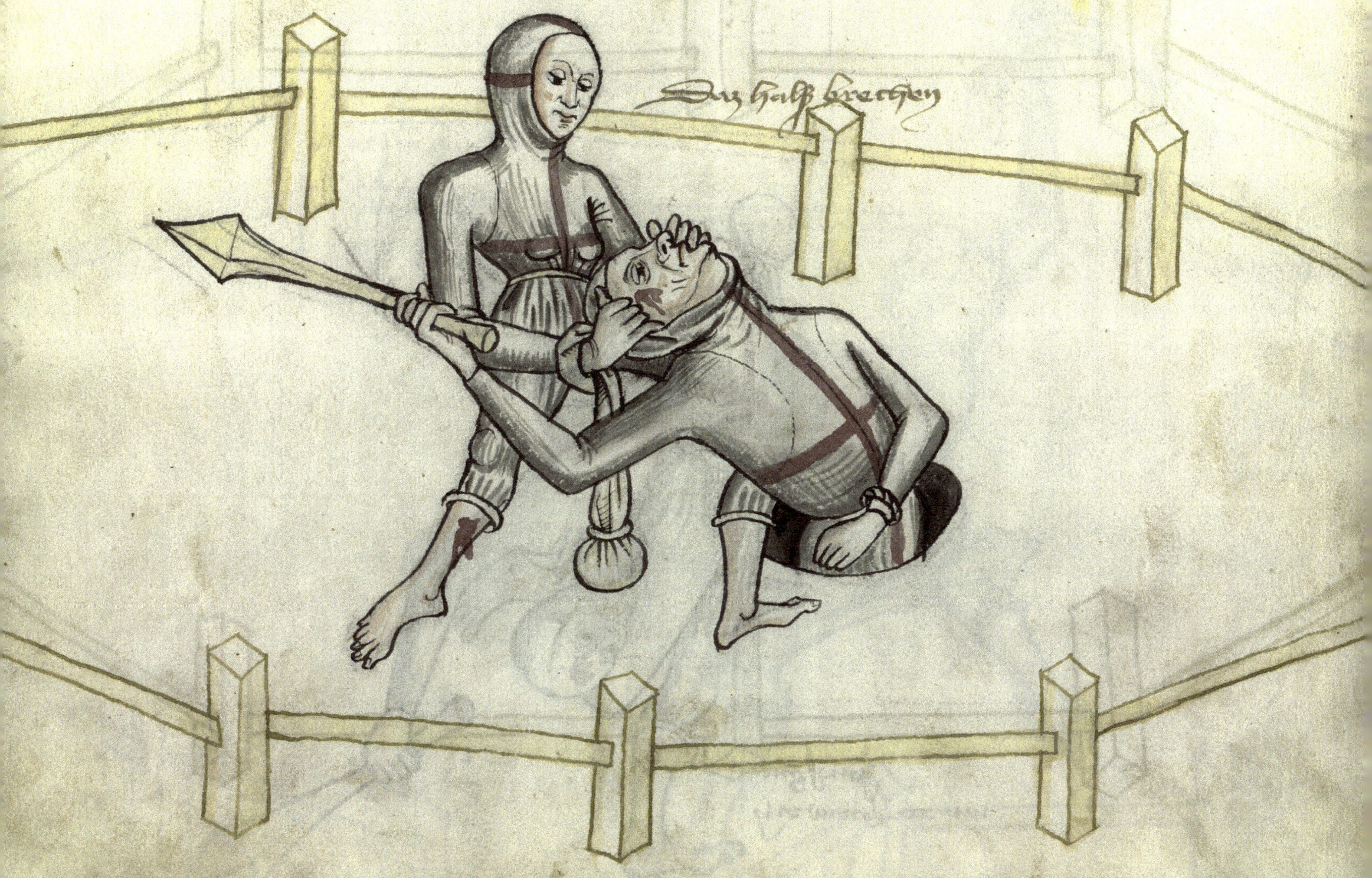
Daz halß brechen

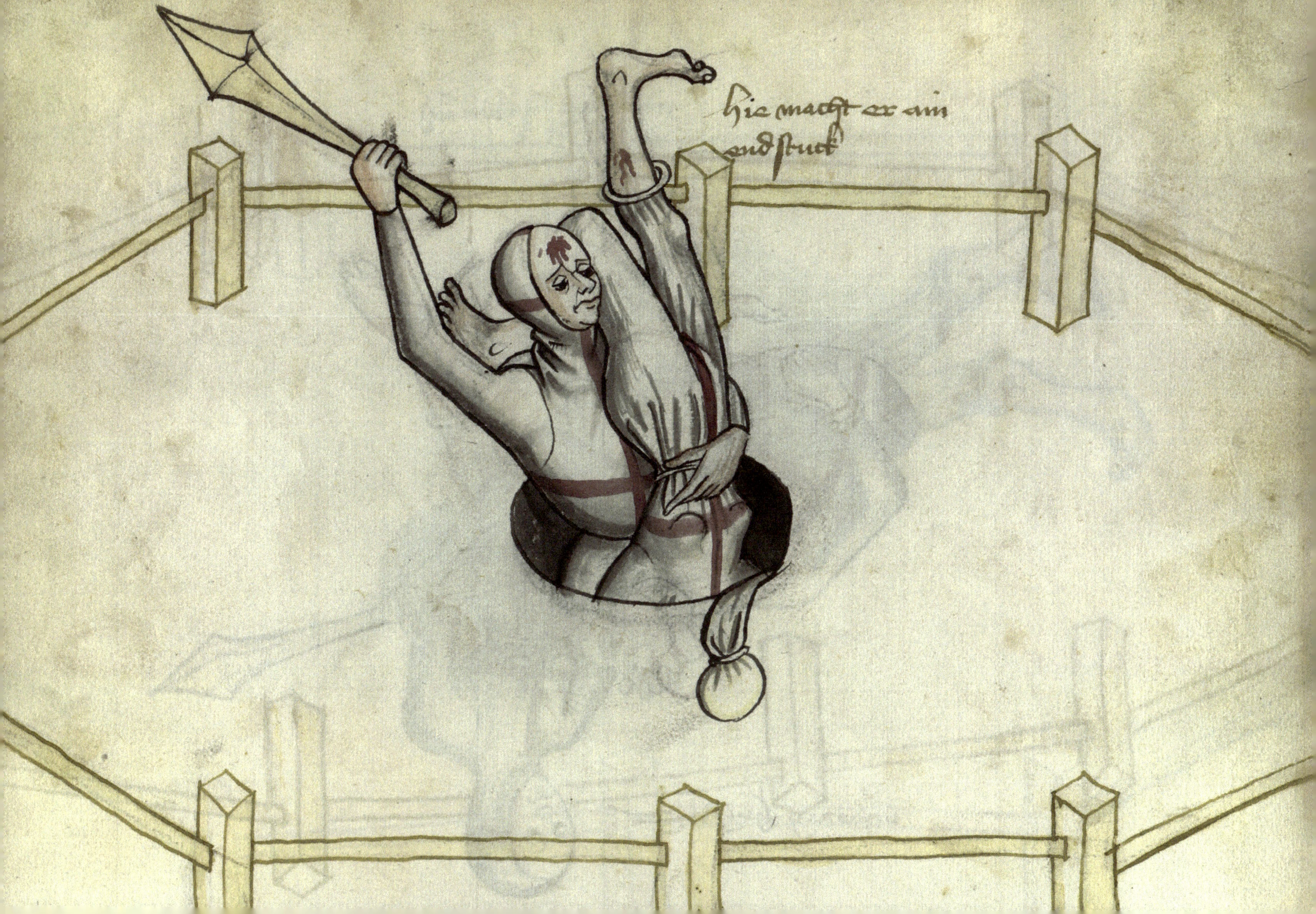
Hie macht er ain
endstuck

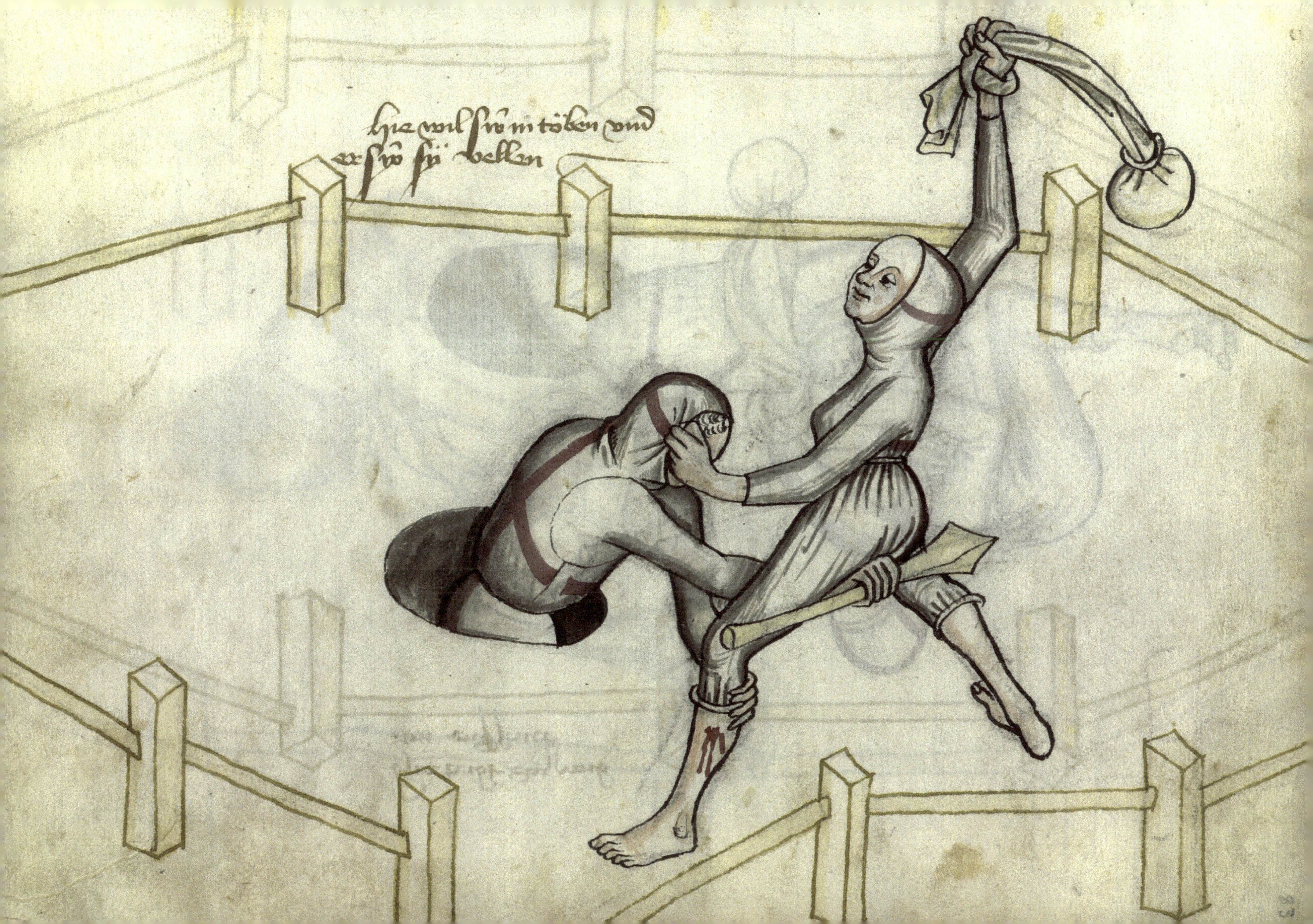
hie wil sẏ im töten vnd
er sẏ sÿ vellen

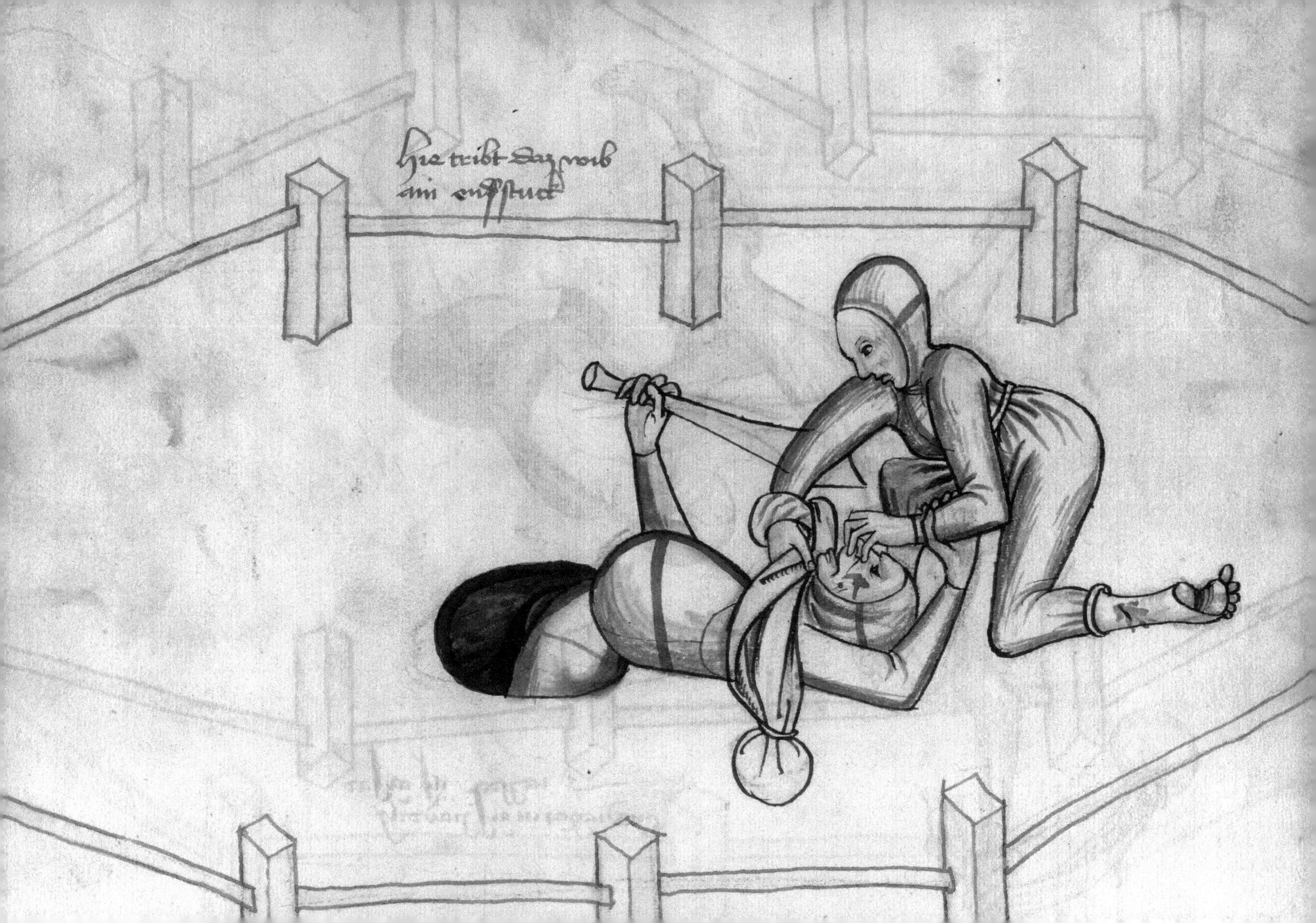
Hie tribt daz wib
ain endstuck

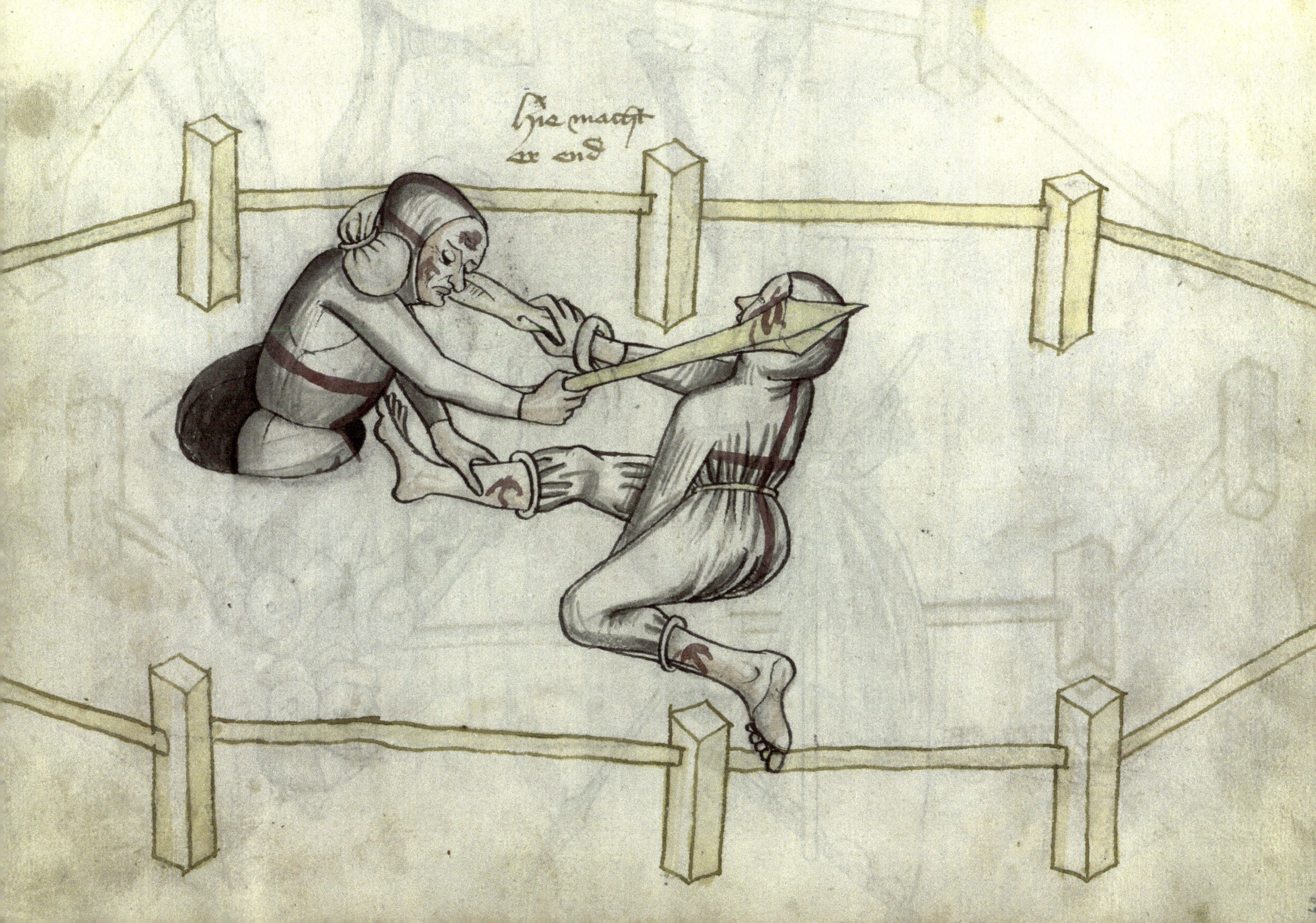
Hie macht
er end

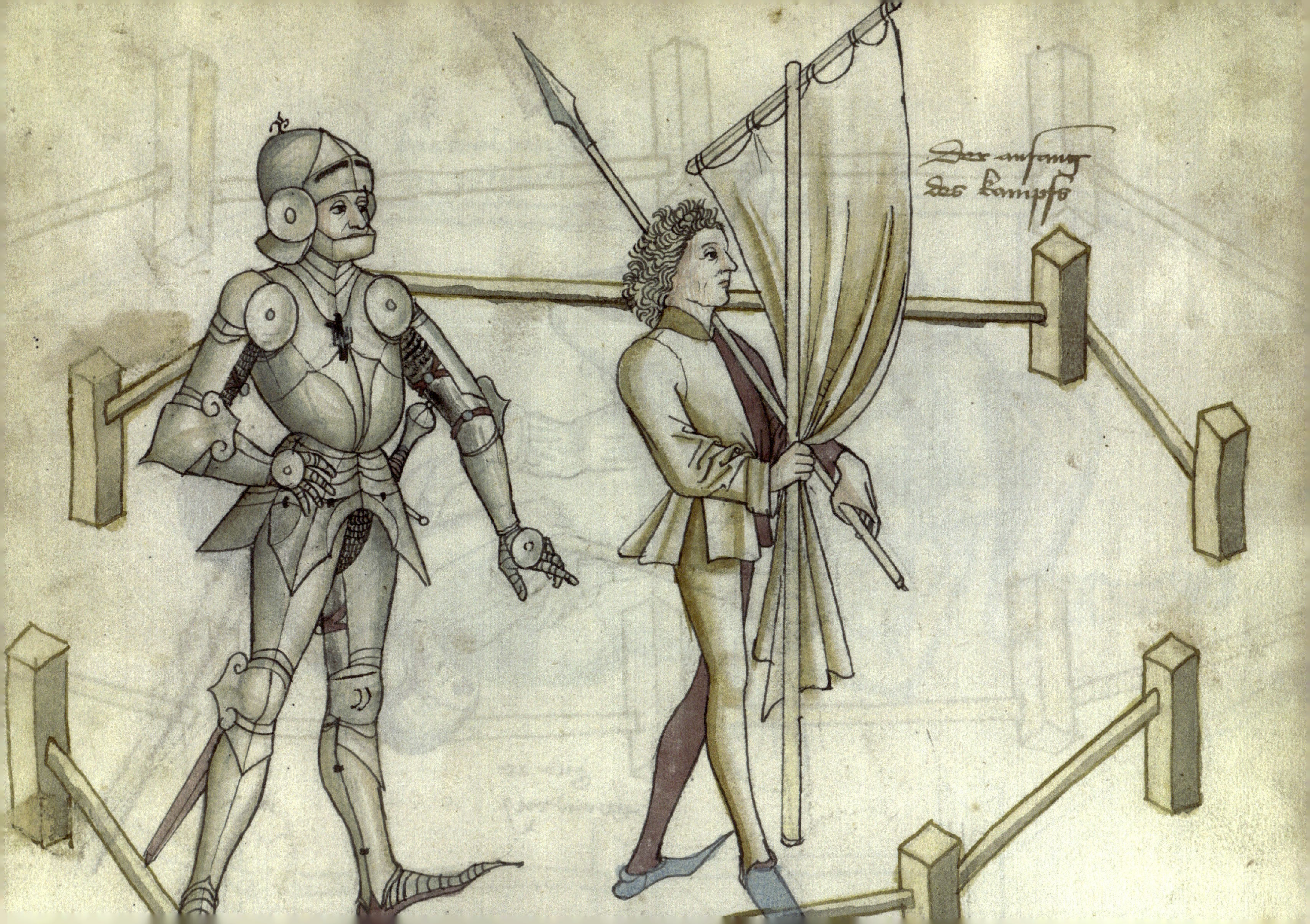
Der anfang
des kampfs

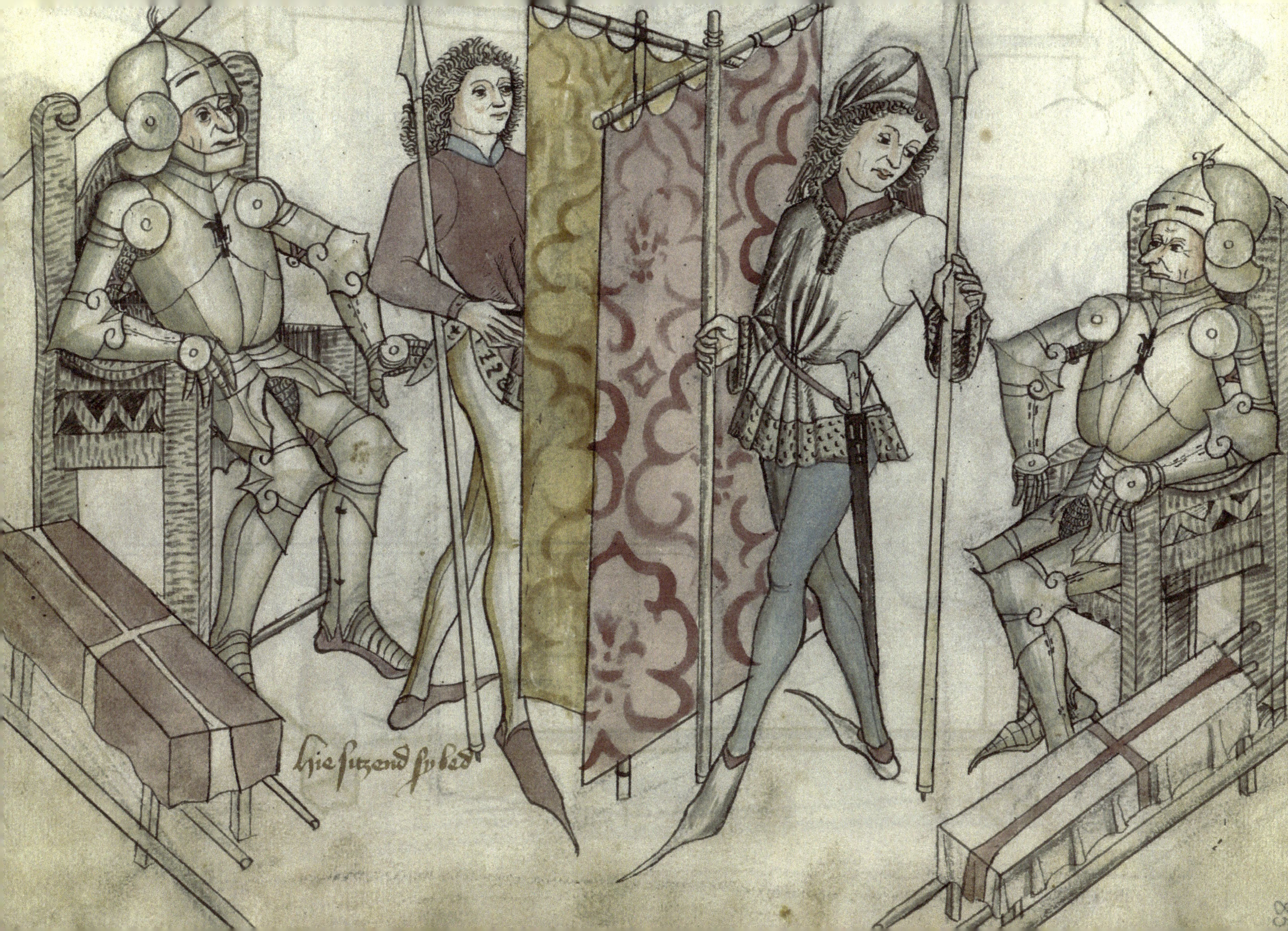
hie sitzend sy bed

Der stand fur den stich

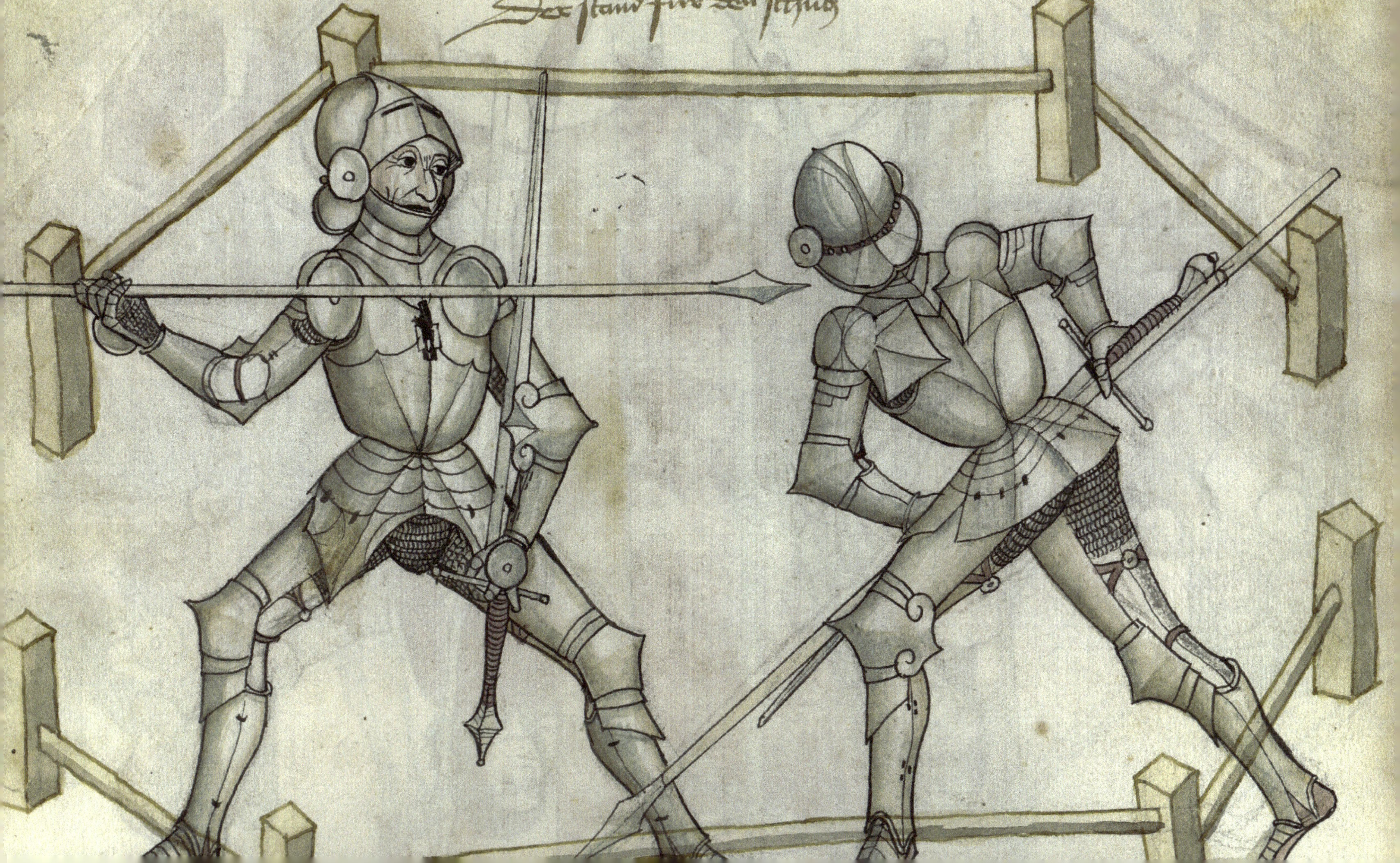

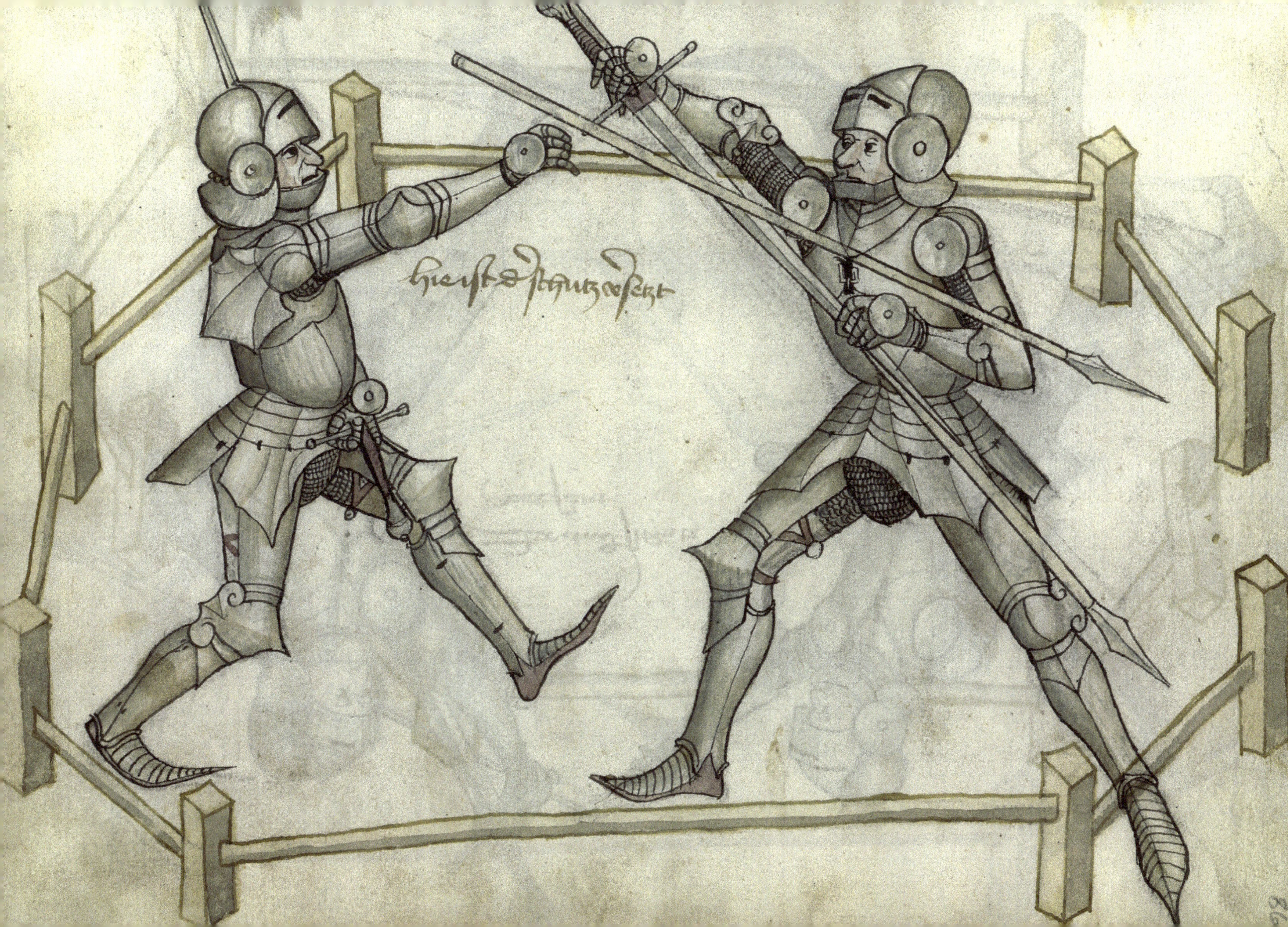
hie ist d schutz gesetzt

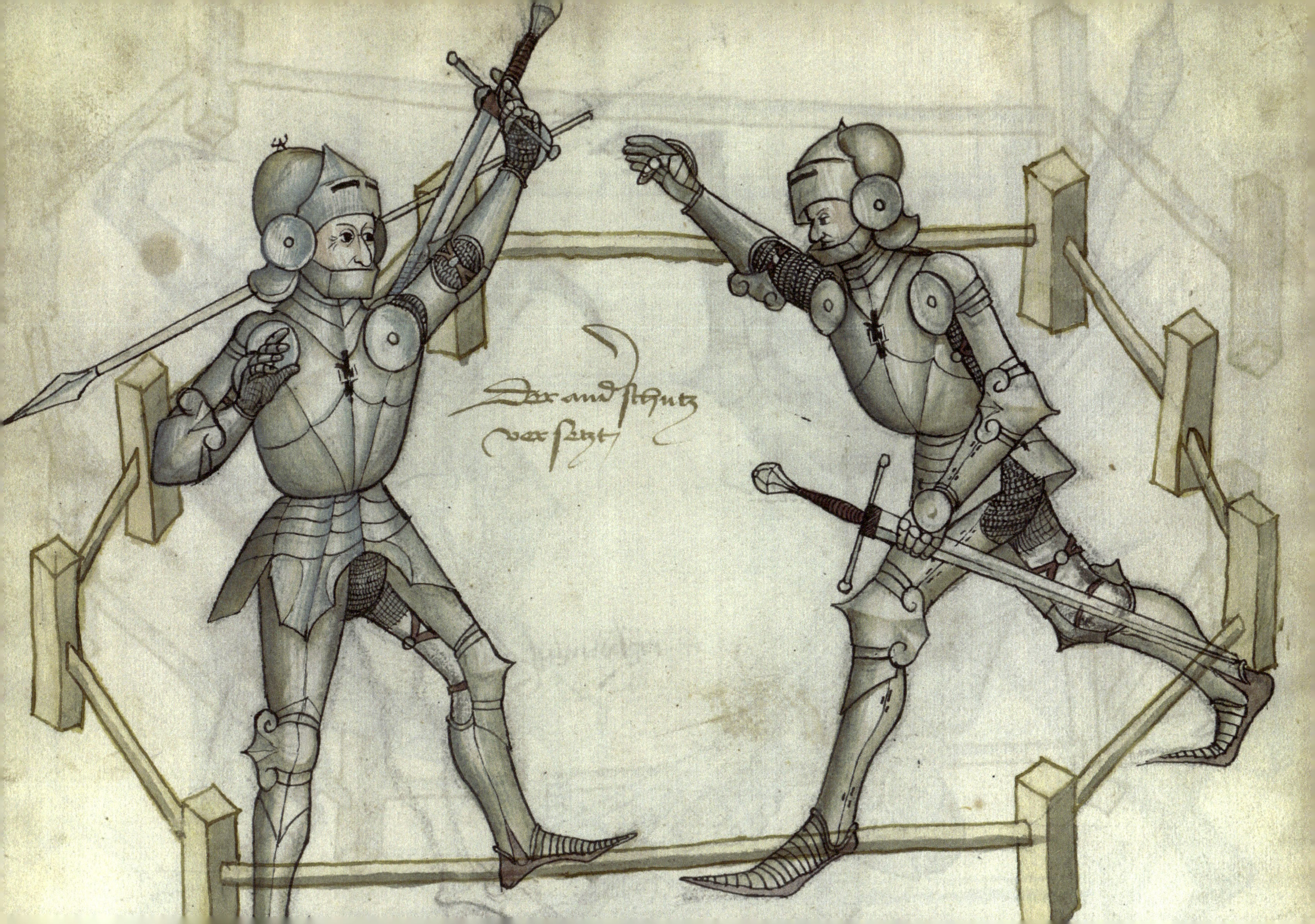
Der und schutz
versetzt

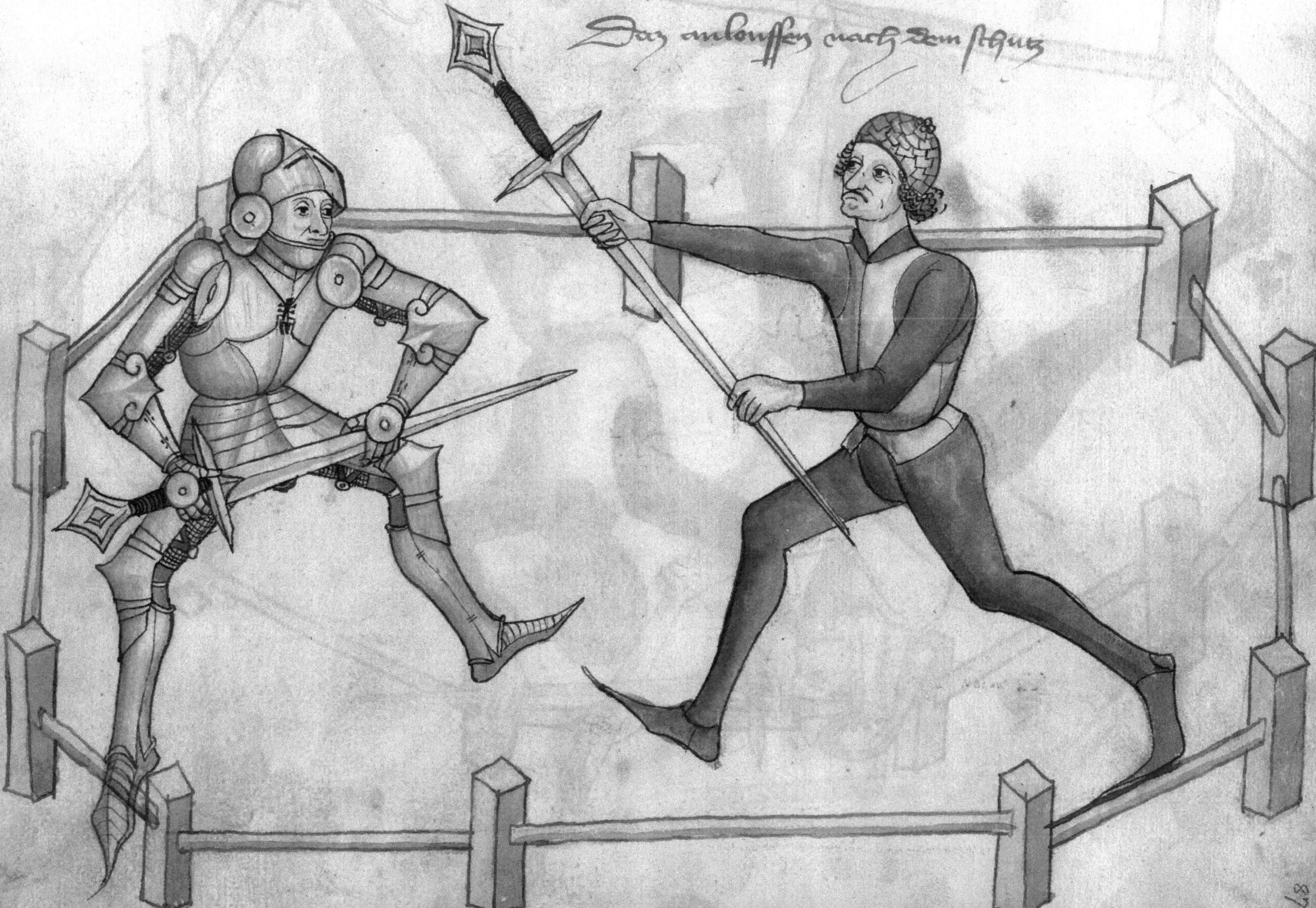

Daz anlouffen nach dem schutz

Der mortt schlag
ist versetzt

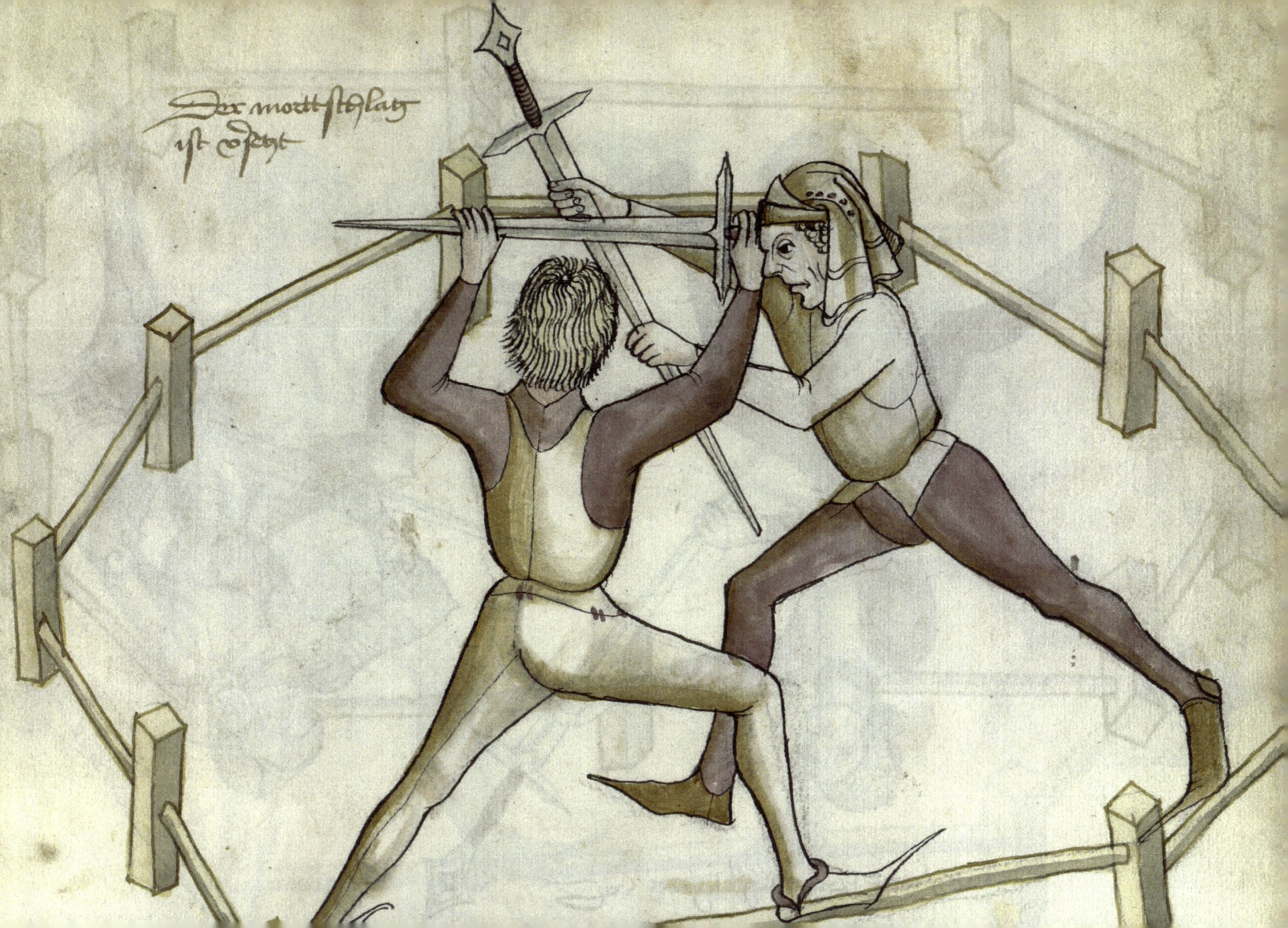

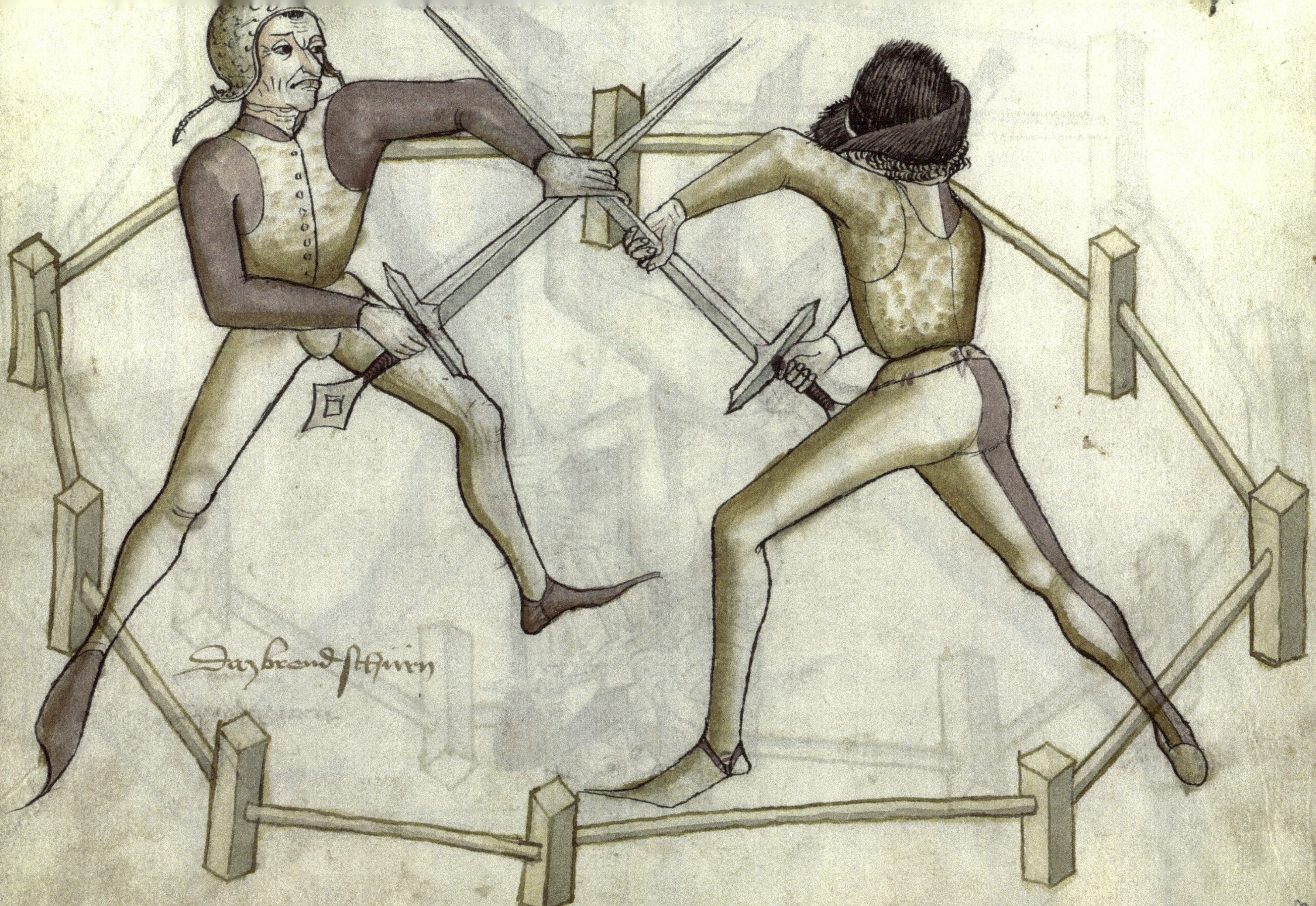
Daz brend schirn

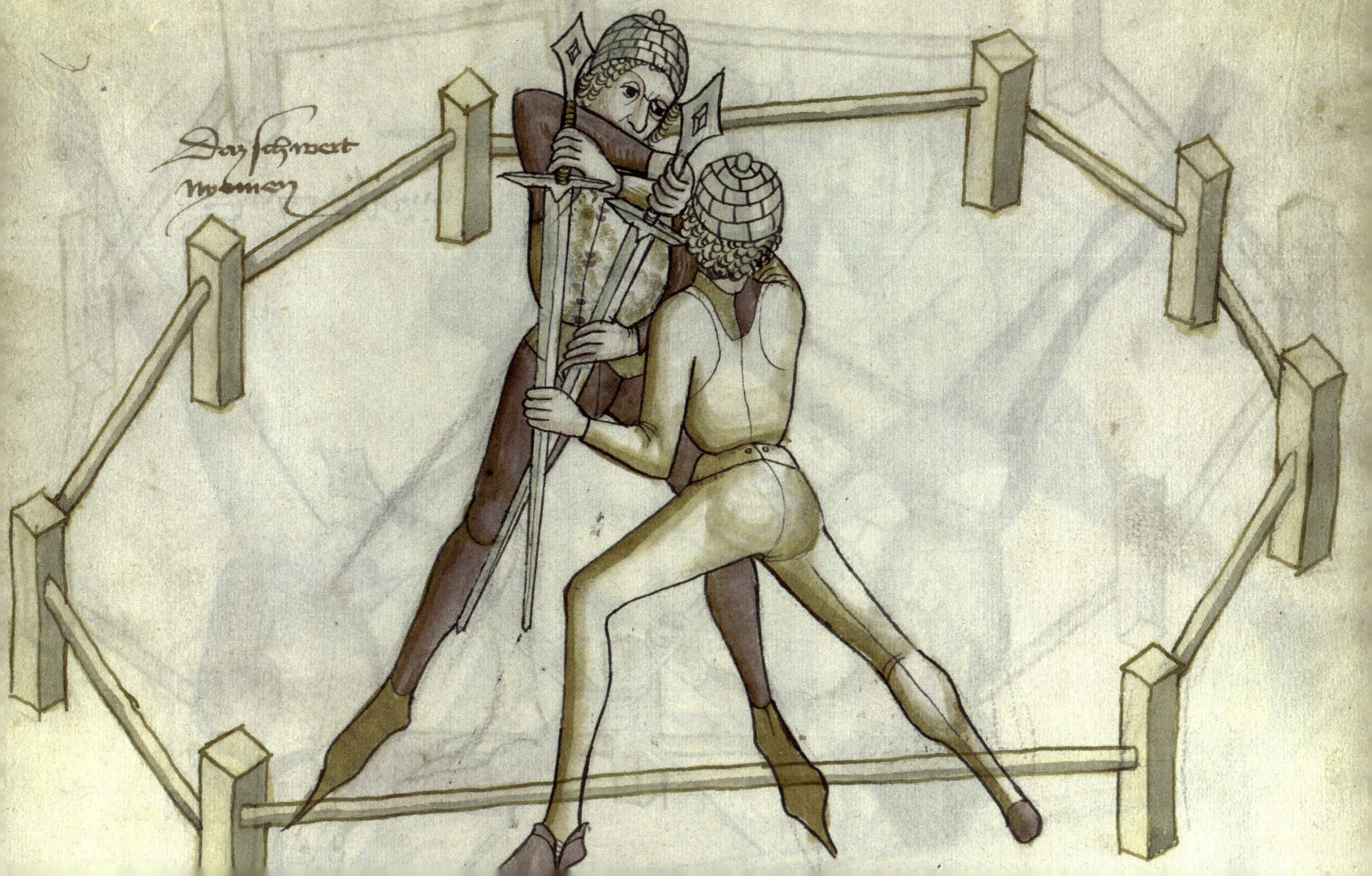
Daz schwert nemen

Vß dem mortschlag
den gurgelstoß

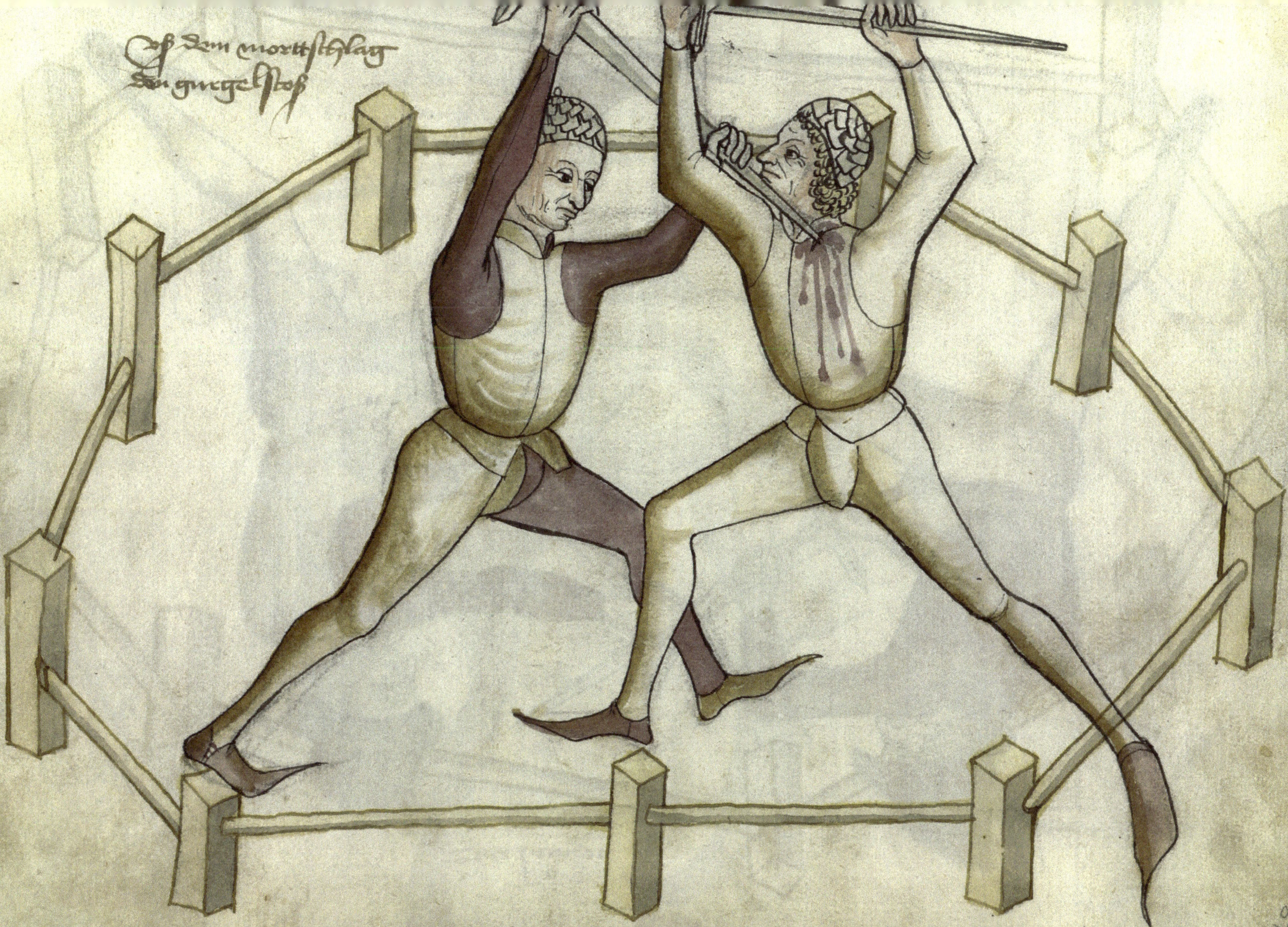

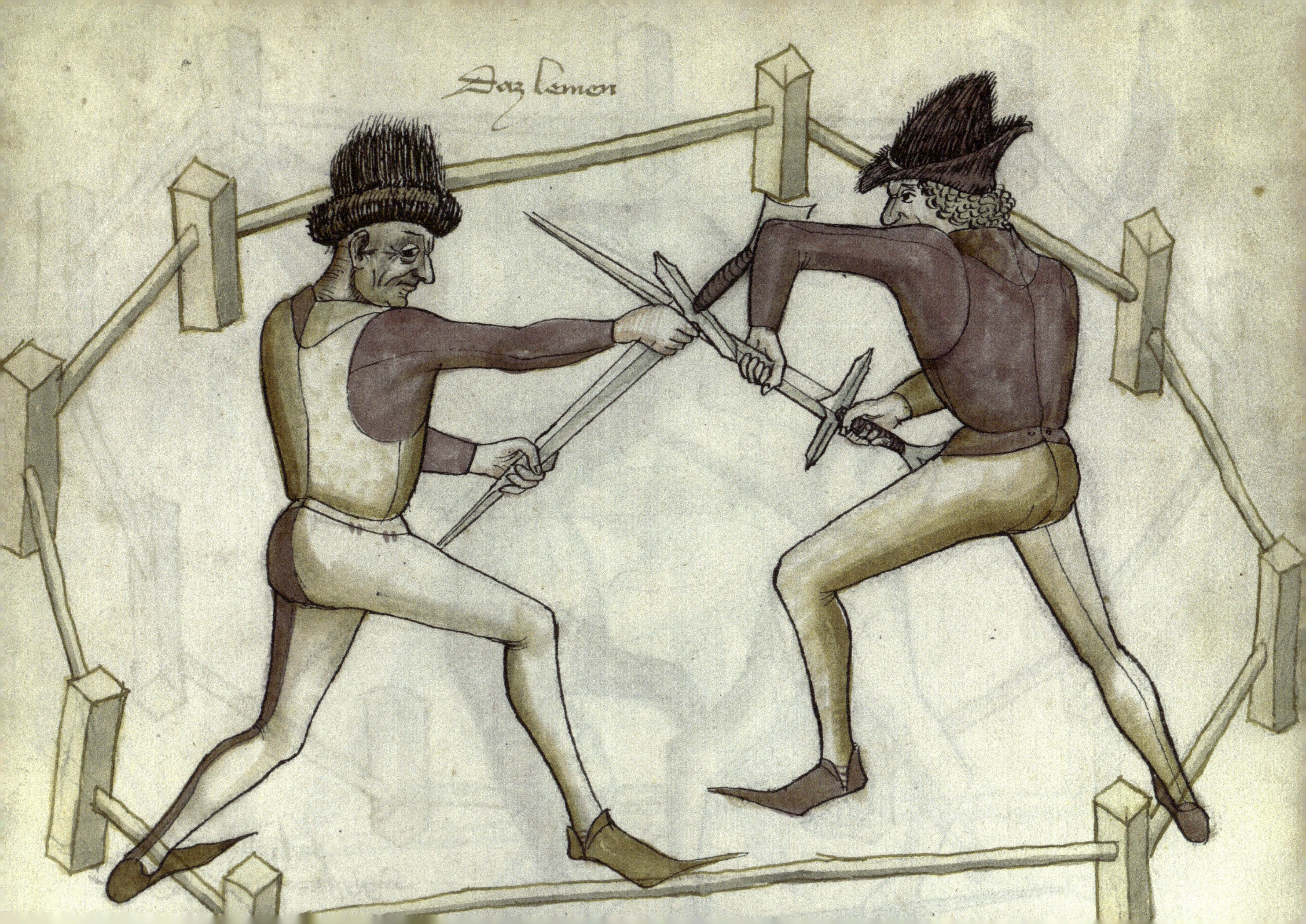
Daz lemon

Der Vngern swanc

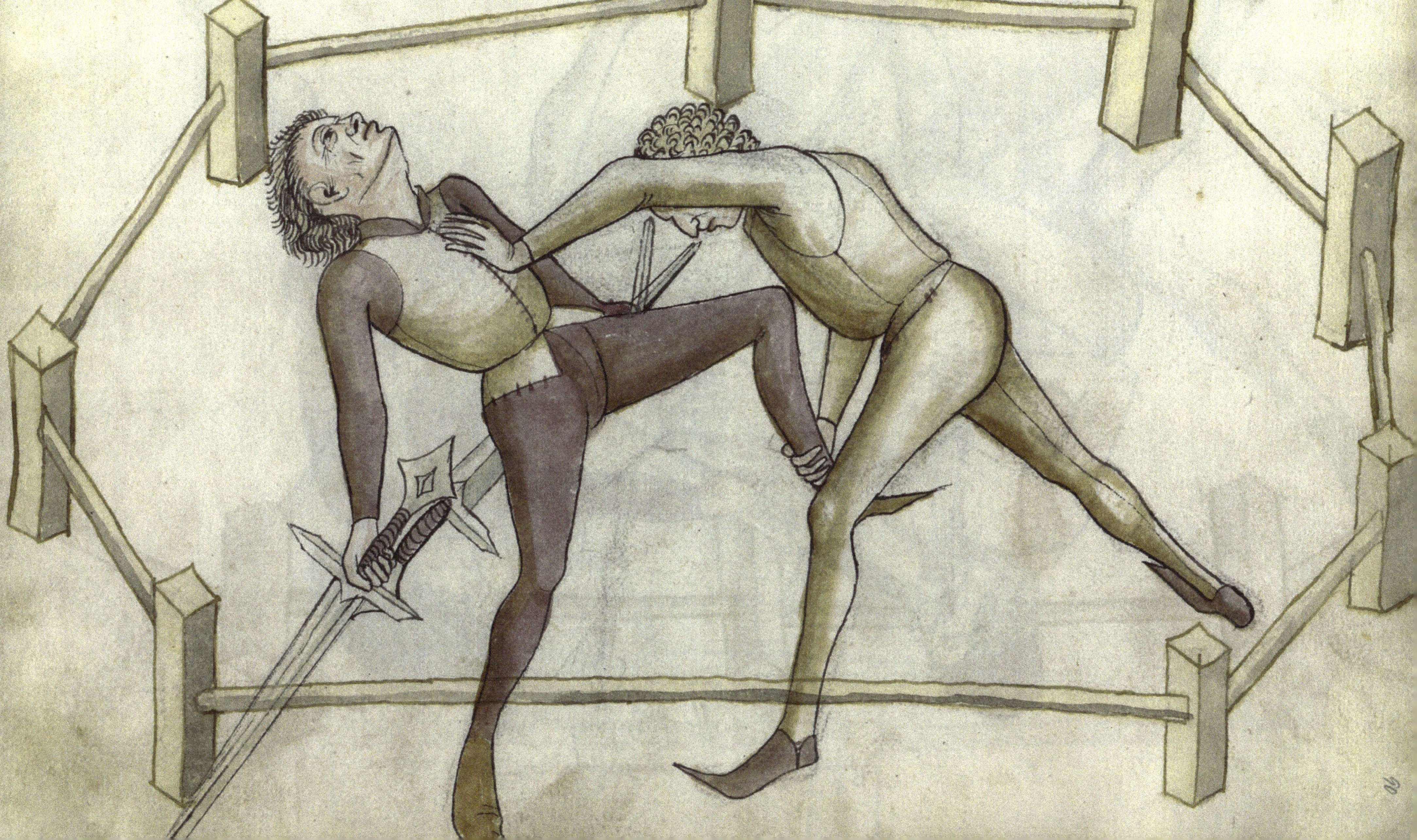

Die vsatzung zer ryssen vnd
Daz antlut stossen

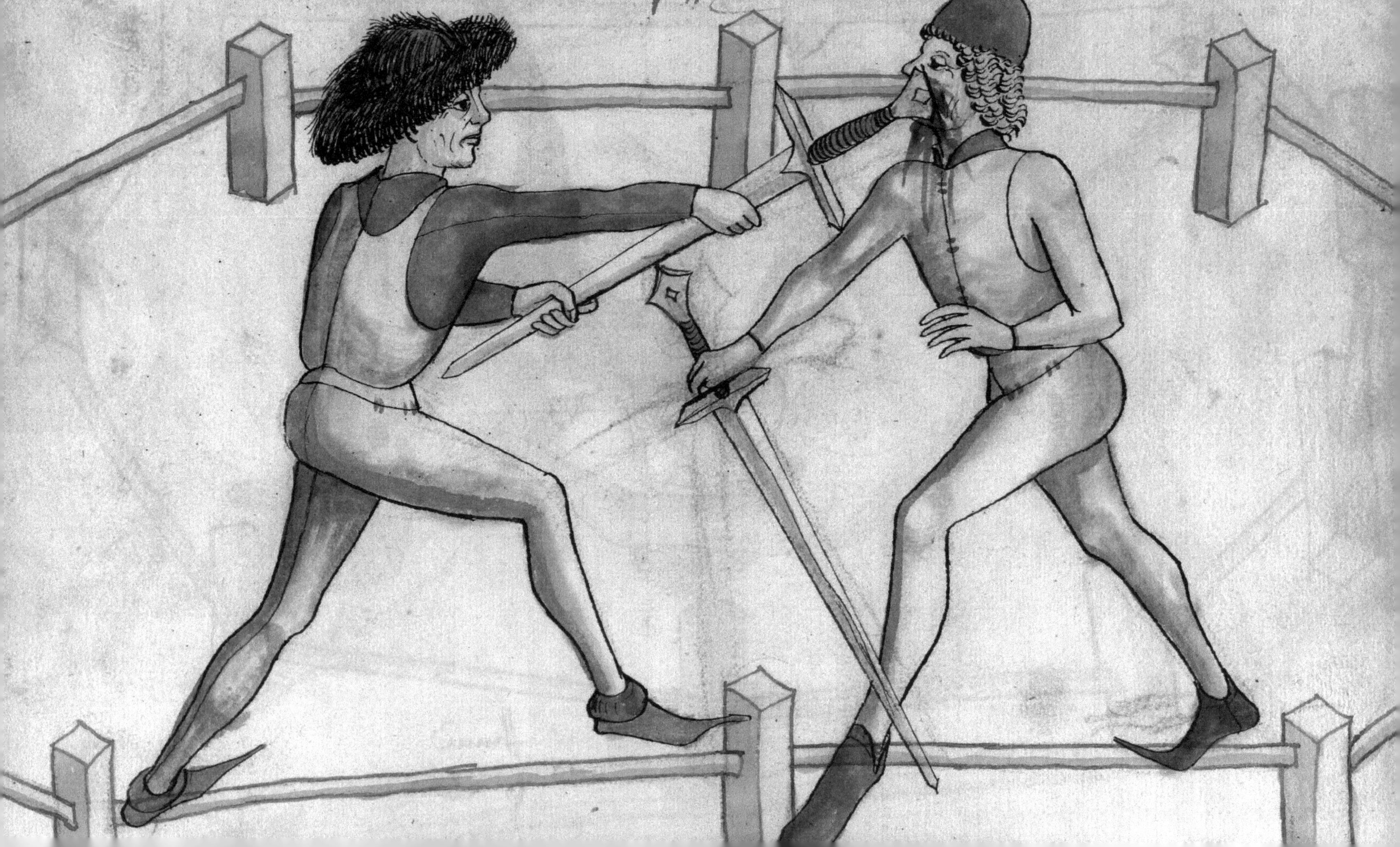

Der hälß schlag

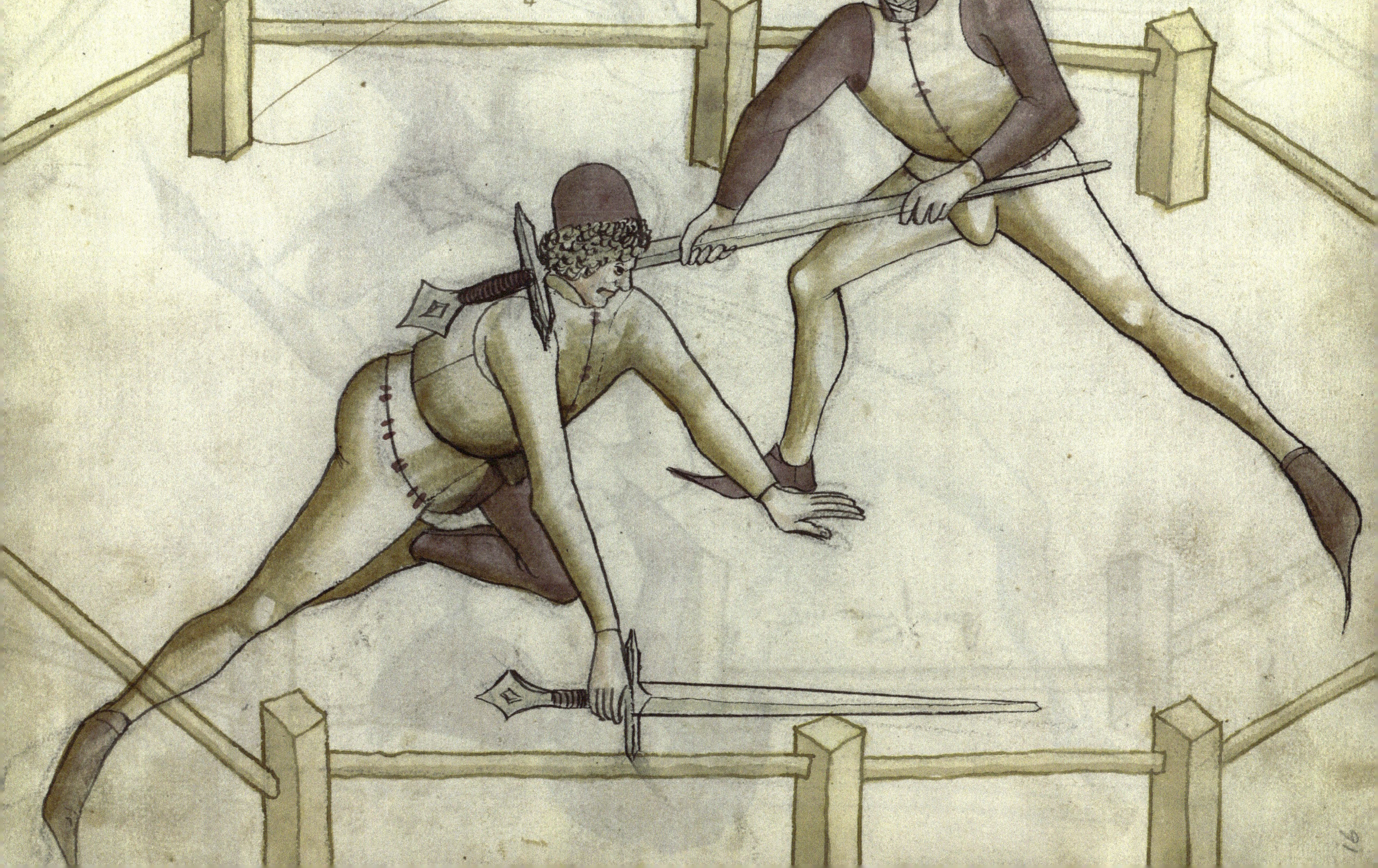

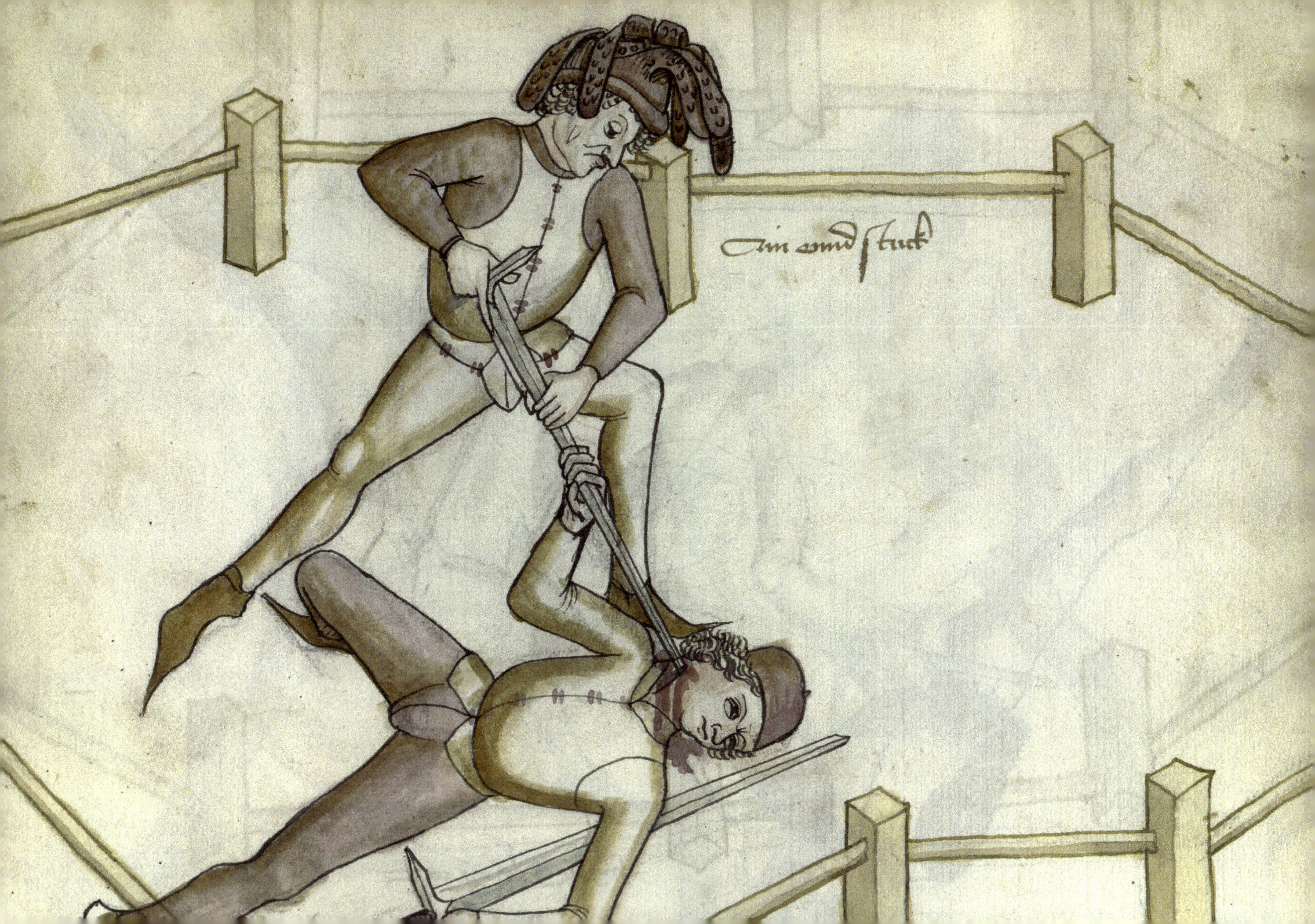
Ain annd stuck

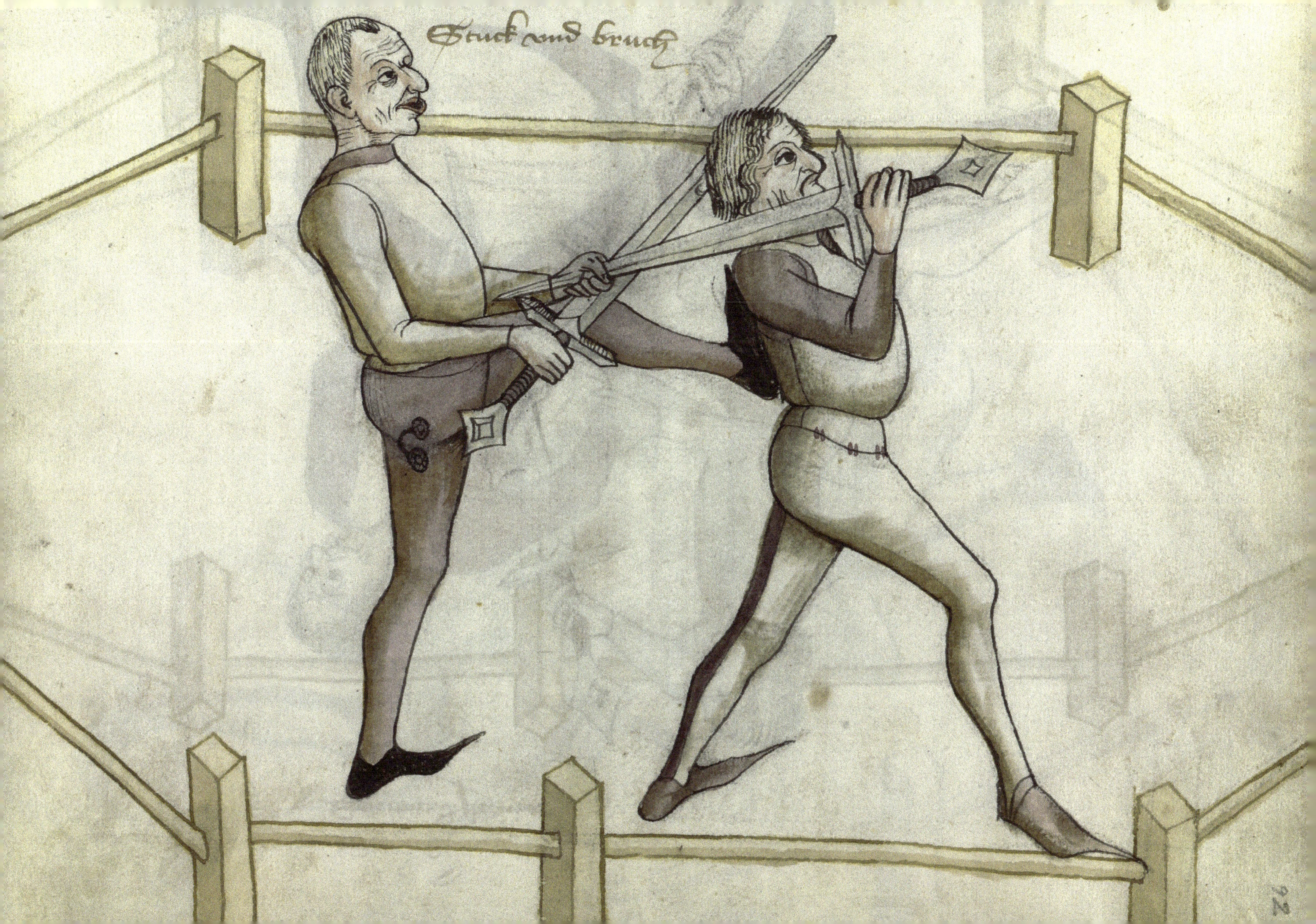
Stuck vnd bruch

Daz vnd werffen vß
den brand schwin

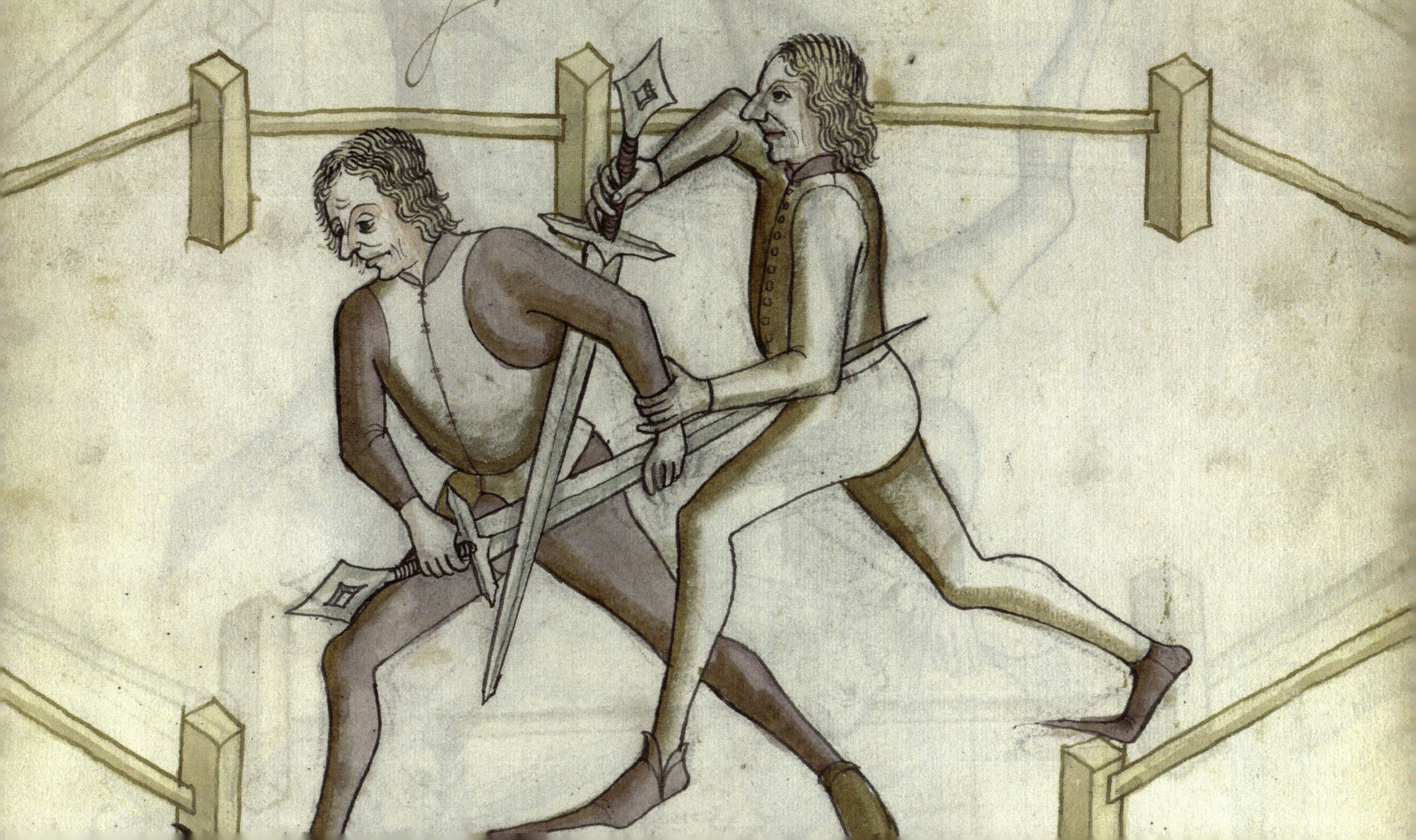

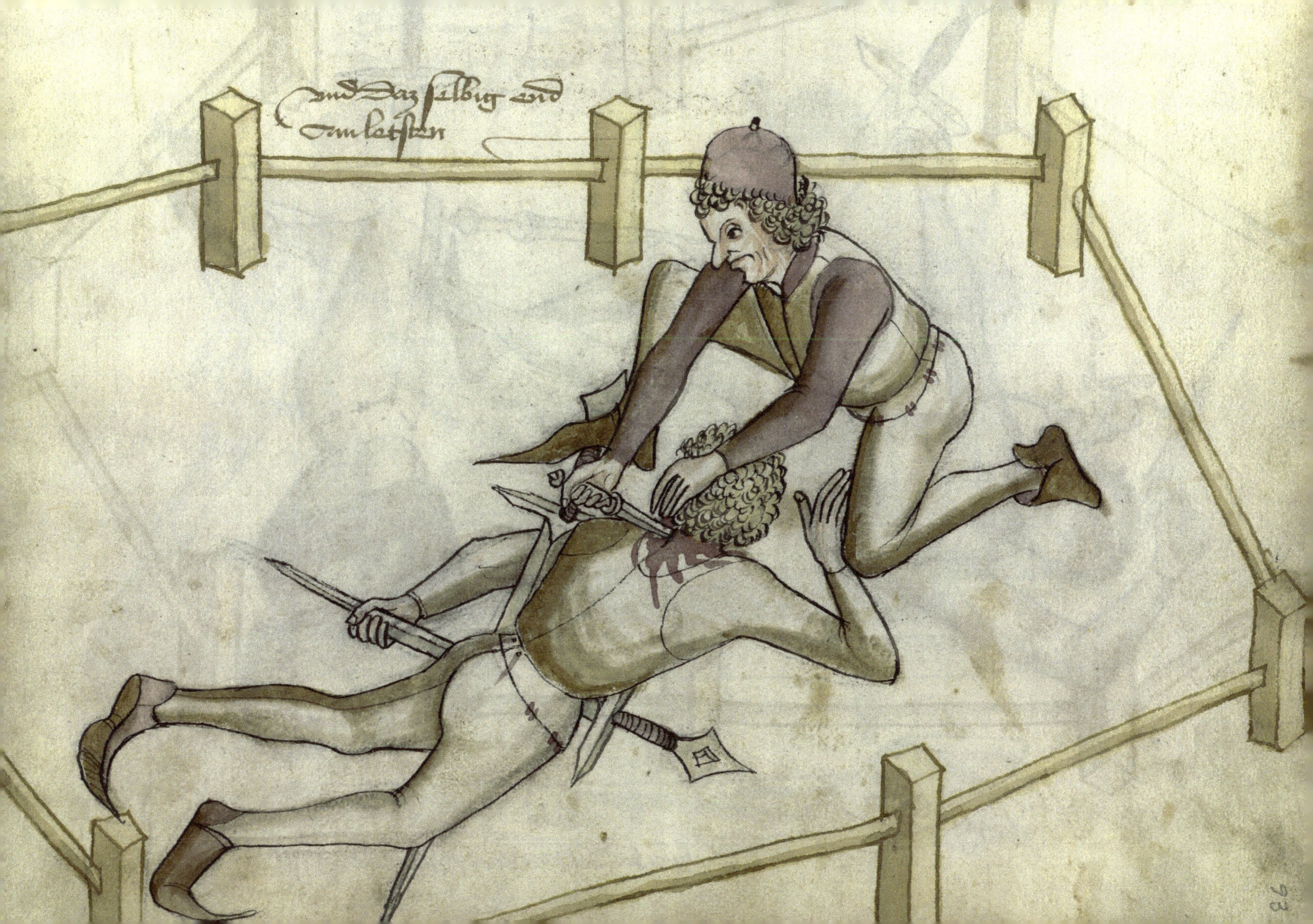

vnd daz selbig vnd
dem letsten

Hie dancket er got

vnd hat gross noth

Da lyt er tod

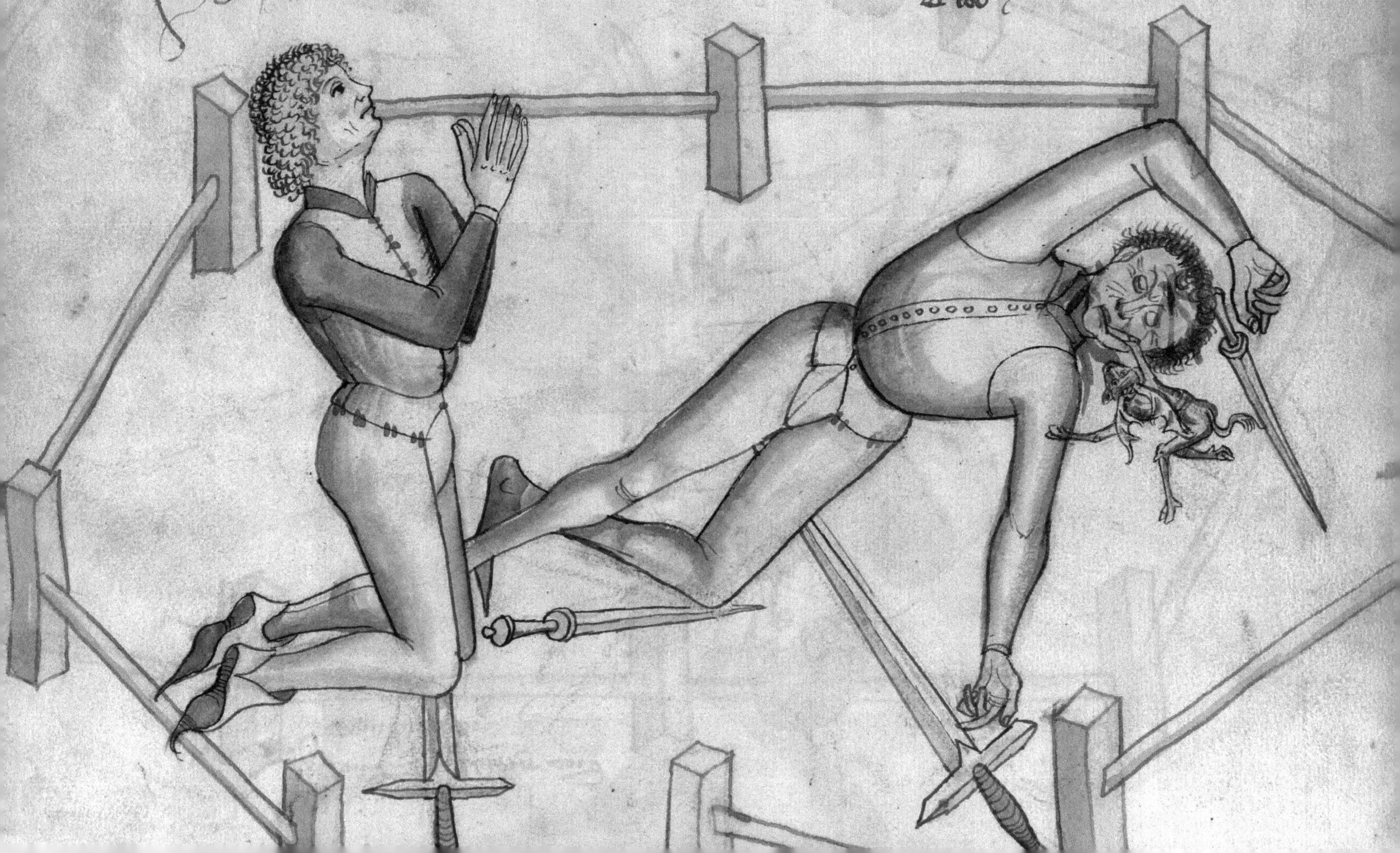

Daz tragent In die fryheyt
hin weg Ins grab Daz got
alle gelöbig selen hab Amen

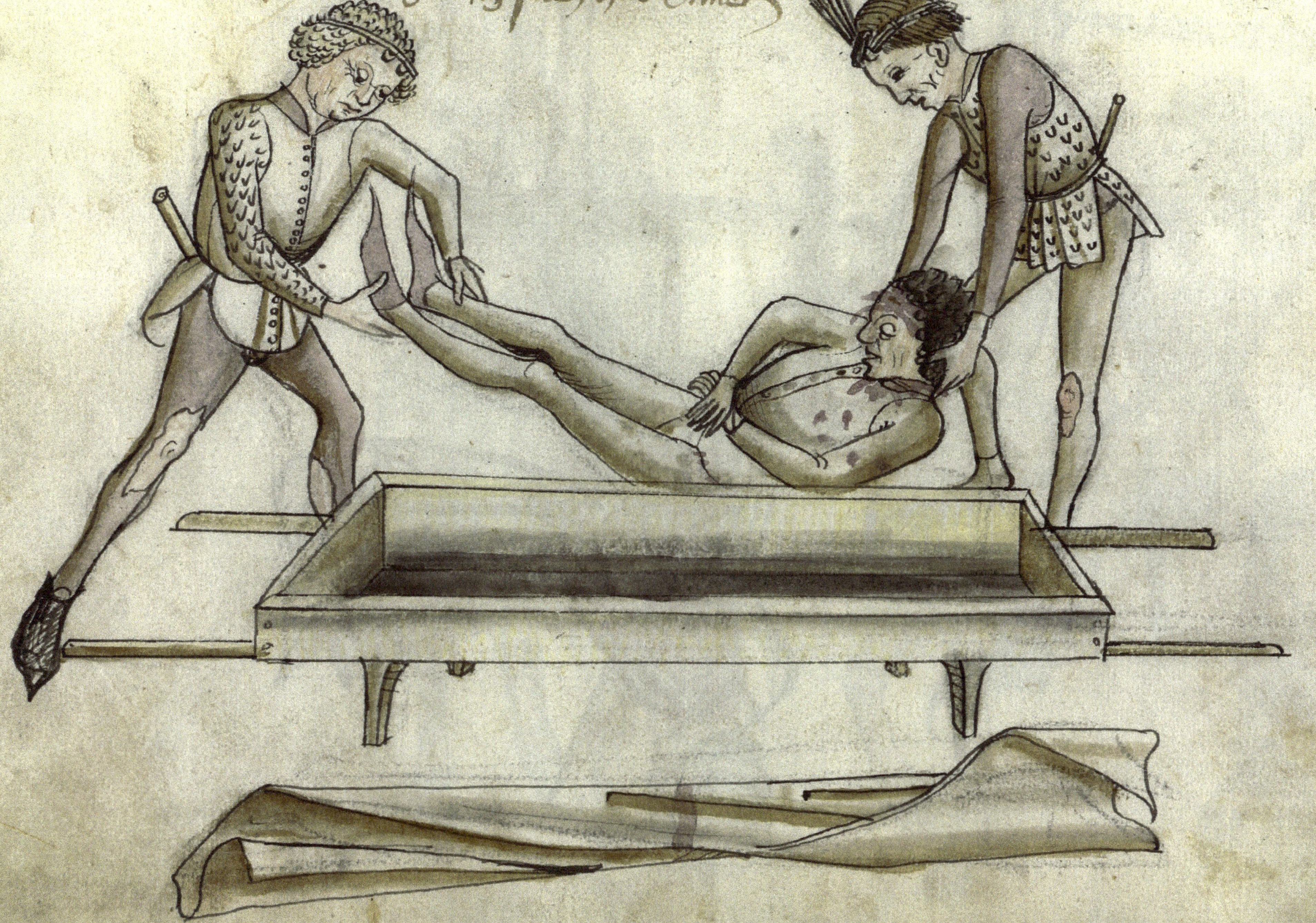

Daz an rytan zu
den veynden

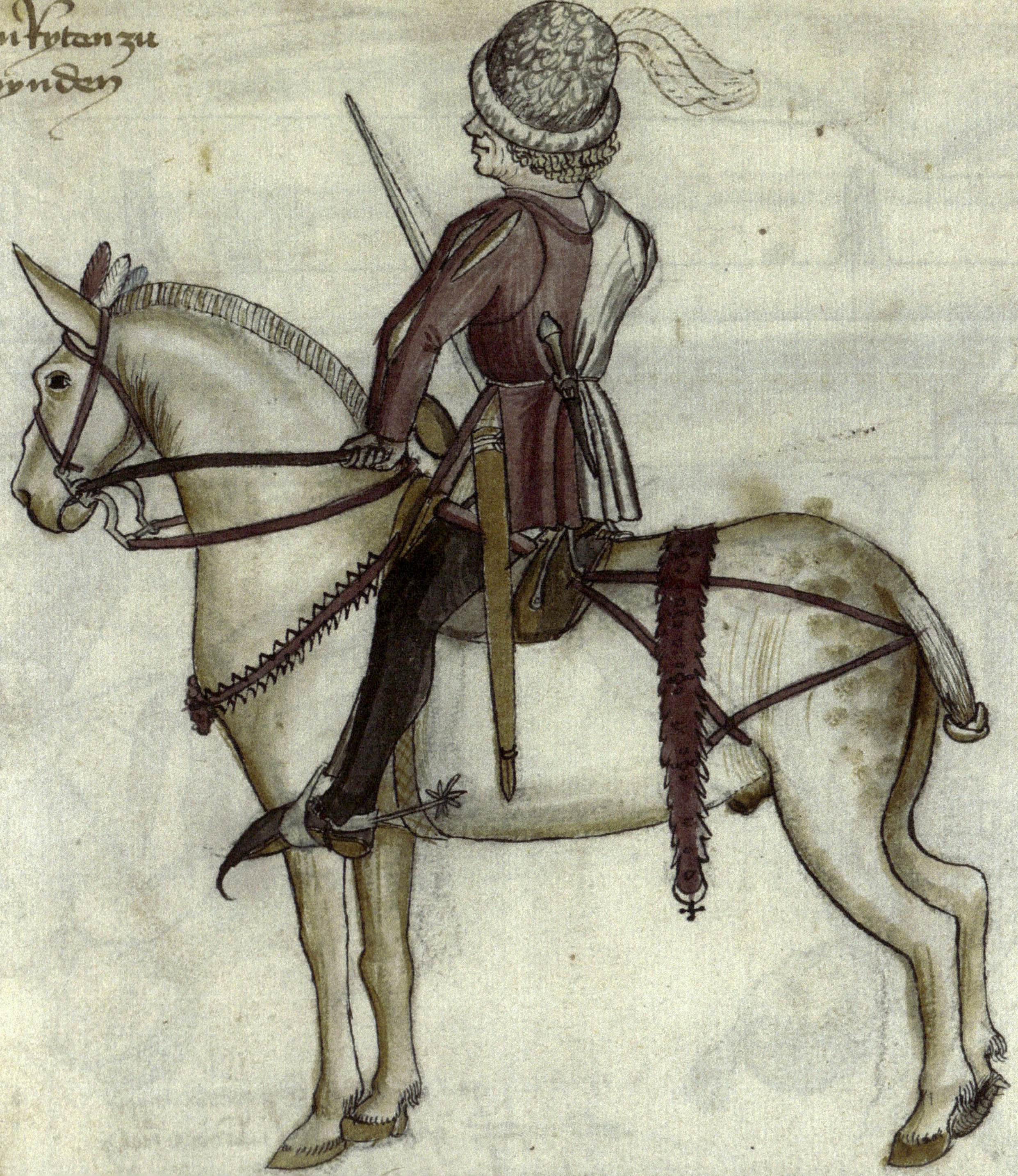

Daz zů stechen Jm scharmützlen

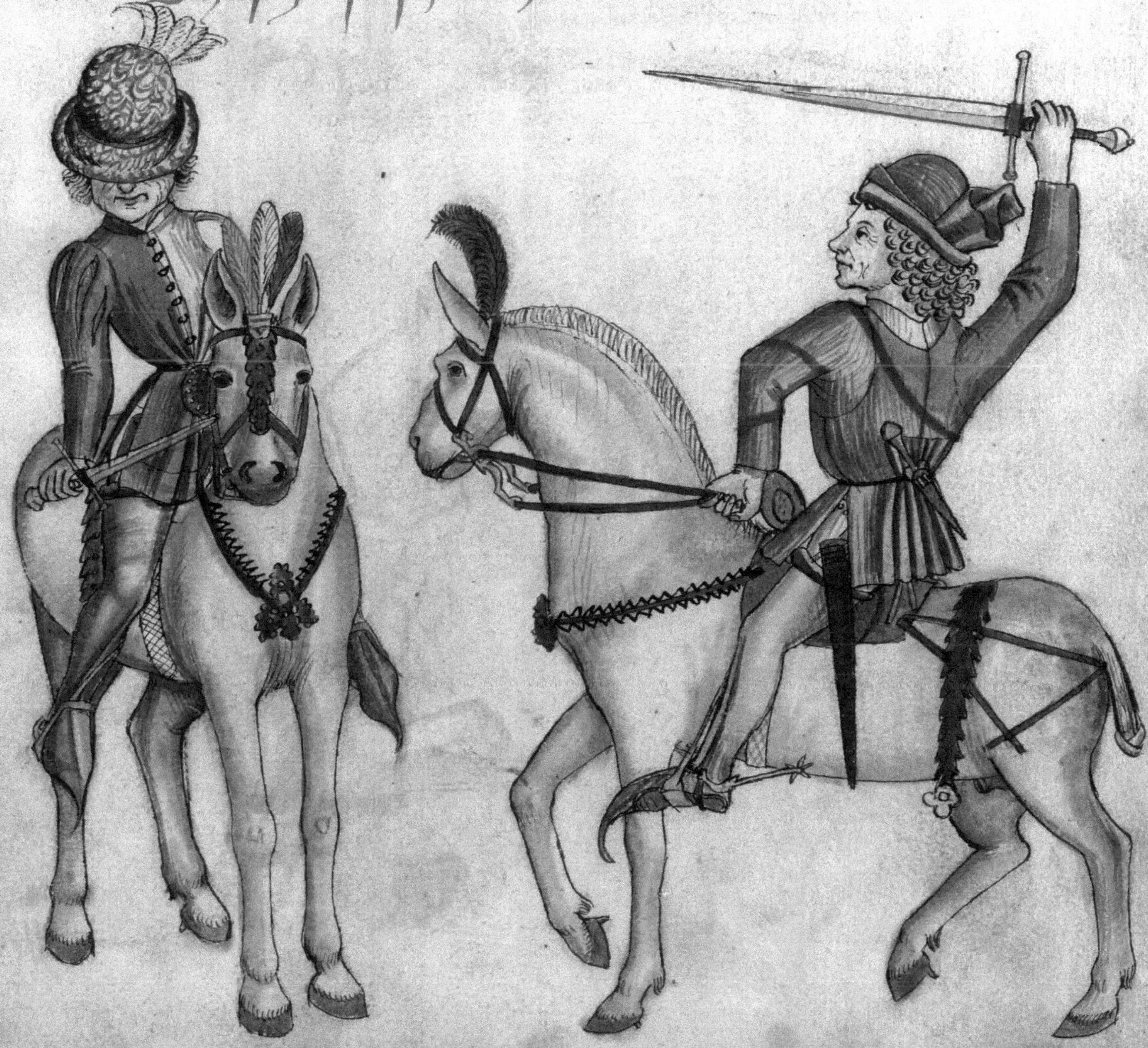

Das schiessen an
der flucht

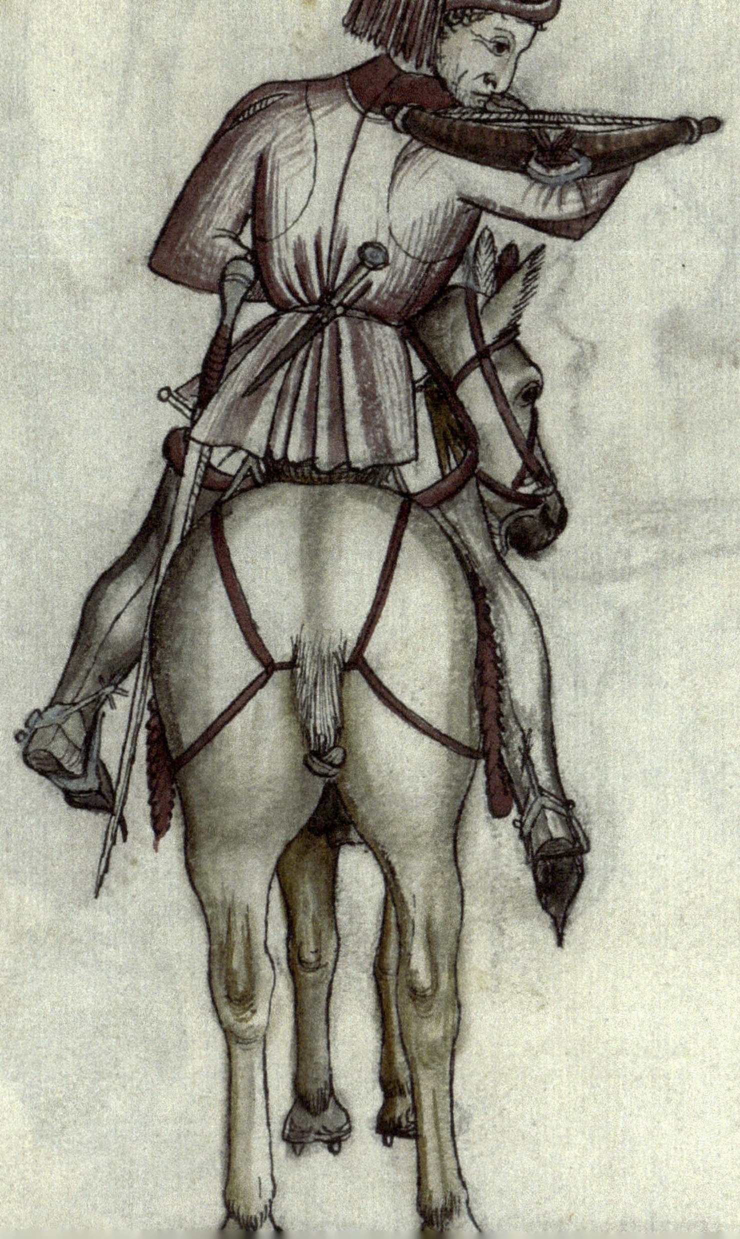

Daz armbrost vnd swert
bruchen nach dem schutz

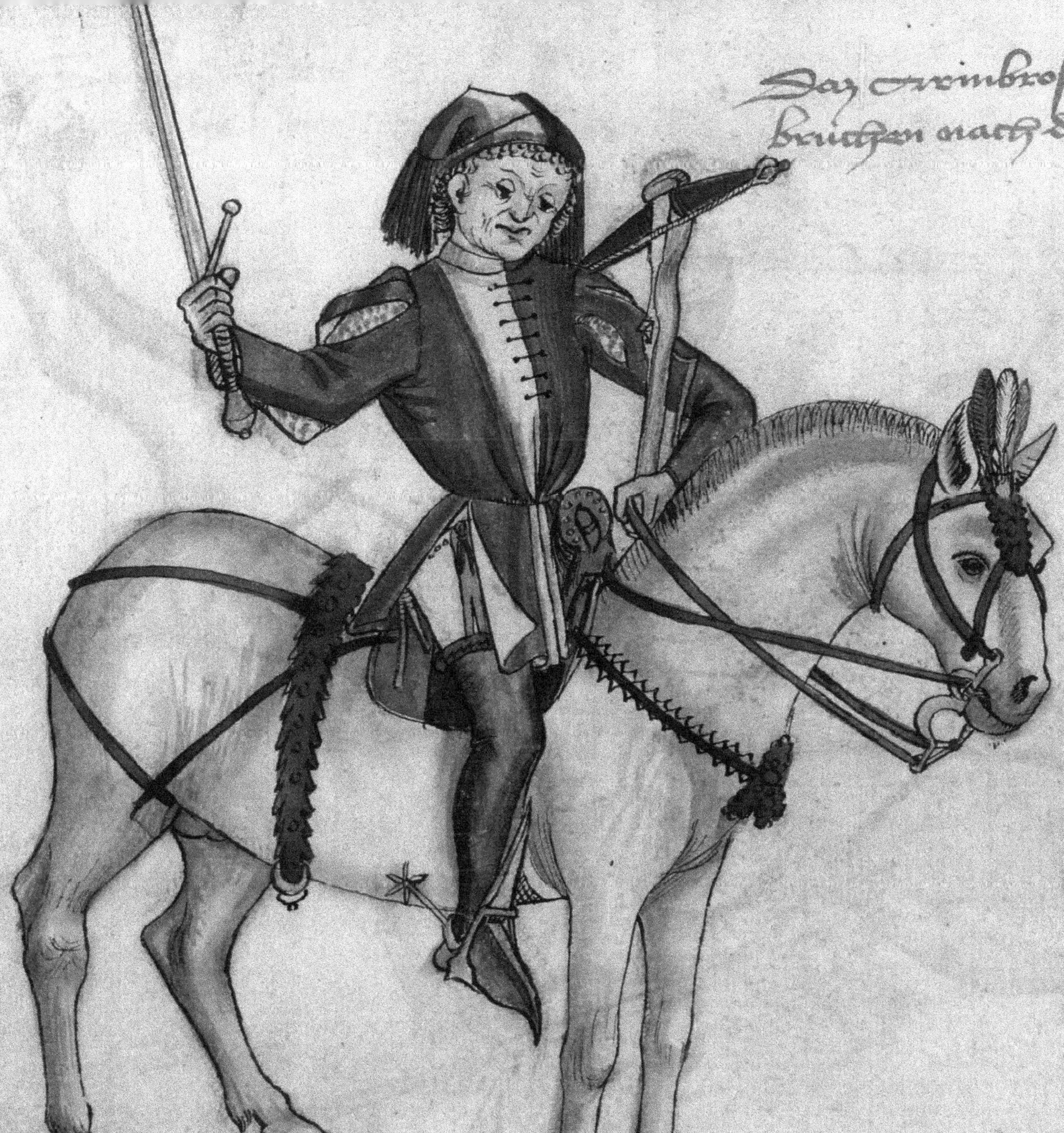

Daz glen bruchen
halb und gantz

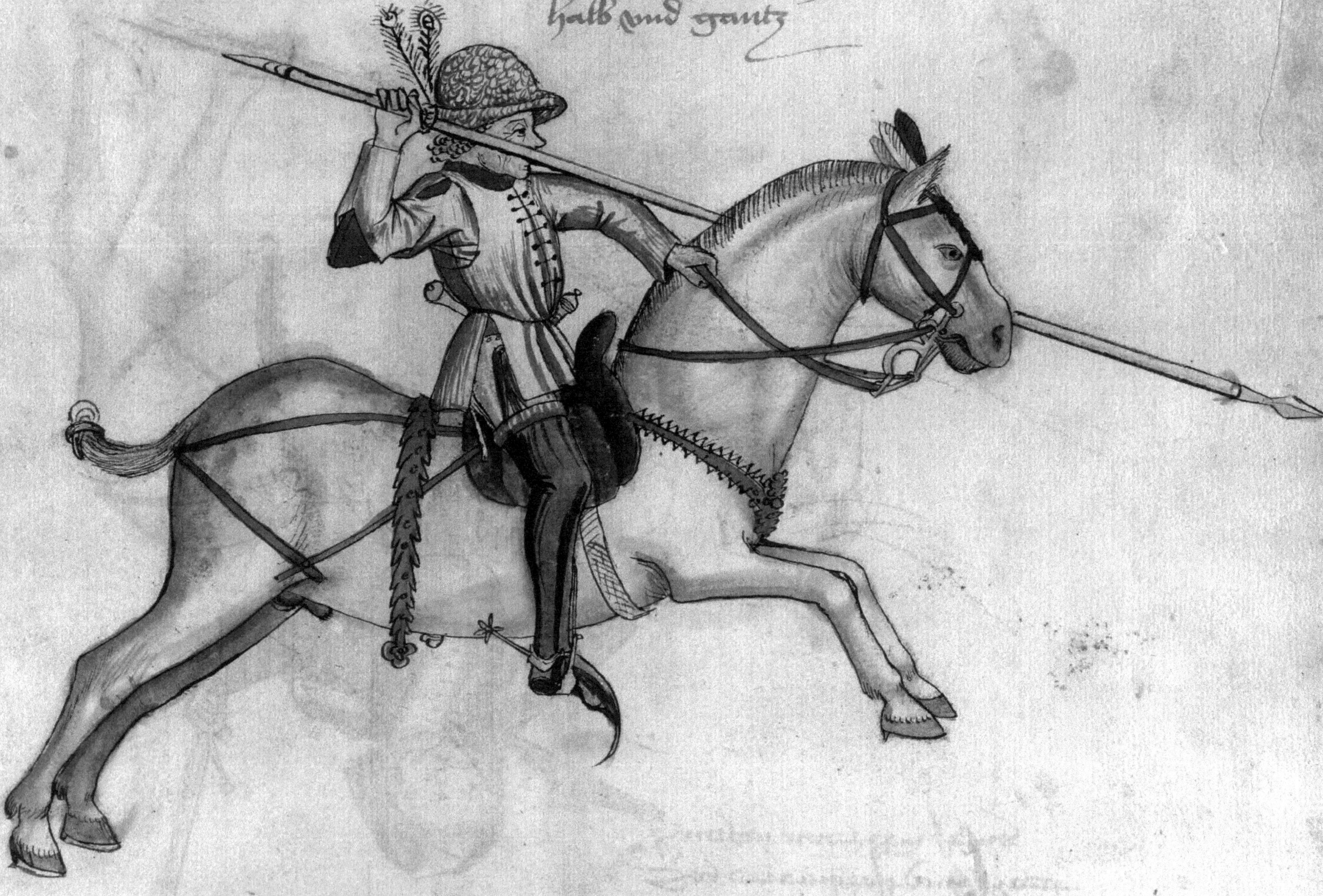

Der stich uß der
versatzunge

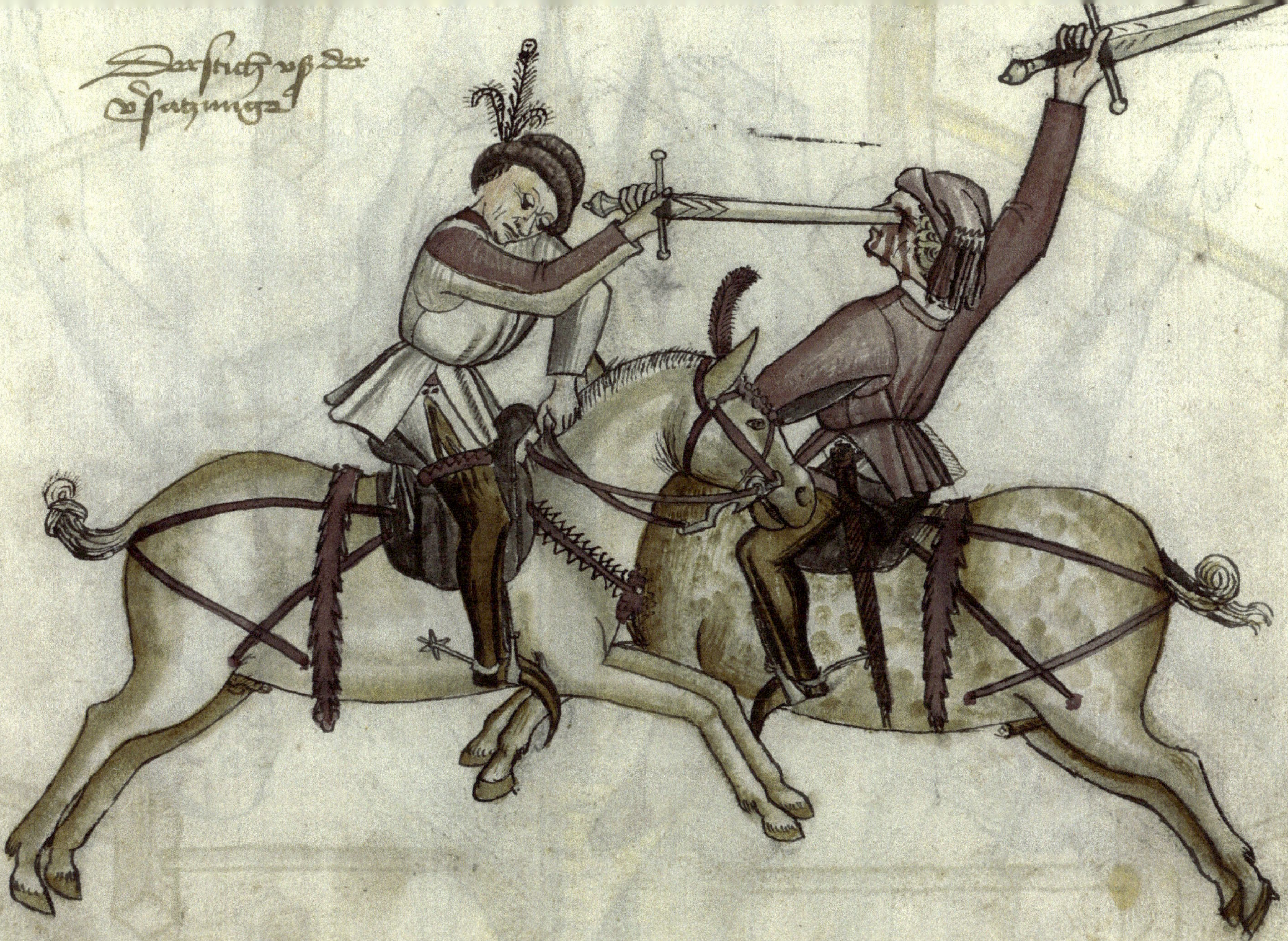

Der erst anlouff mit schilt und schwert nach schwäbischen siten

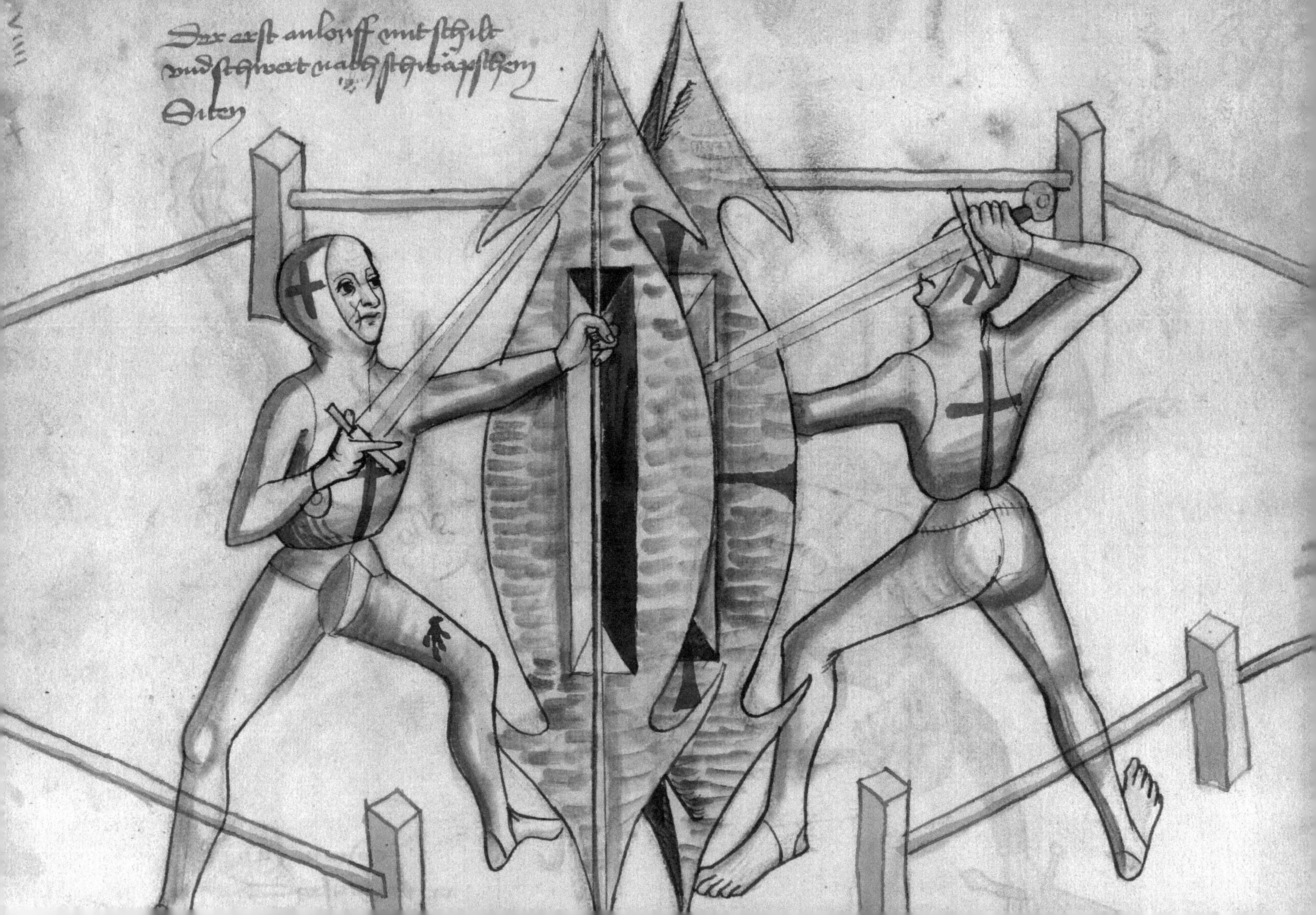

Daz suchen hinden stecht

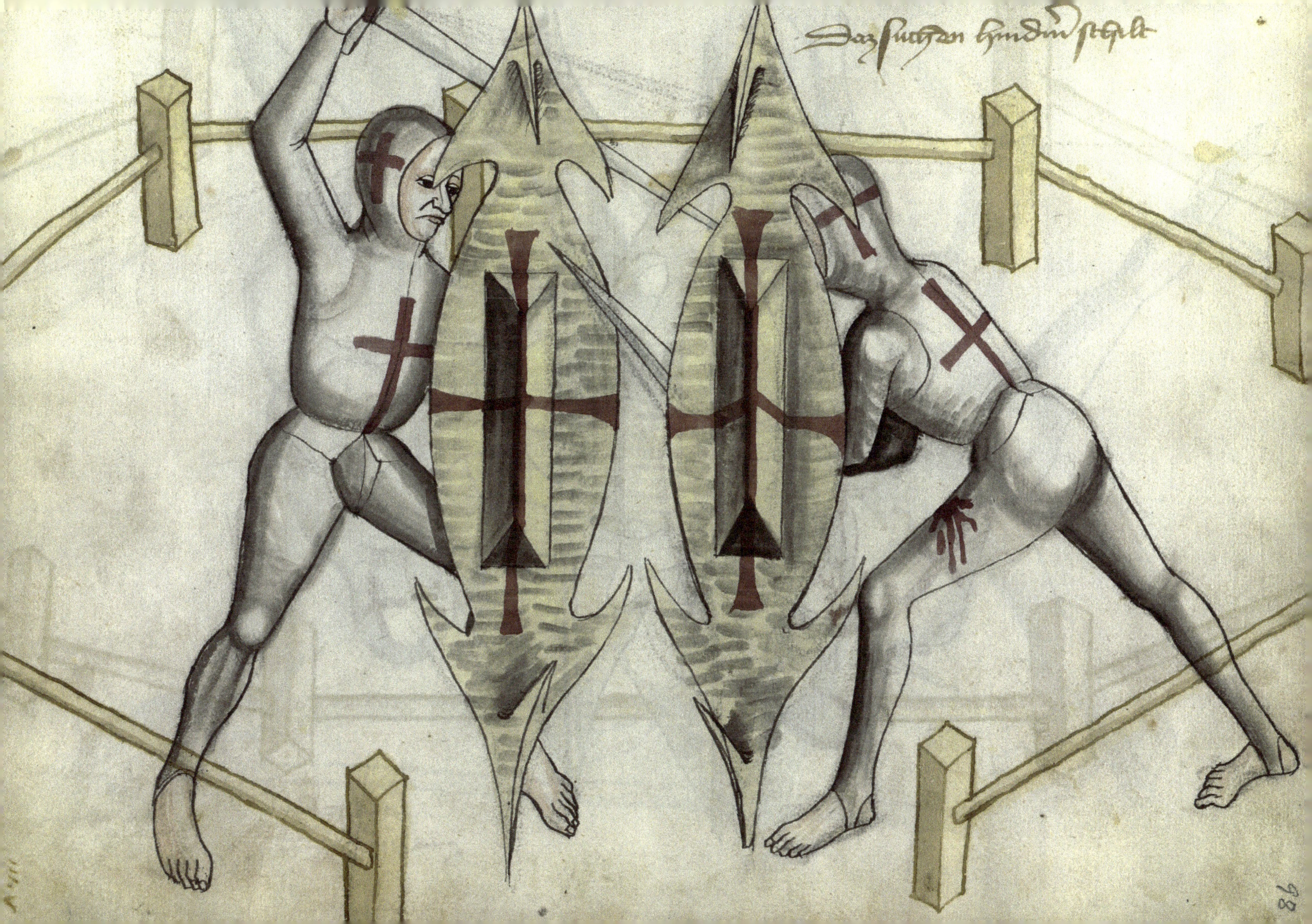

VIIII

Der dritt vnd
gurgel stich

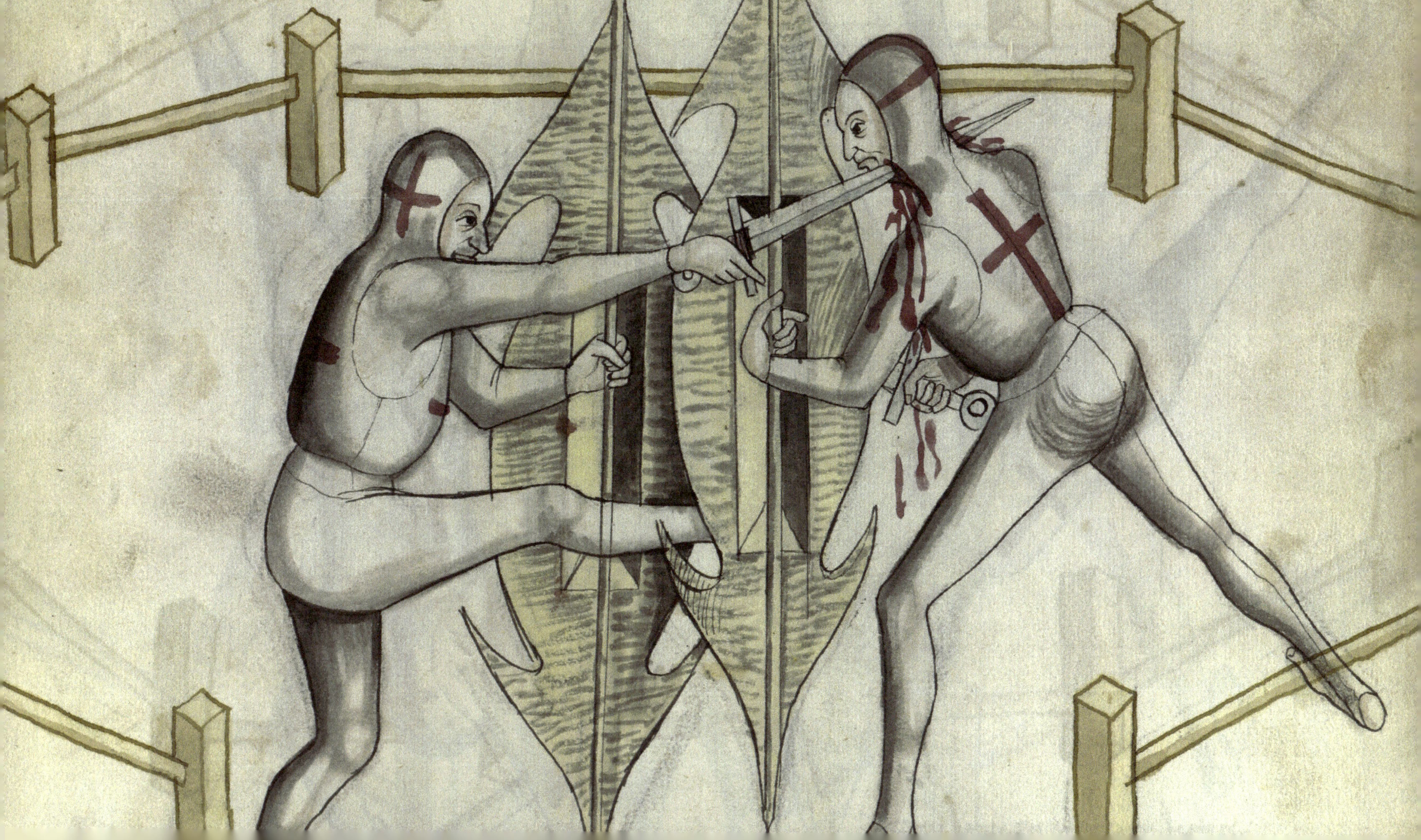

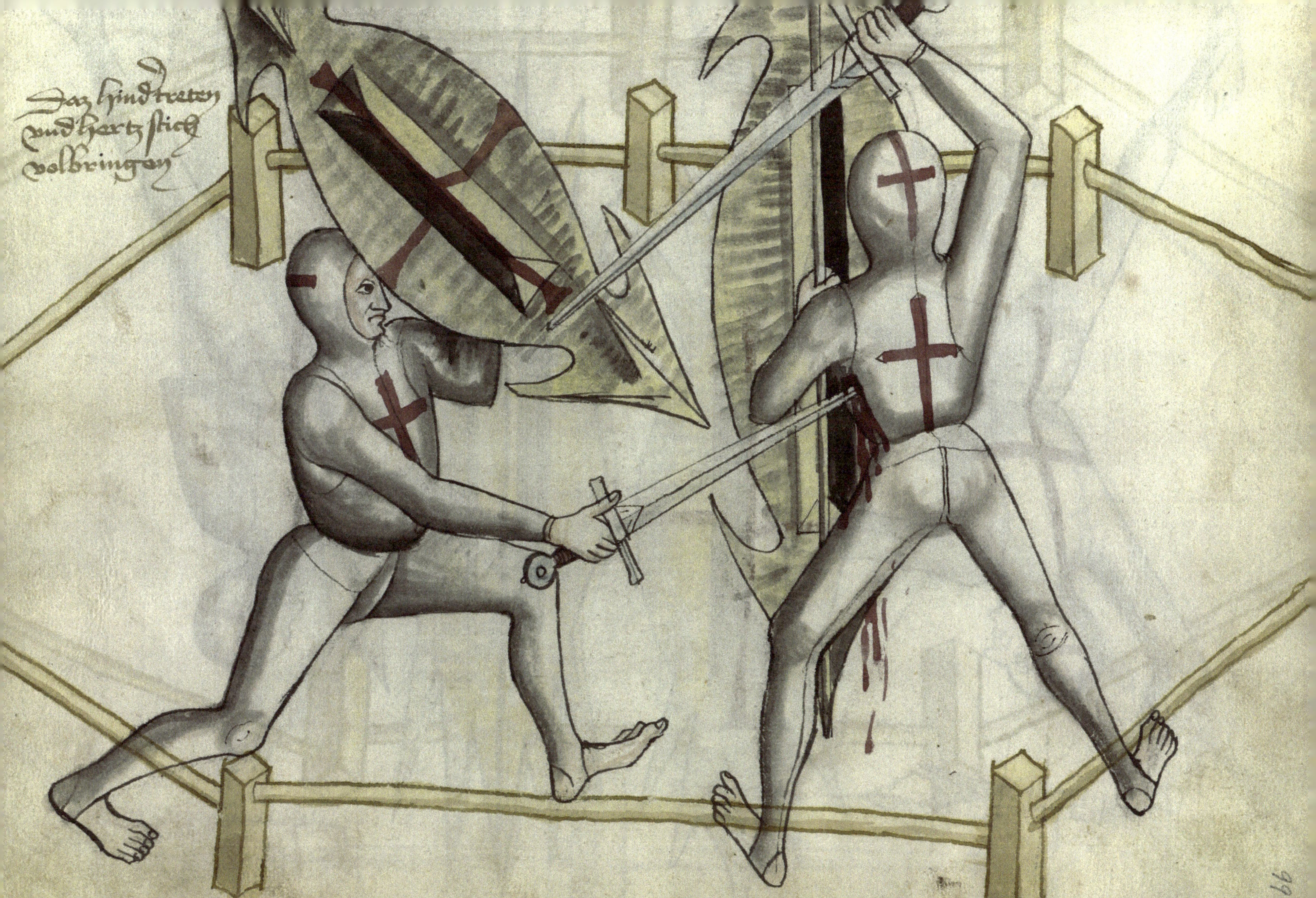

Daz hindtretten
und hertz stich
volbringen

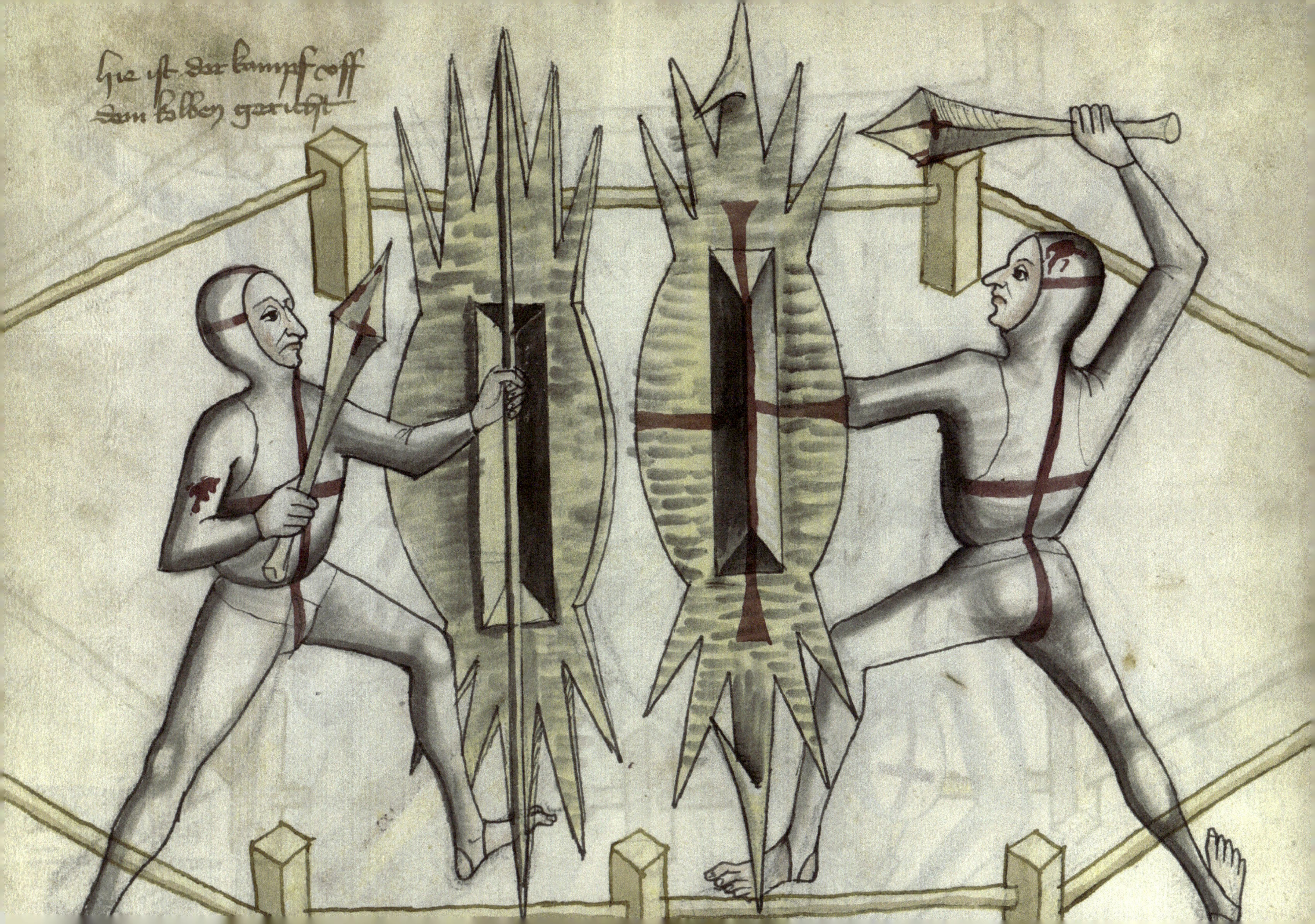
Hie ist der kampf off
dem kolben gericht

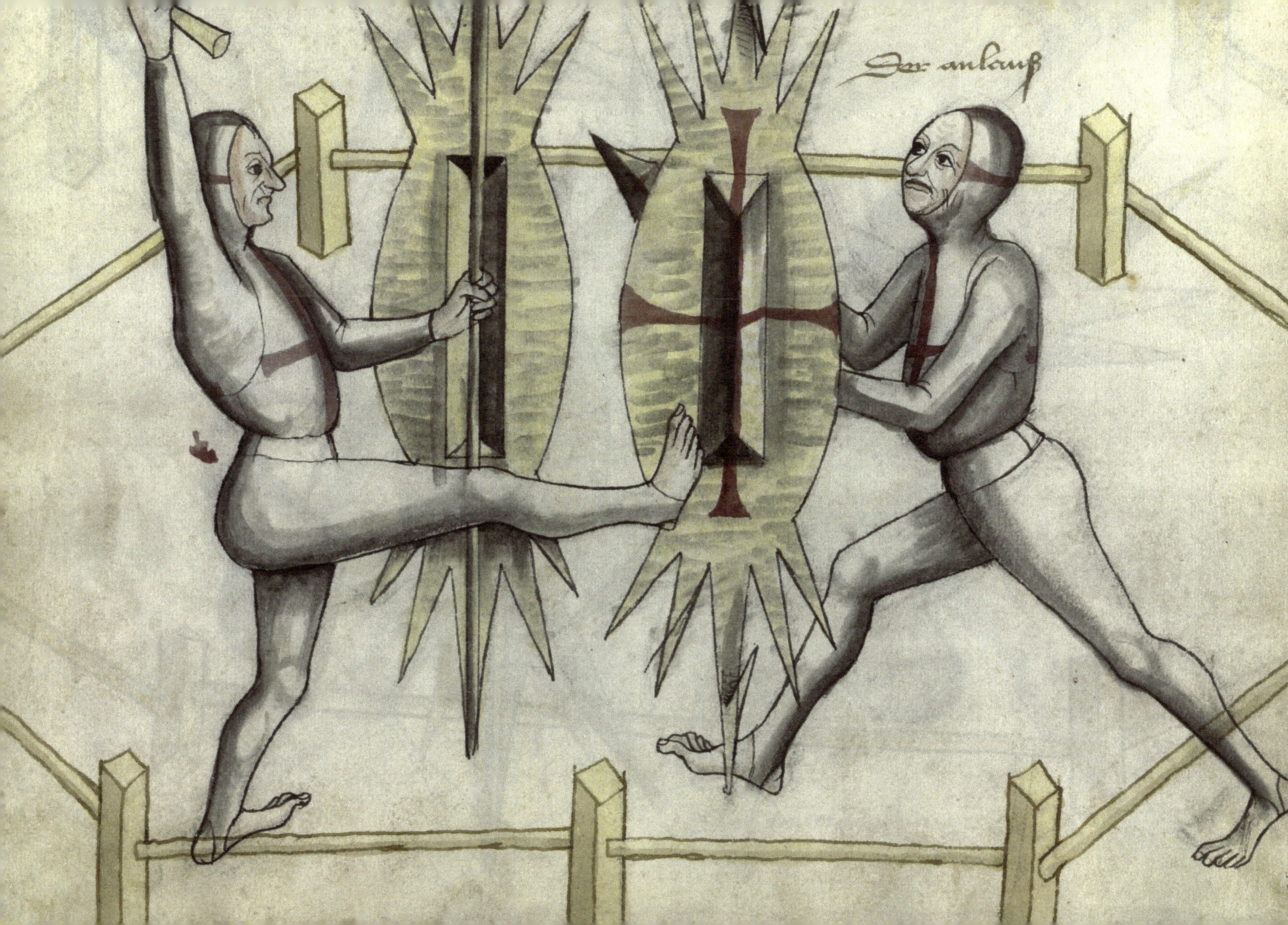
Der anlauff

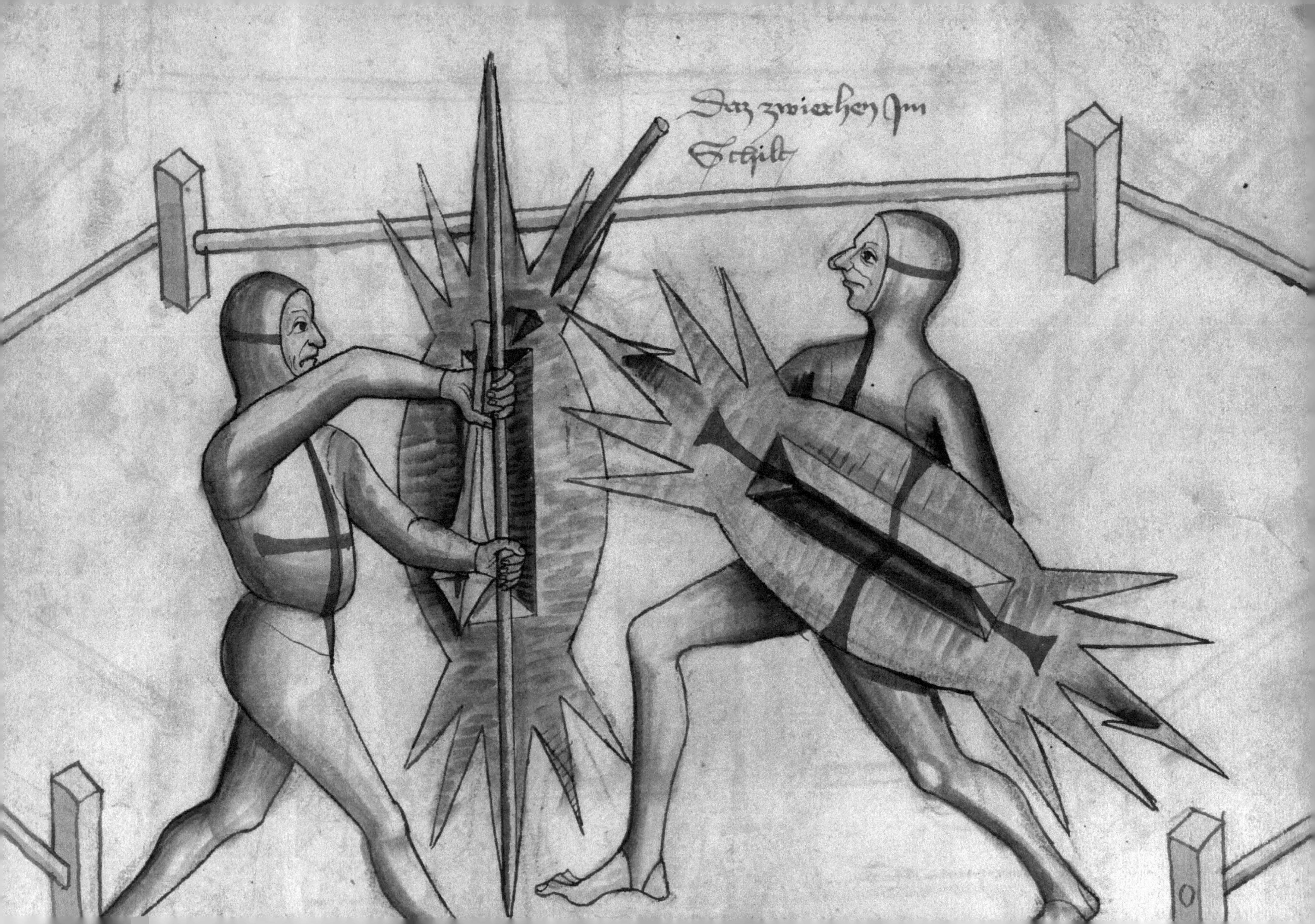
Daz zwischen im
Schilt

vnd daz vnbinden

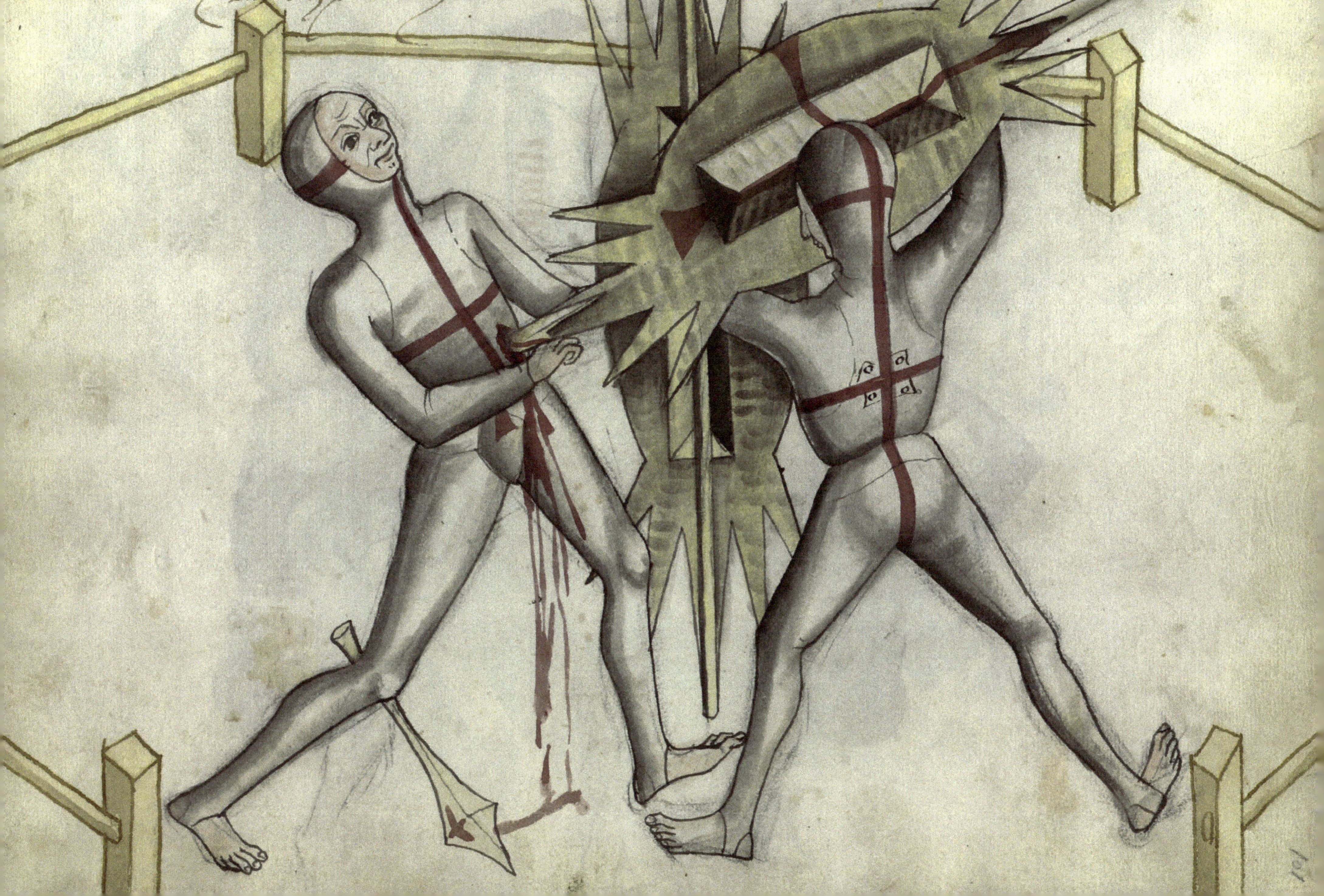

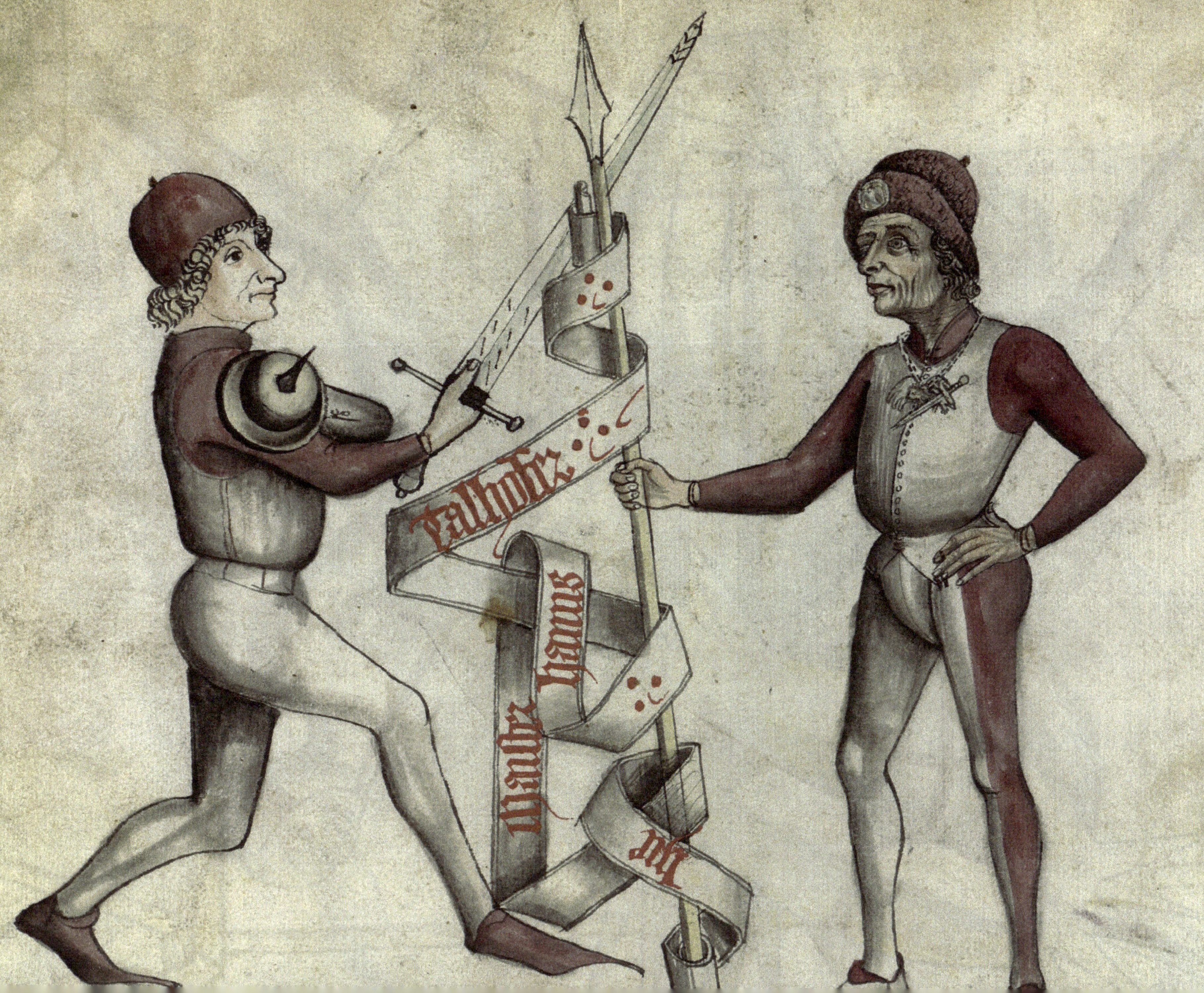
Talhofer
hanns
Maister

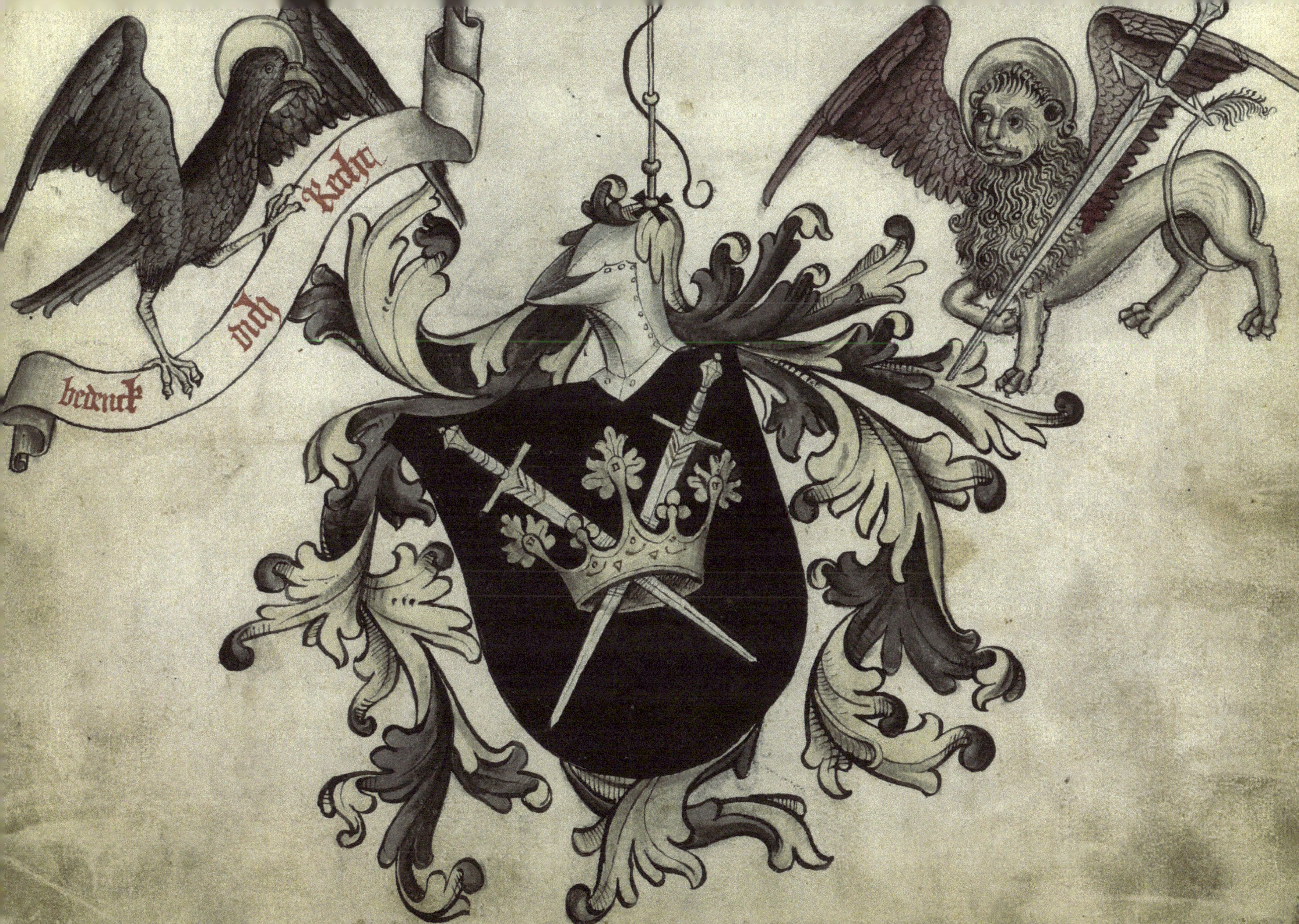
bedenck dich Recht

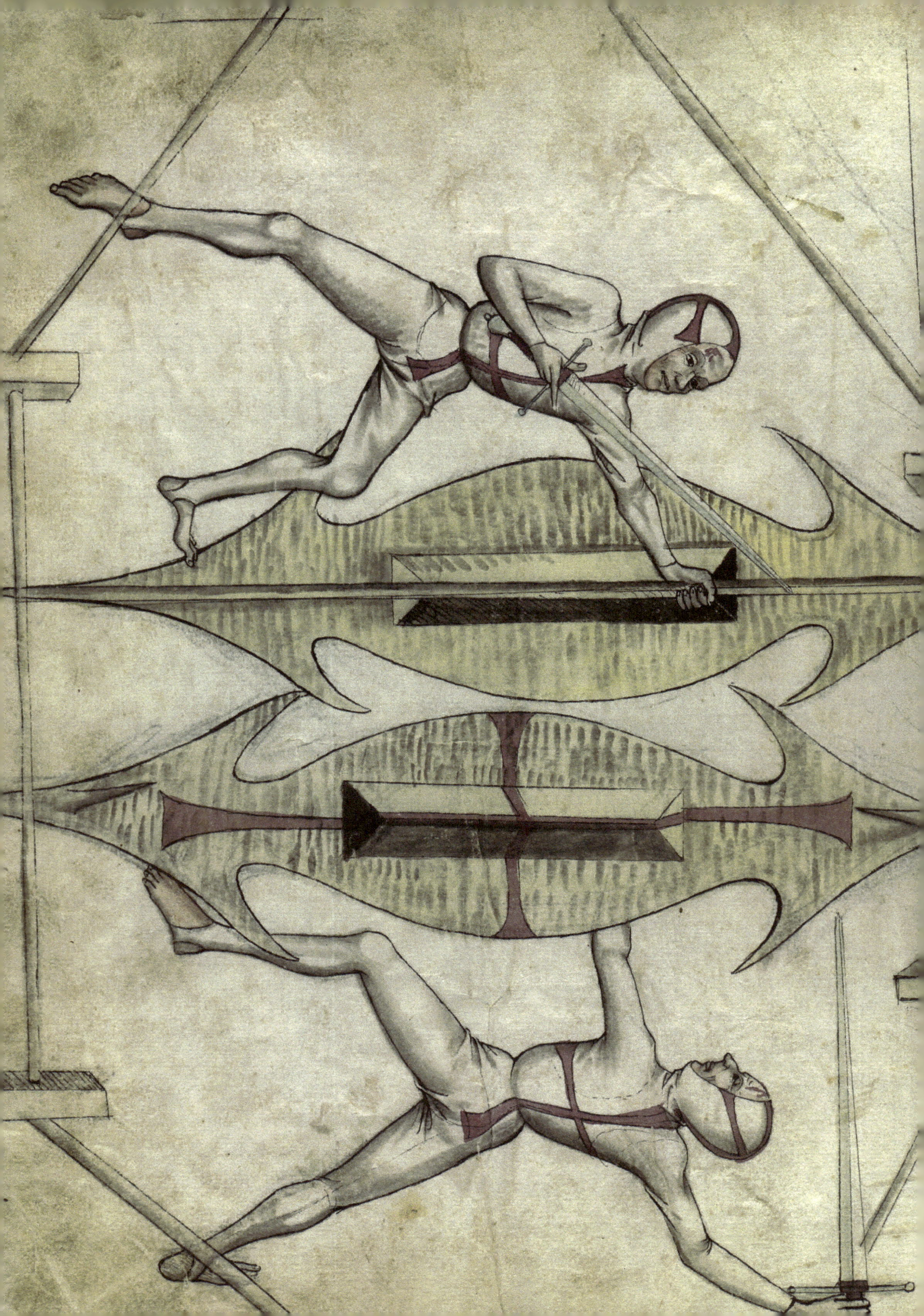

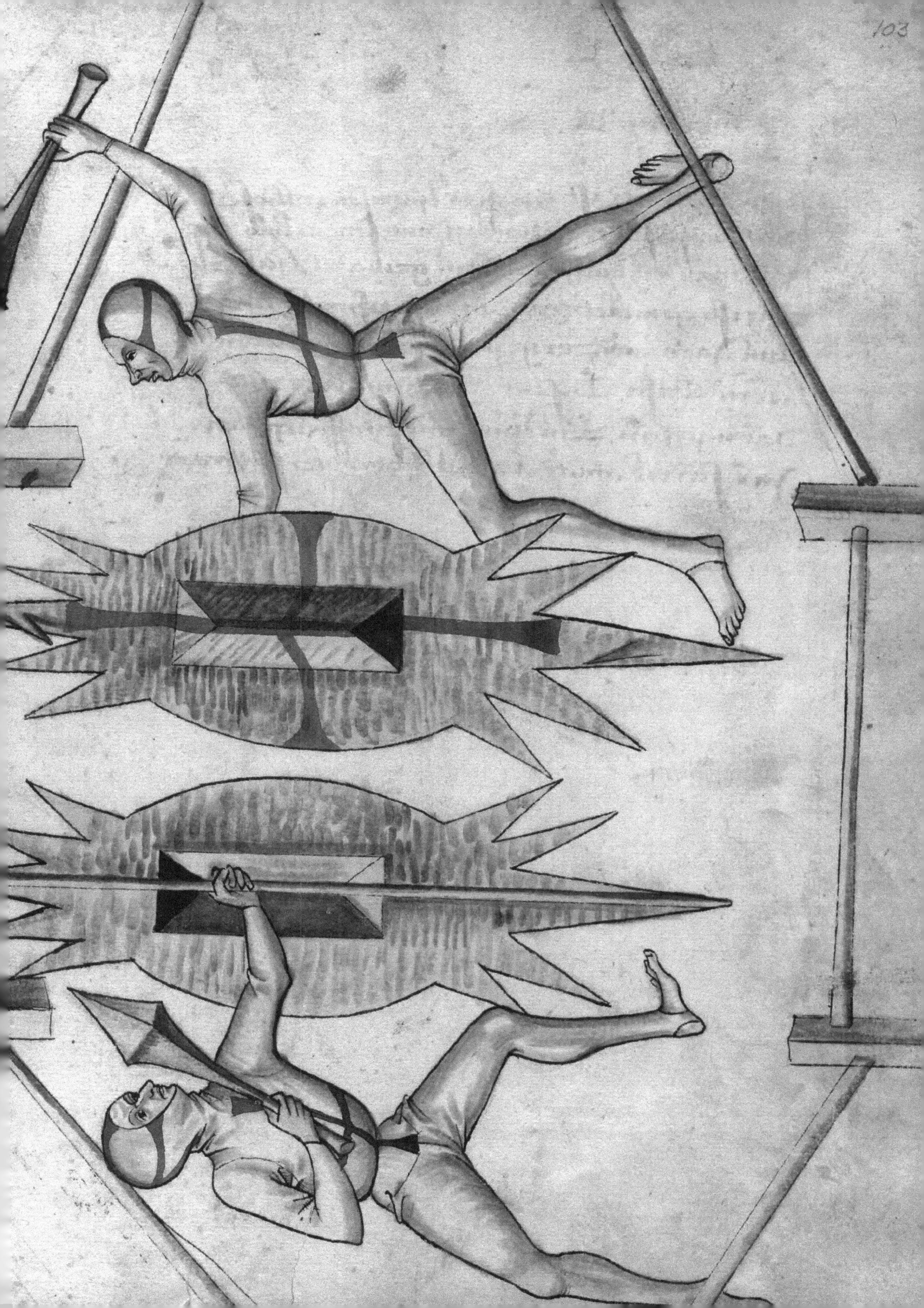

Anno d[omi]ni 1459

Item daz buch ist maister hannsen talhofers
und der ist selber gestanden mit sinem lybe biss
daz man daz buch nach im gemalet hat und
daz ist gemalet worden uff pfingsten in
dem jar nach der gepurt unsers lieben
herrn Cristi tusent vierhundert und
darnach in dem nün und fünfftzigosten
jar schrib mich michel rotwyler für wär

Der schilt hert zu
dem kolben ch

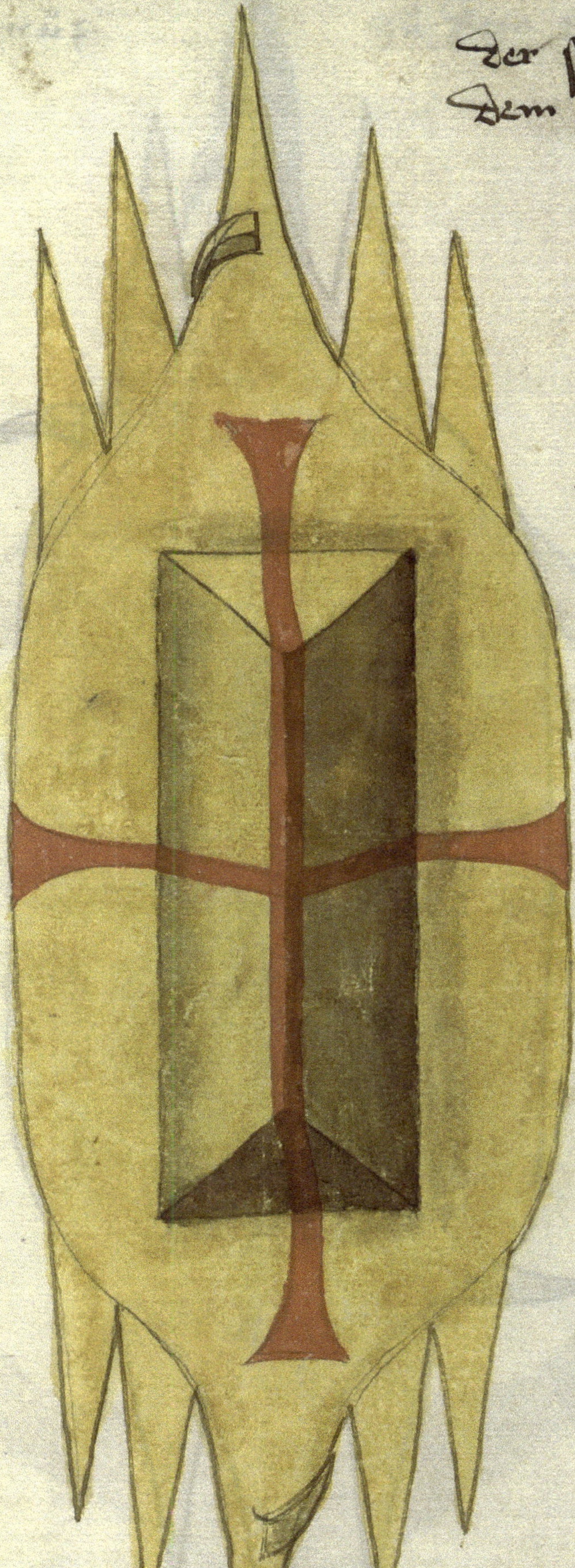

zům kolben

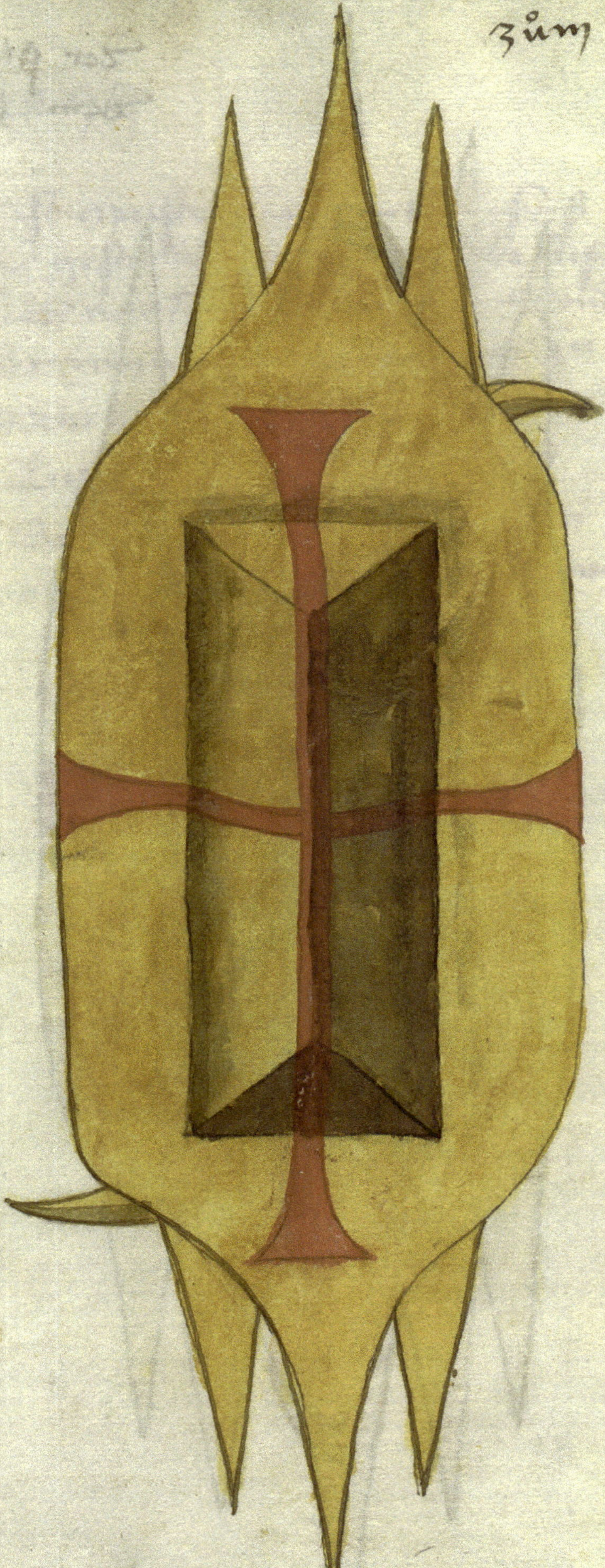

zů dem schwert

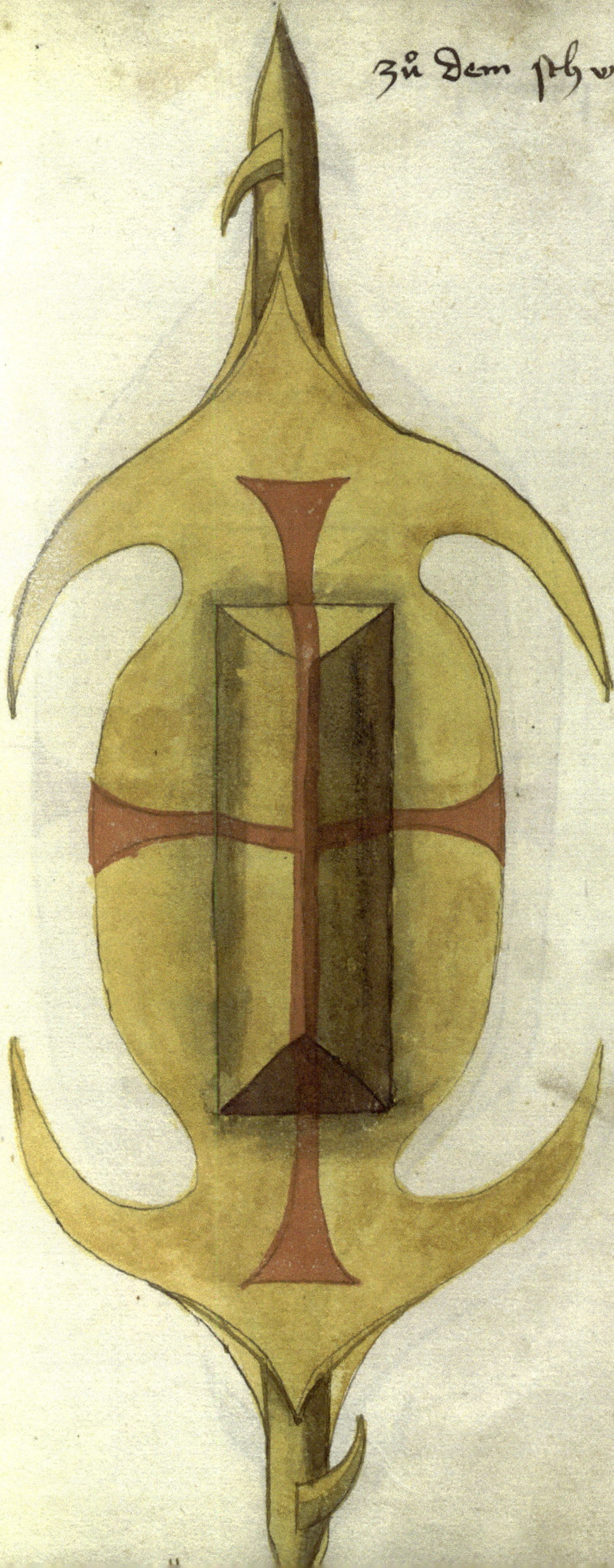

zum schwert

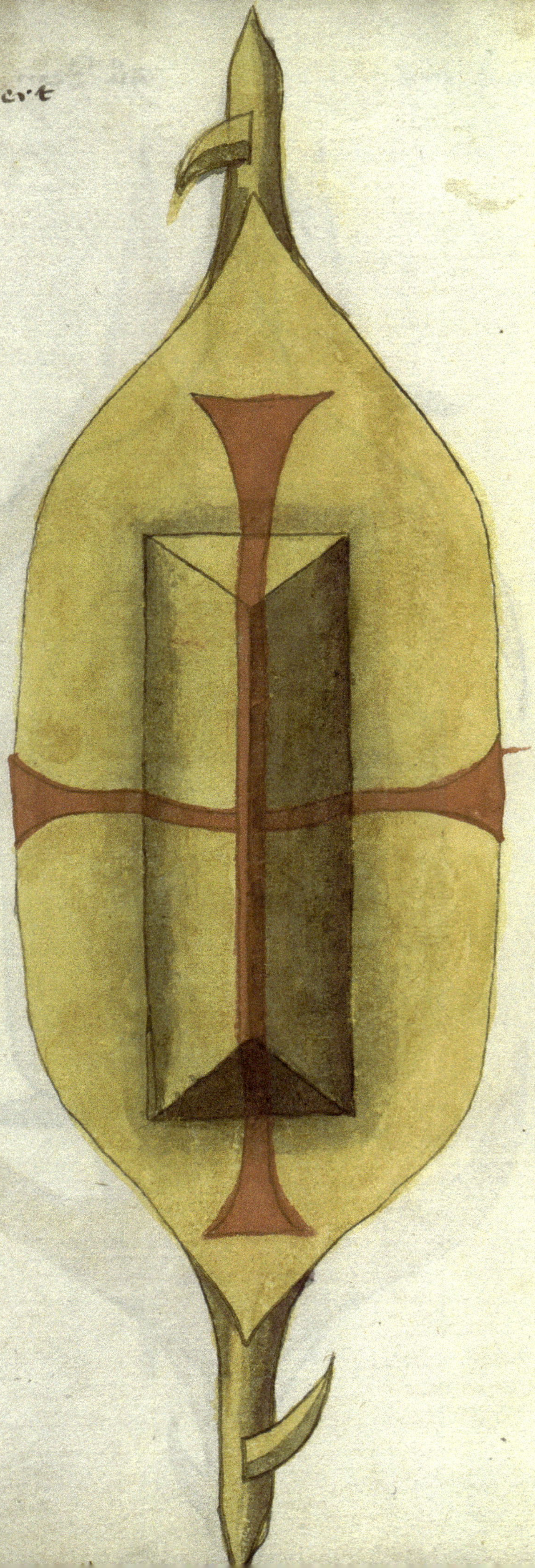

zům schwert

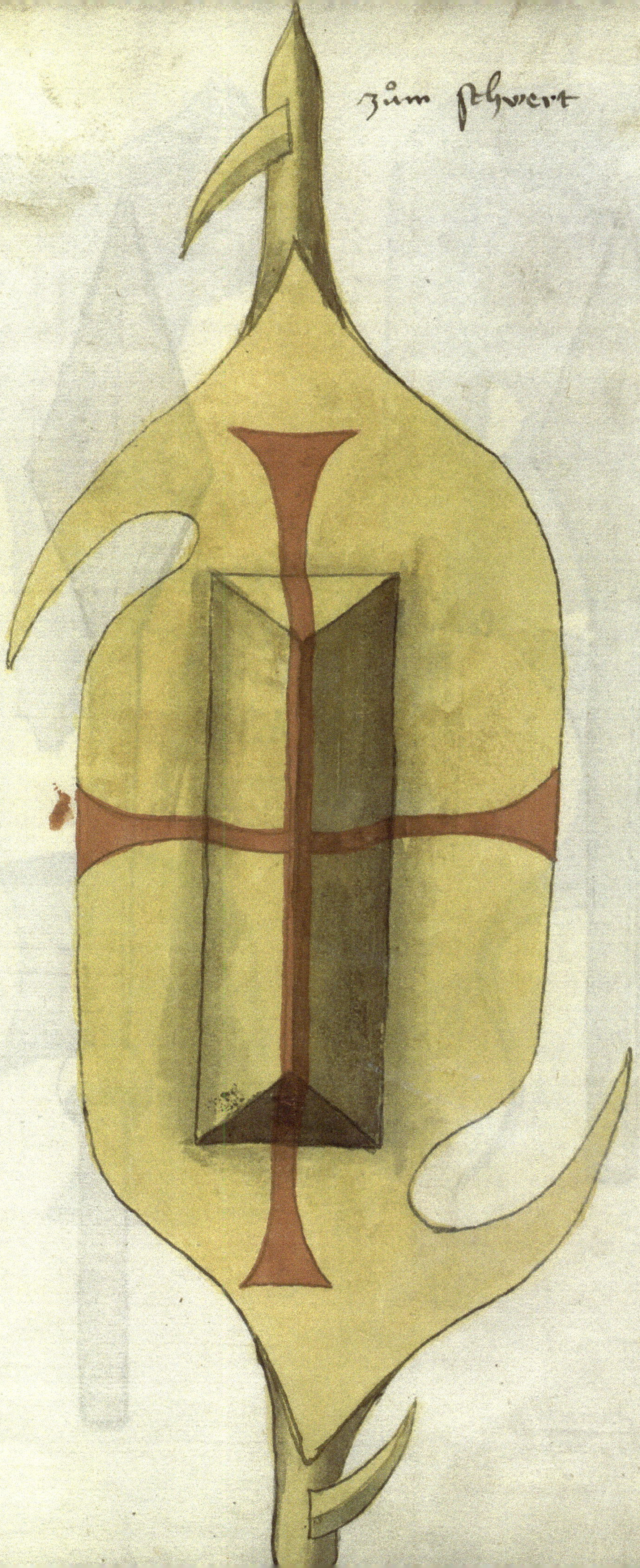

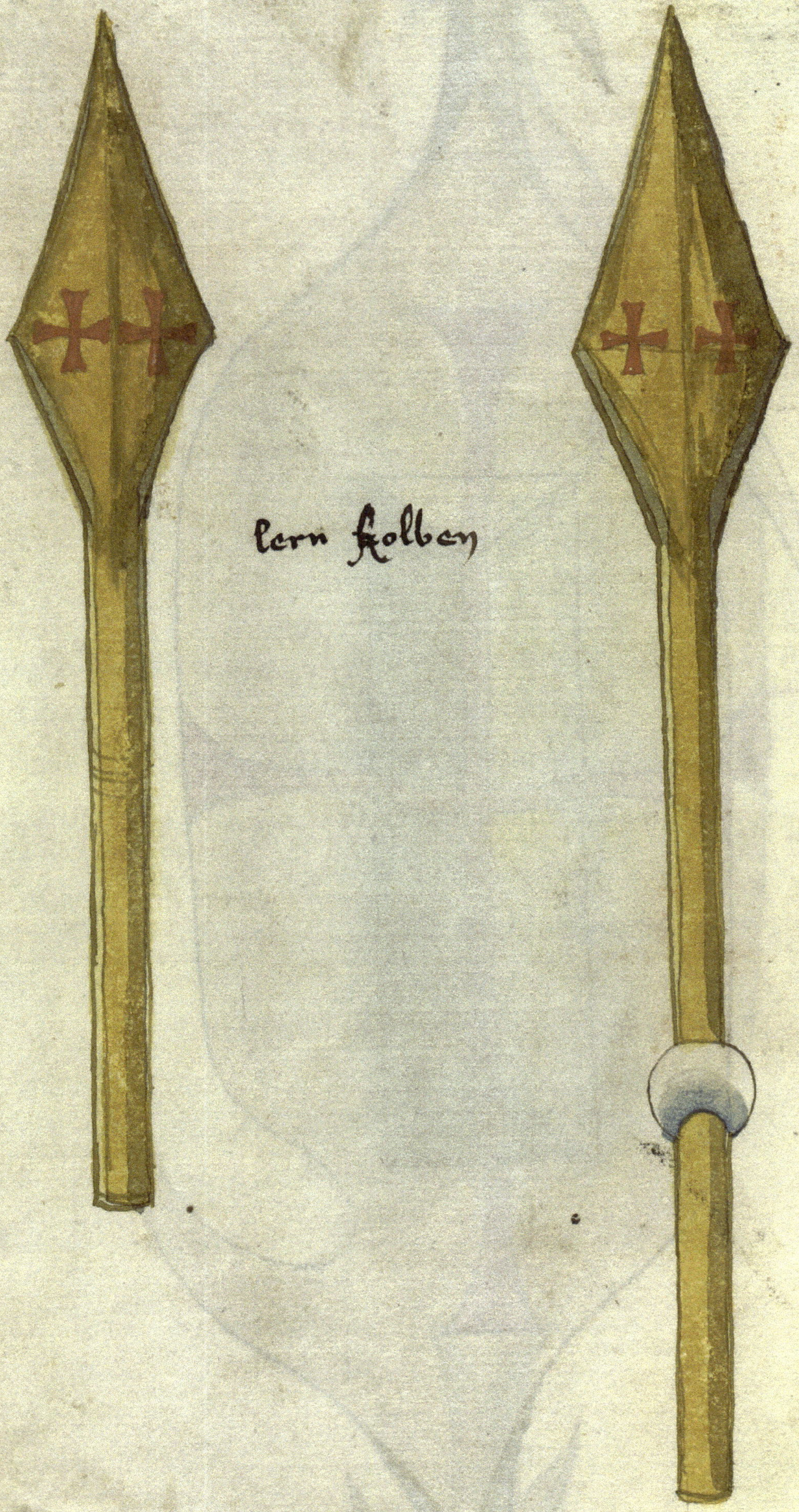
lern kolben

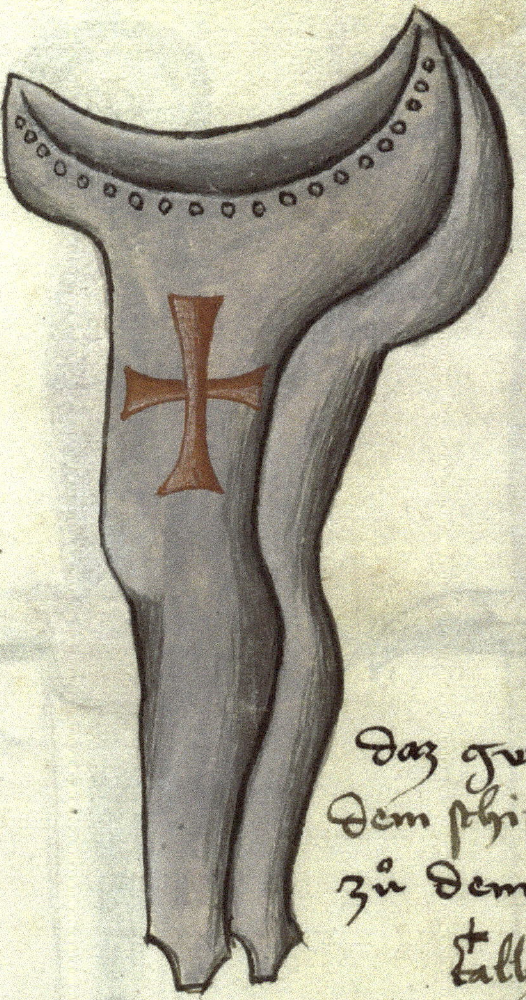

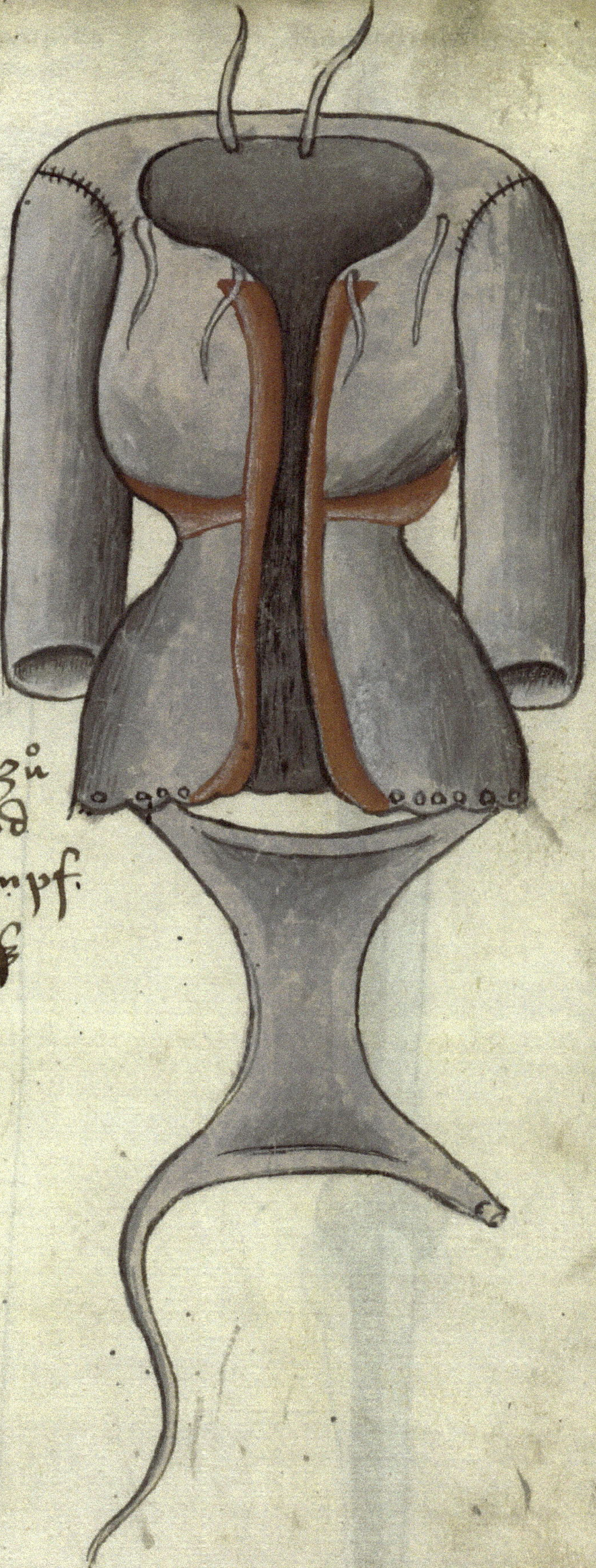

daz gwand zů
dem schilt vnd
zů dem kampf.
† Talhoffers
an tun

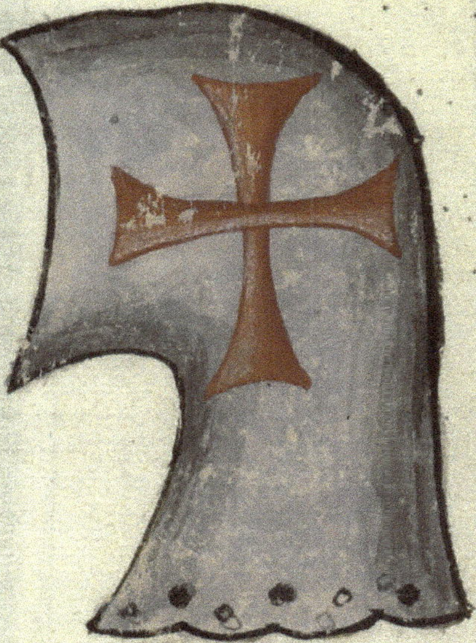

Zu dem harnasch   och gwauppet   Zum langen schilt

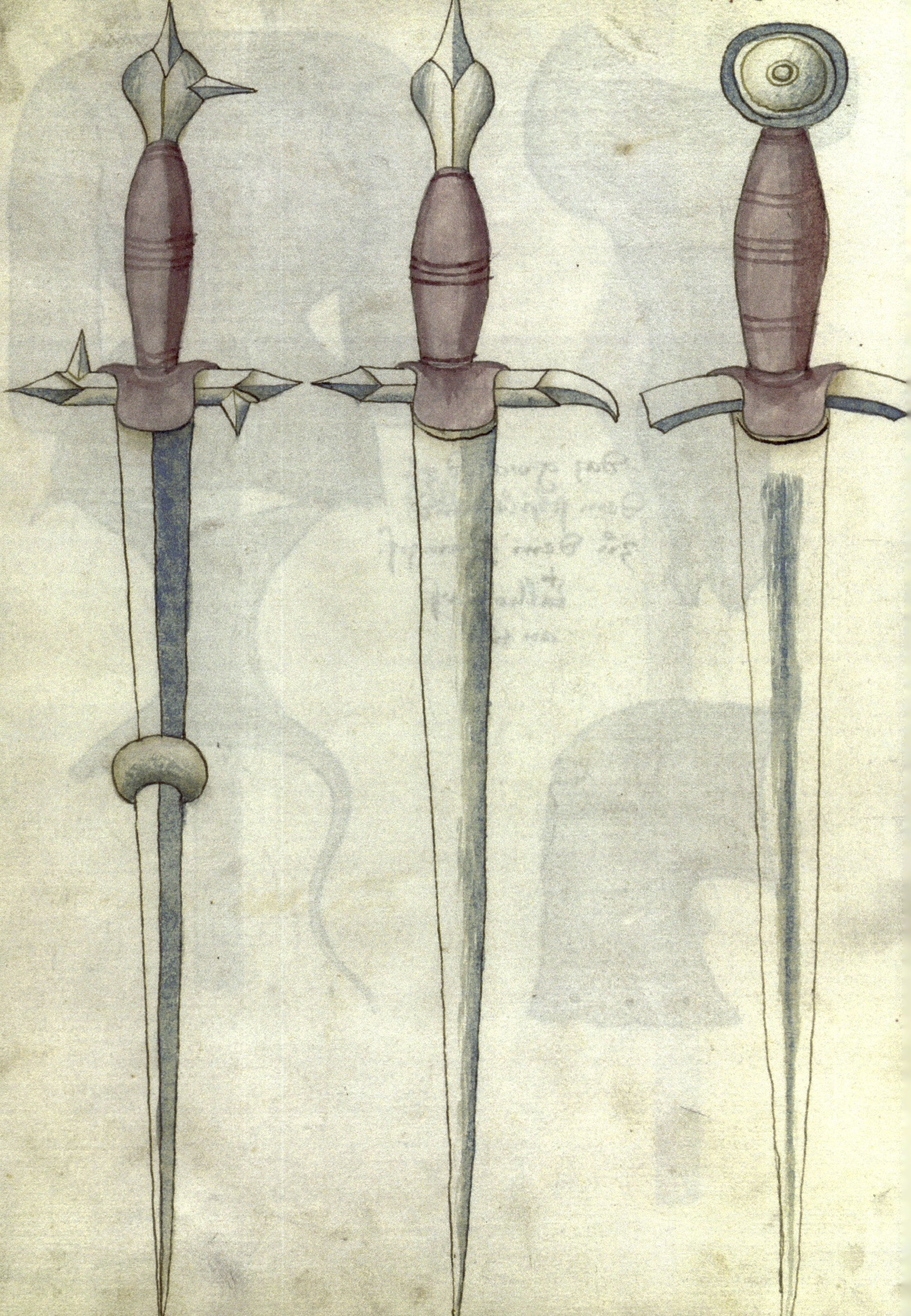

zů dem schilt

die zwaij swert hört zu dem kampf gwauffet

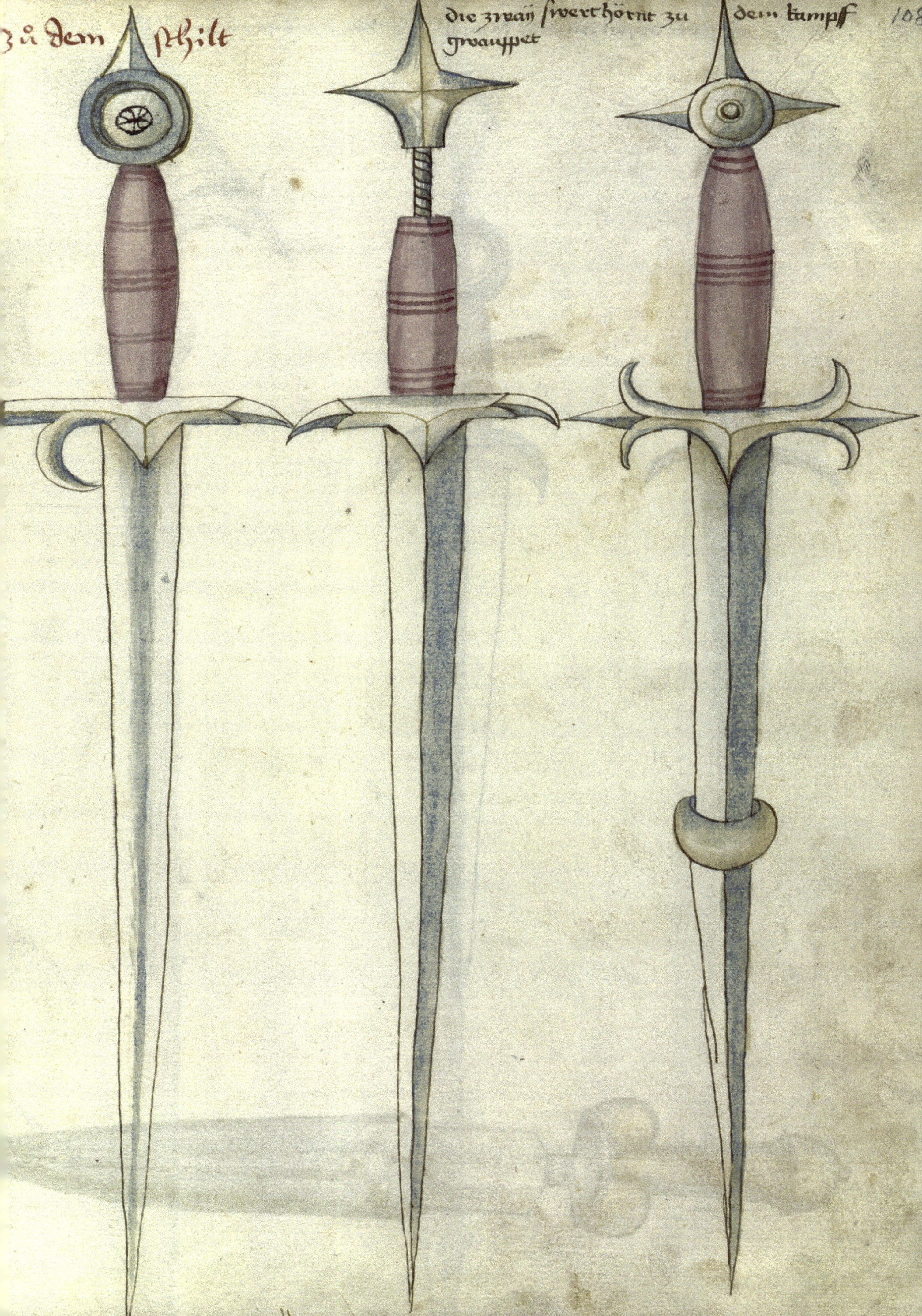

Die dri degen zu dem kampff

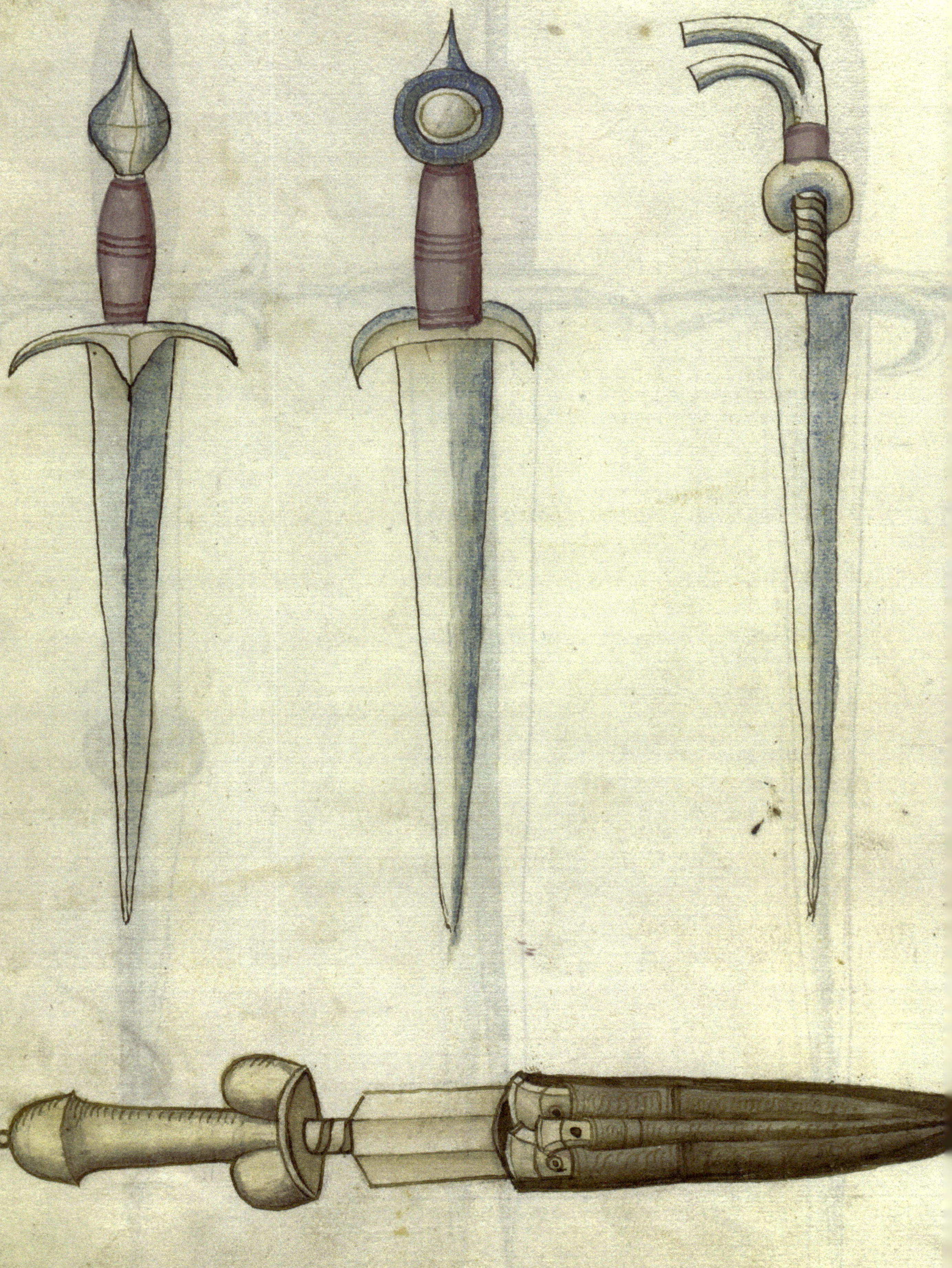

Die gwer bruch war zu man wil

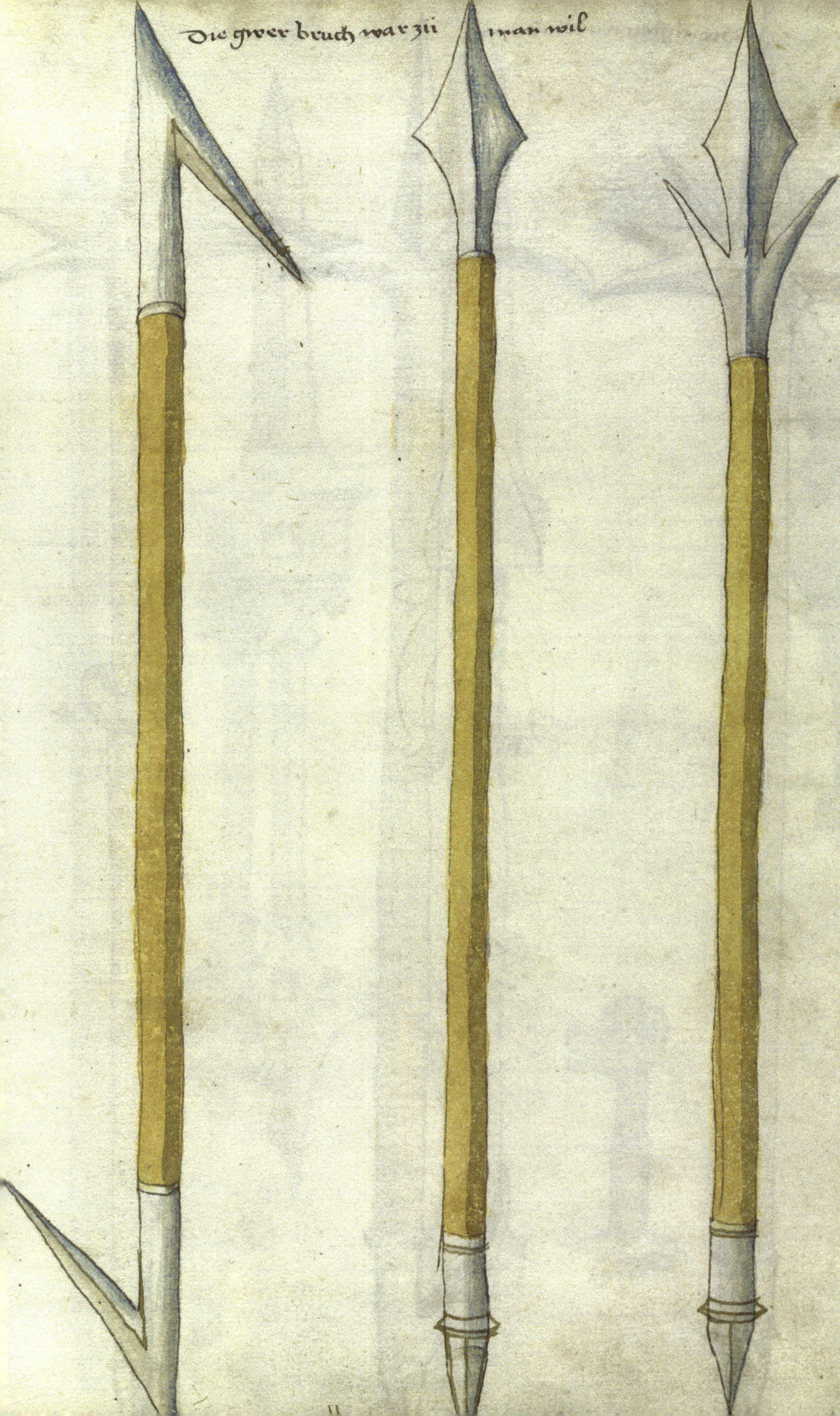

Die ayssten zu dem kampff

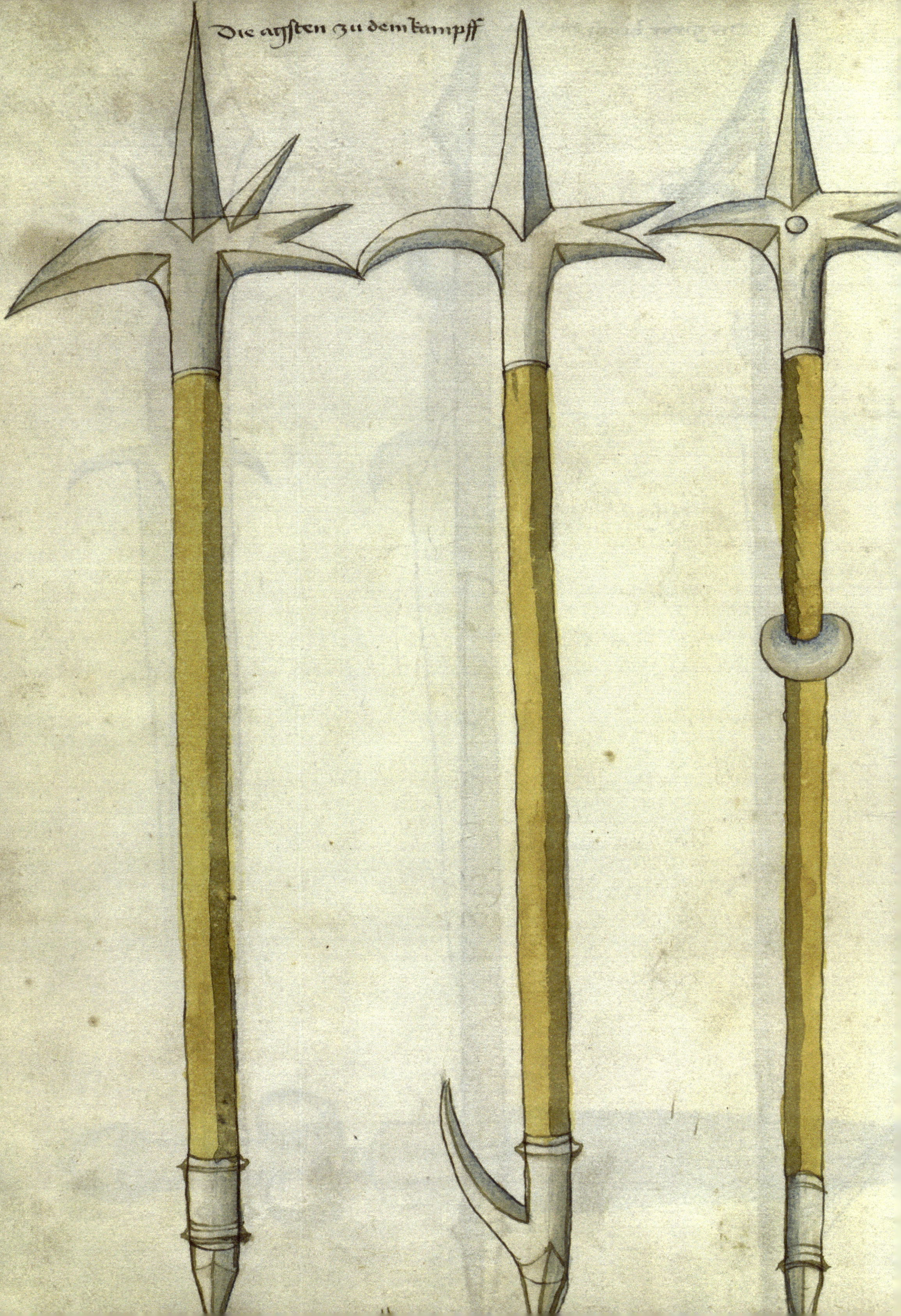

die ist ain agst zu dem kampff legt man zu stucken

die agst zu dem kampff

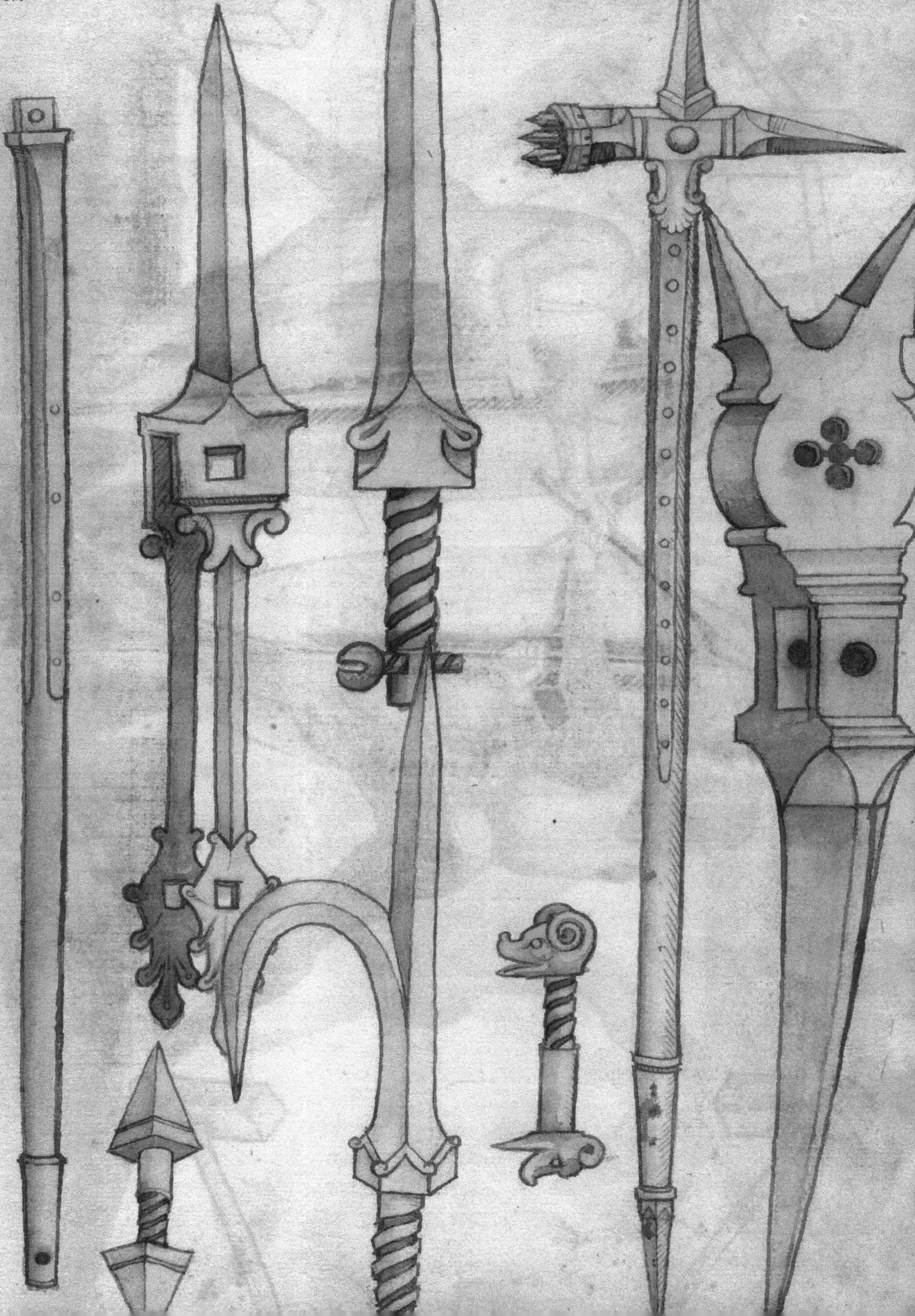

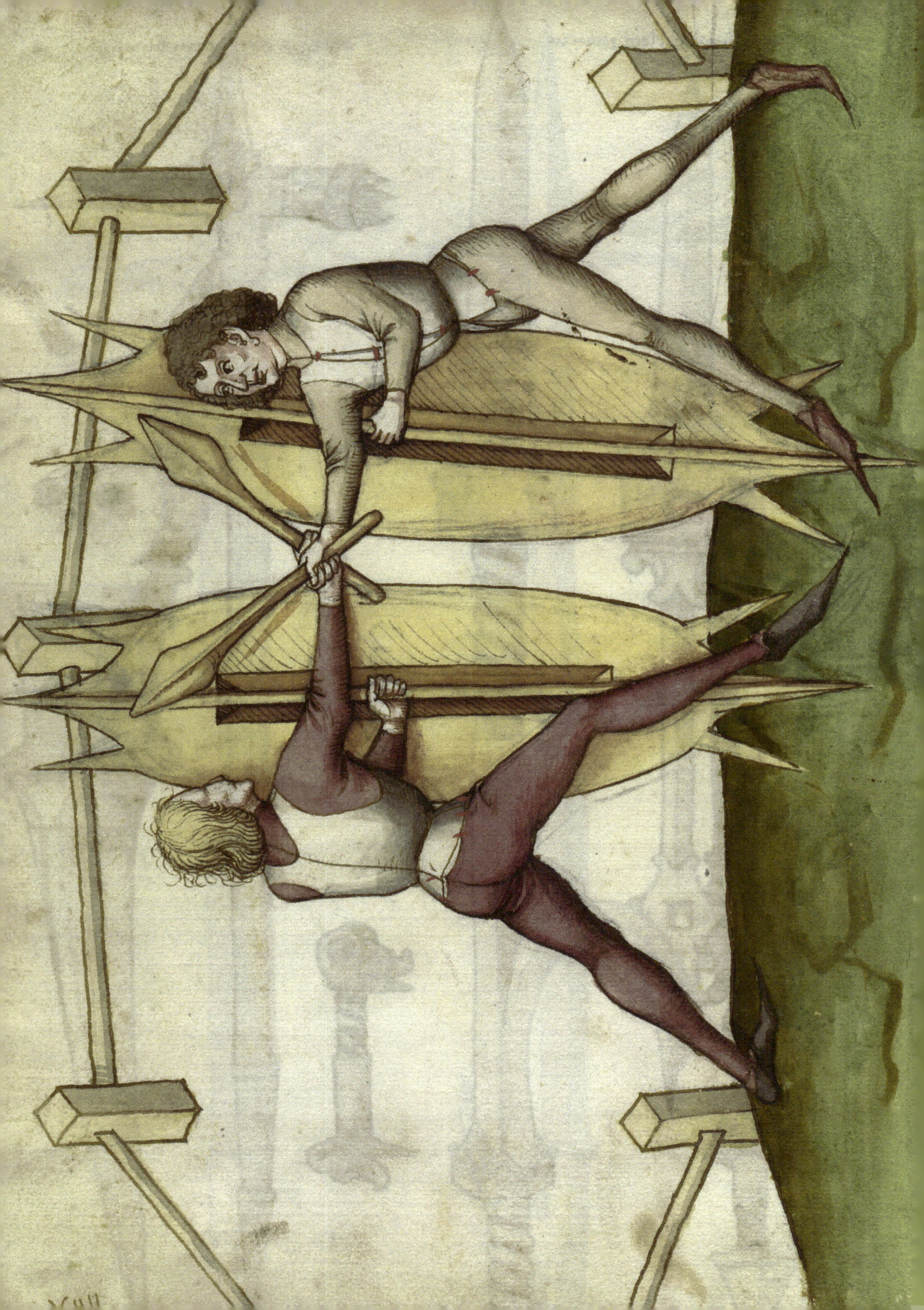

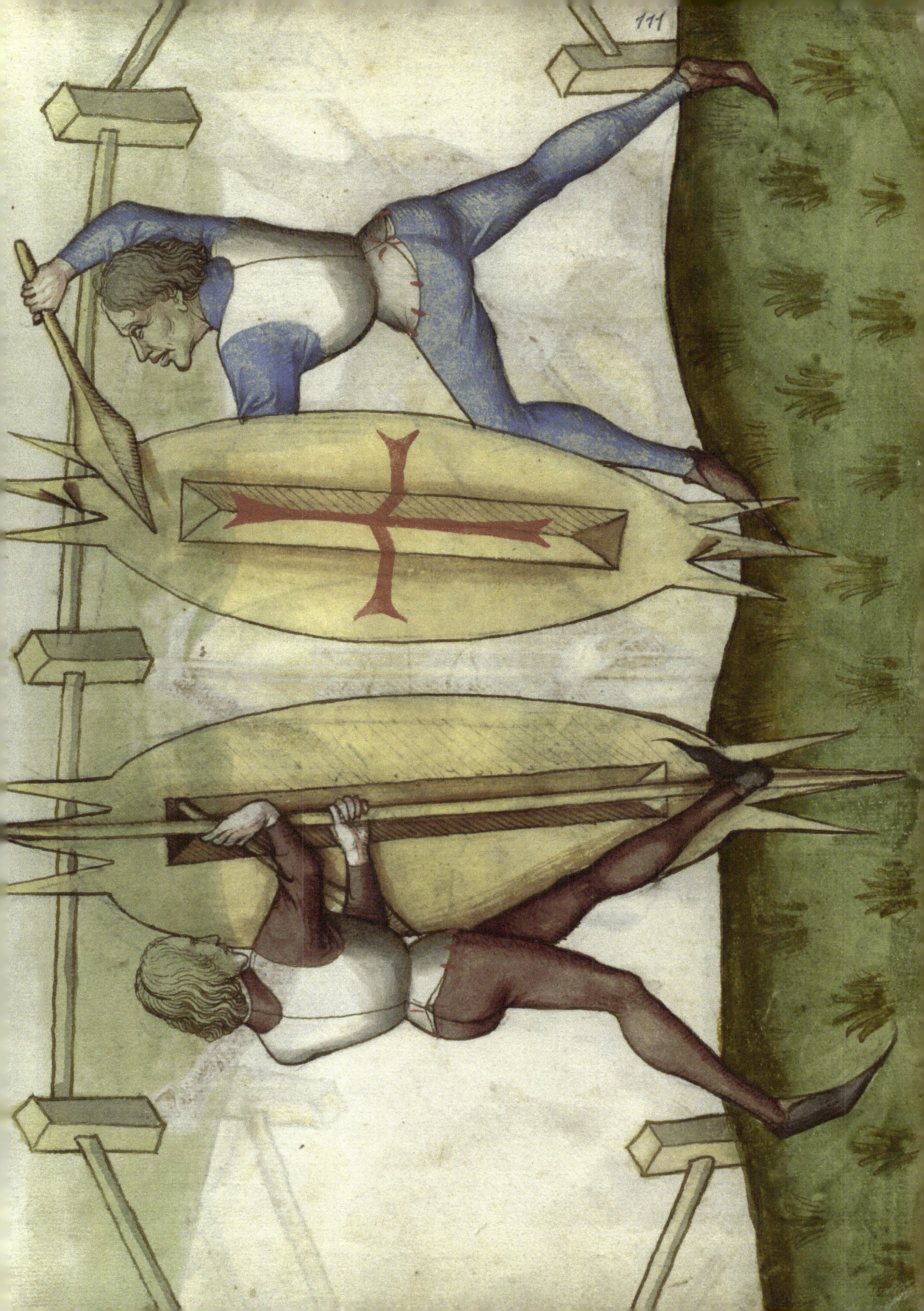

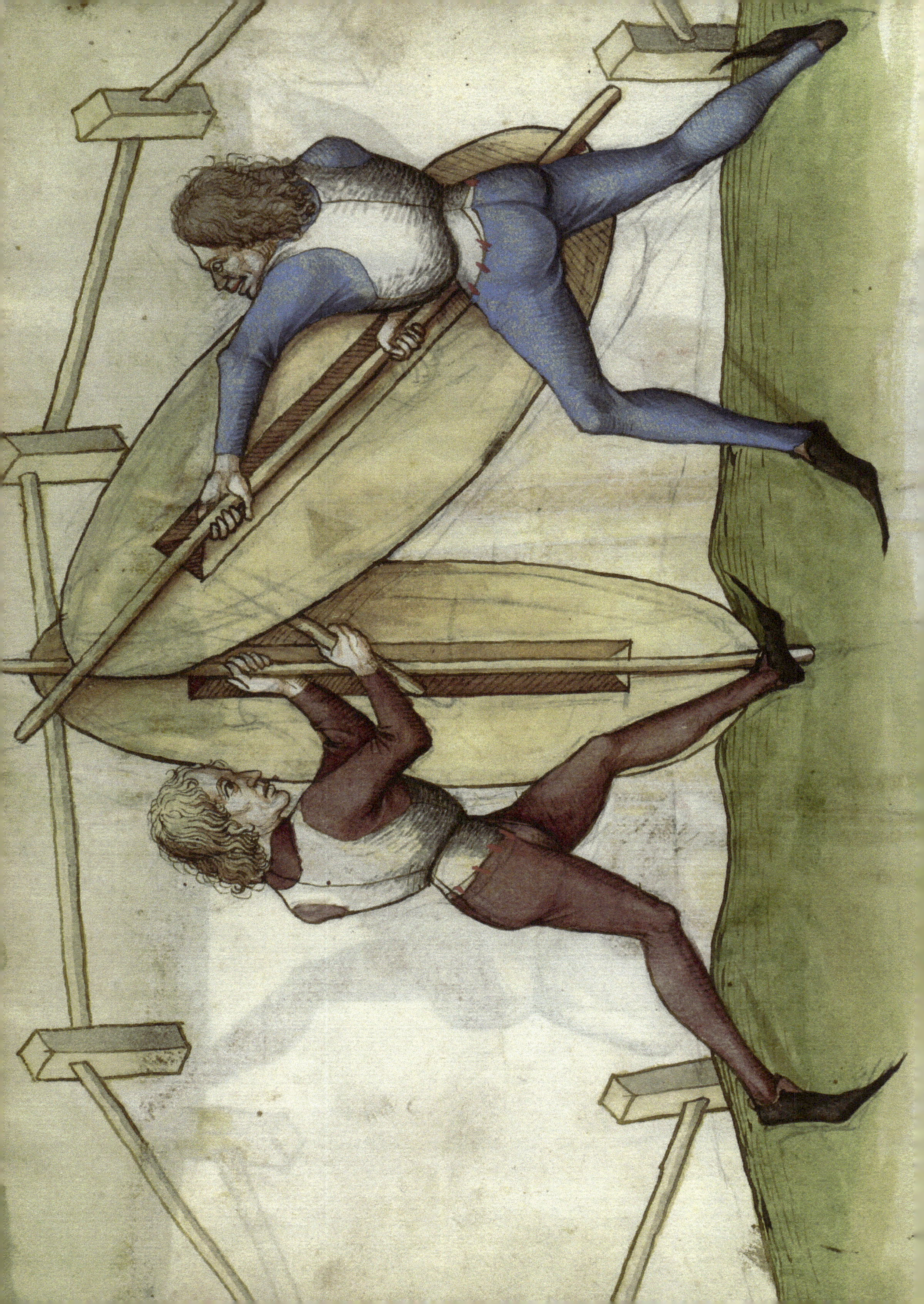

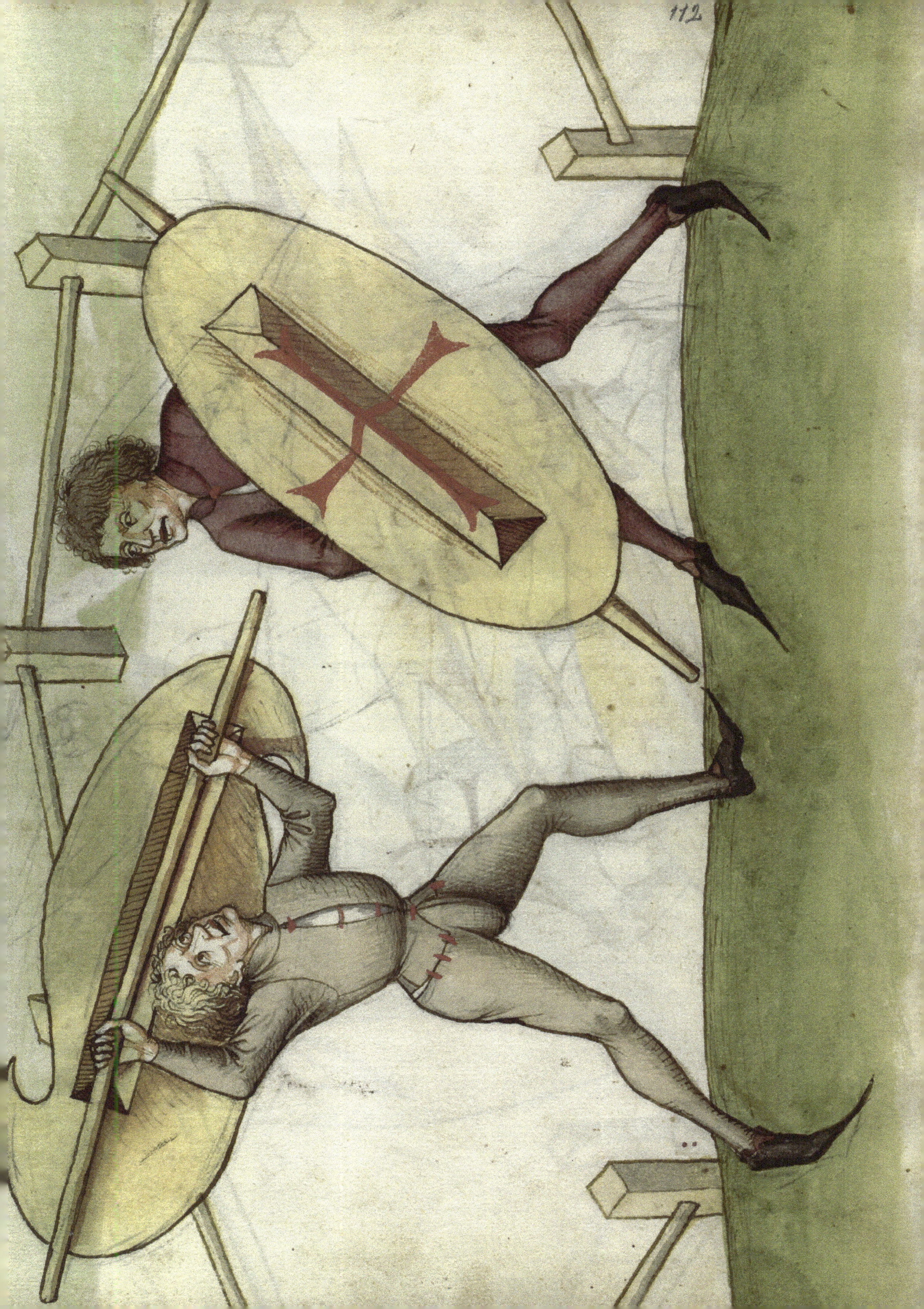

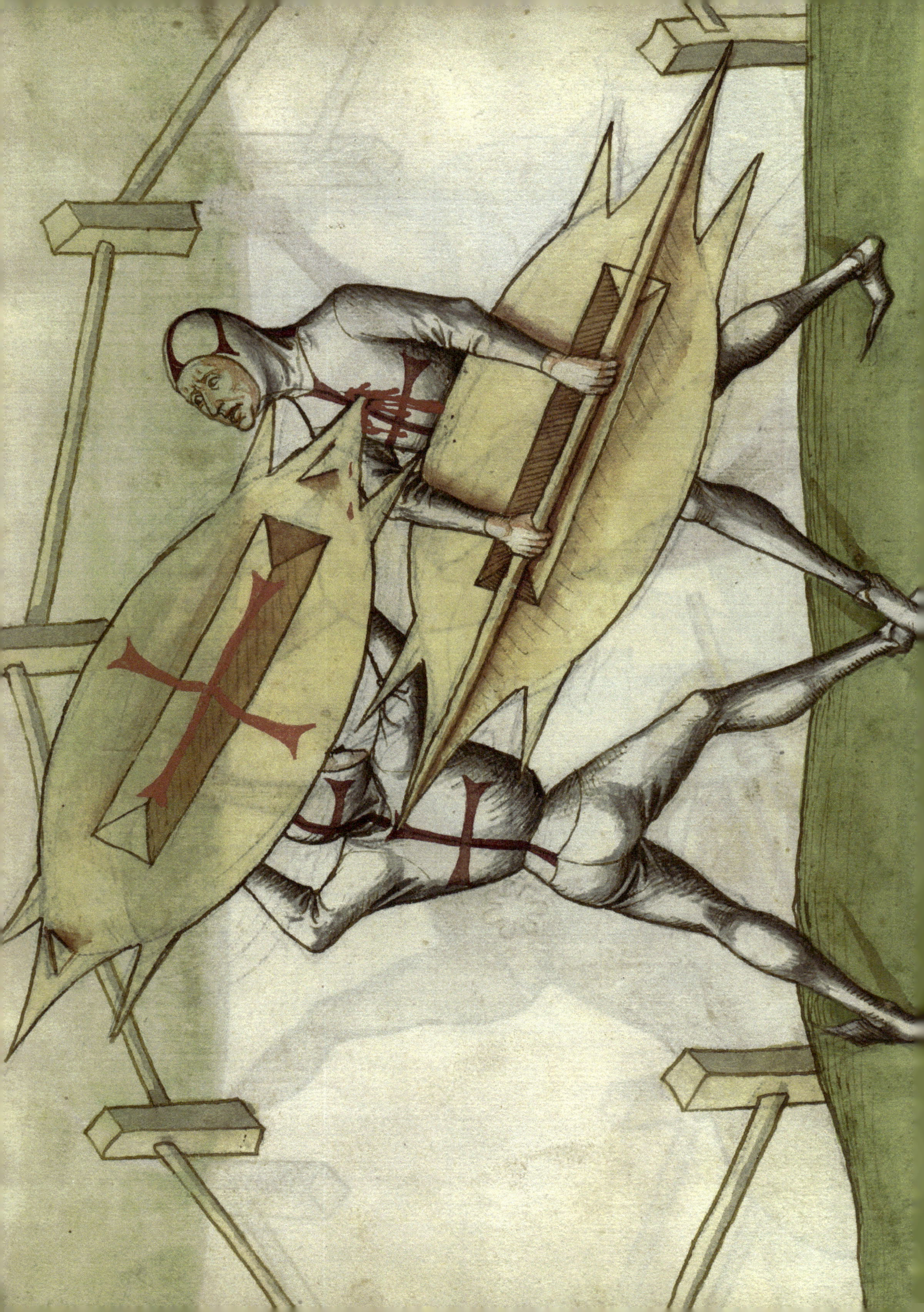

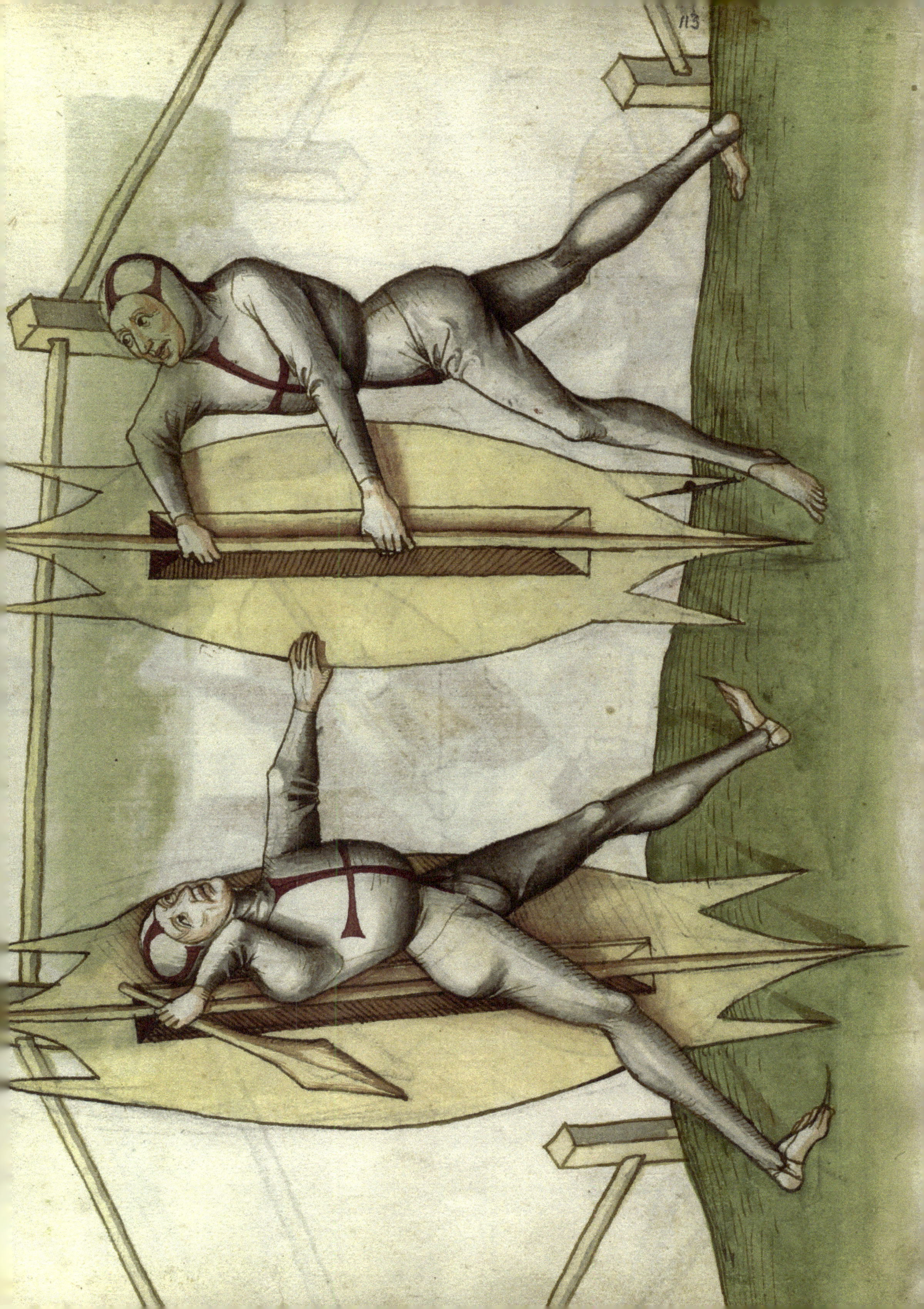

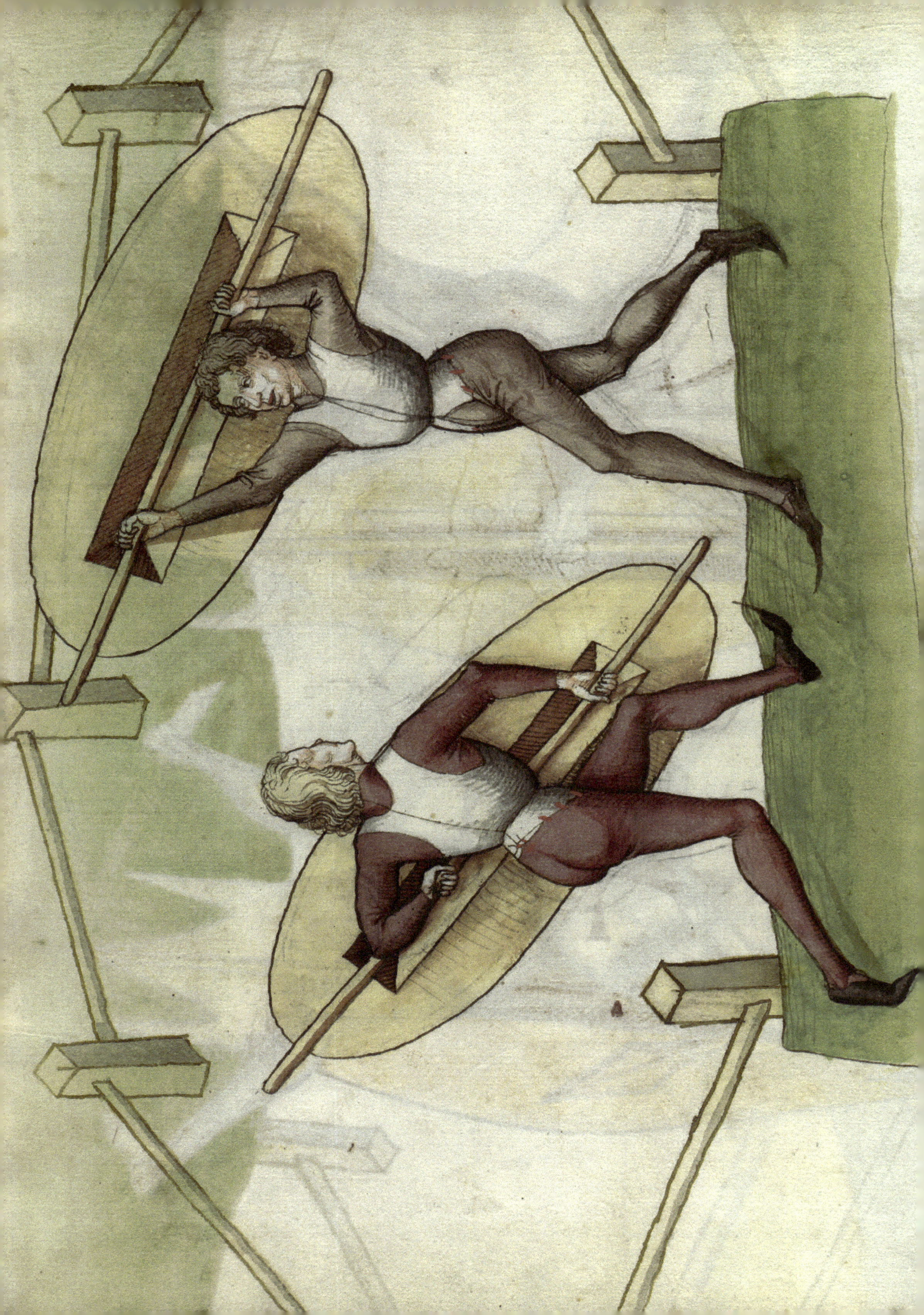

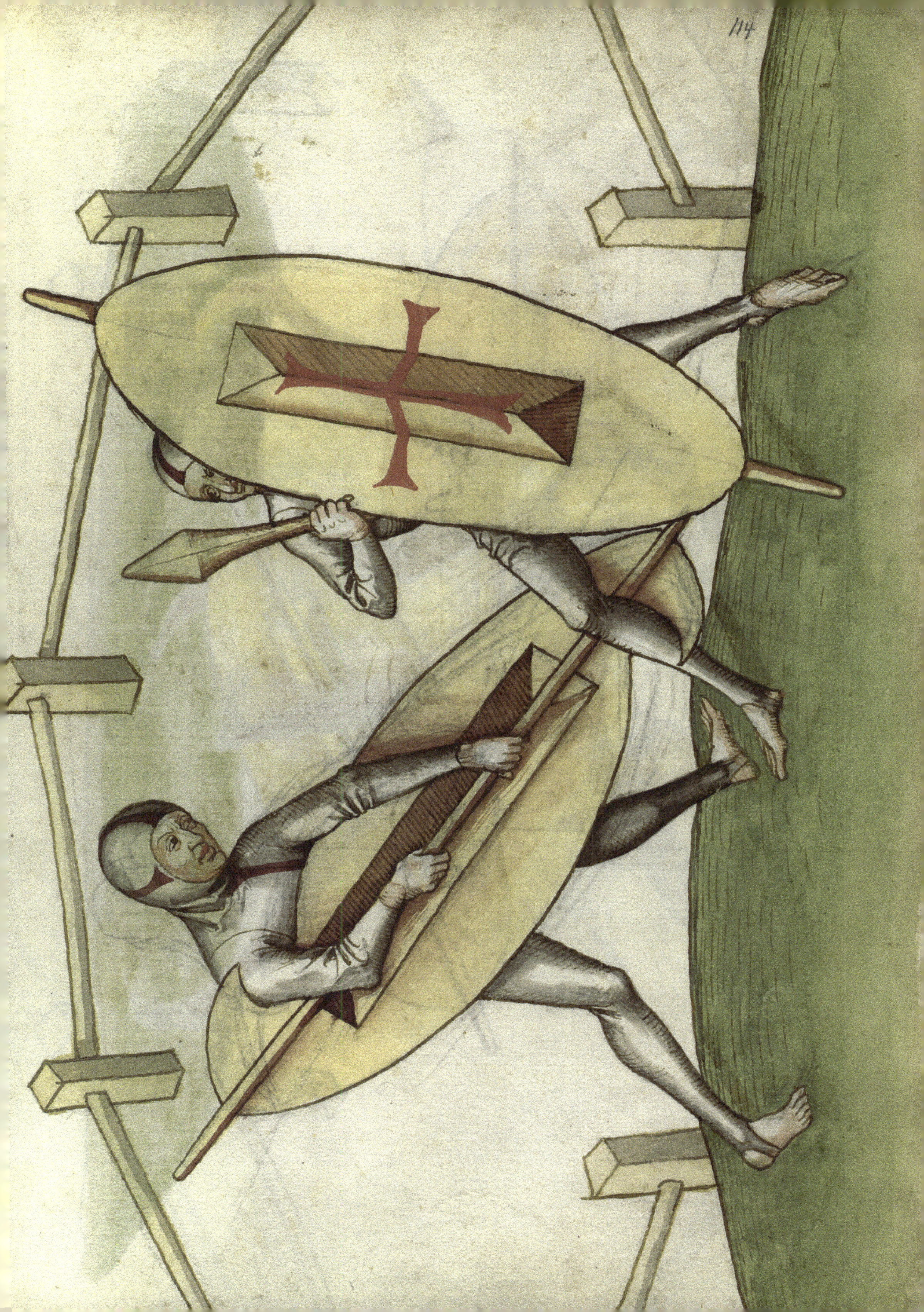

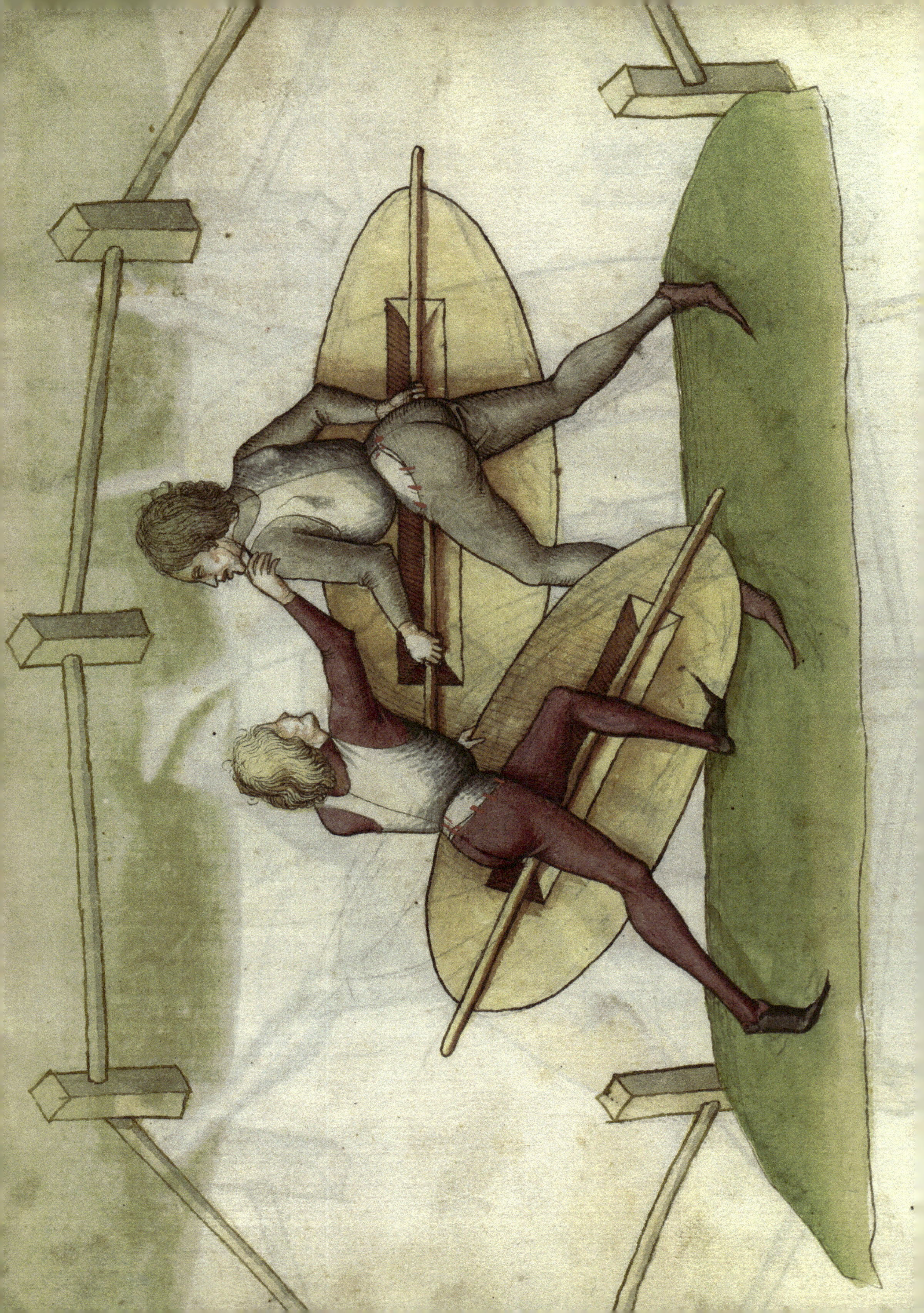

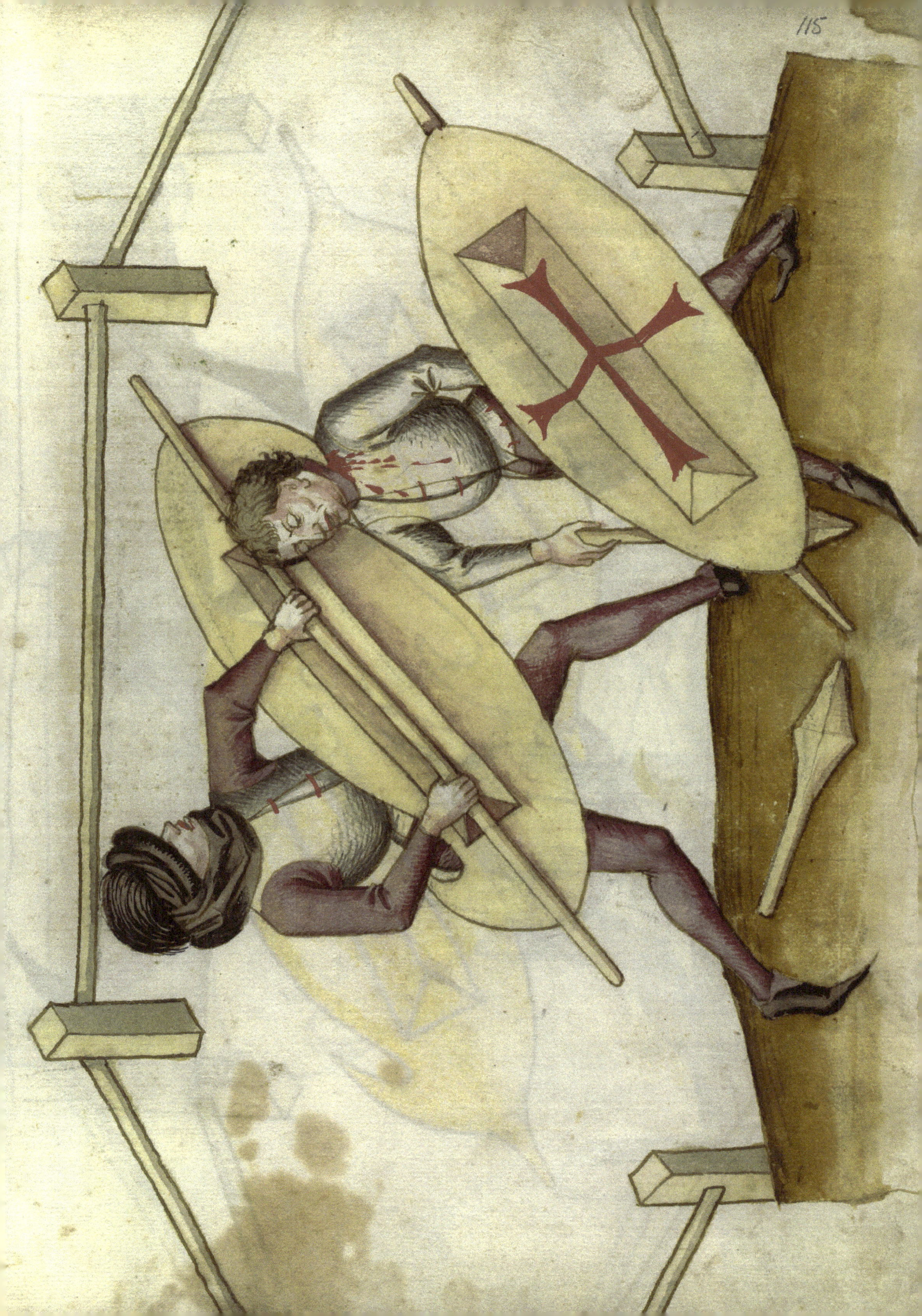

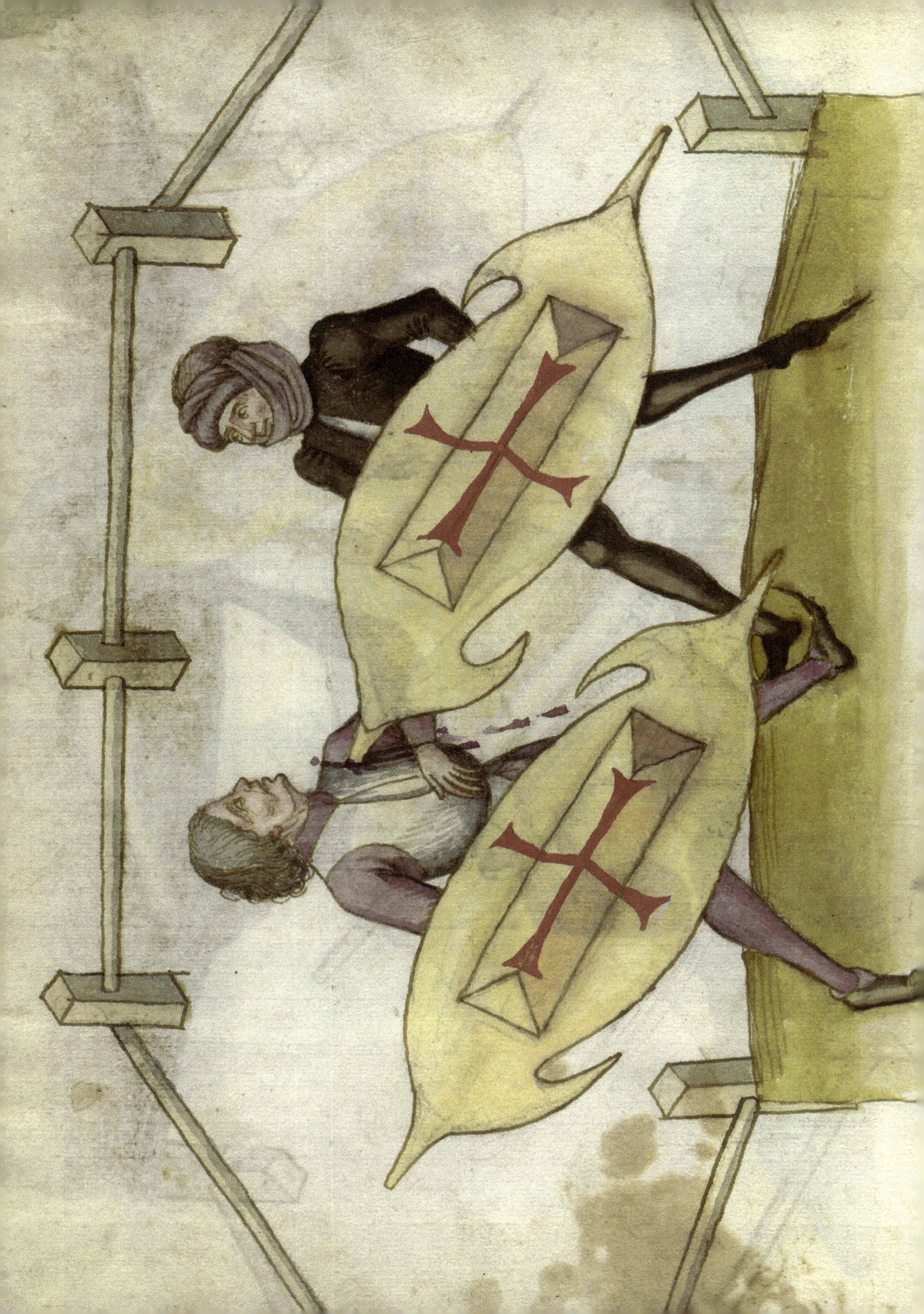

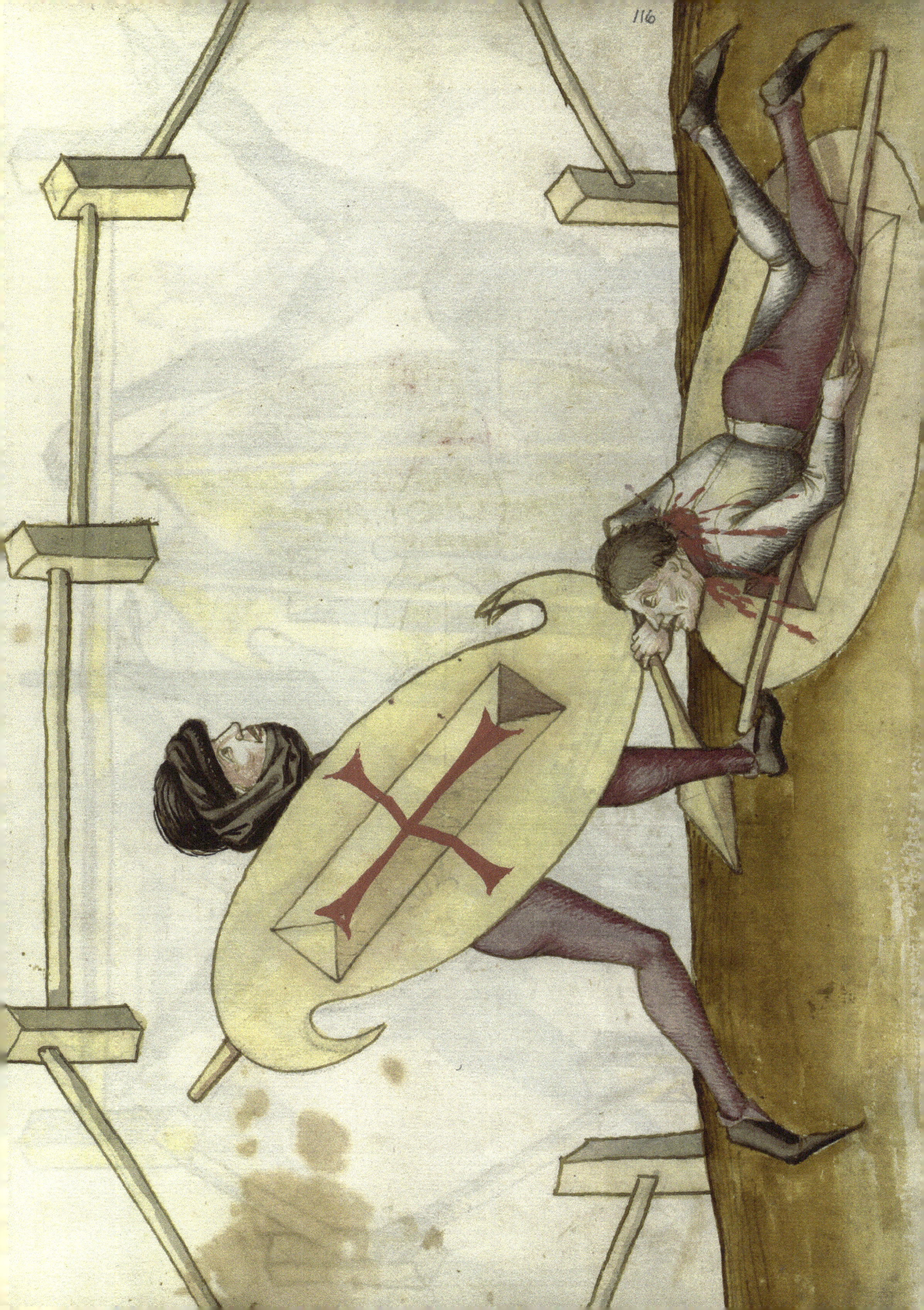

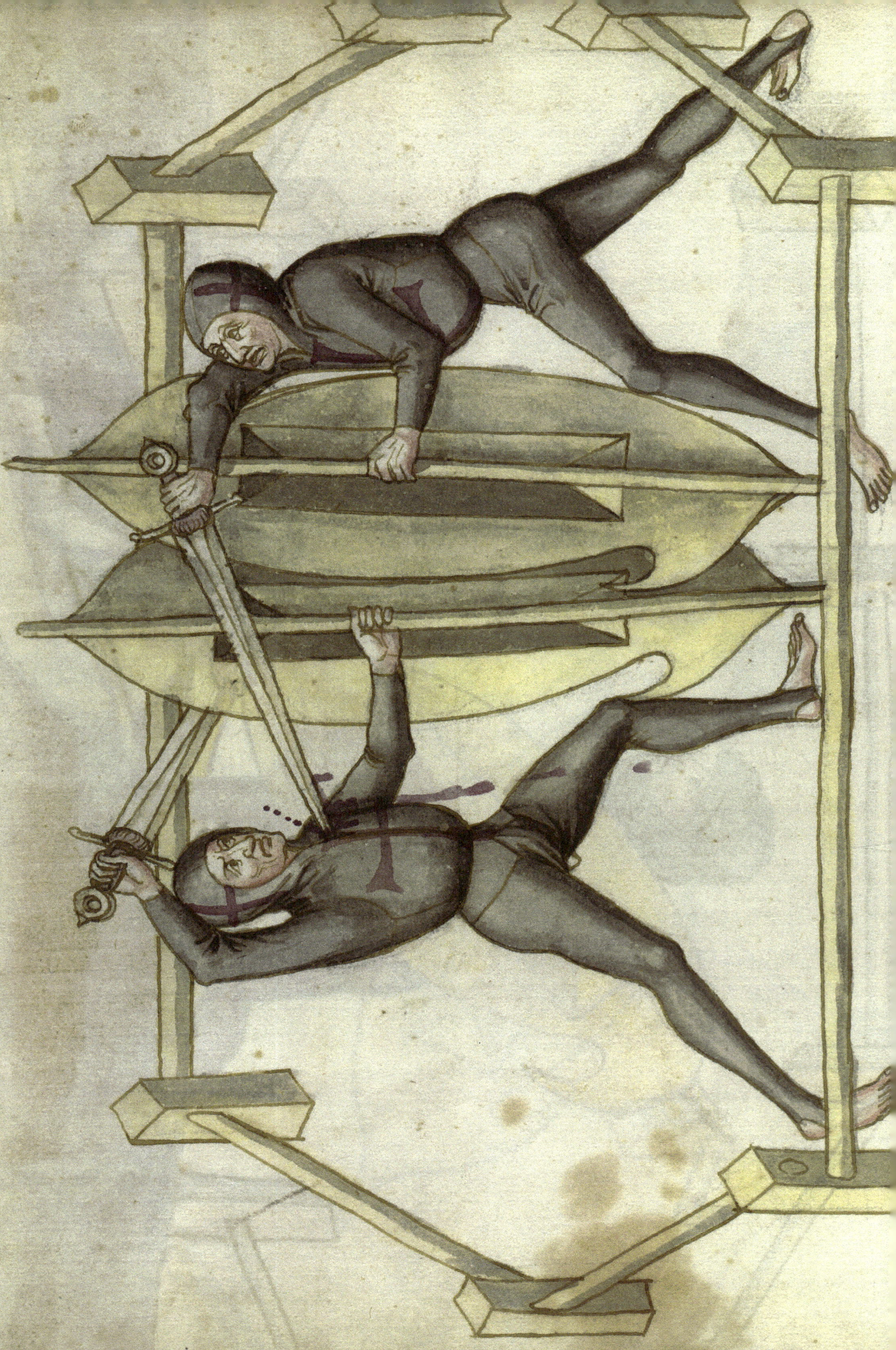

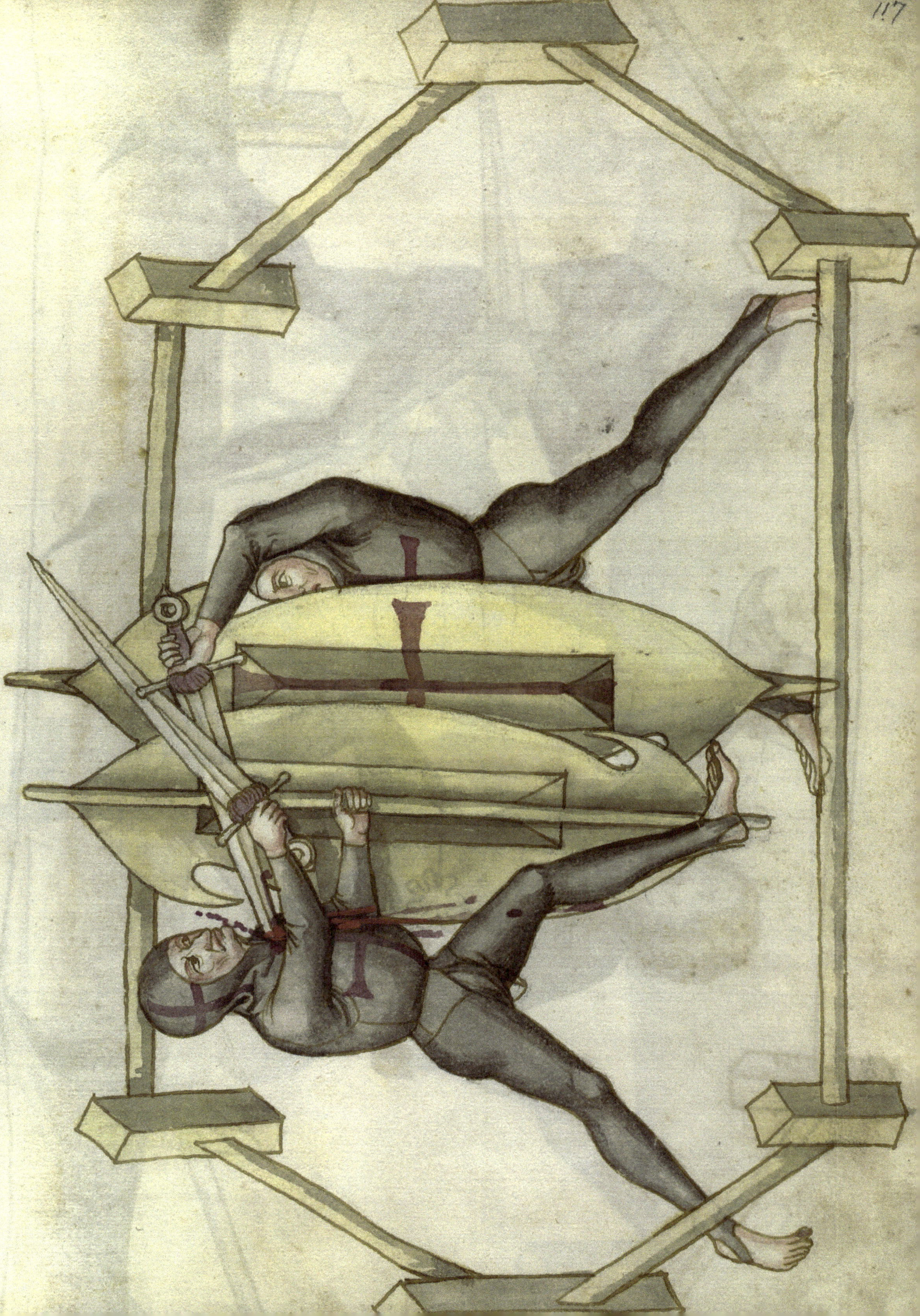

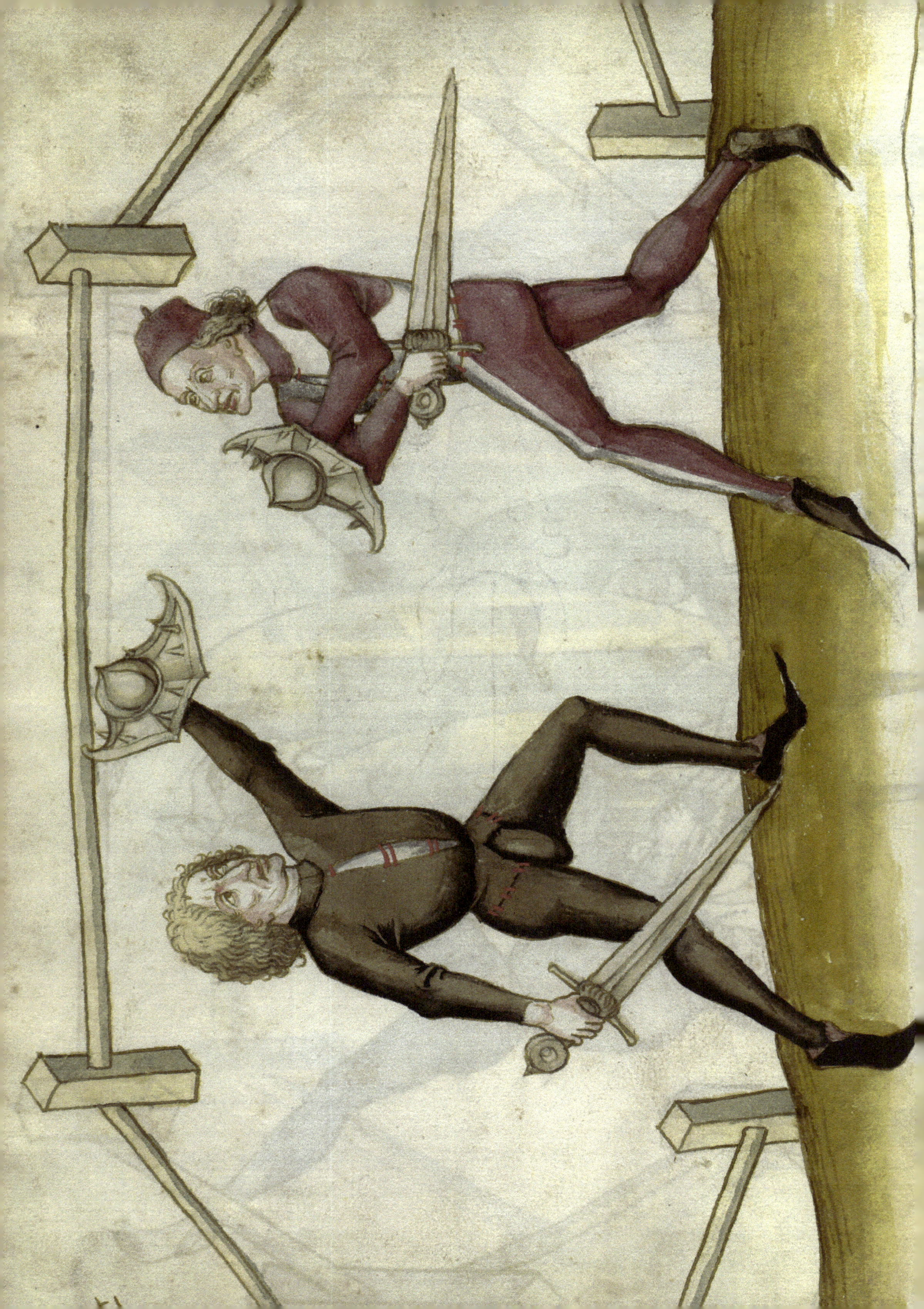

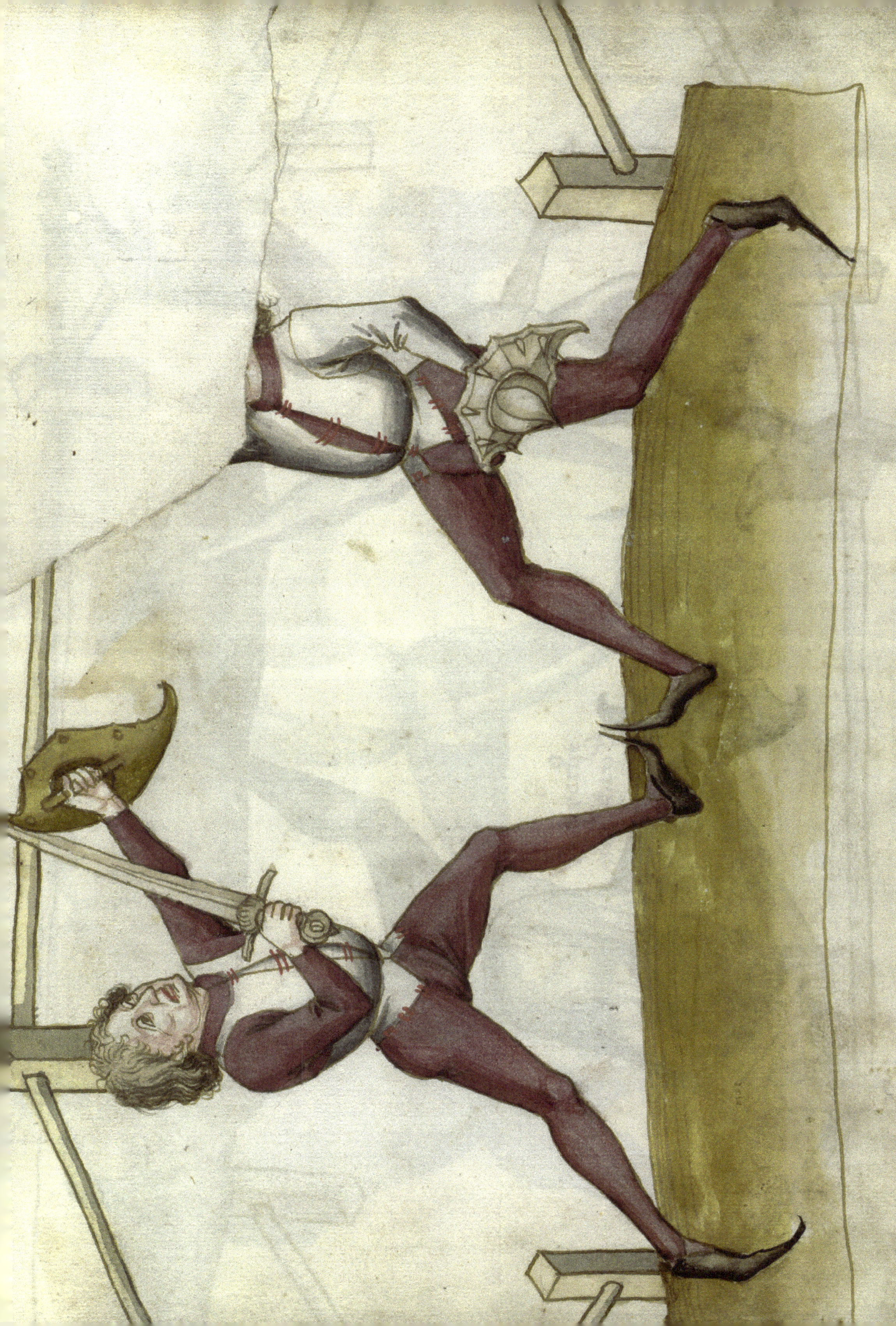

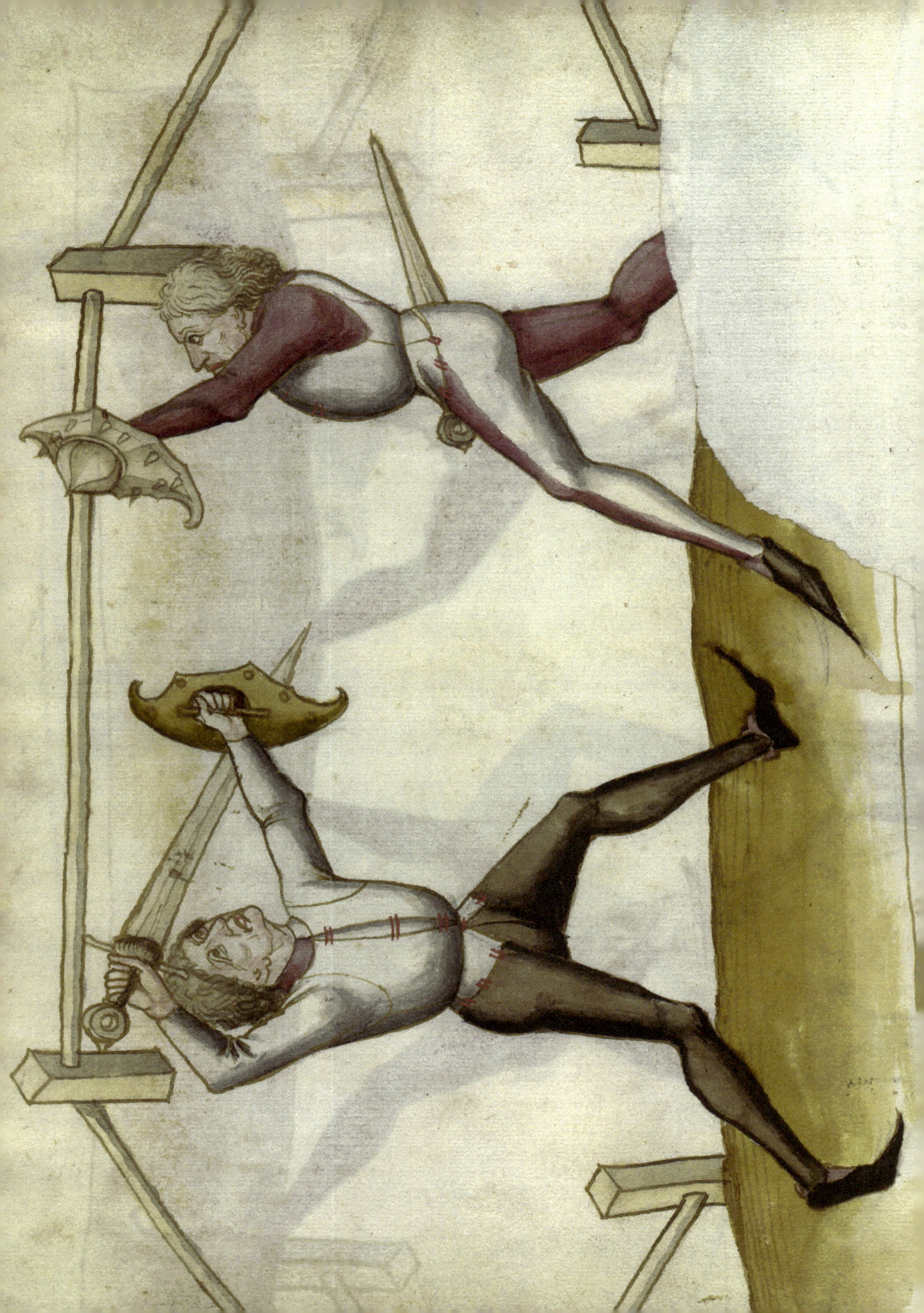

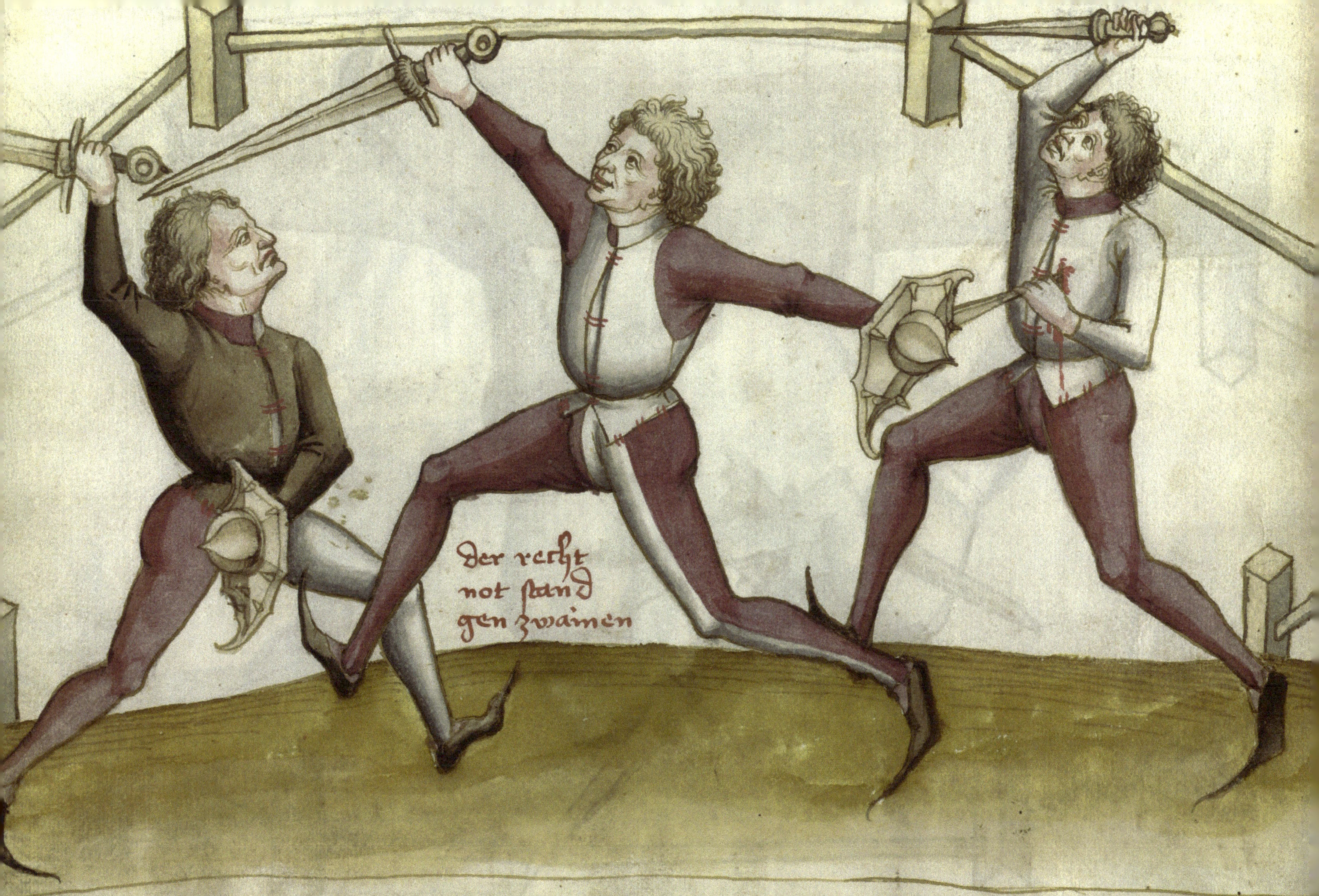
Der recht
not stand
gen zwainen

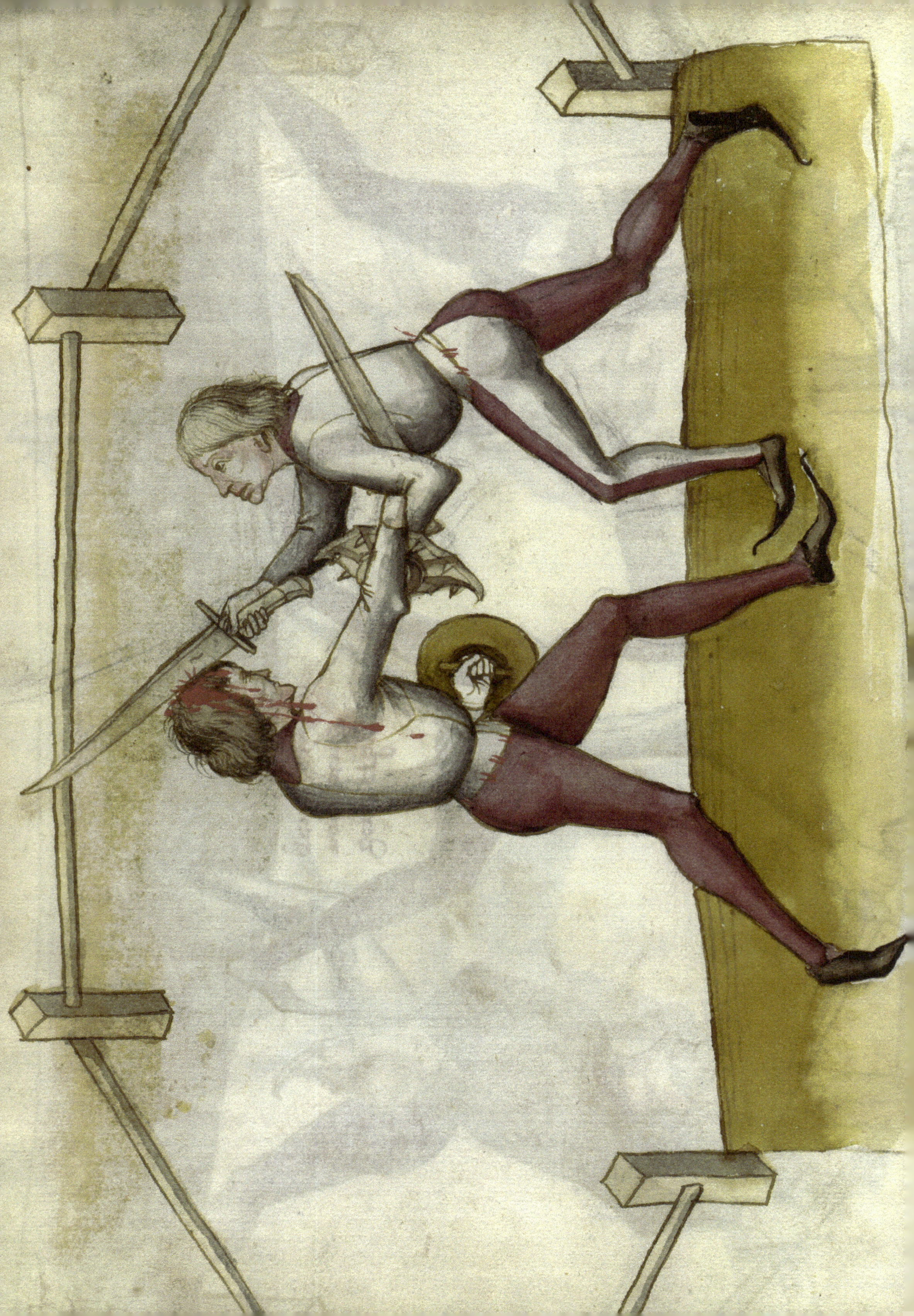

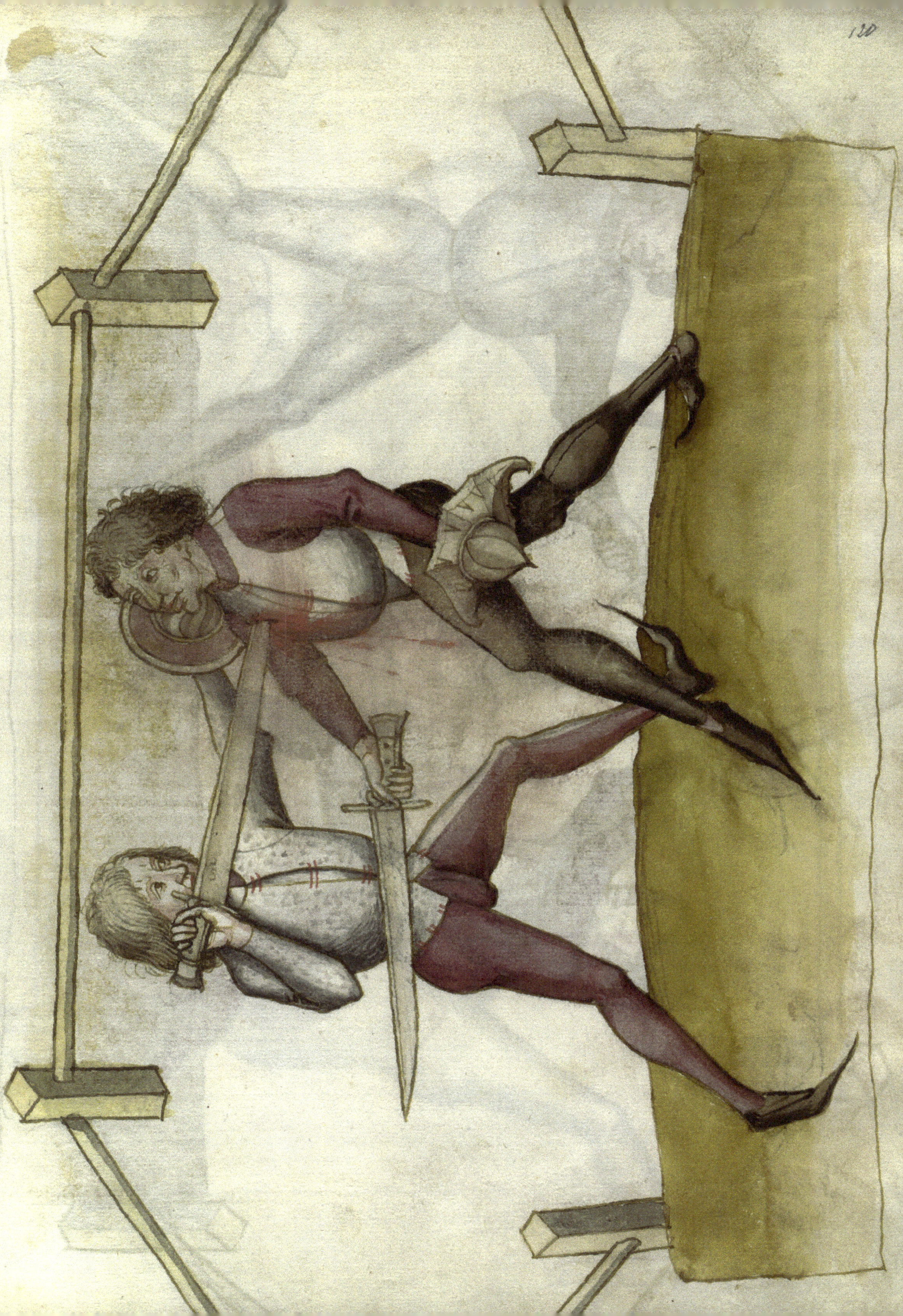

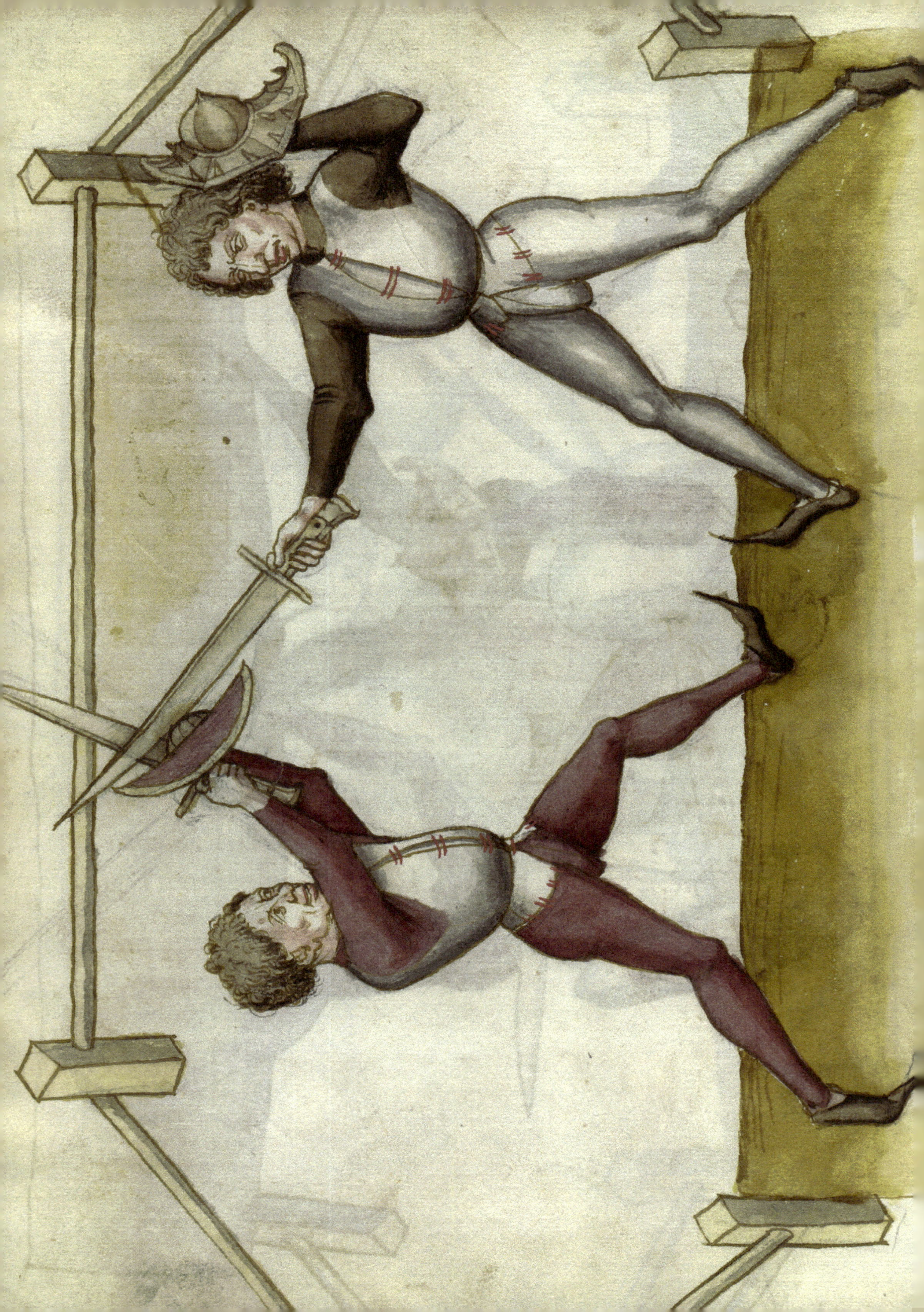

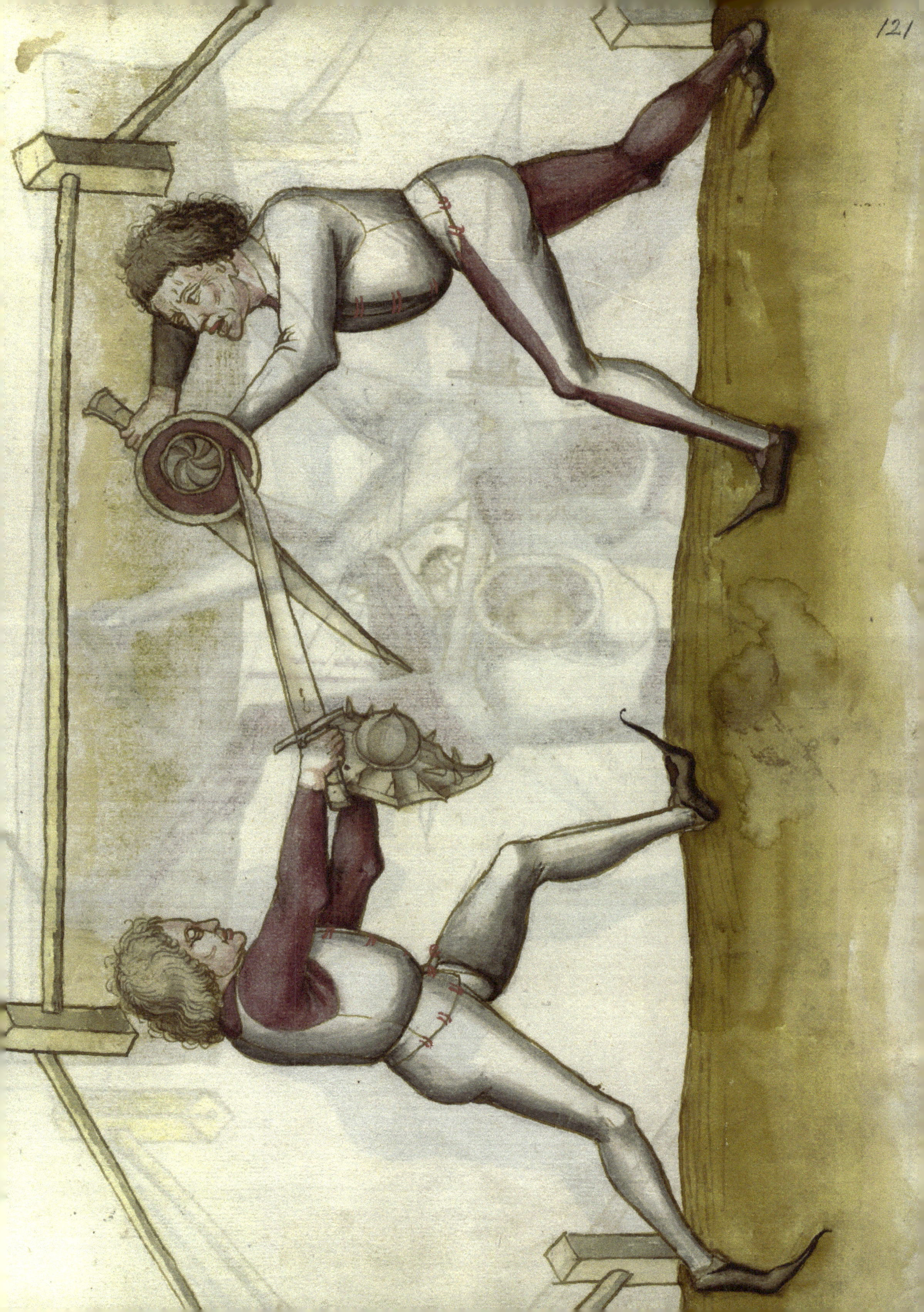

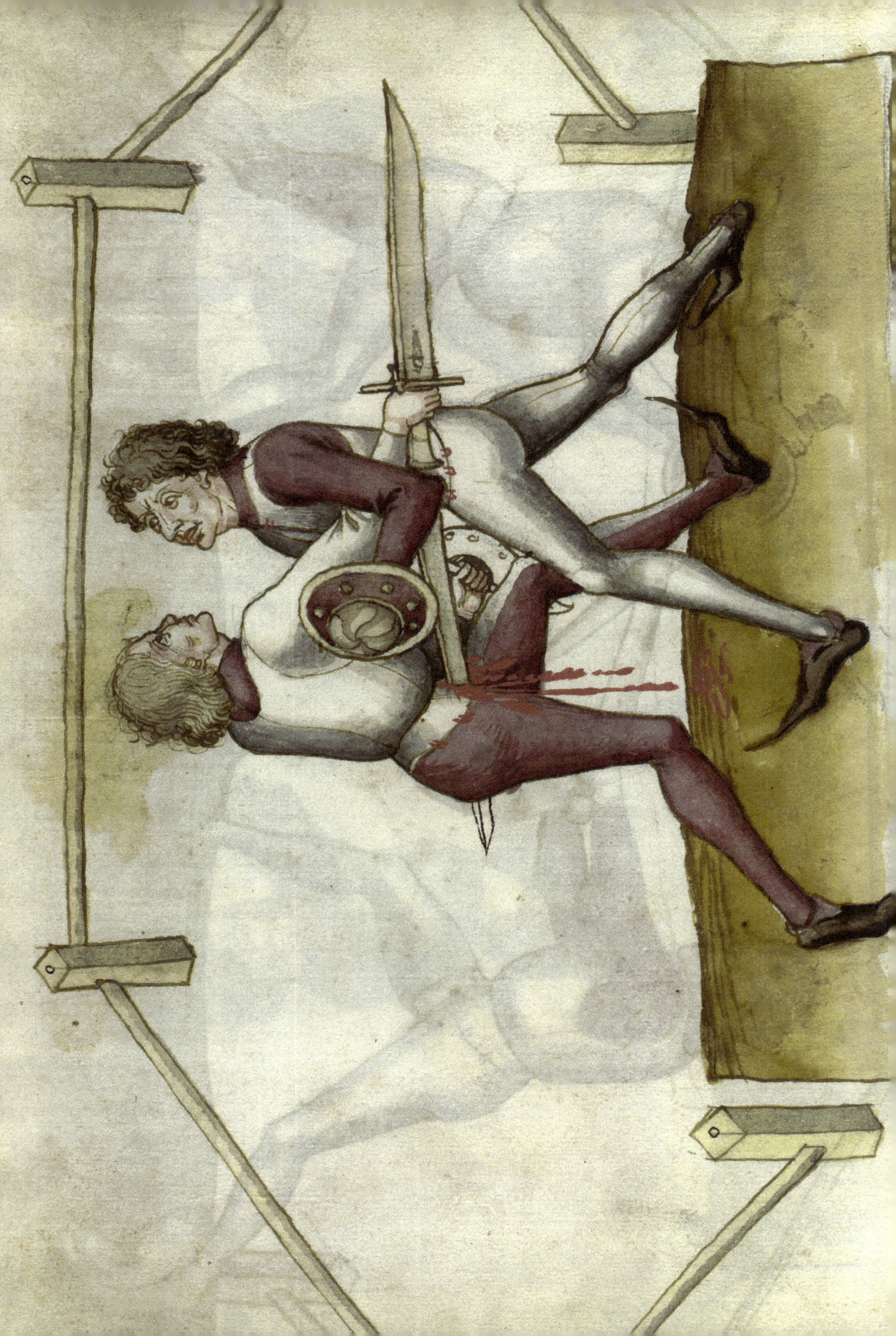

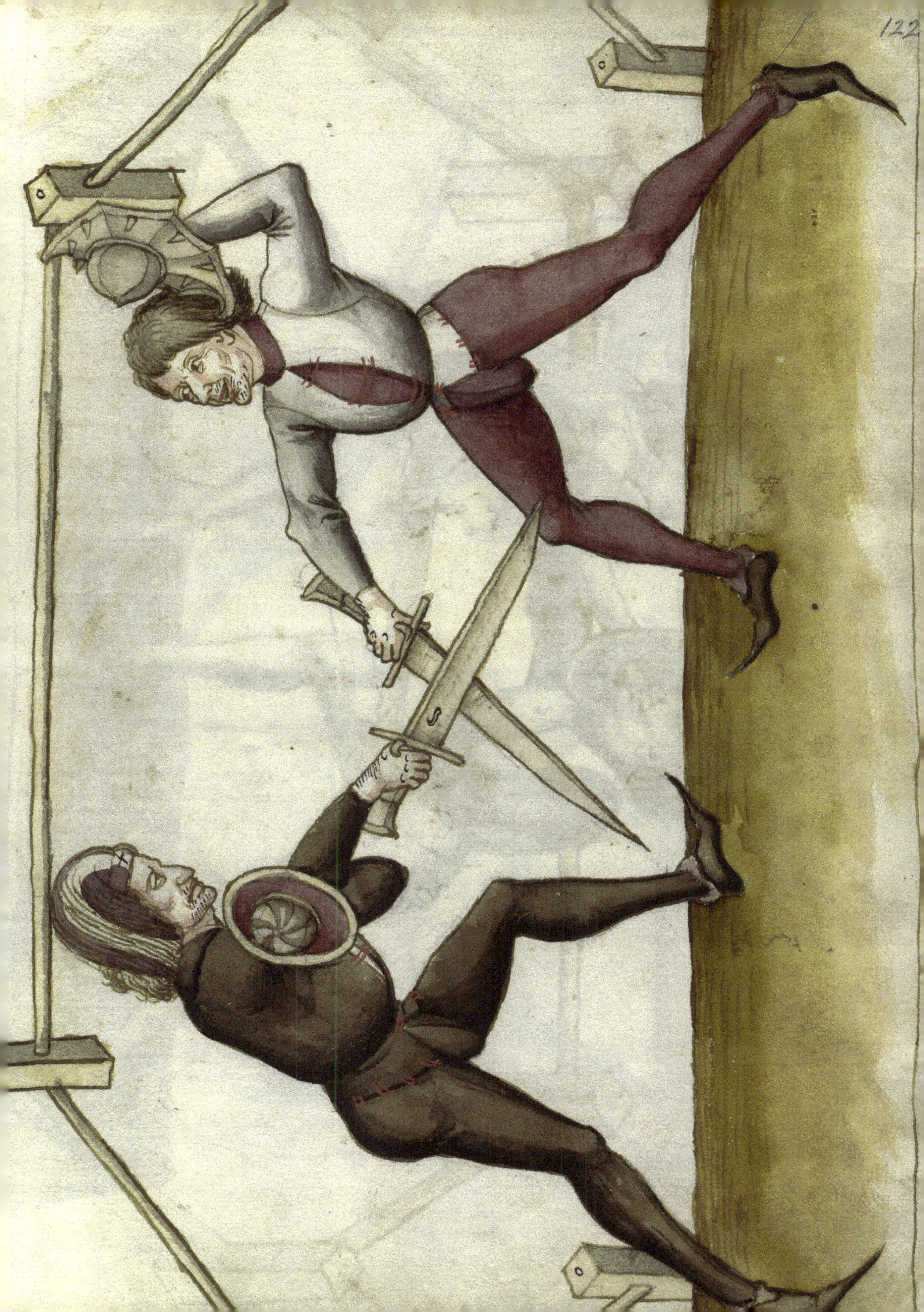

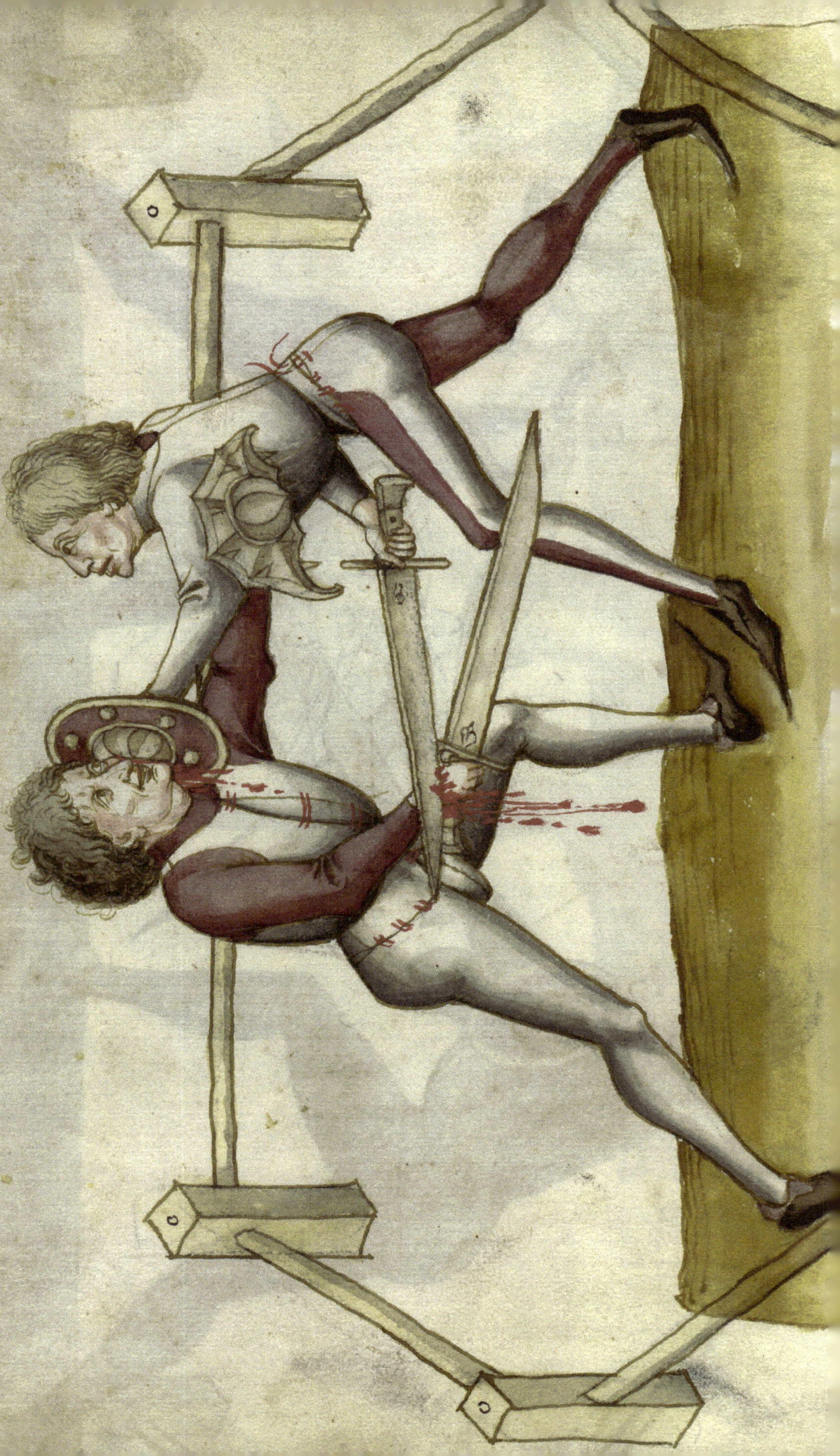

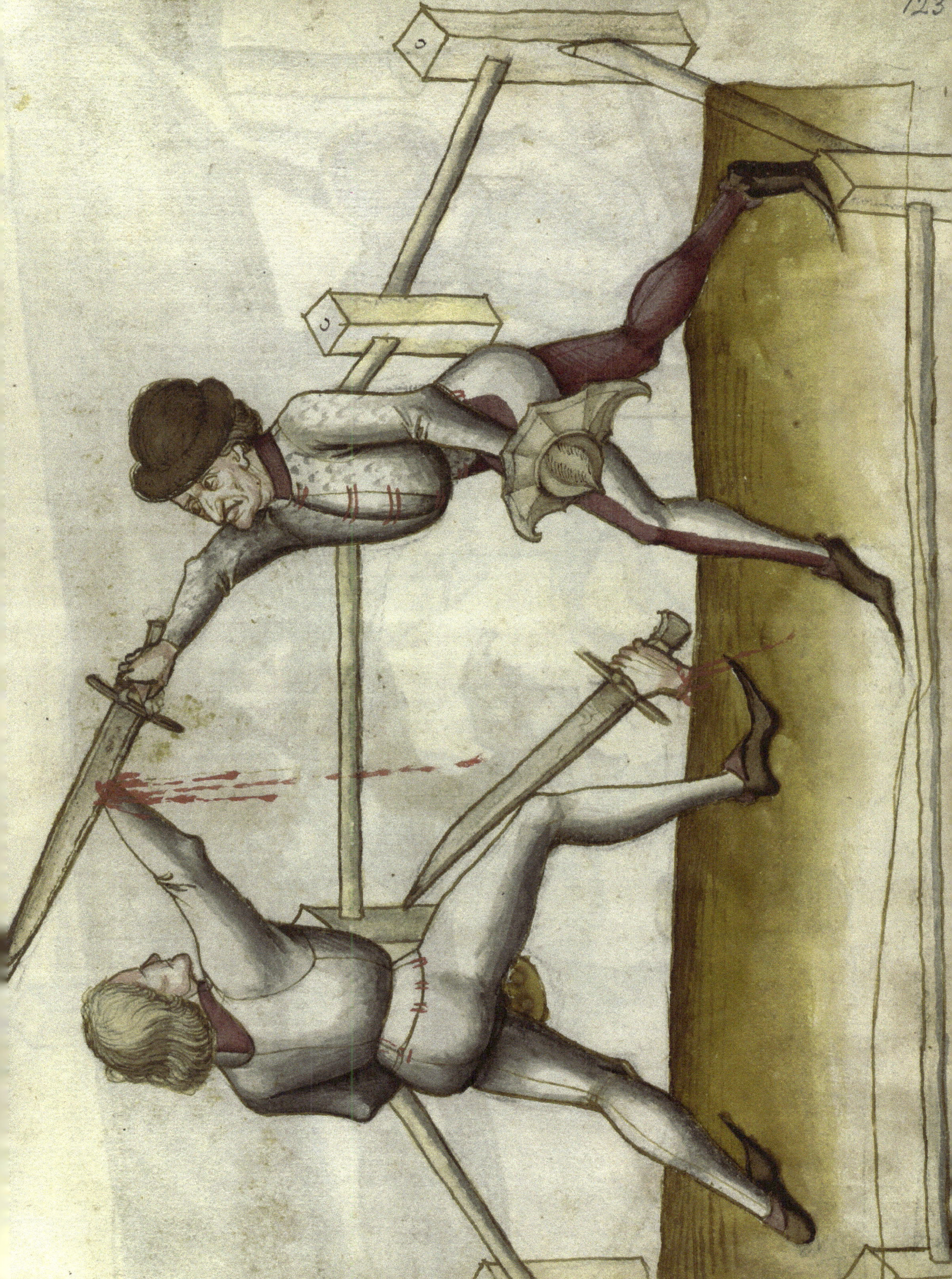

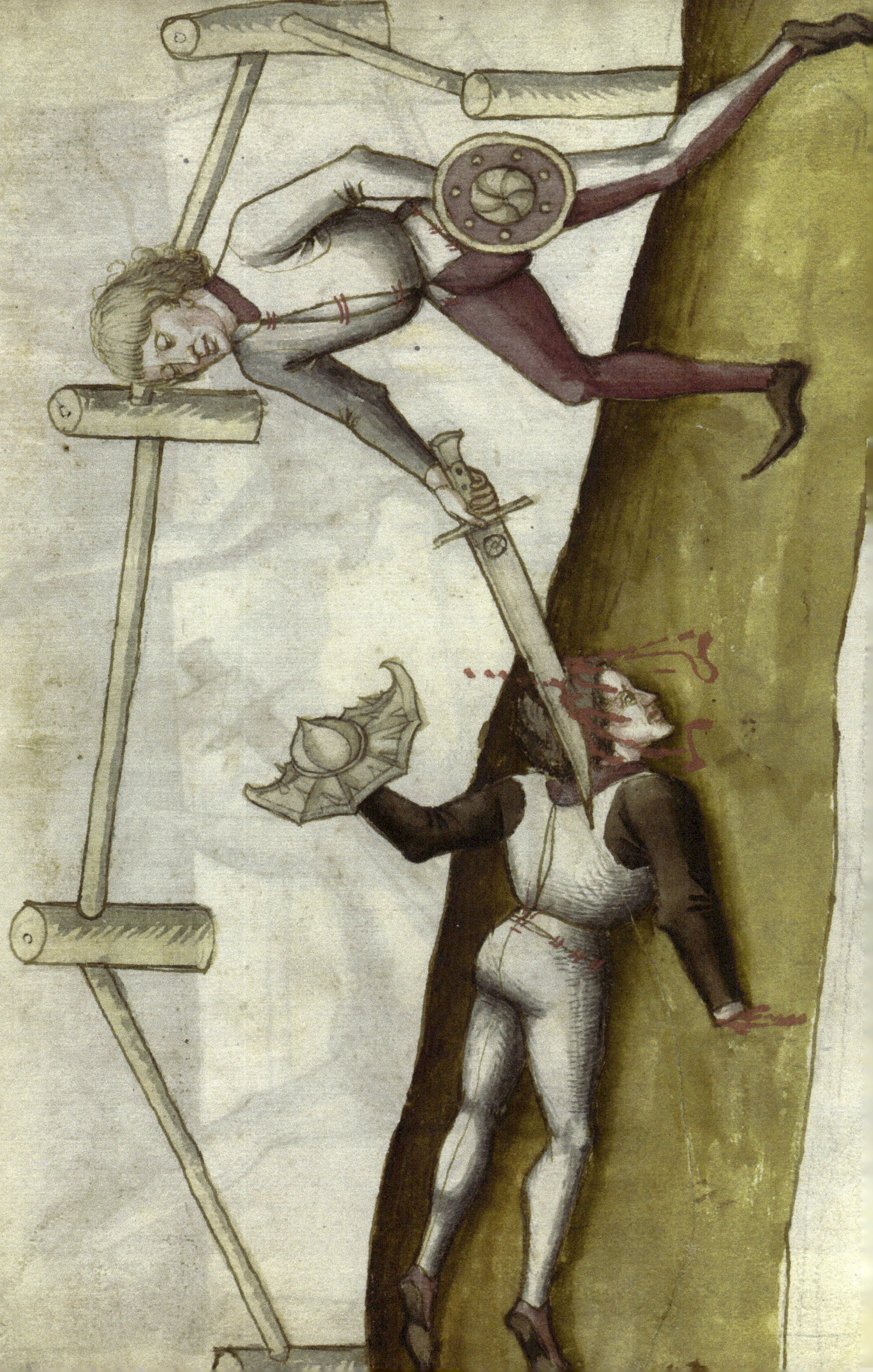

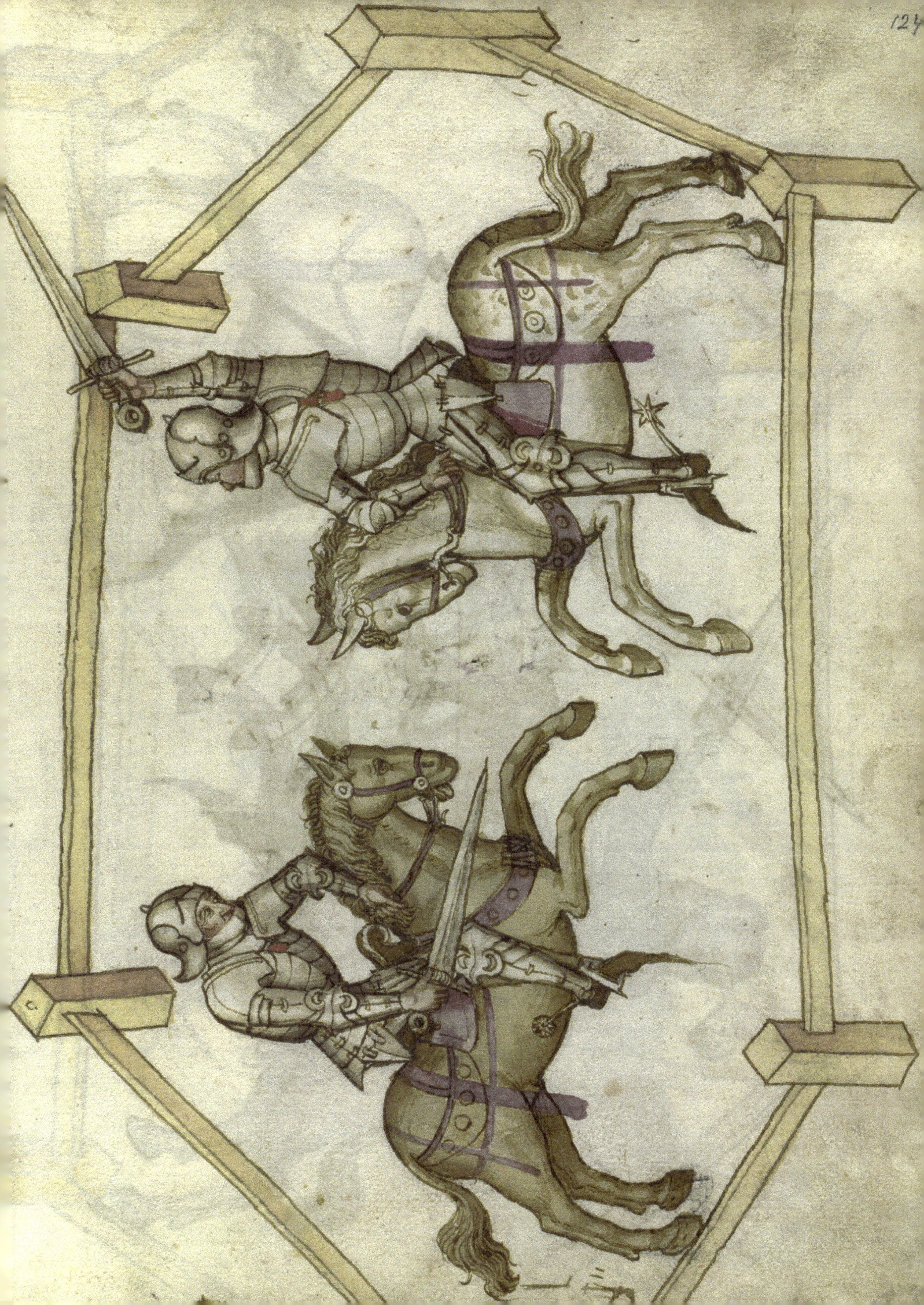

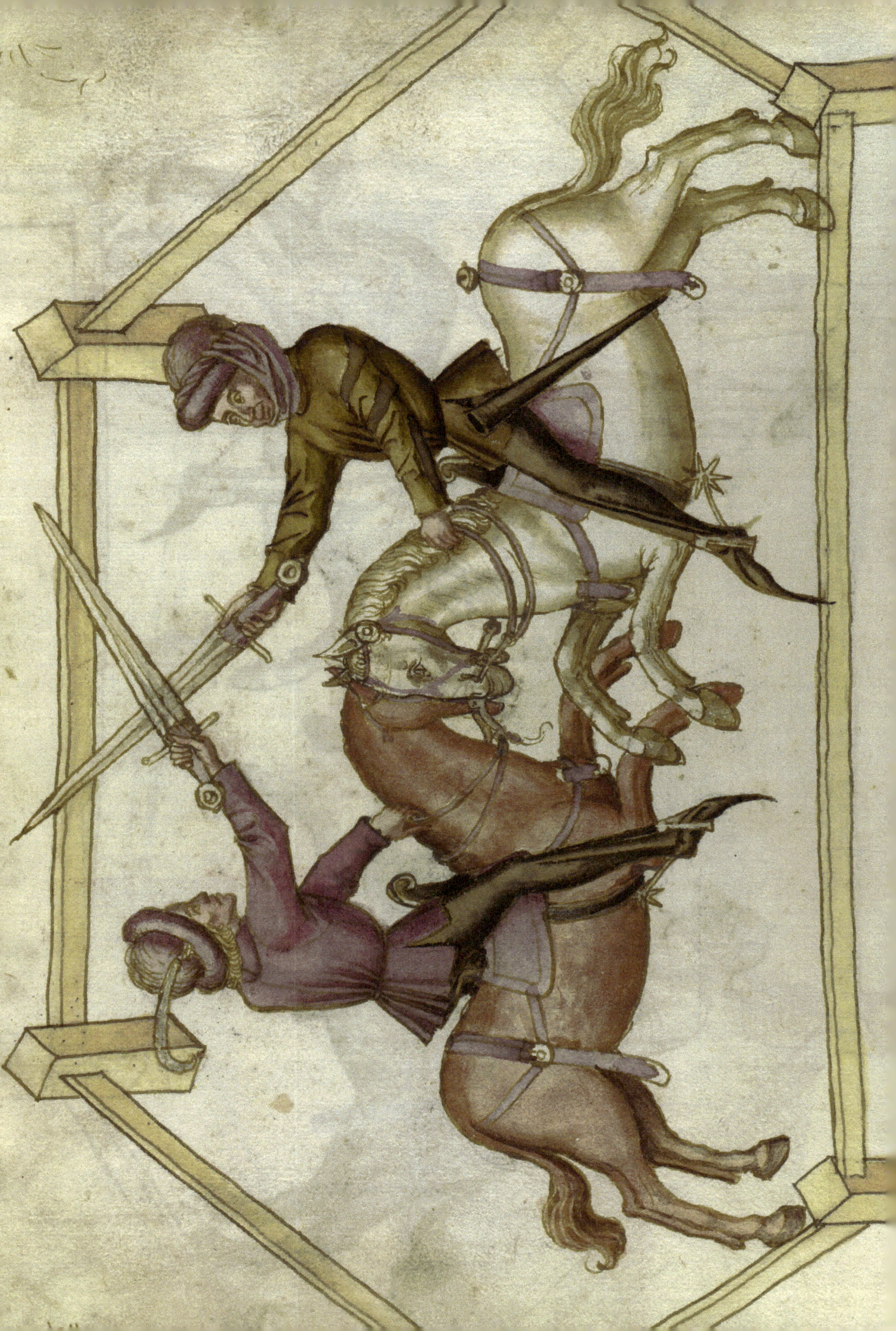

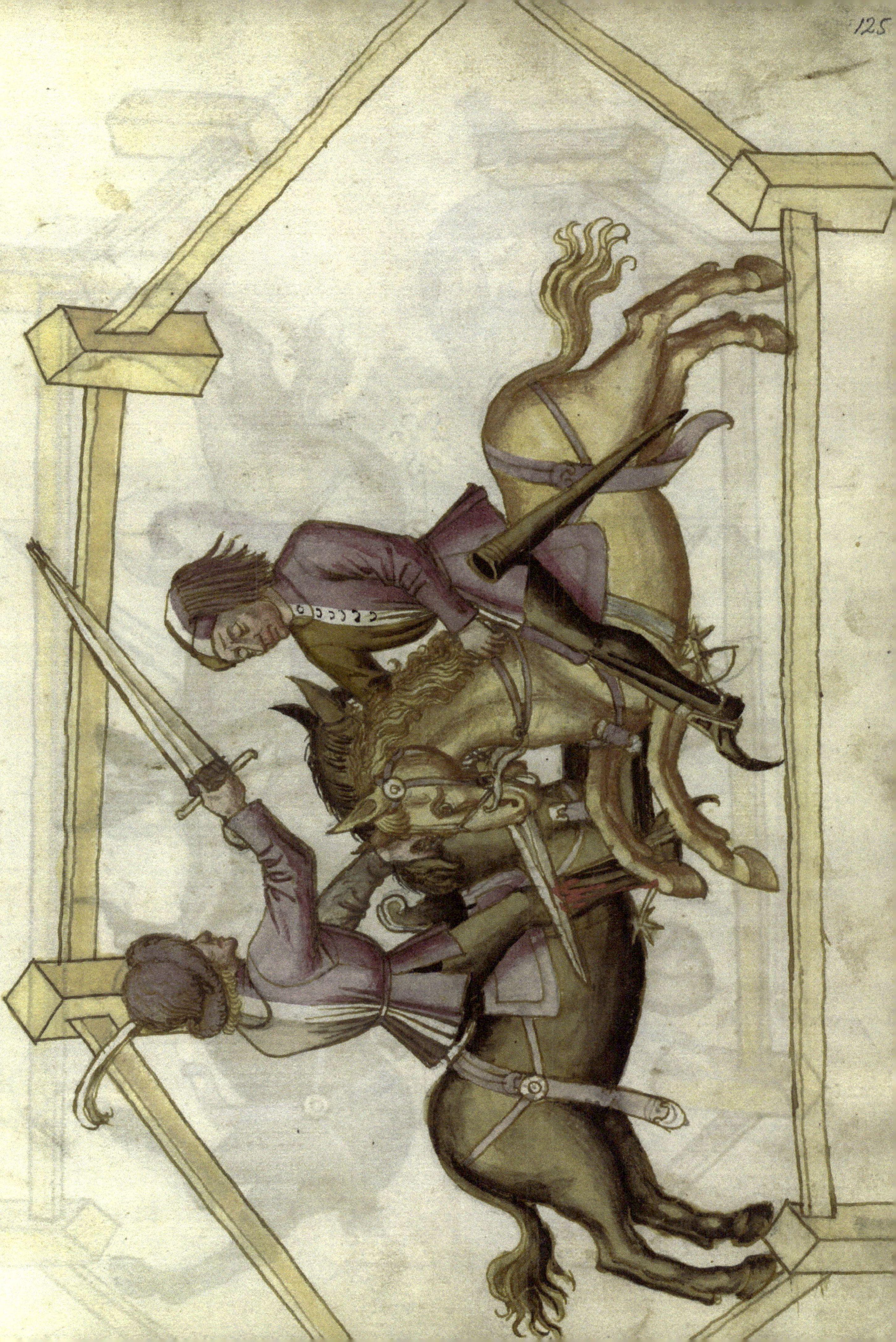

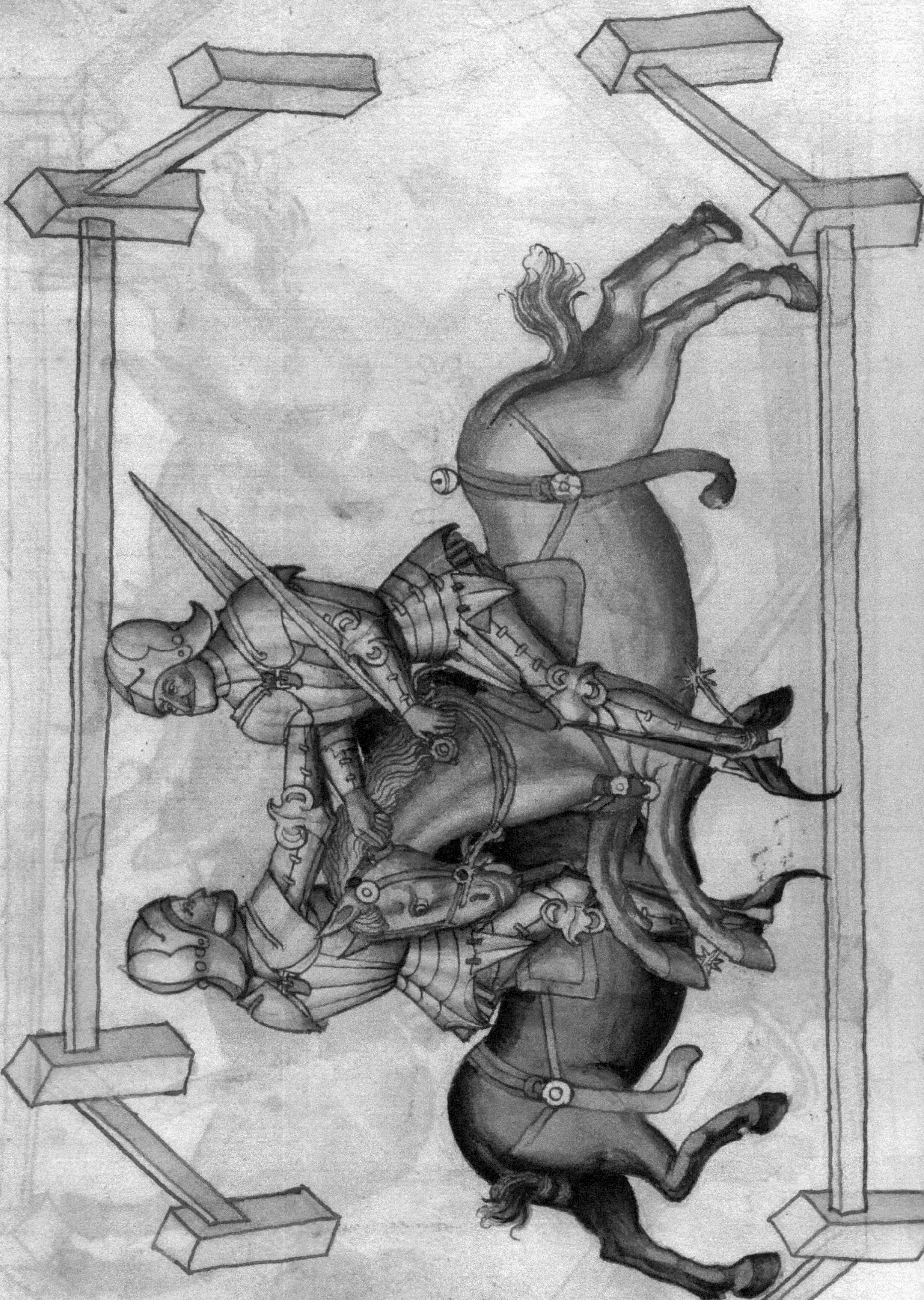

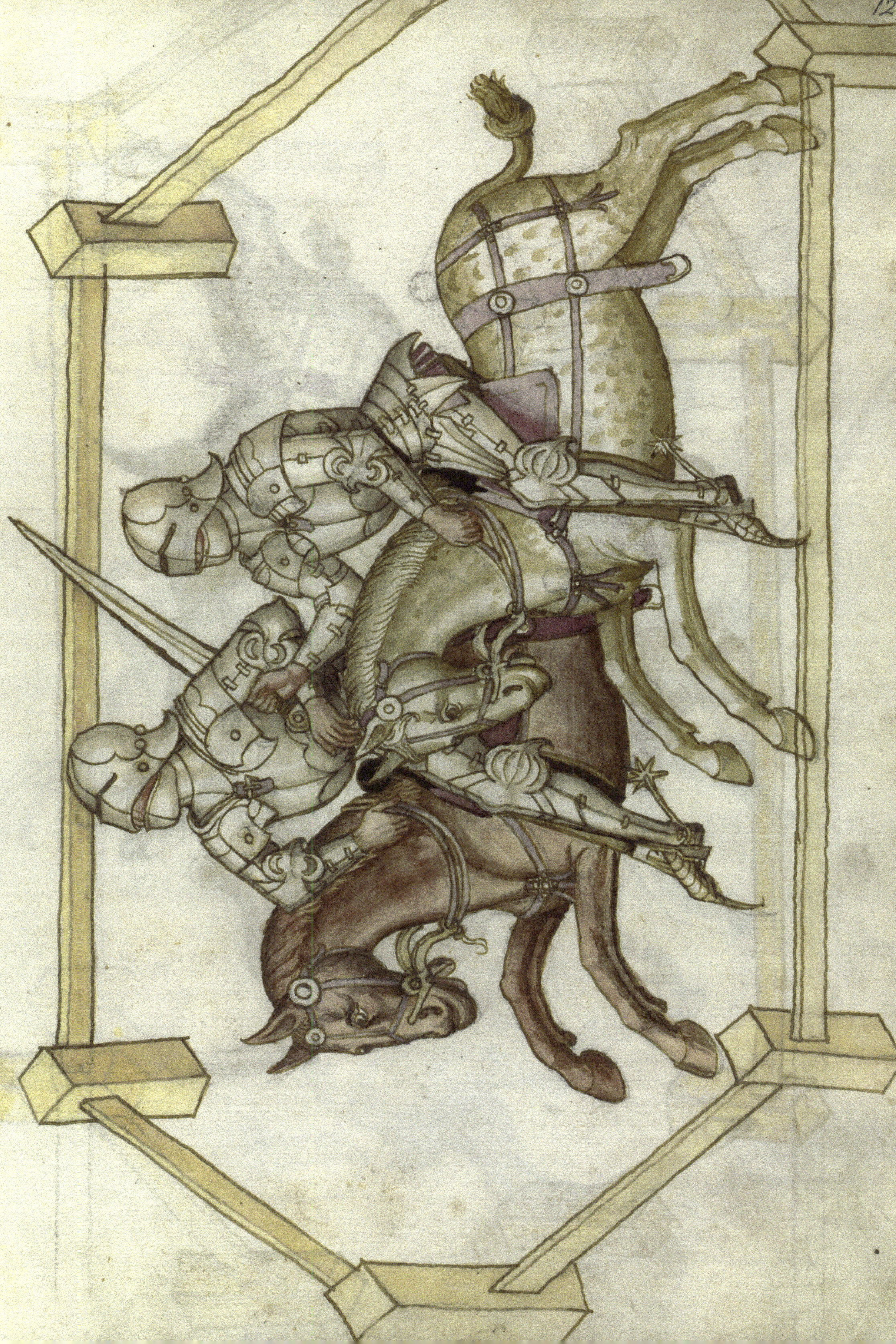

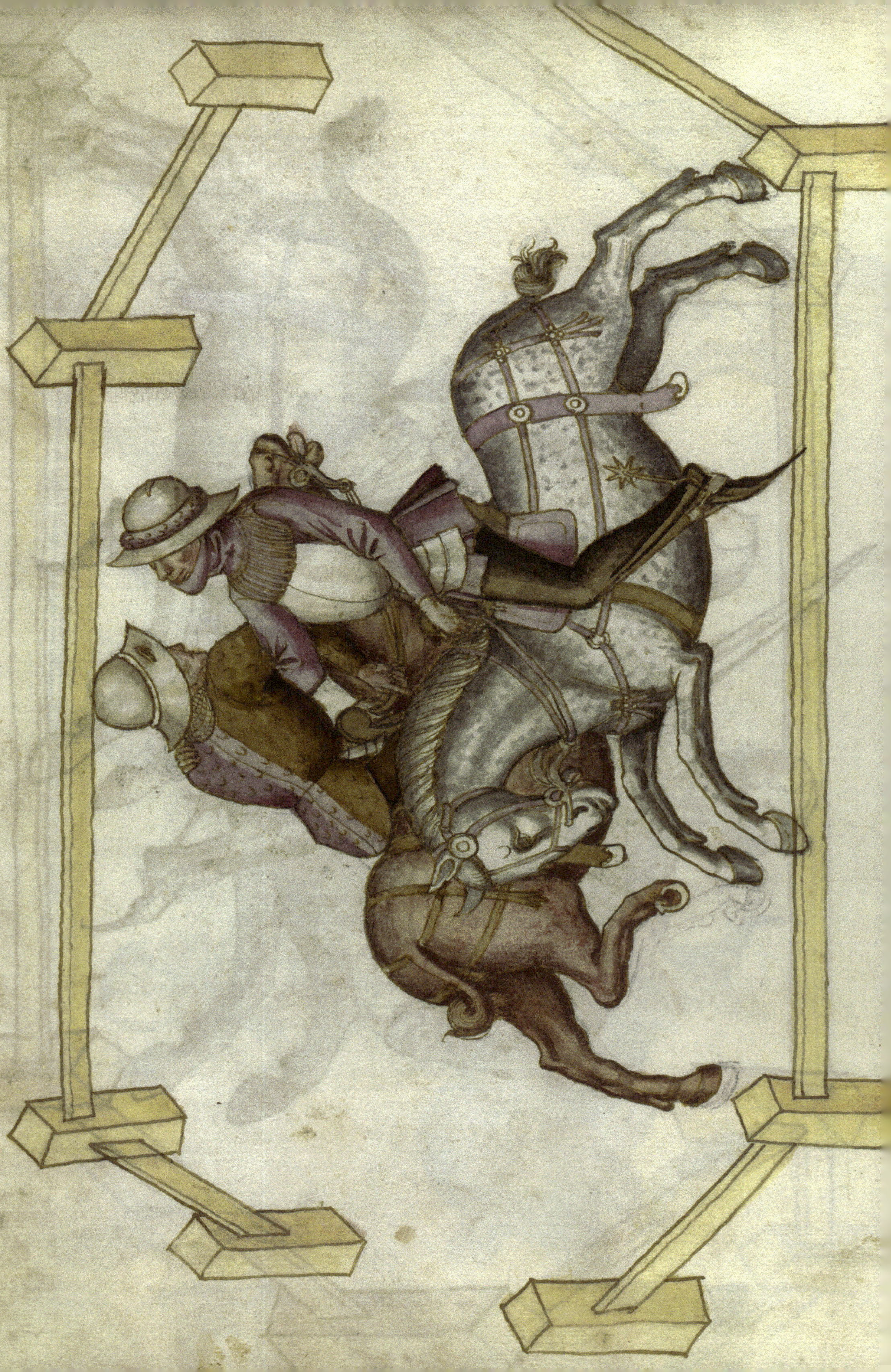

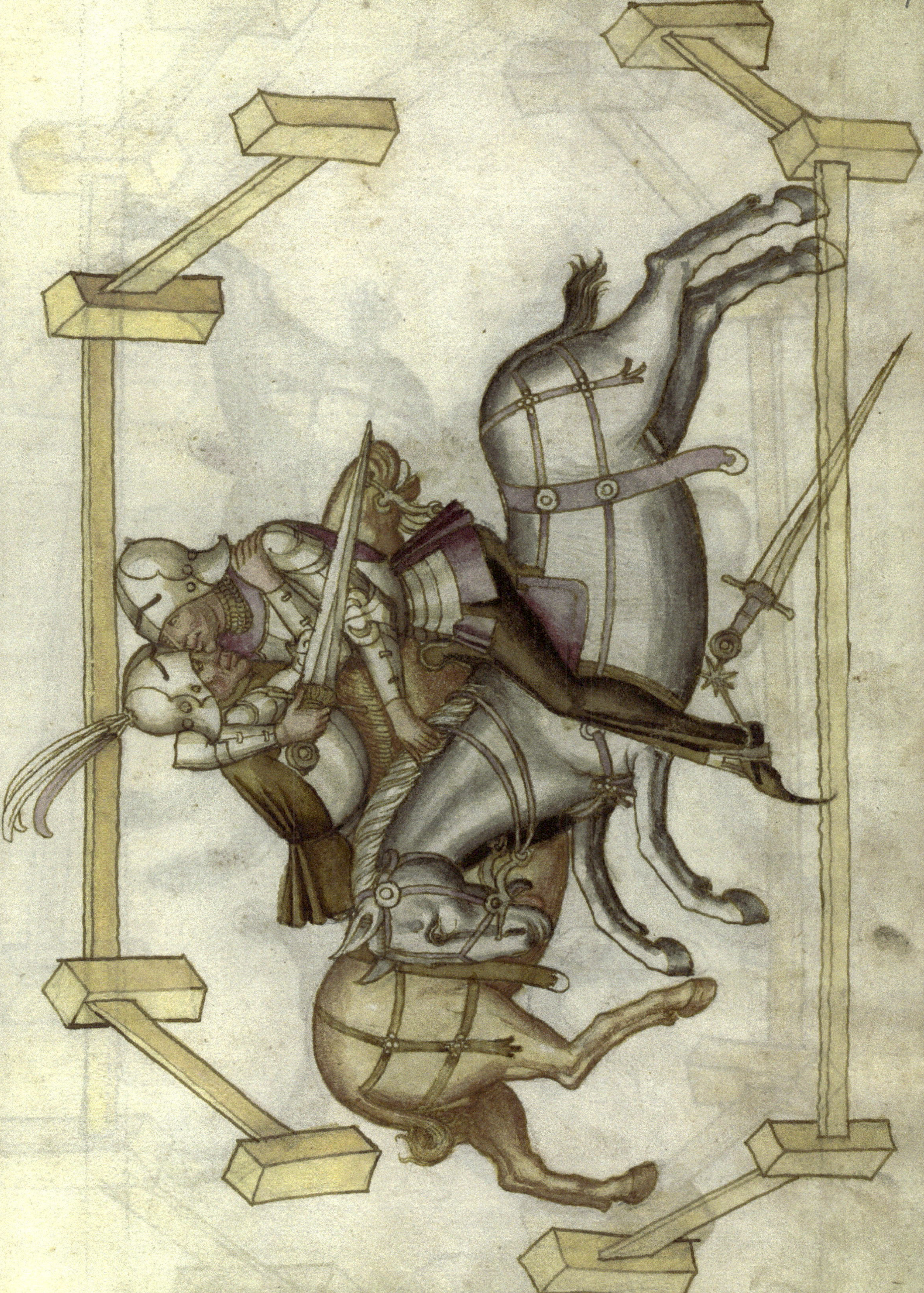

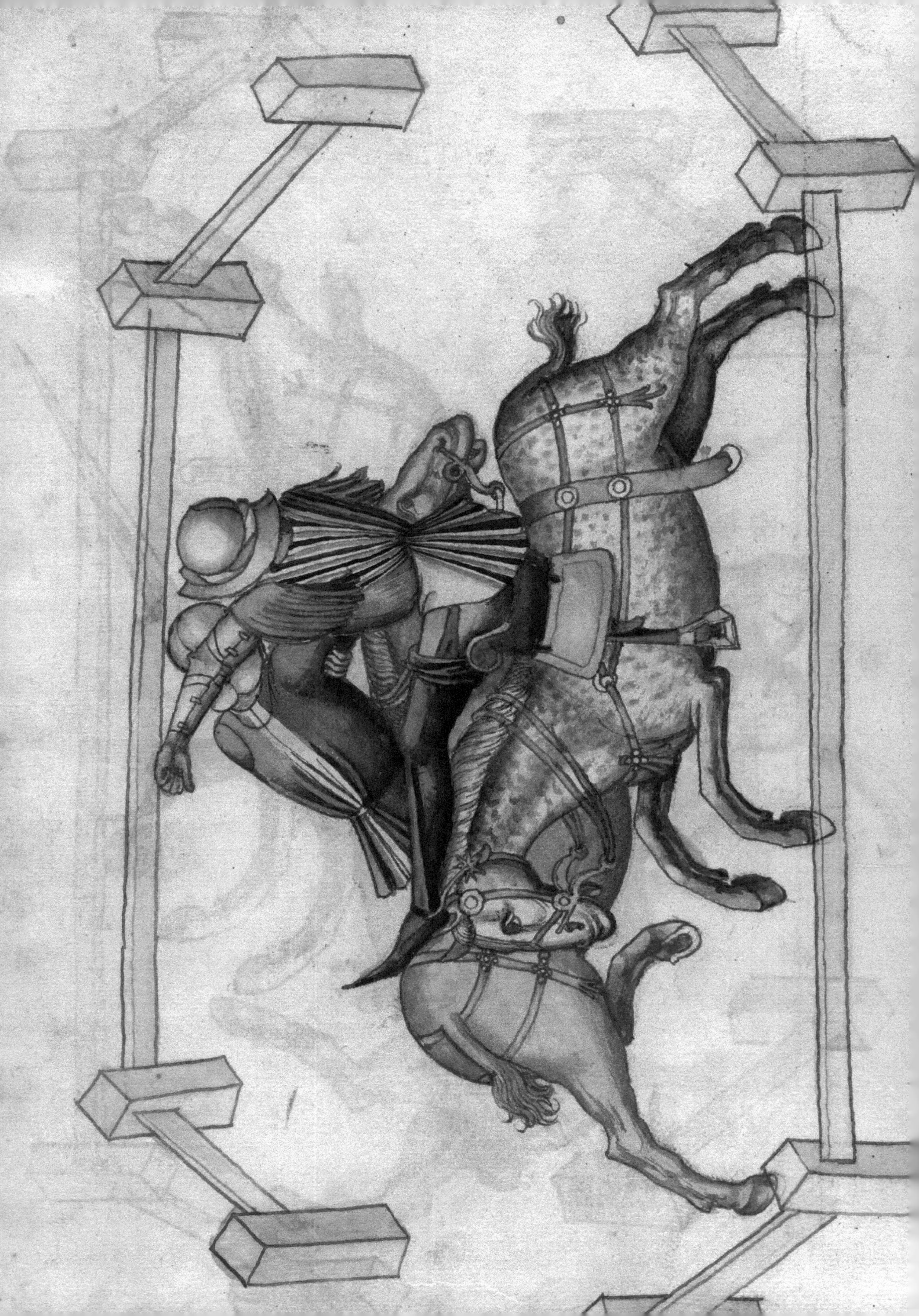

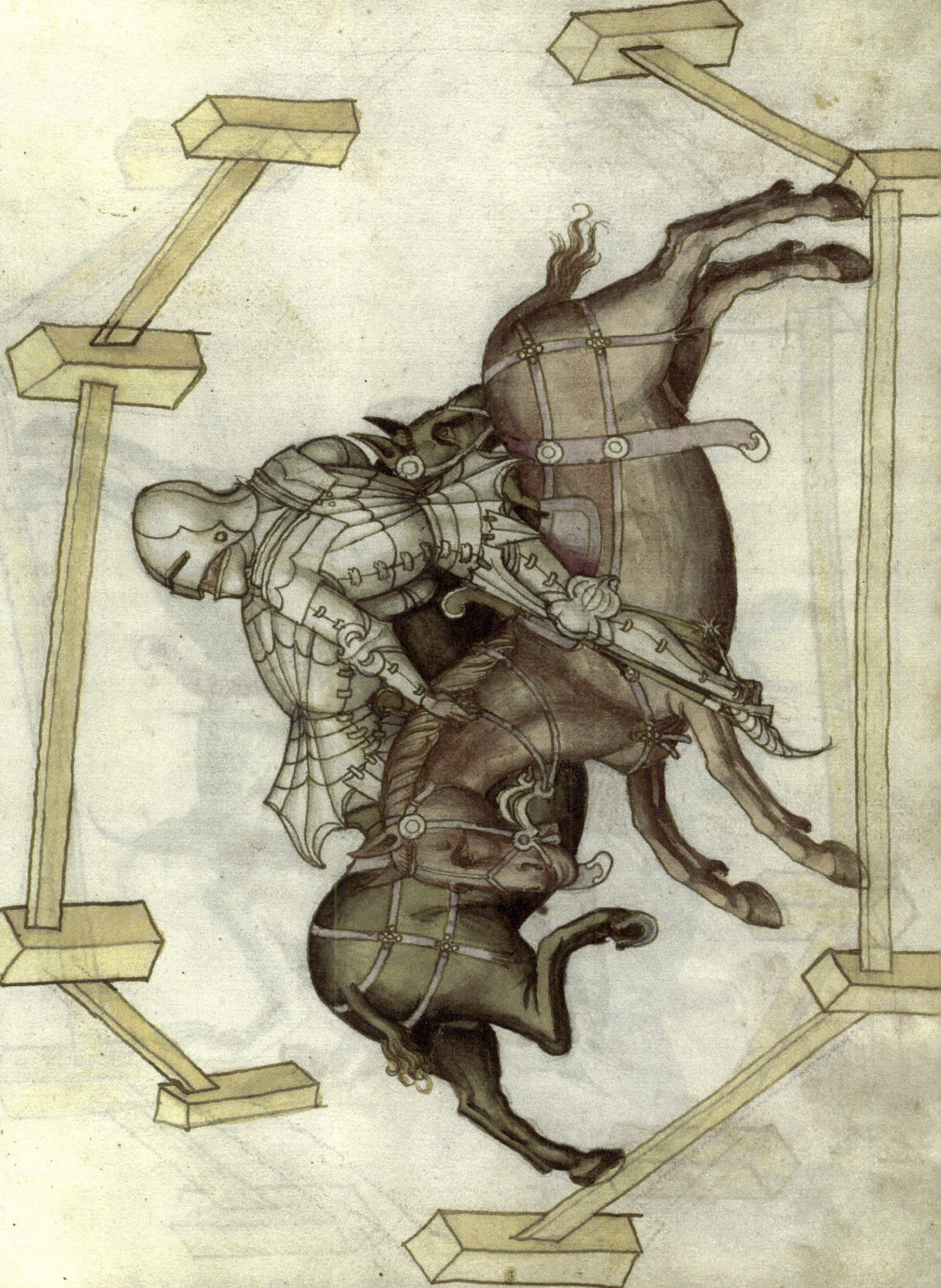

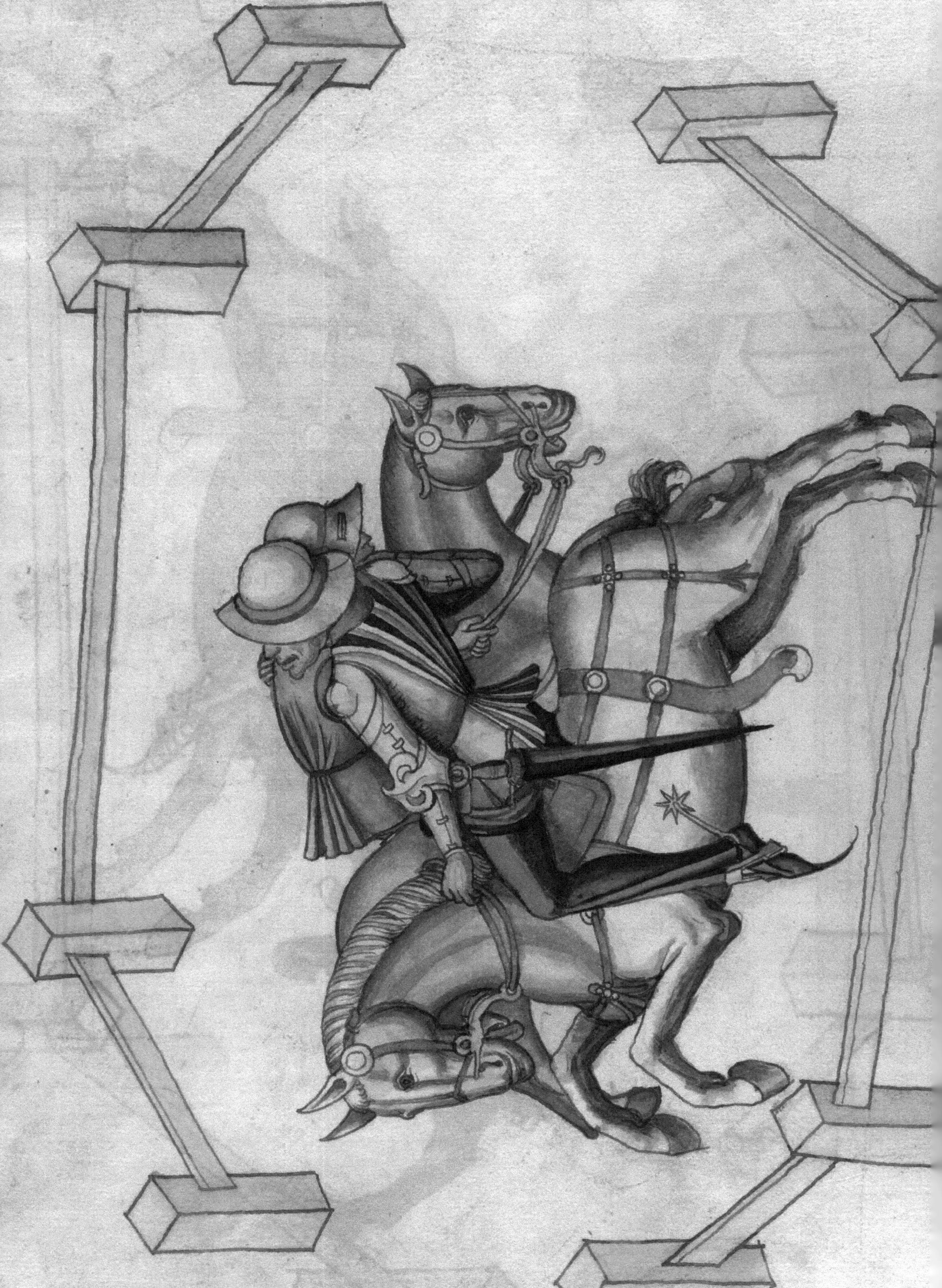

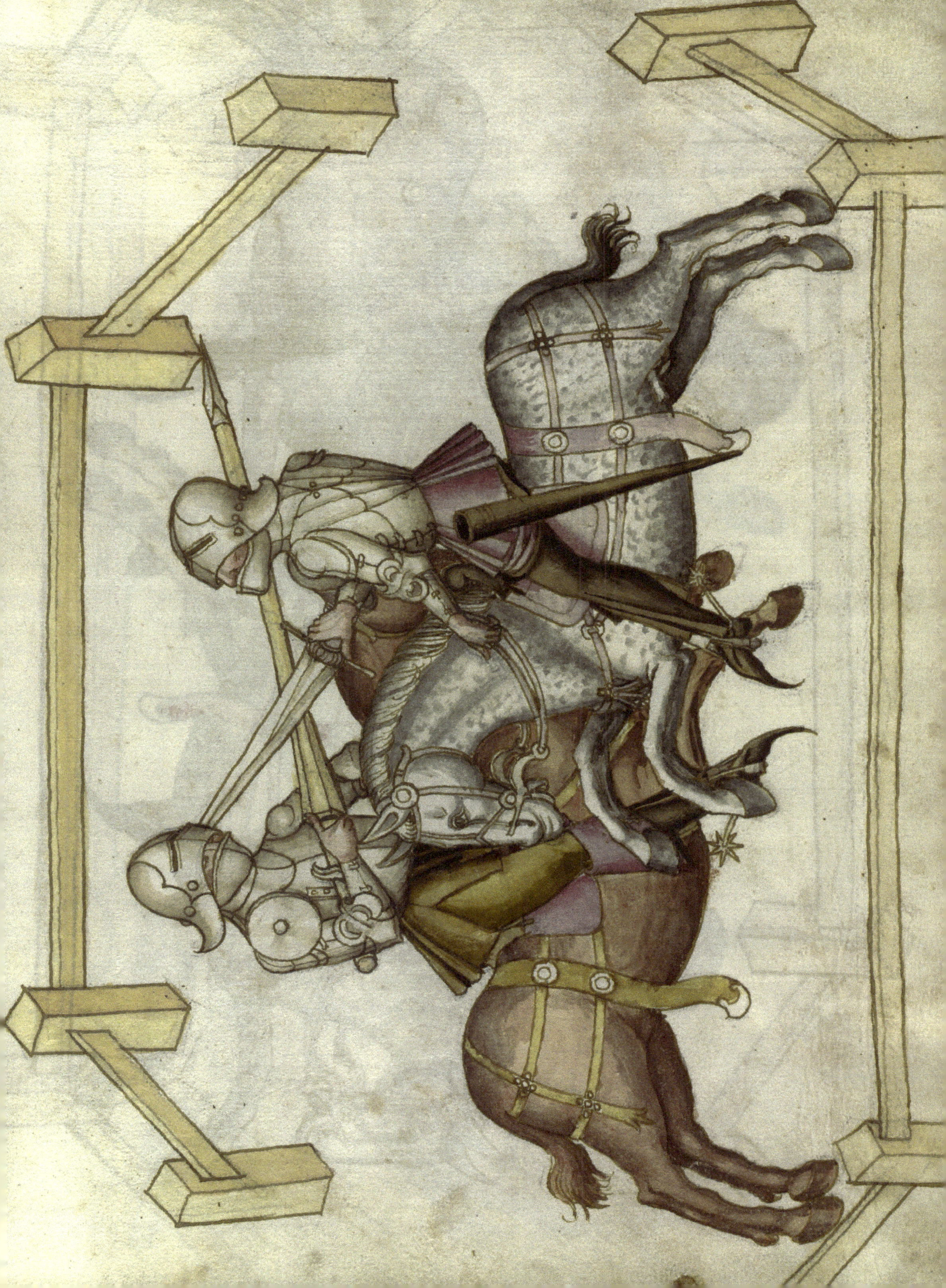

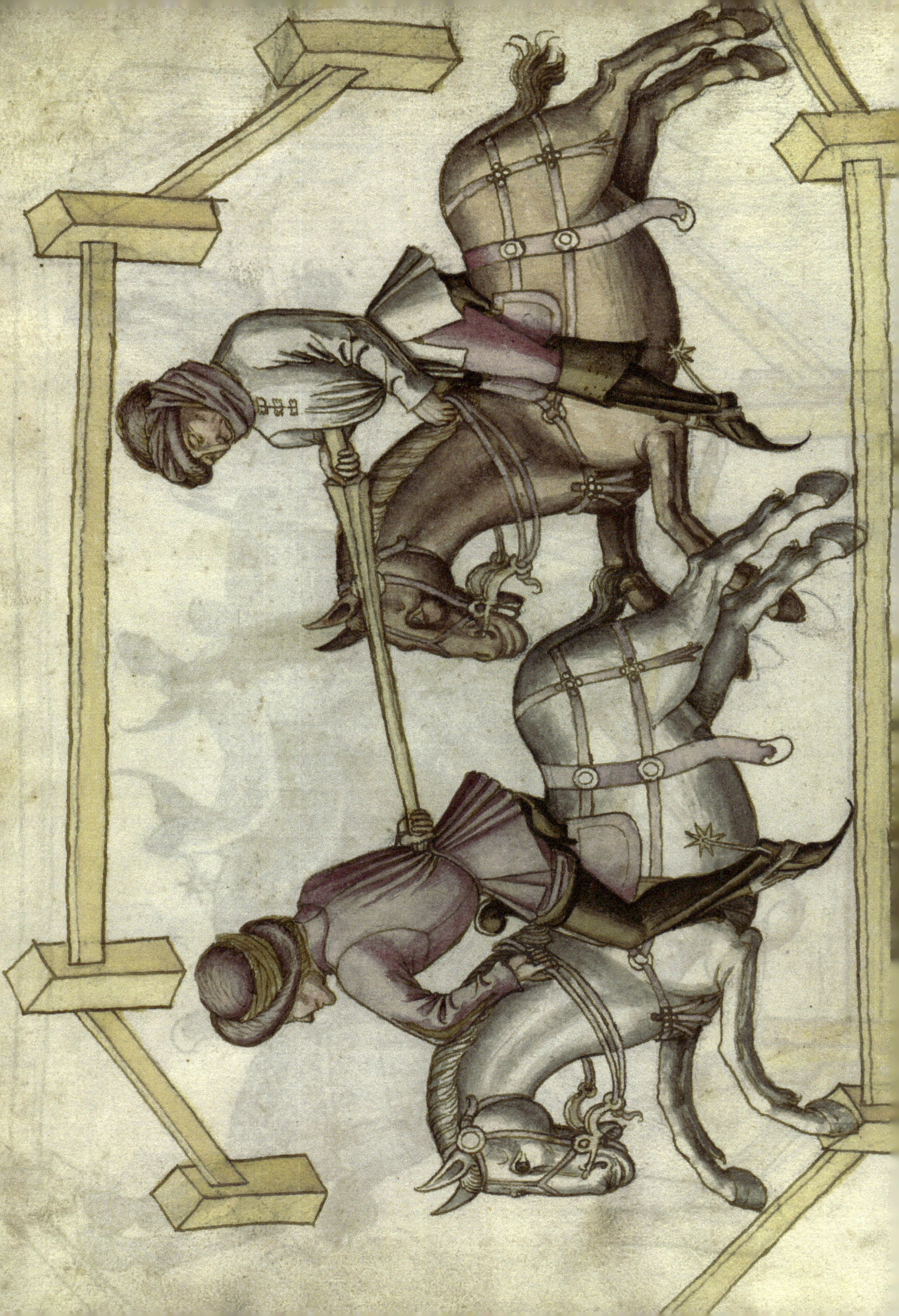

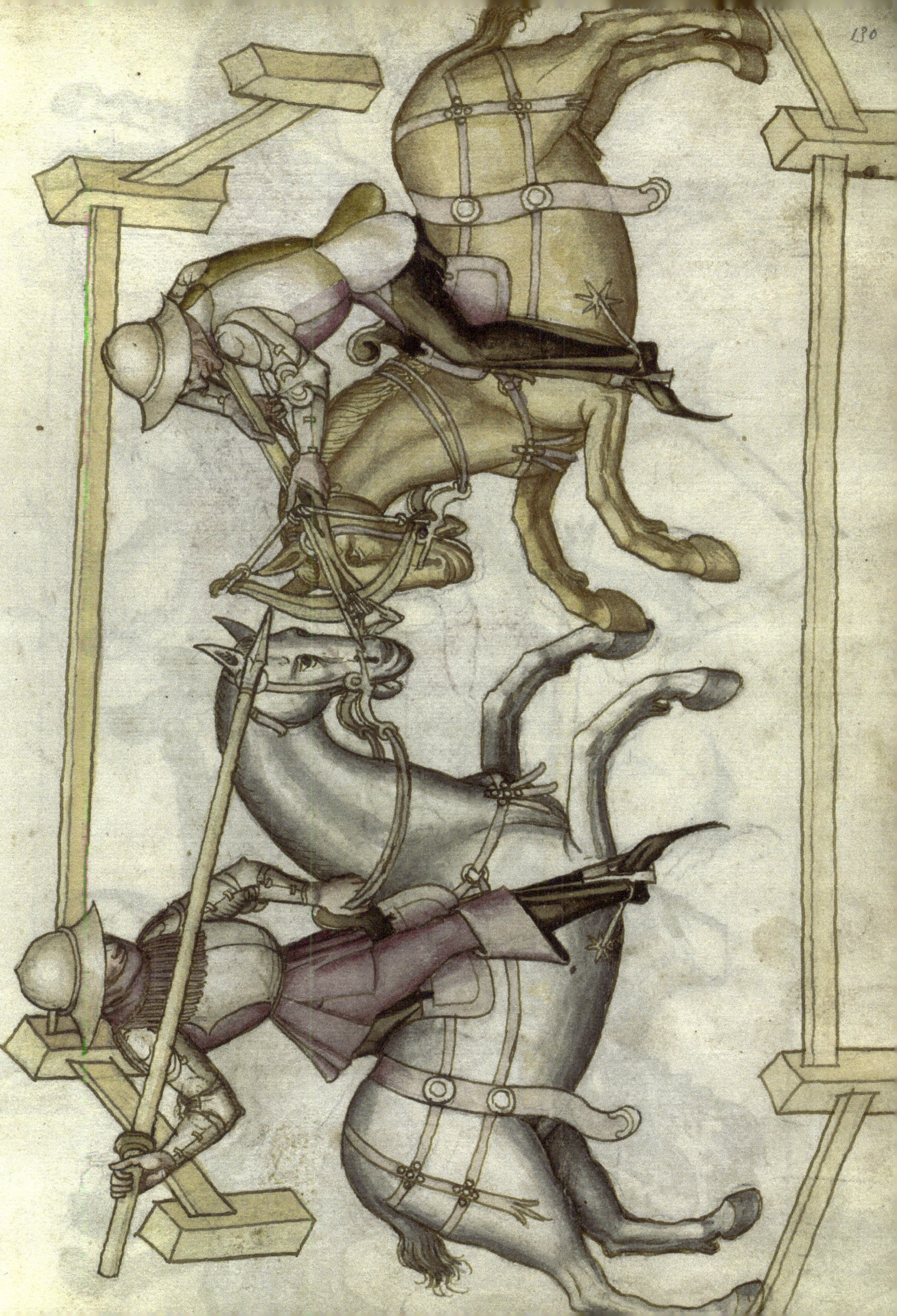

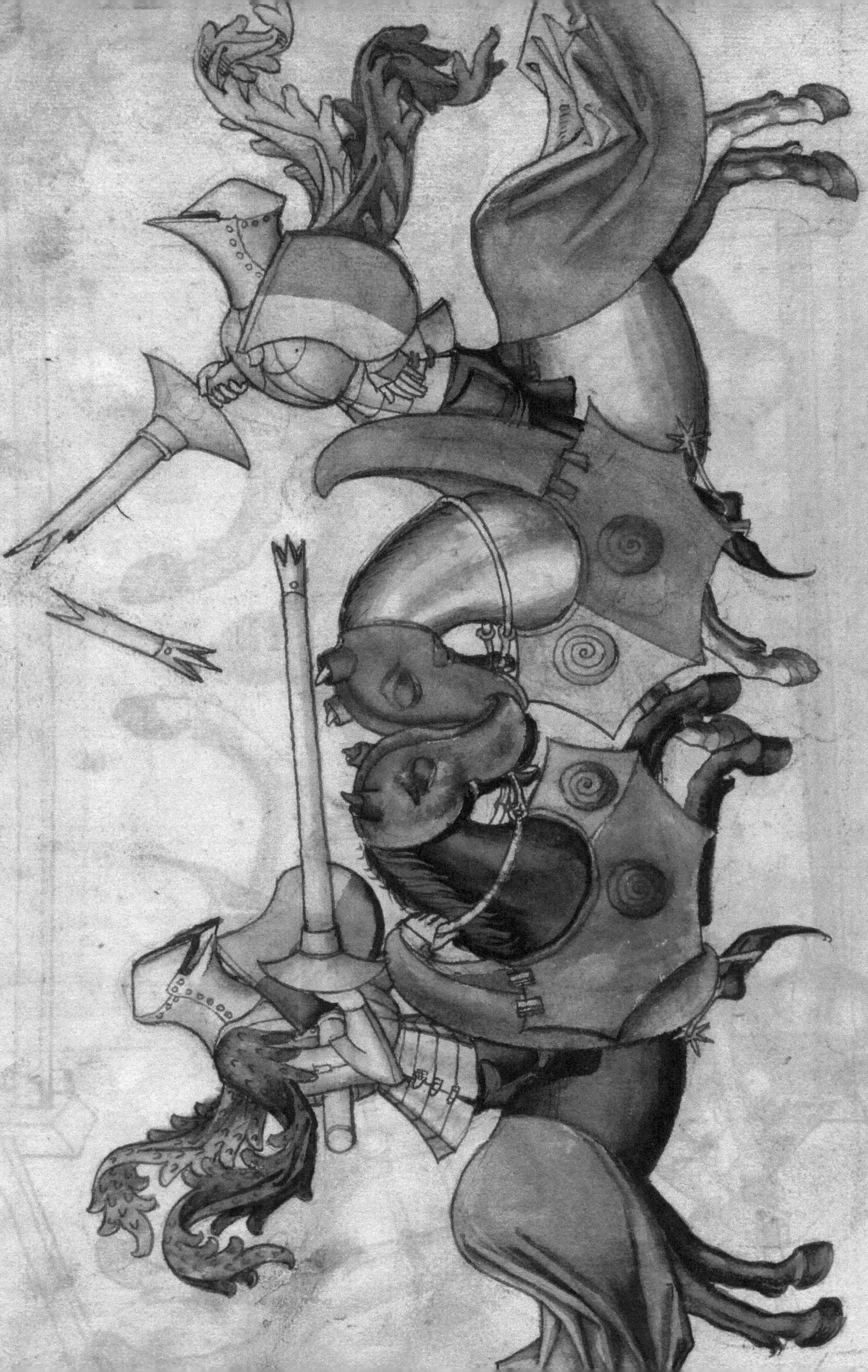

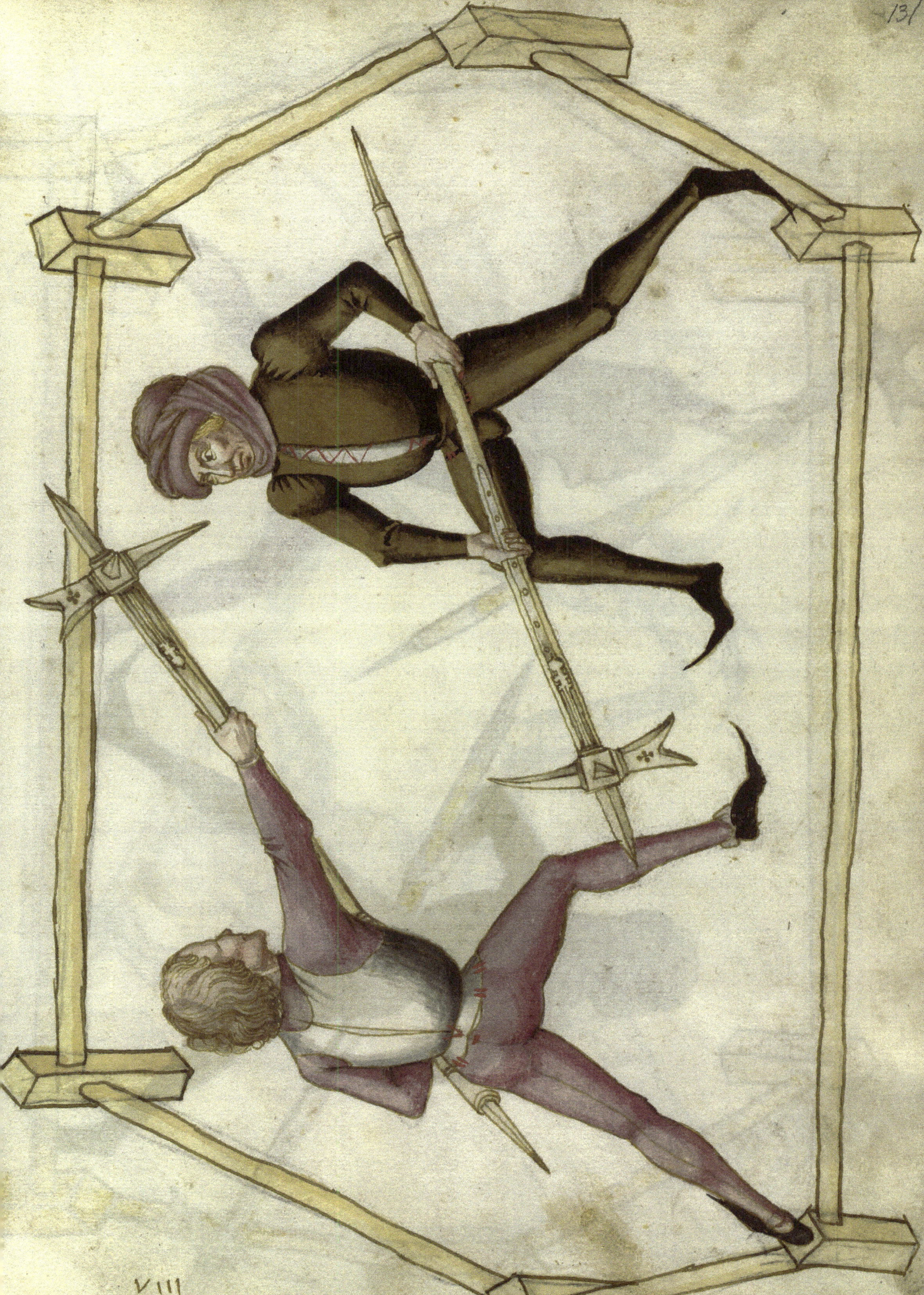

VIII

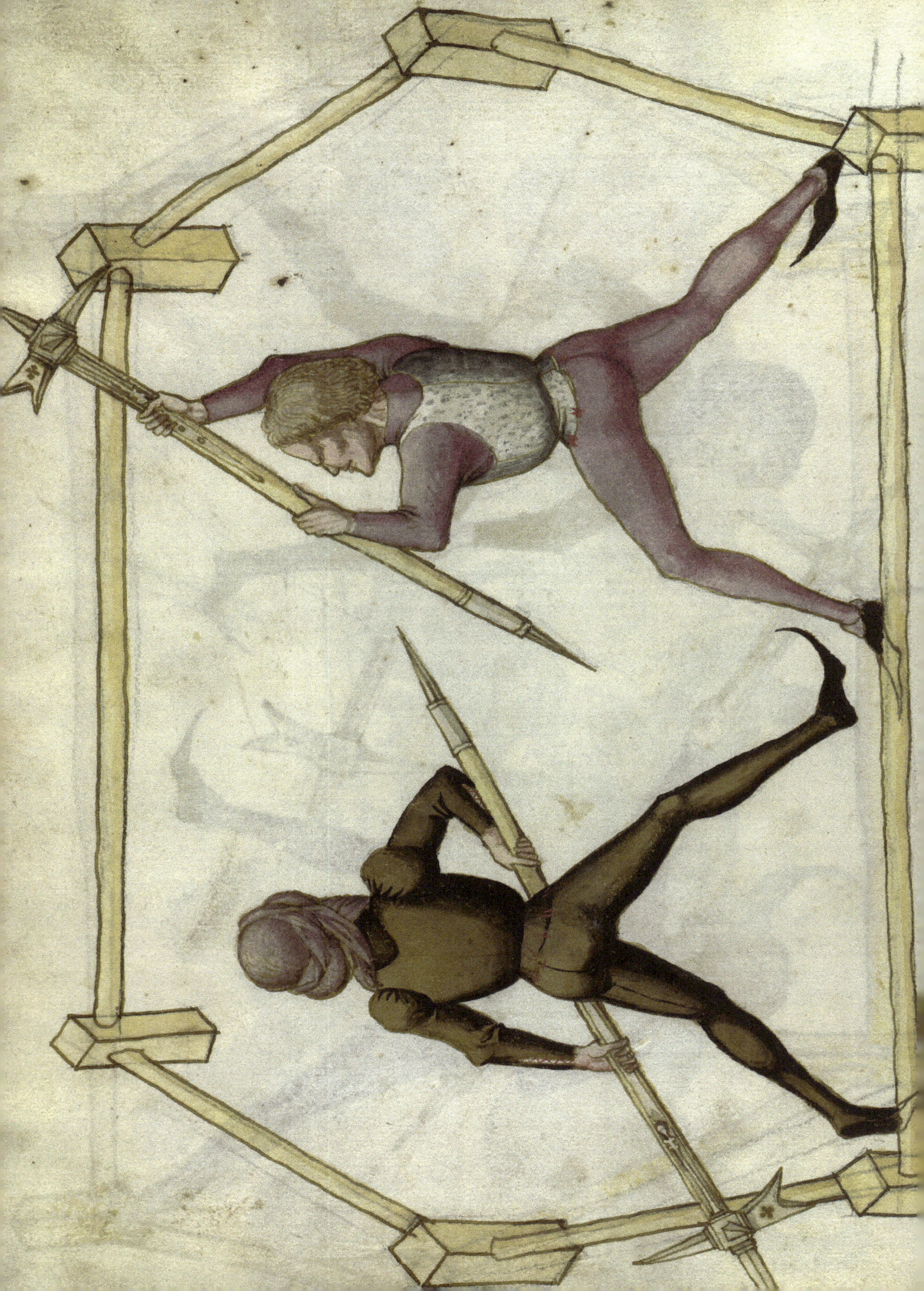

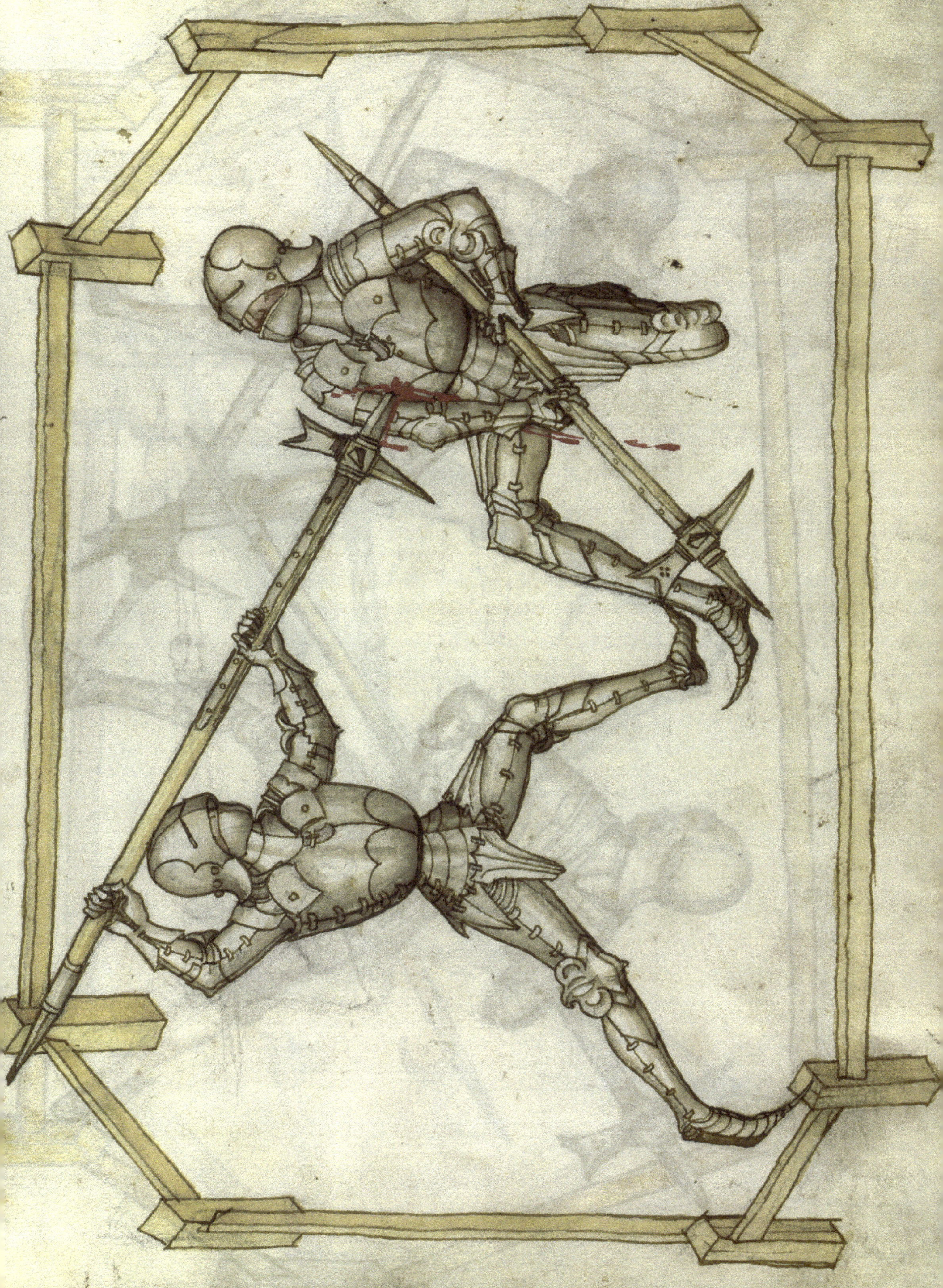

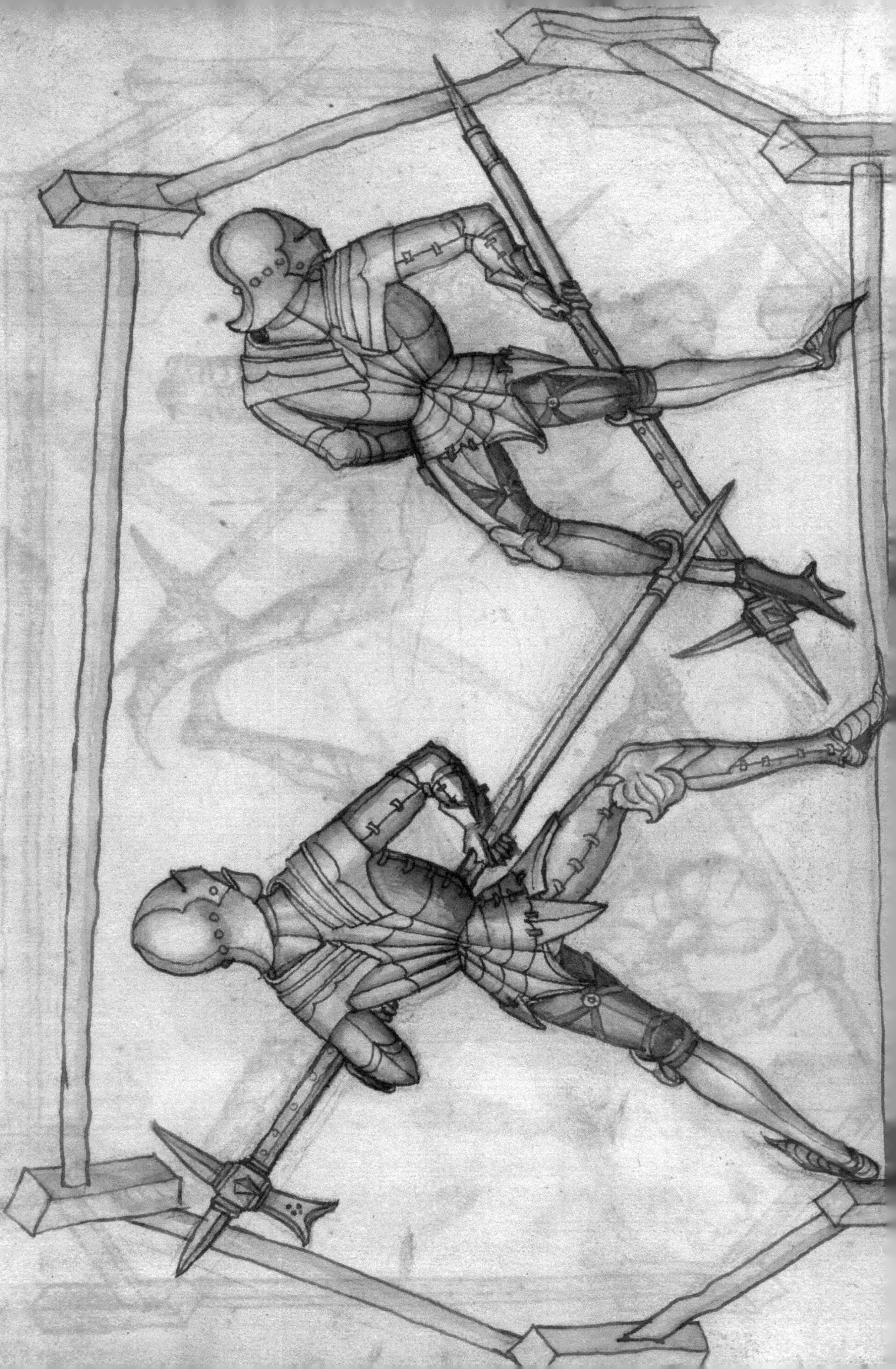

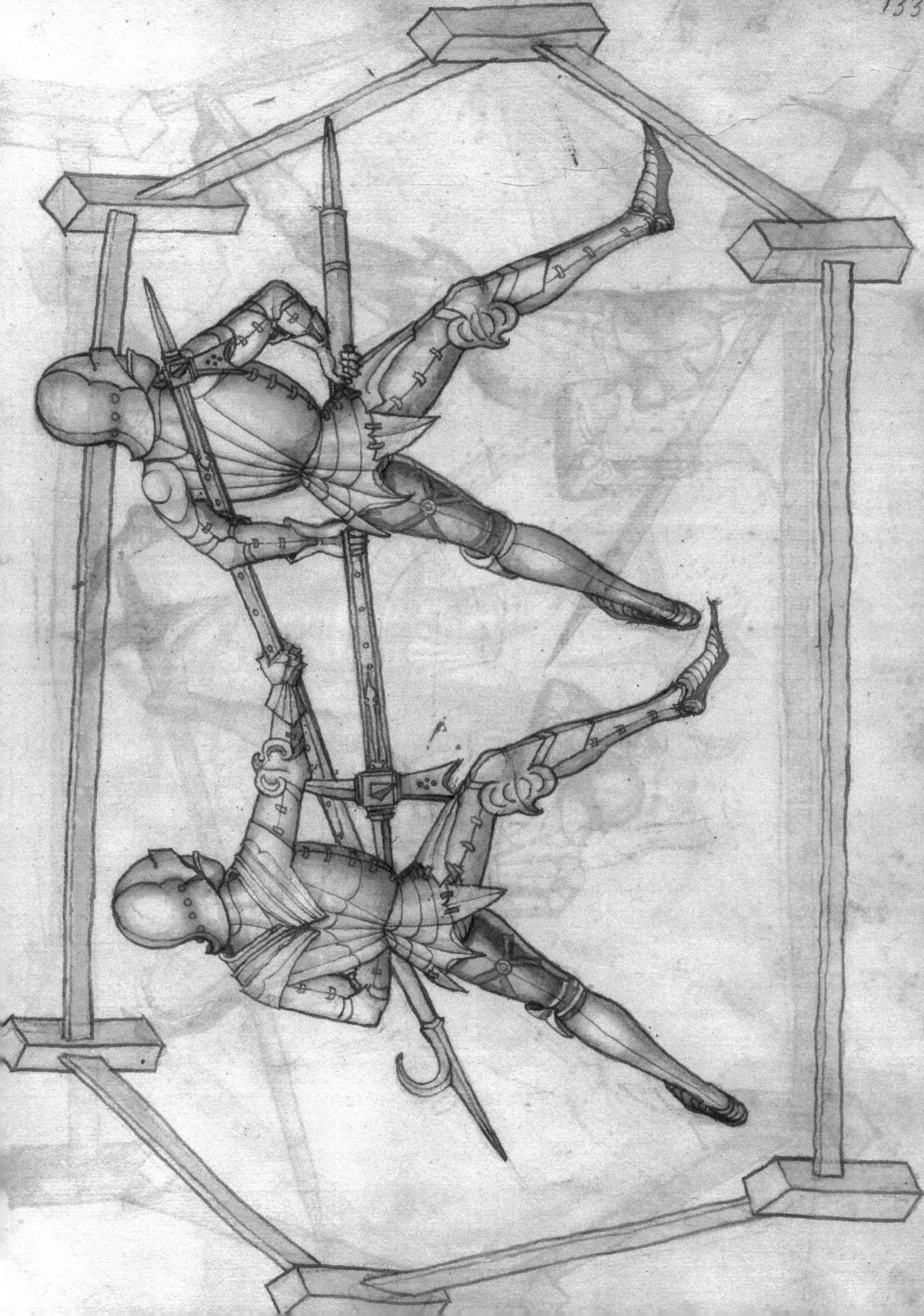

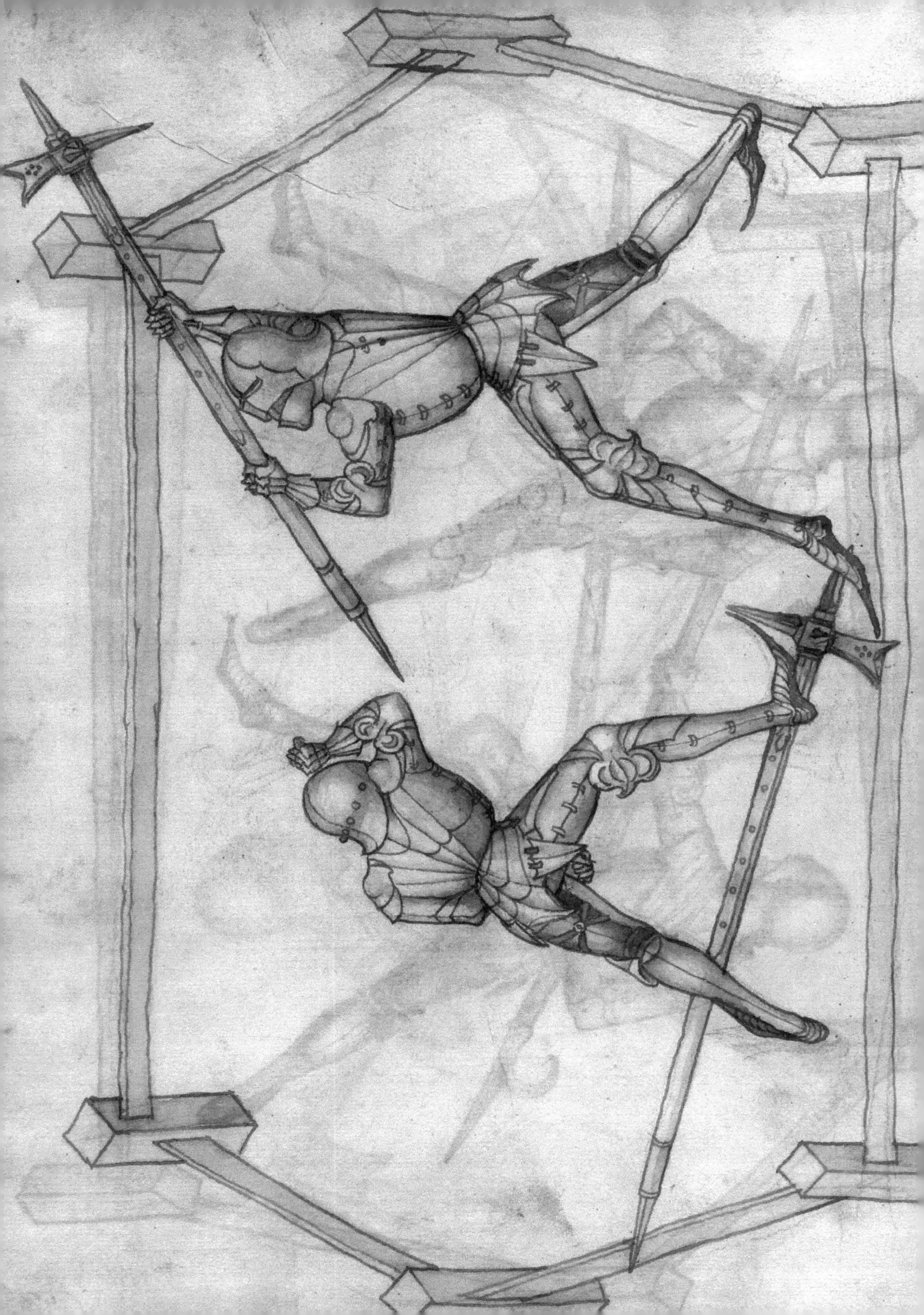

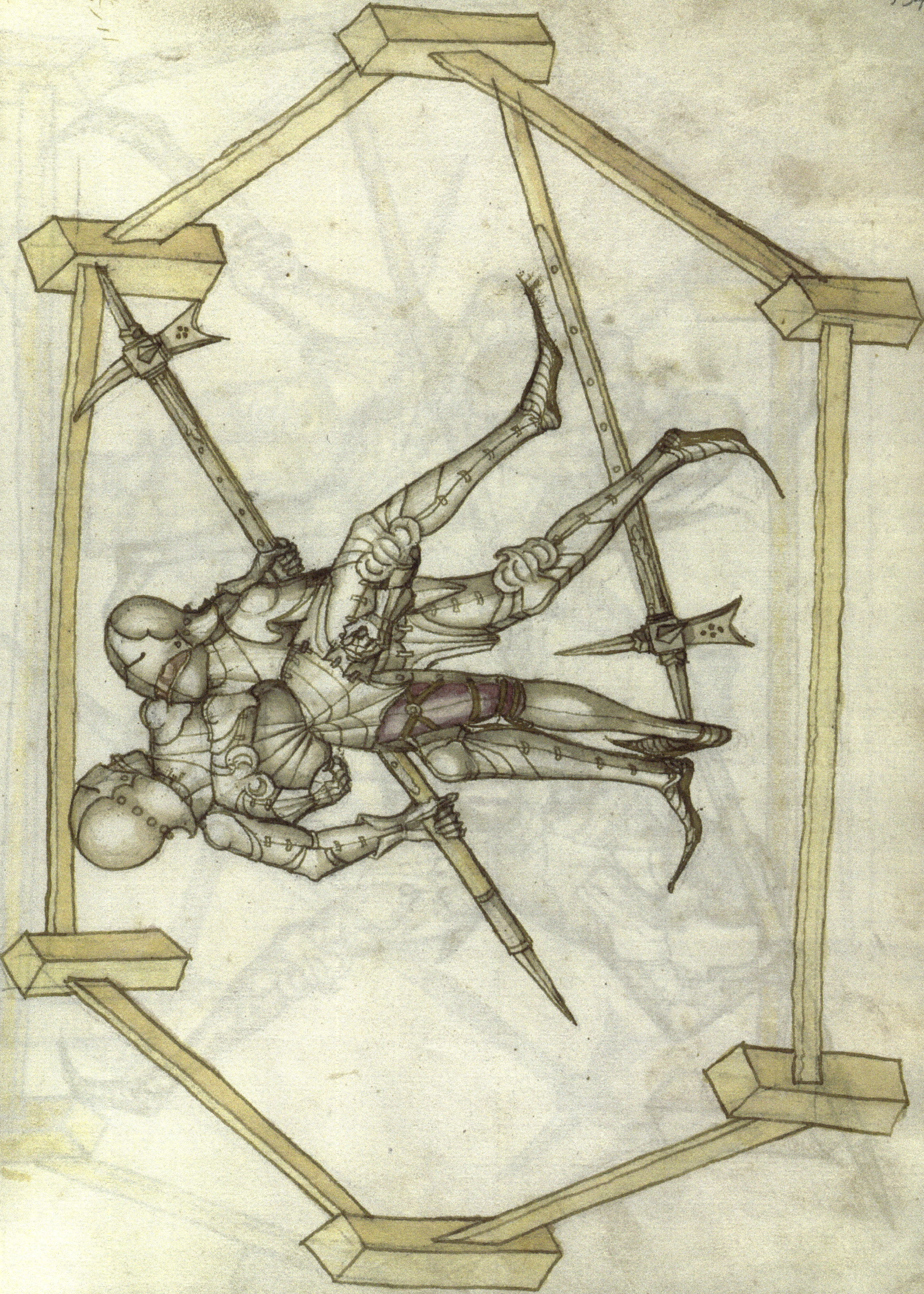

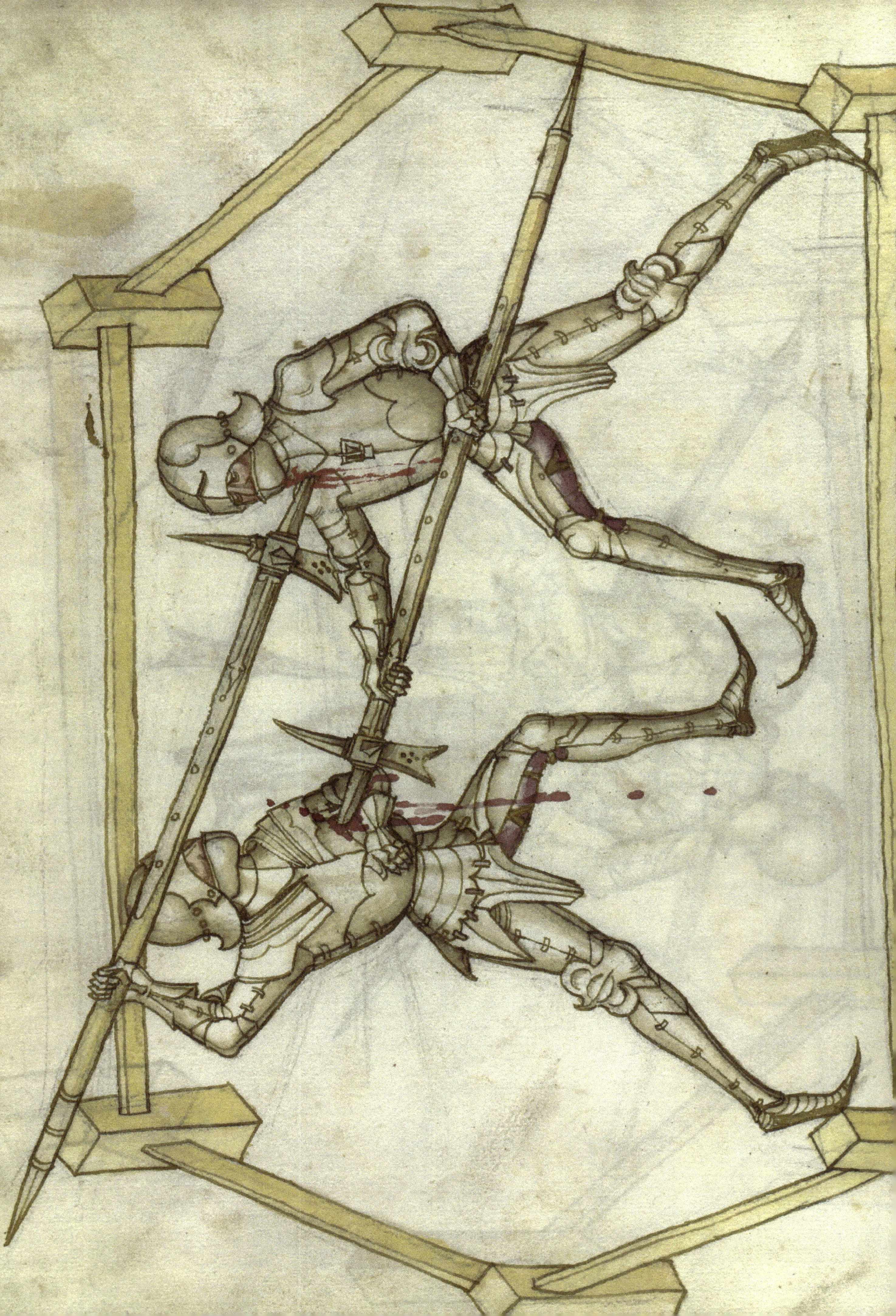

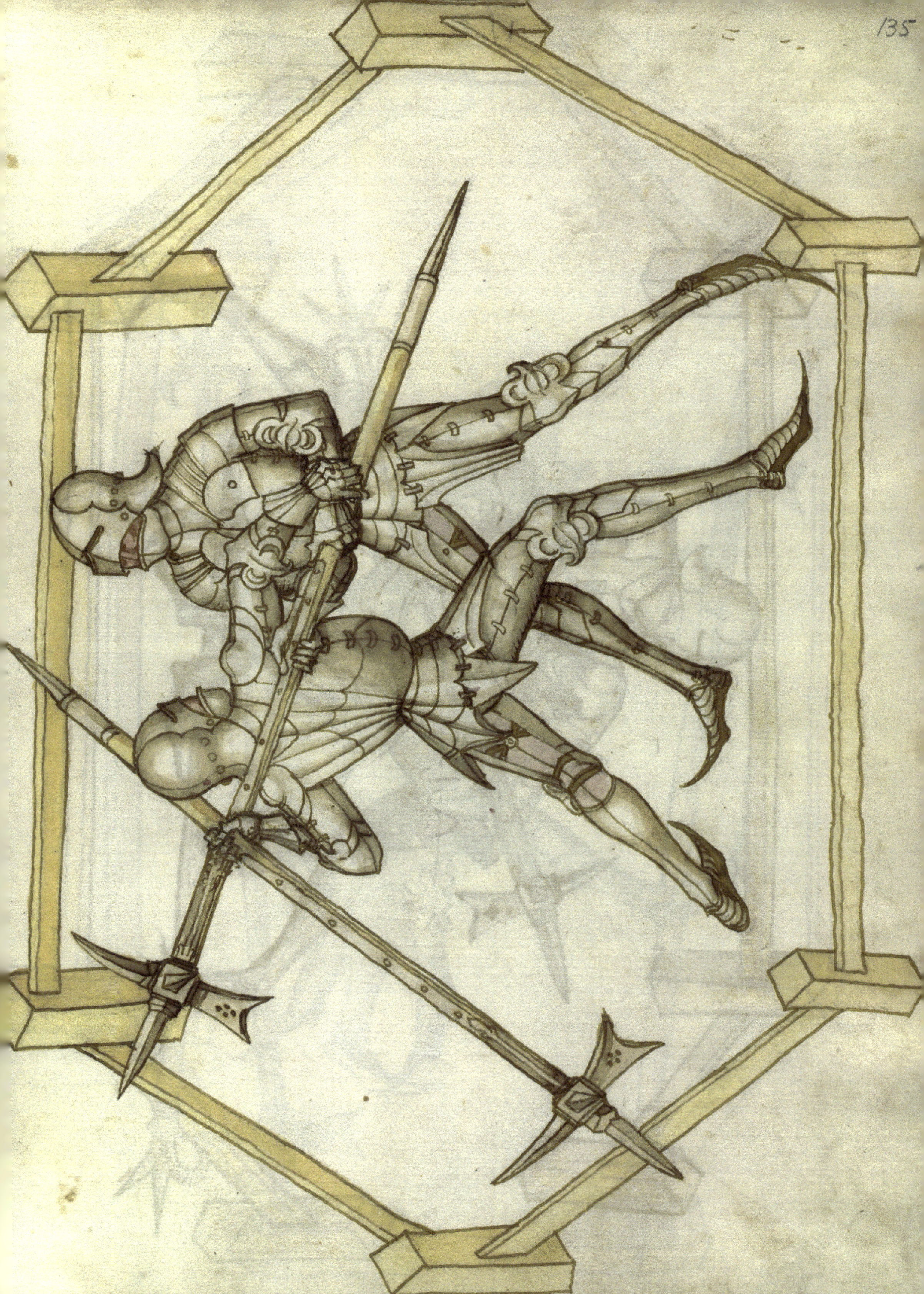

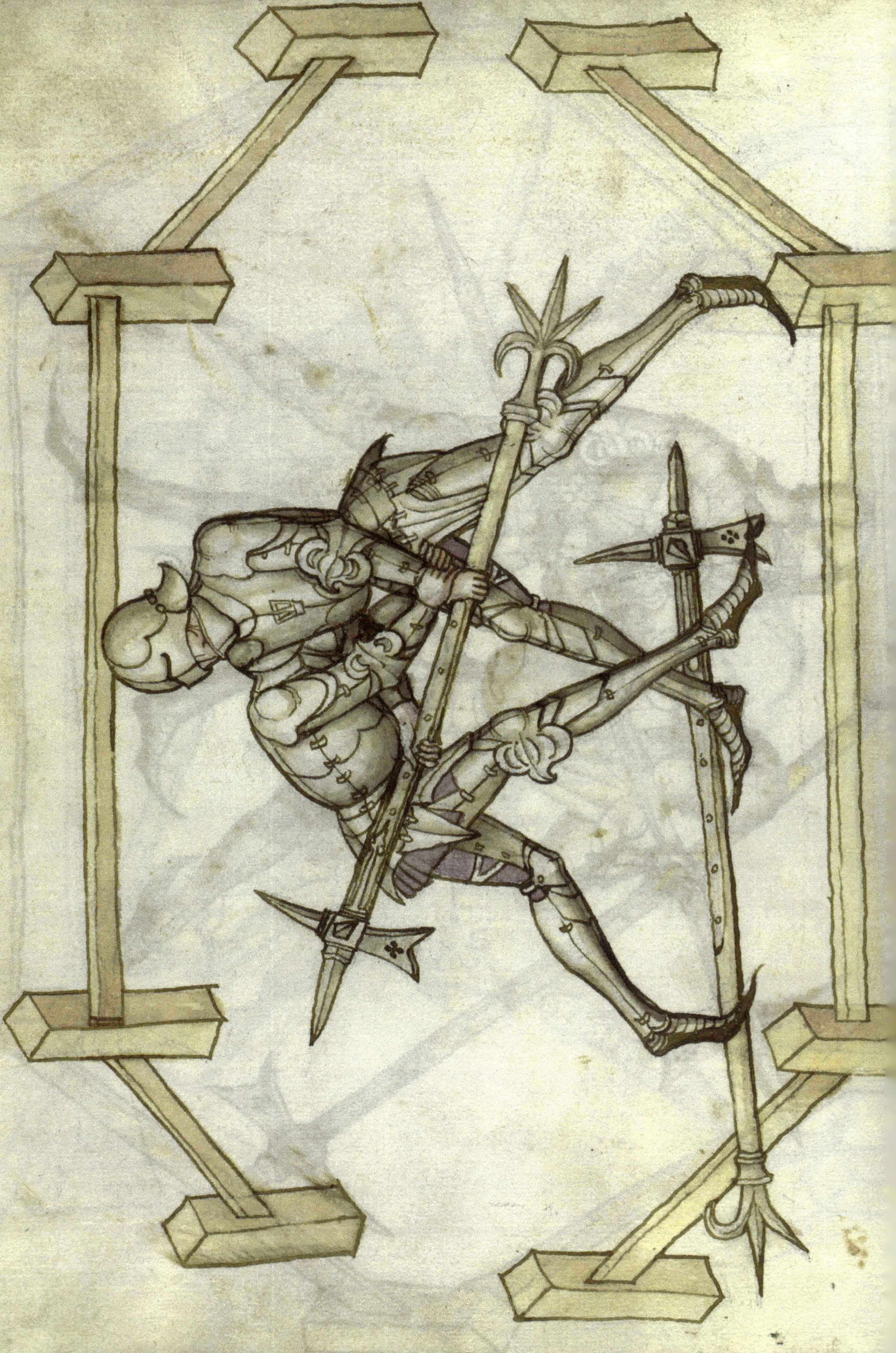

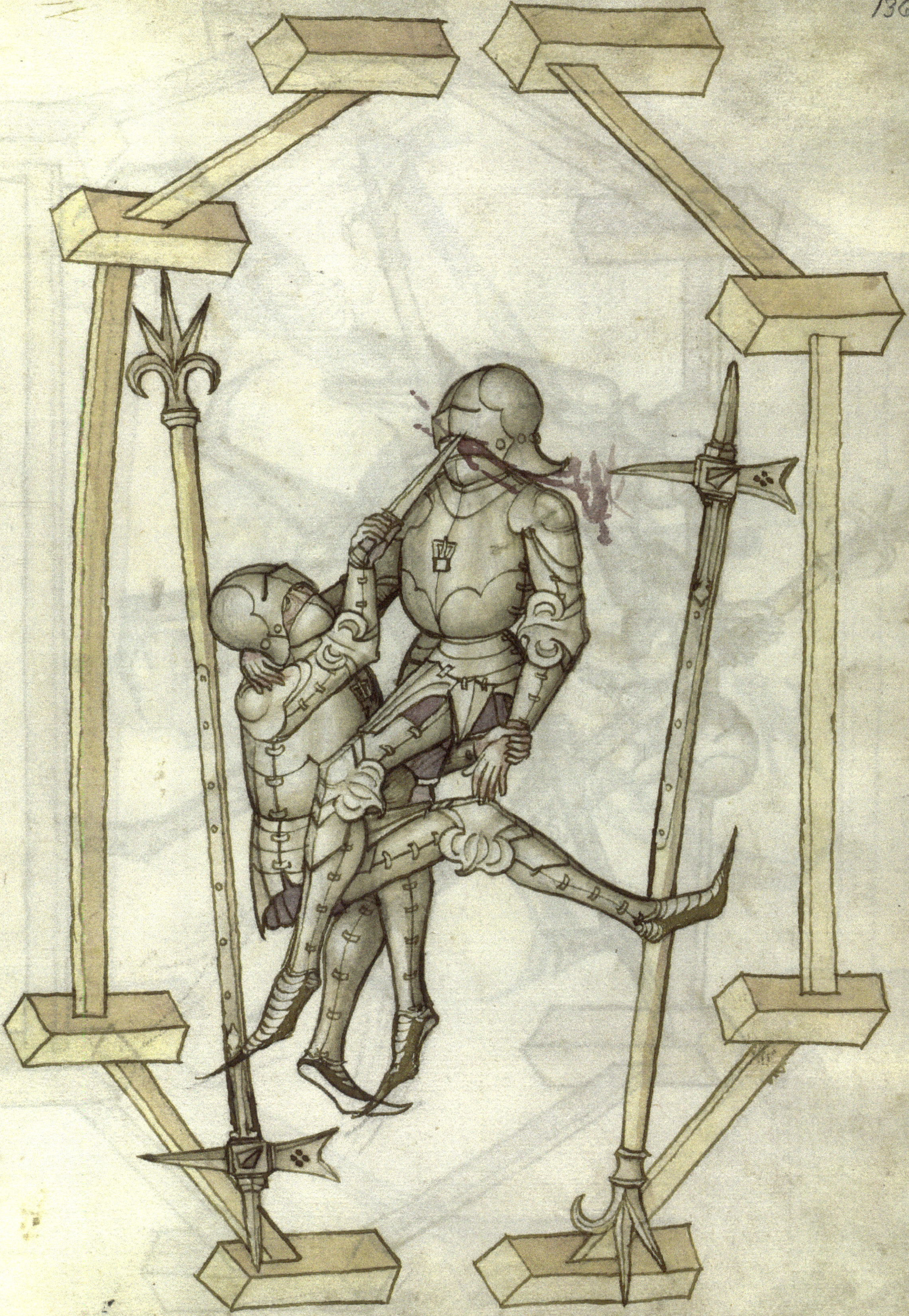

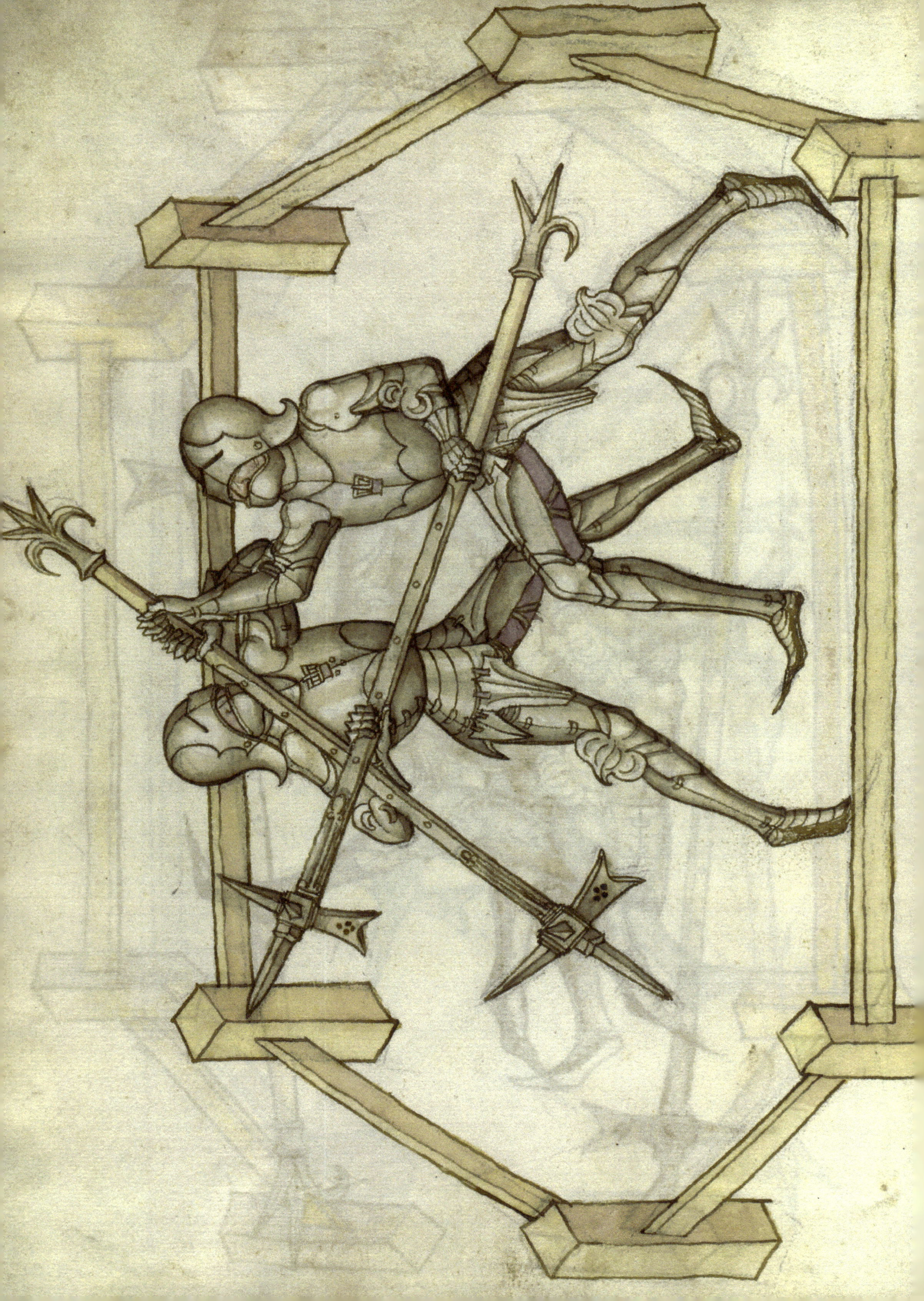

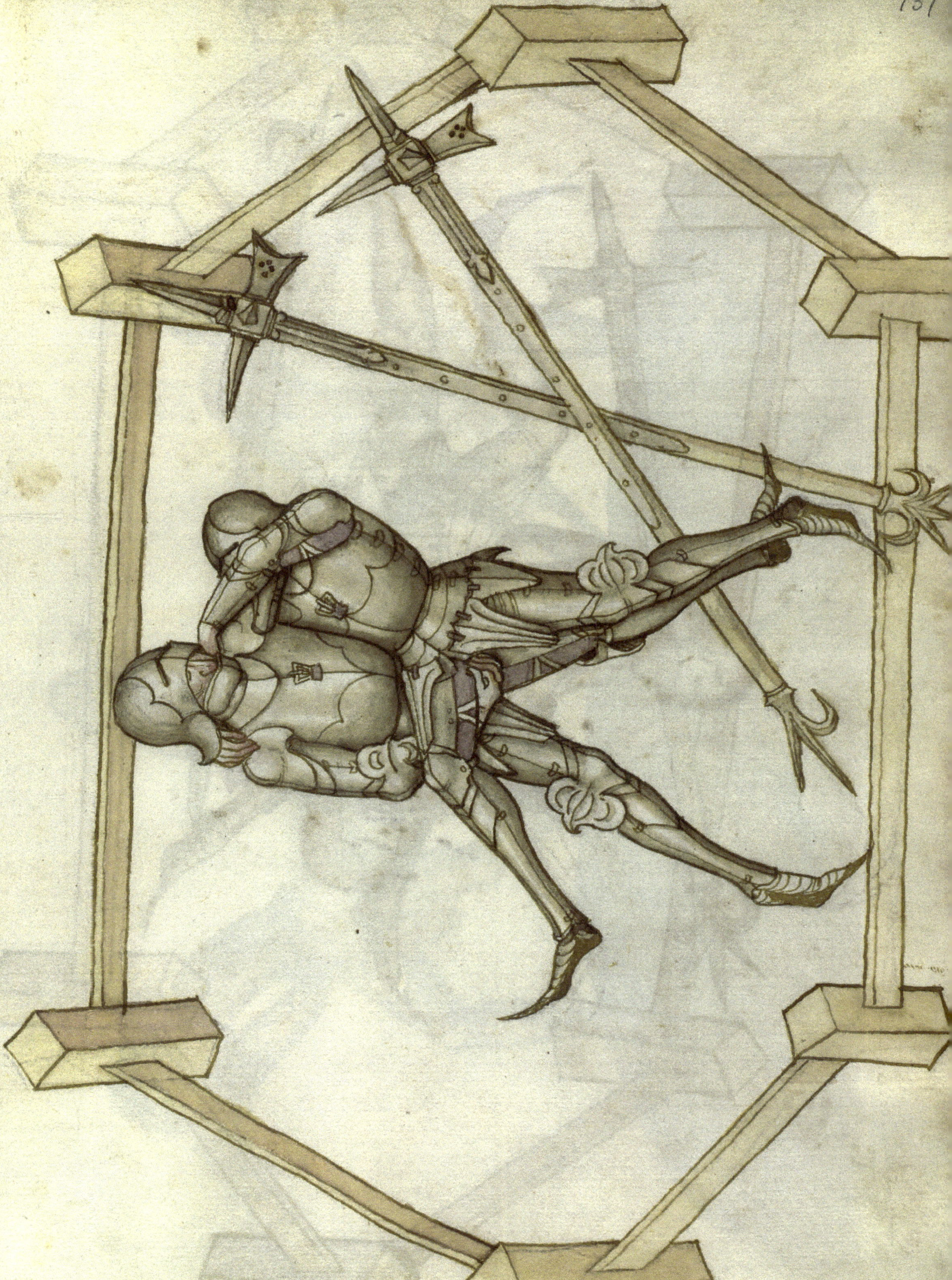

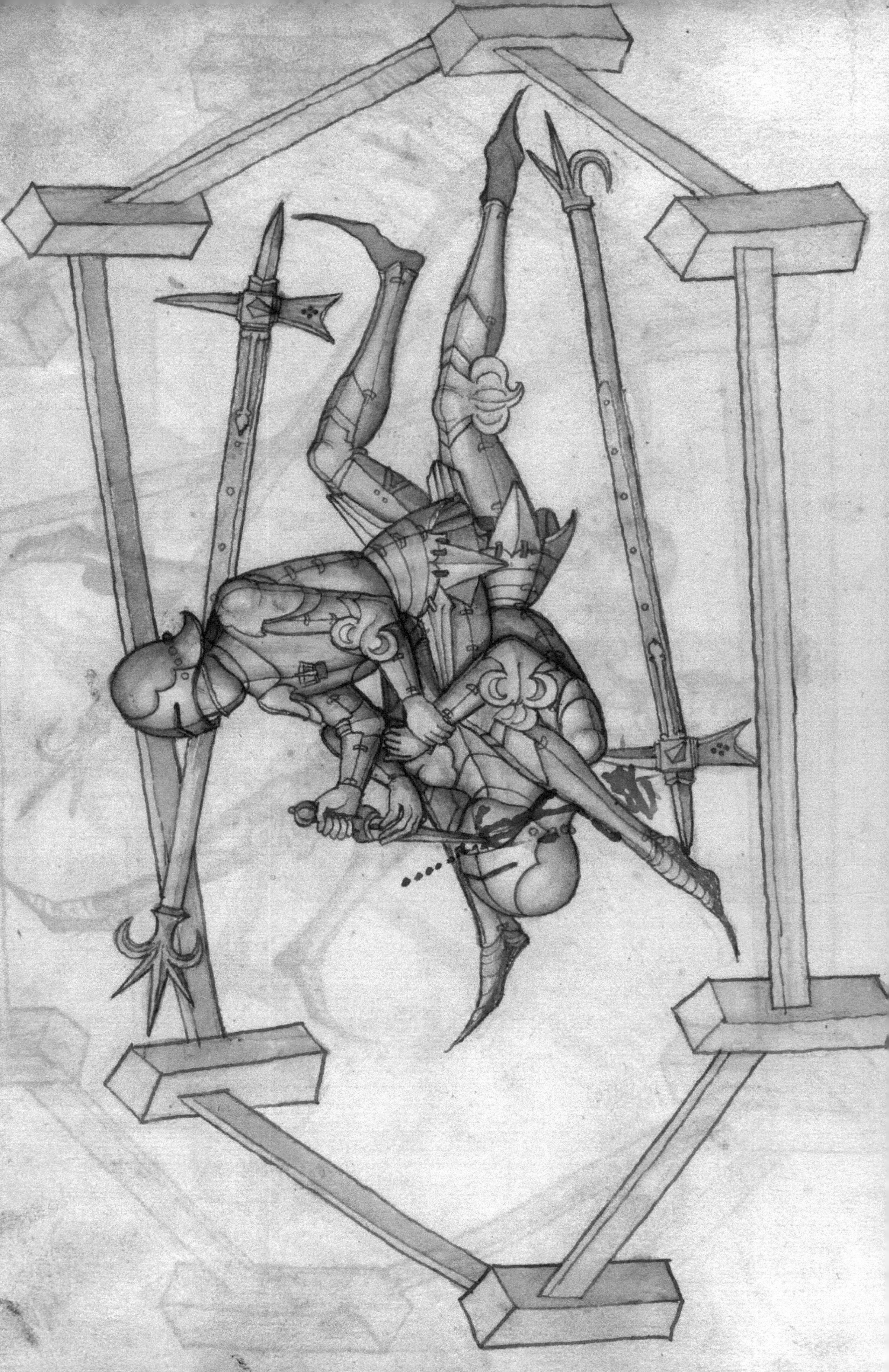

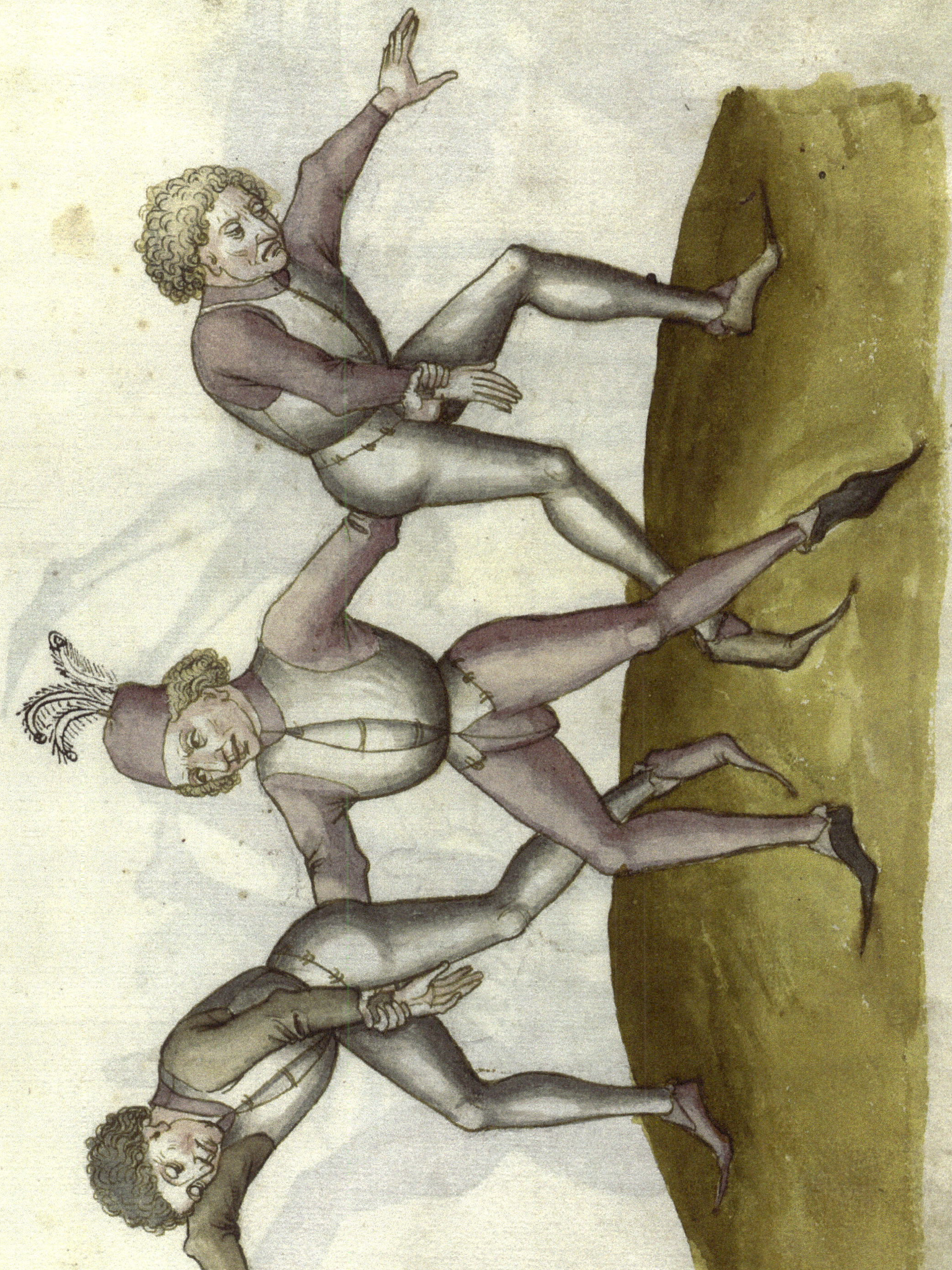

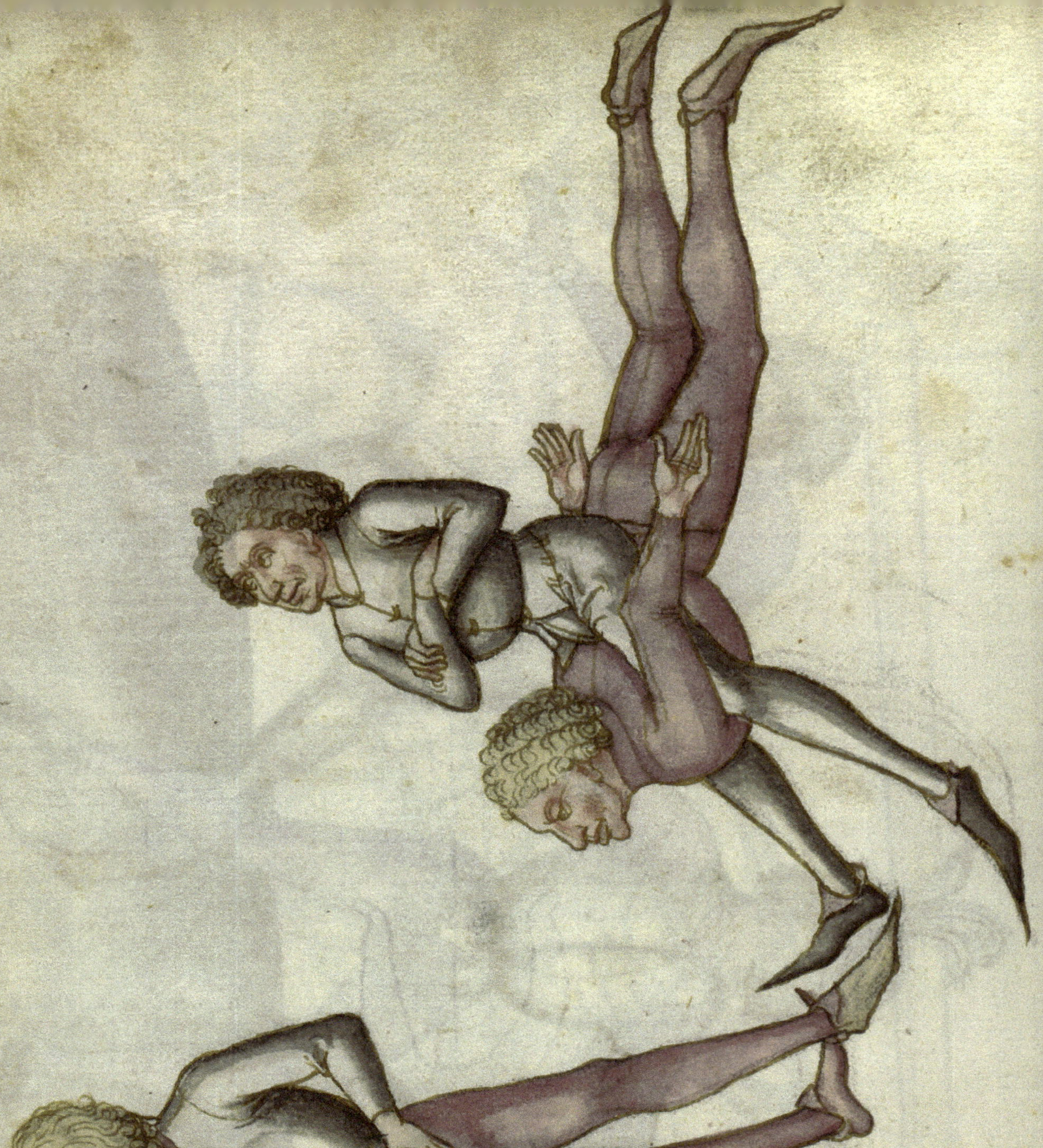

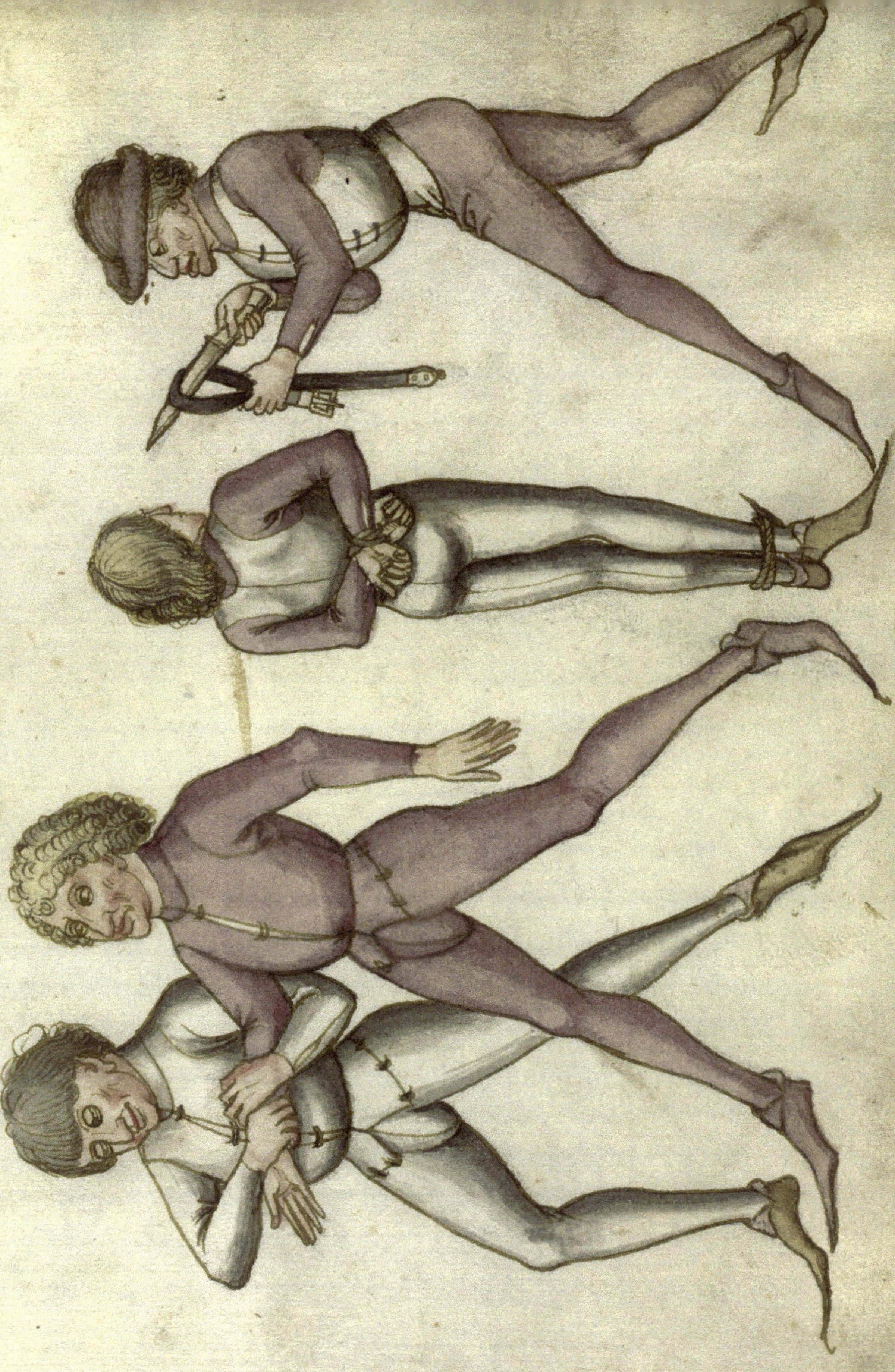

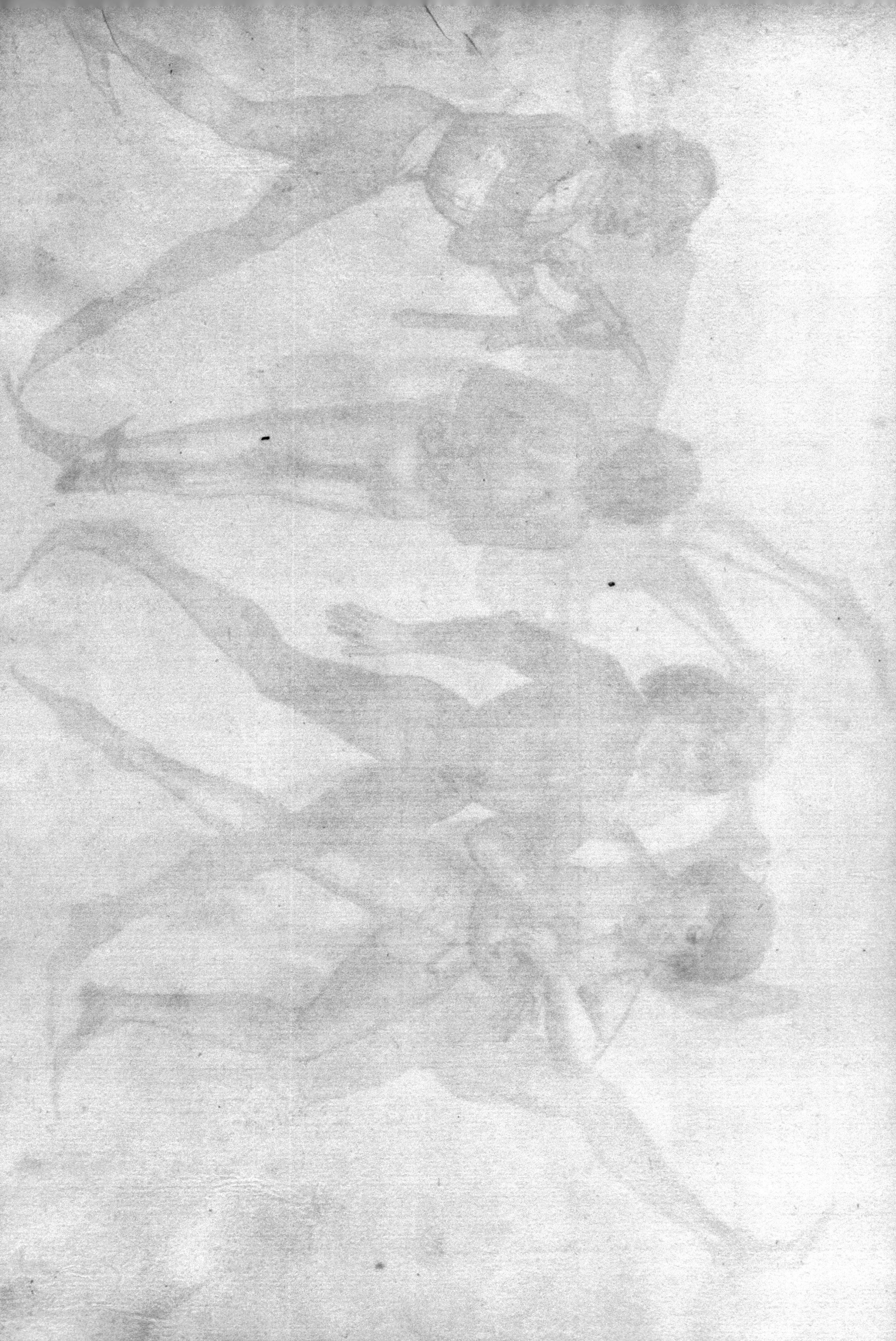

galle daz haisse plůt vnd daz vnlz daz aller beste
plůt vnd darnach so samlat sich daz plůt an die
andn zu den nieren vnd sihet dar nach dadurch
vnd wirt denn zu harne vnd darnach so sihet
es durch claine äderlin als ain schwaiss in die blasen
vnd denn so haut die plauss zway ding die sie zusamen
trucket also wan die plaus vol wirt so truckent
sie die ding von ain and̄s von der schwere des harnes
vnd denn so gaut der harne von dem menschen vnd
darnach so trucket sich die plause wider zů daz d
harne nit allewegen von dem menschen gaut vnd
dar nach so gaut die spyse von ainem tarme in den andn
so lang biss das ramen dings nichsit mer dar inn belibt
darnach so tribet die natur daz übrig von dem menschn
vnd dar von wirt denn der stůlgang

Item so sind daz haisse gelid alz daz hertz vnd
die leber vnd daz miltz vnd ouch daz flaysch

Item so sind daz die kalten gelid daz sind alle die
die nit plutes an in en hand alz daz bain vnd
der mag vnd die tarme vnd die plaas: vnd was
wir essent daz gaut vns alles in den magen vnd
südet daz im als in ainem haffen vnd dar nach so
nimpt der mag die spiß vnd daz tranck alz vil
im dann füget vnd neret sich darnon vnd darnach
so trukt er daz übrig von im ess in ainen tarme
der in den magen gaitt vnd denn so nimpt der
tarme ouch sin kost darnon vnd trucket denn daz
and ouch in ainen andern tarme vnd alz die spiß
vnd daz tranck dar in komet so zühet denn die
leber daz tranck an sich mit ainem schwaiß recht alz
ain magnet der daz ysen an sich zühet vnd
als bald daz tranck in die leber komet so wandelt
es sich vnd wirt zu blüt die leber züht ouch daz
blest plüt an sich vnd neret sich darnon Item
es gaut ouch ain grosse and es der leber vnd als die
ain wenig hin dan komet so tailt sie sich in zwaÿ
tail vnd die ain gaut uff über sich in die wili der
andern die über alle gelider des menschen gand
vnd neret sich darnon wann daz leben an dem
plüt staut vnd also dut ouch die and and die
vnd sich gaut die sendet ouch dem hertzen ain
and mit dem besten blüt vnd dar nach so zühet
daz die lung des plutes schaum an sich vnd die

In die lungen und wenn der mensch des autems
bedarff So düt sich daz lid uff und zücht den
den kalten lufft an sich und zücht ouch wider
umb dem haissen lufft her uff also daz der
mensche nit ersticke und darumb so ist dem me=
schen nichtz ist schädlicher zu dem tod wenn
die pestalentz regnirt oder sunst böß fucht
nebel oder wett ist dem böser lufft die mai=
ster die namend ouch den den lufft und auten
der von dem menschen komet gesund siechen
menschen wann es ist dem menschen nichtz
bessers zu der gesundhait dann gütt und türre
lufft dann er tött den mensch nichtz schnell
dem böser lufft dann er gaut von stund an in
alle gelider und unrainet daz plüt umb
daz hertze Inn dem libe

Von dem magen

Der mag ist als ain koch und glich als ain
hafen dar inn die spyse sudet und töwet
und ist also aller gelider ain koch und ain knecht
wann er kochet und berait allen gelidn die
spyse wol und in daz räuchet die fuchte hat
er von dem trincken und die hitze von dem
hertzen und daz für ouch von der lebern

Maister allmonser spricht in dem büch daz
da haisset panthagin daz ettliche gelid
an dem menschen haiß und trucken sind
und ettliche kalt und fücht an der nature

Daz hertz

Daz hertze gÿt allen gelidern warme vnd plut vnd erneret die sele vnd behalt daz leben

Die leber

Die leber git allen gelidern feuchtikait zu trincken wann sie züchst daz tranck an sich vss dem magen

Die niern

Daz hirn gÿt allen gelidn emphintnuß vnd die niern gabent die gepurt wann die same von allen gelidn in sie komet vnd die natur die ain frow zu ainem mann haut vnd ain man wider zu ainer frowen daz bringt sie an die statt da sich die frucht erhept vnd da belibet

Item zway loch gand in den halß in daz ain gaut die spyß vnd daz tranck in den magen vnd in daz ander gaut der lufft vnd der autem zu der lungen

Nun gaut der autem also in die lungen wann sie ist alß ain plaß palg ob ~~der lungen~~ dem hertzen daz sie den kalten lufft an sich zühet vnd die hitze mit dem autem wider her vss zühet daz loch hat ain oberlid alß man daz essen vnd daz trincken an sich züht so dut sich daz lid zu also daz die spyß nit da hin yn fale dann sie höret in den magen vnd nit

Inbrinnstig wann da wendet sie iren louff wen
über die mone schaidet von dem sonne xij grad
daz gebirret ali den himeln xij azil so vahet
sie an zu liechtende und wirt gesehen von den
menschen und nympt also ir liecht von dem
sonne wann sie alle wegen glich in ainer
grössin ist aber wann sie inbrinnstig mit dem
sonnen ist So mag mag man ir liecht vor
dem sinnen nit gesehen

Hie sagt es in wölchem zaichen der sonne in
ainem iaglichen monat stand und louffe

In dem jenner ist der sonne in dem zaichen daz
da haisset wasser man und in dem hornung
ist der sonn in dem vische und in dem mertzen
so ist er in dem wider In dem apperellen so ist
er In dem stier In dem mayen so ist er in dem
zwiling In dem hövet so ist er in dem löwen
In dem augsten So ist er in der junckfrowen
In dem ersten herbst monat so ist er in der wage
In dem andern herbst so ist er in dem scorpion
In dem ersten winter monat So ist er in dem
schützen In dem letsten monat so ist er in dem
stainbock Hie fahet an ain büch und daz da
saget wie der lyb innwendig gestalt sye

Item hie an dem ersten von dem hirn Daz hiern
gyt allen gelidern verstantnuss wann die funff sinne
des menschen ligent darinne verschlossen

und darumb so sagen uns die buch daz an dem
steren den wir haissent Marß daz der anlügeß
pflege wann er ist haisser und kalter natur
und trucken der naturen koment zu der luterkait
Die mone ist der aller minst under den siben plane-
tan und louffet aller nähst by der erden Darumb
so richtet sich die welt aller mayst nach dem mone
Cometa ist ain steren der selbe steren erschinet
nun dann so sich daz rich wandlen wil den stern
sol man kiesen oder ansehen daz er von dem schin
der von im schinet Als der mone und der steren
louffet mit under andern steren Die buch sagent
uns daz es am liecht sie daz got mit sinem ge-
walt entzündet hab in den lufften Doch so main-
ent etlich daz es garen tüt werden in welhem
lande er gesehen werd

Von des sonnen louff wie der louffet durch die
zwölff zaichen des himels tag und nacht

Wer recht wölle wissen des morgen louff
der muss des ersten wissen wie der sonne
durch die zwölff zaichen gang und louffet in
ainem jaure durch alle zaichin und belib in aine
jeglichen ~~tage~~ zaichin xxx tage wann es sind
zwölff zaichen Arieß thaureß Gemini und die
andern etc Die zaichin alle durch louffet die mon
in ainem monat und durch louffet also alle zaichin
in drissig tagen und belibet in ainem jeglichen zaich
drithalben tage und durch den louff diser zaichin
So komet die mon zu dem zaichin da der sonn inn ist
und wirt mit dem vaint so haisset dem du mon

vnd wenn die mon kengiriret so ist nit gůt kain
ding an fahen daz lang weren sol alz buwen
vnd solich ding Dann daz ist ain vnstate zit
vnd ist vnbeliblichen waz zu der zit angehabt
wirt vnd die mone machet den menschen plaich
vnder dem antlut vnd mit flecken vnd endert
jn bös vnd vnsinnig also daz er bös vnd zornig
wirt Daz ist von jres wandels wegen vnd
daz die mon ist in ainem yeglichen zaichen dritt=
halben tag vnd haut vnder jr den kreps

Von den planeten löffe vnd jrer natur wie vnd warumb sie iren ganck habent Althie

Es ist zu wissent von den siben planeten vnd
von jrer natur daz es got also geordnirt
haut Der ob dem gestirne ist also wölher
planet ainem steren aller nähost gaut von dem
selben steren empfahet er sin natur vnd sullich stern
sind kalter vnd etliche nasser natur ettliche truckner
ettliche haisser natur Die selben naturen zühet der
der mensch von dem gestirne Etliche menschen sind
kalt vnd truckn natur Die selben menschen swiget
gern vnd die sind vngetrüwe menschen Etliche sind
kalter vnd nasser natur die redent vil vnd sind vnd trä=
genlichen Etliche menschen sind haiss vnd truckn
natur die sind gäh mütig vnd kün vnd haud gern
vil werbe vnd sind doch an der liebe vnstätt wölch
haisser vnd truckn natur ist der hat die beste
natur jn jm vnd der ist gern milt vnd ledig
vnd hat vast frowen lieb vnd ist stätt an der liebe

Die planeta die Mone ist die nidrost planet
und ist kalt und fücht und auch tugenhaft
und ist herre aller füchten dingen und aller
schnellest an iren louff wann sie louffet in aime
monat als ferre als der sunn in ainem gantzen
jaure und alle die die da böss fuchtikait an jne
hand die selben sind ire kind und aller maist so
wirt des menschen plut nach dem mone getemp-
erirt und darumb so ist uns gar nütze daz wir
wol wissent des mones gang und in wölhen
zaichen sie gange wann es ist gar sorcklichen wie
man ires louffes nit war nympt Dan sie ist der
nidrost planet und zuchet der andern planeten
natur an sich ain michel tail und darumb so
müssent wir iren louff baß wissen wan der andern
planeten wann sie alles daz regnirt daz in
ünß ist Der Mone machet den menschen wyt
schwaiff also daz er nit mag beliben an ainer statt
und machet den menschen under wyle frölich
und und trurig also zwaverlay doch daz merer
tail frölich und machet dem menschen auch ain
krumi nasen und sind fücht natur und haissent
flegmatici und sind träg und hand gern augen
also daz ains grösser ist dann daz ander und luna
die mon erfüllet iren louff alle monat und erlücht
die nacht und entlehnet ir liecht von dem sonne
und meret und mindert sich von dem sonne also
auch hie nach geschriben staut und die kind die
sie machet daz werdent gewonlichen knaben und
die hand vil gemainsamkait mit den menschen

Mercurius sterin ist ain natur als bezaichnet
min figur mine kind sind hüpsch und subtil
und was sie tund daz thund sie in schnell
yle

Mercurius der planet temperiret mit siner natur
also komet er zu güten planeten So ist er ouch güt
aber by bösen so ist er buch böß Mercurius machet
den menschen herlichen ander person und machet
den menschen schon doch mit lutzel haars und
wys nach der sele und subtil und hat och wyshait
gar lieb und ist aines güten siten und ain güten
rede gar wol redent doch nit vil und güts raates
und gewinnet vil fründe Mercurius gaut dem sone
nach und hat ainen schin den man gar selten sicht
dann er ist dem sonne gar nach Die under mercurius
geboren werden die gewinnend gross zane und sind
wyser rede by den lüten und plaich an der varbe
und studierend geren und sind still lüte und subtil
und staut geren vil an in und hand nit als boß=
hait an in selber Mercurius erfullet sinen louff
in dryhundert und acht und dryssig tagen daz sind
die mellancolici volbringt er dinge hainlichen und
Sanguinet mit der junckfrowen und mit dem zwiling
under den zwölff zaichen die an den himel stand

Hie sagt die mon von iren naturen die sind ueng=
laye sitans und spricht mine kind nyemant gern
underteinig sind und ein sterner nymat allen
planetten ires natur und kain boster wanckel
müttig ist dann ich selber zü diser frist

Hie sagt venus von siner natur vnd aigenschaft
vnd die vnder ain geboren werdent die sind
fröudig vnd hässig vnd darzu kunstig

Venus der planet ist kalt vnd feucht vnd gelück=
hafftig vnd volbringt iren louff in drey hundert
vnd drey vnd viertzig tagen venus ist am gůte
gemainsam sterne vnd temperiert mars boßhait
vnd hat ain wolschinende varbe vnd schinet
vnder dem gestirne gar miltklichen vnd ist anzů
sehende als die sonne vnd ire kind sind gehertend
kunstig wann venus regniert so ist gut kinder
clauder anlegen denn wann venus vor dem sonne
gaut so haisset er lutzefer vnd wann venus nach
dem sonne gaut so haisset venus vesper venus
machet an dem menschen ain schön pson vnd
ouch mit grossen ougen als der sonne anschinende
ist vnd machet den menschen mit der sele vnst=
schwaiffent vnd an gaistlichen dingen irrig das
sind die dye da haissent Colerici die hand zwiff=
elhafftig sinne vnd belibent doch nit an irem zwif=
fel vnd darumb so sind sie vsßgeschaiden von denen
die da haissent Sangwini wer darund geboren
wirt der wachset nit zu lang mittelmässig
vnd mit grossen ougen vnd ougbrawen nach
dem sonnen als vor staut vnd wirt senfftmütig
vnd wolredent vnd gar züchtig vnd zucht
sich ouch selber gar adenlichen vnd ramklichen
vnd höret ouch geren saitenspil vnd tantzet och
garne der planet hat vnder den zwolff zaichen
den ochsen vnd den libra daz ist die mit iren natur

antlüt vnd ouch den lüten mit allen erbern ge
dencken vnd den mit erbern lüten wol ist der
Sonne ist ain küngklicher sterne vnd ain liecht
vnd ouge diser welt vnd erschinet durch sich
selber vnd erlüchtet die andern stern alle vnd ist
vnd den siben planetten der obrest vnd zertailt
die zit vnd sinen louff erfüllet er in ainem gantzen jare
er machet ouch den menschen wol zu legend an dem libe
vnd daz antlüt machet er im schön vnd wolgesch=
affen mit grossen ougen vnd mit ainem grossen bart
vnd langes harr vnd machet den menschen nach der
salle von innen glych sinen vnd machet in nach andern
sachen wyse vnd daz man in gar lieb haut vnd macht
in künstenrich vnd listigen allen dingen vnd nach dem
planeten sind genatürt die Sungrönn dann dieselben lüt
sind gar begriffenlichen in allen dingen vnd künsten vnd
sind aber an göttlichen dingen vnd artikeln gar zwi=
felhaftig vnd sind ouch vnkünstig vnd werdent gar
lichtiklichen erzürnet doch so ist es vnd sie bald hin
weg der kinde daz denn da geborn wirt des jars
so der sunn regnirt daz wirt flaisch hold vnd ain
grosse varbe vnd mit ain wenig rötte gemischet
Darum vnd mit vil hars nach der sunnen gelichnisse
vnd schinet usserwendig gar gut vnd sind doch vast lut
nach irem houpte doch maint man daz es gar wyse
lüte werden die vnd der sonne geboren sind vnd frölich
vnd werdent böser lüten wind der sonne hat vnd den
Siben planeten vnd vnd den zwolff zaichen den
leiben mit siner Complexion vnd der natture vnd
erfüllet sinen louff in ainem gantzen vmgenden jare

In wol andrem kriegen und des jars so er regniert
So regniert gewonlich ain sterren der da haisset
Cometa und wolich lande er gesehen wirt jn
dem selben lande wirt on zwyfel grosse tirung und
und hung[er] Dann man mag in nit an allen land
gesehen wann er ist nider an den himelen und nach
by der mone also daz der monen schatten in umb
git darumb man in wol gesehen mag denn so
der sonne ist in dem zaichen daz da haisset Cantz[er]
der lewis und welches jar er regniert so ist der sonn
und die mon des jars gern bresthafftig wölher
und dem planeten geboren wirt der wirt tout
mit etlicher constellacion als die an der sunnen
brun worden und wirt ouch untugenthafftig
kriegisch und machet gern unfrid und den lüten
und hat und den zwy zaichen den wider und den
Scorpion und ir Complexion und natur und
mars erfüllet sinen louff jn fünffhundert und
dryssig tagen

Ich Sonne sag uch in kurtz frist daz mein
schin über alle planetten ist mein uff gang
gyt des tages schin und mein nider gange
zaigat die sterne fain und mach den menschen
schön und wolgemut daz sunst kain and[er] planete
tut

Der Sonne ist der vierd planet und ist haiss und
trucken und ist lustlich ain ynfliessendes liecht
allem dem daz da lept uff erde Er ist ain planet
schön und lustlich und erlychtet den menschen sin

146

Mars ist der dritt planet vnd ist haiss vnd truckē
vnglückhaftig vnd böß vnd dennocht ist milt vnd
mässig in sinem louff vnd ain planet zornig lütte
vnd die gahen kriegent vnd roubent vnd kal sind
vnd hand krauß harr vnd der wenig vnd vnd
dem planetten ist güt in strit gan stele rouben vnd
brennen vnd die lüt wunden vnd ist darumb
Mars genant von den wysen maister zu ain gelich=
nusse als Mars von den vngloubigen was genant ain
gotte des strittes vnd wann die römer woltent stritten so
rüfften sie mars an vnd brachten im opffer in sinen
tempel vnd fürtten in och mit inen an daz velde da
sie dann stritten wolten vnd als die maister sprechent
darumb so haisset er mars dann so er vnder denselben
planetten regniert so müß desselben jars vil strit
vnd krieg sin vnd wann aber mars in des sunnen ga=
ng gaut so mag man in selten sehen wenn er aber
regniert so sprechent die maister so man in sahe ob dem
sunne so bedüt es grosse ere vnd legung vnd dem
adel also daz fürsten vnd herren ouch ritter vnd
knecht desselben jars gut sollent kriegen dann sie
sigen dann aber die burger hand güt kriegen vnd
alle ding gand vast nach irem willen vnd darumb
die kinde die dann empfangen werden so mars regn=
iert die werdent vast strittig lüte vnd hand die natur
mit nun den die da haissent Sanguinij dann die sind
gar stritbar vnd ... doch dick vnd vil an irem
stritten wann man in aber sicht vnder dem sunne so
so hat er etliche natur mit denen die da haissent
Melancolici die sind still schwigent strittent vnd gelingt

sie kamen got abeten dann den got Juppit und Juppit
ist so vil gesprochen nach römschen siten als ain hellffer
wann als die röm sprechen so hellff er sinen sune
So er besat den obresten tron in von himelrich und
darumb so ruffen in die röm an als aine hellffer und
darumb so hat Juppit sin Complexion und sinen loff
mit denen die da haissent Sangwin und so es den
wol gat nach iren willen so hellffent sie den iren och
vast und and lüten und mugent sich och wol vast
arbaitten durch der lütten willen und ain mitlyden
mit in haben Aber von übermut als sie an in
selber hand So mugent sie nyemant nützit getün
man bitte sie dann ernstlichen und tüe in so vil liebs
hin wider Juppit hat och sinen louff mit denen
die da sind und haissent Colerica und die hellffent
och den lüten und den iren und tund in doch nit ge
lich und tund ir ding haimlichen und sie mugent
ir sachen wol haimlichen und verborgenlichen tragen
und sind och vast getrew fründ Das kind daz under
dem planetten geboren wirt daz wirt mässig Ere
und recht hat es lieb und hat gern hüpsche claid
und waz da wolschmecket und rain ist daz hat es
gern in der hand Es wirt och barmhertzig und
frölich Und Juppit hat die zaichen der sonnen
den schützen und den vische Juppit erfüllet och sinen
loff in fünff jaren und fünff tagen

Hie sagt Mars von siner artt die er an im hat
mit sinen siten strittig und hässig und wissent
dennocht nit warumb oder gen wem es ist

Die vnd saturno geboren werden sind mit ainer
schmale brust vnd trurig vnd hörend gerne
von bösen dingen sagen vnd tragent gelich als
ob sy nit weren alß schöne vnd benügen sich
sich nit wol mit frowen vnd hat doch von
natur alle bösse ding an im Saturnus erfüllet
sinen louff in dryssig jaren vnd 200 vnd 45
tagen vnd 6 stunden vnd von siner höhe wegen
so mag man in selten sehen vnd dz sind sine zaichen
der stainbock der wasserman die sind kalt vnd trucken
an irer natur vnd glichent sich dem melancolicus an
siner natur

Hie sagt Juppitt von siner natur vnd von sinen kind
wie die geren kunden schriben vnd lesen vnd and künst

Juppitt ist der ander planet vnd der ist glückhafftig
vnd tugenthafft warm vnd fücht vnd ist etwen
vil träg an sinem louff vnd höret den zu die tugent-
hafftig sind vnd ist herre der mannen die da dick
bärtt hand vnd werdent nit kal vnd wenn er also
regiert so gant die frowen wol die mit knaben gand
vnd ist gut vor fürsten recht süchen der planet ist ge-
nant Juppitt zu ain gelichnuß alß die maister sprechent
wie ain abgot were den die römer vnd ander lüt
hieltent für ainen got der sie vast gewertz vnd in
ouch vast an rüffent für ainen hellffer vnd berautt
vnd ir stüer wenn so die lüt irem got mit sin opfer gab
ent vnd er zornig ward über sie so baten sie den selben
got Juppitt mit grossem ernste vnd andacht vnd bracht
end im och sin opffer daz er in wurd hüllffe daz sie zu den
genaden wider kämen gen dem got der über sie erzürnt
waß vnd die wyle der götz ain zornig waß so torsten

der obrost und der höchste in den himeln und doch
der trägost an sinem louff und darumb so habent
ettliche menschen ain tail ir Complexion von im
und sind sangwinii und flegmatici und die sind
aines holhen mütes und fahent vil sachen an und
entrünnen noch mügen kain sache ußtrag geben
und wenn sich saturnus zu denen vmischet die da
sind sangwinii daz machst nu darby erkennen Er
machet dem sangwinius ain langs antlüt und dem
flegmaticus ain sinwels antlut Es ist ouch zu wissen
als vorgesait ist daz sich dieselben lüte vil sachen und
winden und doch kain ußtrag gebent und sind och
hohtragent und übermütig lüte und bedunckett
sie daz in niemant gelich sy und vmügent doch
nütz für sich selber und sind arm an zytlichem güte
und die sangwinii sind mit ainem langen barte
[illegible] antlüt und tünd nit gern gotzdinst aber die
flegmatici sind göttlich an in selber und fürdern gern
gotzdinst und darumb so rahent die maister
kain ding an zu birnend an den stunden so saturnus
regniert dann sie vnamen es werd kümlich en
volbracht dann ob es in ain andern zit angehaben
wurde Saturnus und sine kind sind gewonlich
rouber und morder und wenn er regniert so ist
gut reden mit edlen lütten und der planet ist bös
und in aller weyse der natura und staut gen orient
und ist ain planet böser lüte und untugenhaffter
die schwartz und mager sind und türre und ist ain
planete der mannen die nit bärte habent und wyss
haure und die ire claider unsuber tragent die kind

Hie stant geschriben von saturnus der da ist alt und kalt von ain hässig und nydig also sind sine kind die under im geboren werdent

Saturnus ist der obrost planet und der aller untugenthaftigist und der gröst und ist kalt und drucken und haisst darumb saturnus zu ainer gelichnuss als die römer alle göt by in hetten und sie anbettetend und Inen och Ir opfer gabent und brächtent yeglichem In sinen thempel Der deme in siner ere gemachet was und die Römer hiessent den selben Iren got und nanten In Saturnus Daz ist als vil gesprochen als der höhste und wann die Römer also sprachent so sass er in dem höhsten tron des himels also daz er sass über ander gött und In allen hett zu gebieten und darumb so namten sie in Saturnus als ainen obrost gott und wann sie in woltent ettwarumb bitten So detten sie gar grosse bett an In und detten daz ain gantz Jar und sprachent daz er über alle gött erhöhet wer und darumb solte man in So vil zytes zimlichen bitten wann der obrost gott wolten mer zytes und langer gebetten werden dann die andern götte allesampt und daz wass sin übermut den er In im selber hette Darumb daz er erhöhet wass über ander götte Dann wann In die römer ernstlichen an rüffent So wurden sie von im erhöret und darumb so wolt er siner hoffhart geniessen wann er liessent von den römern wann sie in an rüffent von ettlichen sachen wegen Daz sie darnach kum In fünff Jaren erhortt wurdent ettwen In dryssig Jaren oder ettwen mynder wann und der selbe got der under den abgötten der obrost was als die römer sprachent und der trägost also ist auch der planete genant nach im von ainer gelichnuss wann und den siben planetten so ist saturnus

ratwyler michel pflieg claus tallpfer hans Jtem

Hie lert der Jud Ebreesch

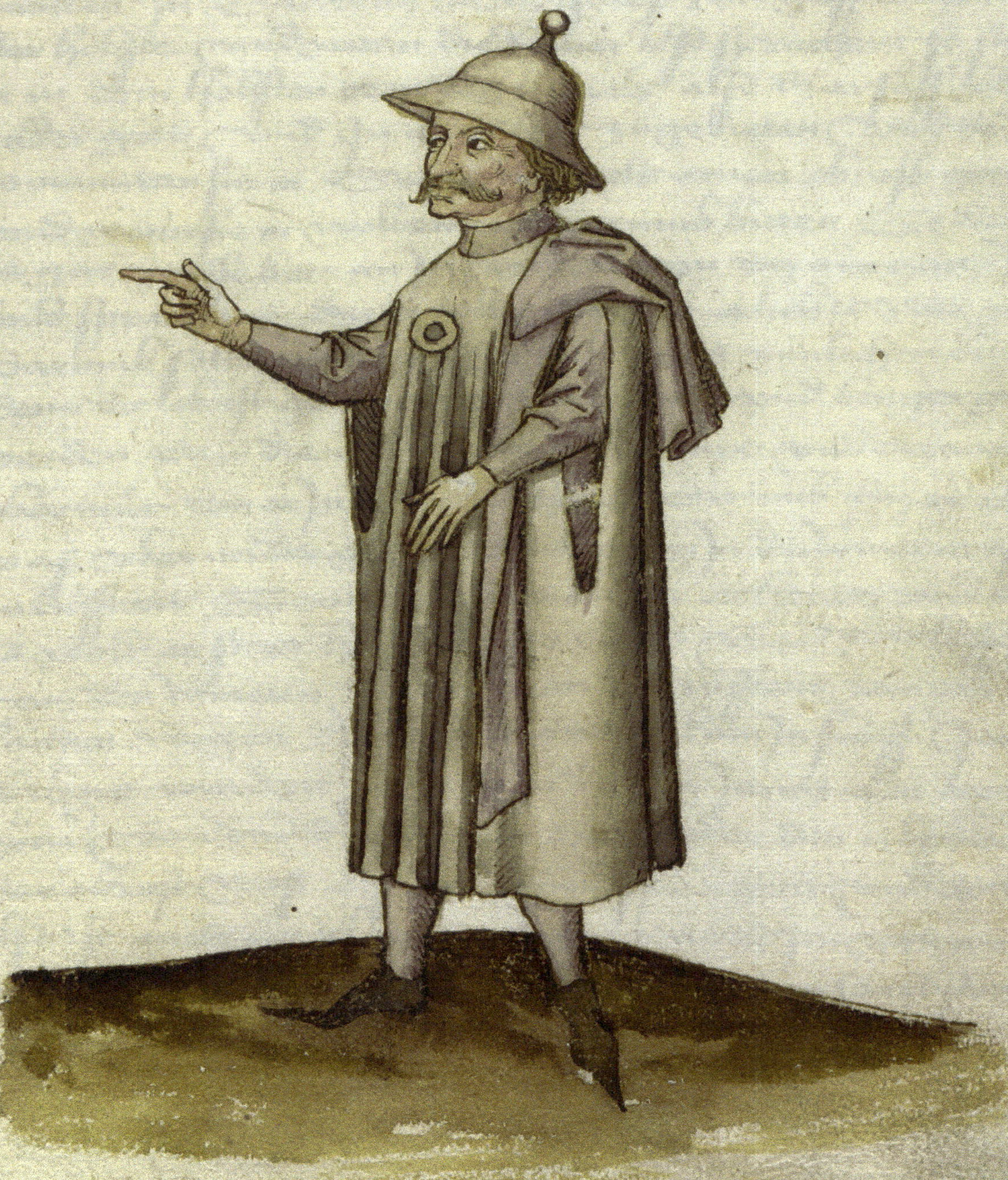

a b d e f g h i k l m n … (Latin letters written above Hebrew letters)

a	b	d	e	f	g	h	i	k	l	m	m
א	ב	ד	ע	ף	ג	ה	י	ק	ל	ם	מ
n	n	p	r	s	t	v	z	z			
ן	נ	פ	ר	ש	ט	ו	ץ	צ			
ch	ch	sch	r	o	ch	ḥ	ḇ	ḇ	ü		
ך	כ	ש	ר	ס	ח	ח	ב	ב	ע		
					t	th	ff	ff	ff		

מיין ווליג דינשט צו בור ליבר הער איך לאש ויך וויסן דש איך
וואל מאג אוט ווידור בין בין דען ואדן מאכט דעז געלבן
דלייבן הורט איך אלצ עזיט איך וערן בין ייך ליבר הערע

Alleff bes gimel dales he vaf sam heff tes iuss crumkaff Slechtecaf
א ב ג ד ה ו ז ח ט י כ ך
lamet offemen pstlossemen crumnun Slechtnun sameth ein
ל מ ם נ ן ס ע
pe fe crumzadick Slechtzadick kuff ress schin taf
פ ף צ ץ ק ר ש ת

דׄש וו״ וווו …
איך אין …
Item die allewegen meinen dem anlessen anmwortten ך ק ו ץ

1 2 3 4 5 5 6 7 8 9 || 10 11 12 13 14 15 16 17

18 19 20 21 22 23 24 25 26 27 28 29 30 31

32 33 34 35 36 37 38 39 40 41 42 43 44 45 46

47 48 49 50 51 52 53 54 55 56 57 58 59 60

61 62 63 64 65 66 67 68 69 70 71 72 73 74 75

76 77 78 79 80 81 82 83 84 85 86 87 88 89 90 91

92 93 94 95 96 97 98 99 || 100 200 300 400 500

600 700 800 900 1000 2000 3000 4000 5000 6000 7000 8000

9000 10000 20000 30000 40000 50000 60000 70000 80000 90000

100000 100000 200000 300000 400000 500000 600000 700000 800000 900000

1000000 || 1111111 || 1234567 || 1459 Jar macht mich michel lotwyler für wär

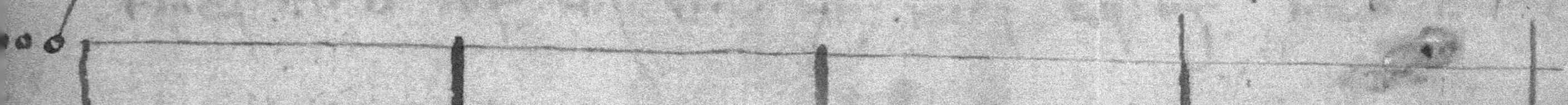

www.ingramcontent.com/pod-product-compliance
Lightning Source LLC
LaVergne TN
LVHW072308041026
849558LV00044B/569